Lindner

Elektro-Aufgaben
Band 2: Wechselstrom

W0351457

Bleiben Sie einfach auf dem Laufenden:
www.hanser.de/newsletter
Sofort anmelden und Monat für Monat
die neuesten Infos und Updates erhalten.

Elektro-Aufgaben

Band 2: Wechselstrom

von Studiendirektor Helmut Lindner †, Mittweida

24. Auflage

Mit 321 Bildern

Fachbuchverlag Leipzig
im Carl Hanser Verlag

Studiendirektor HELMUT LINDNER †
Bearbeiter: Univ.-Prof. Dr. HARALD LINDNER

Bibliografische Information der Deutschen Nationalbibliothek
Die Deutsche Nationalbibliothek verzeichnet diese Publikation in der Deutschen Nationalbibliografie; detaillierte bibliografische Daten sind im Internet über http://dnb.d-nb.de abrufbar.

ISBN 978-3-446-42304-6

Dieses Werk ist urheberrechtlich geschützt.
Alle Rechte, auch die der Übersetzung, des Nachdruckes und der Vervielfältigung des Buches, oder Teilen daraus, vorbehalten. Kein Teil des Werkes darf ohne schriftliche Genehmigung des Verlages in irgendeiner Form (Fotokopie, Mikrofilm oder ein anderes Verfahren), auch nicht für Zwecke der Unterrichtsgestaltung – mit Ausnahme der in den §§ 53, 54 URG genannten Sonderfälle –, reproduziert oder unter Verwendung elektronischer Systeme verarbeitet, vervielfältigt oder verbreitet werden.

Fachbuchverlag Leipzig
im Carl Hanser Verlag

© 2010 Carl Hanser Verlag München
Internet: http://www.hanser.de

Covergestaltung: MCP • Susanne Kraus GbR, Holzkirchen
Satz: Satzherstellung Dr. Steffen Naake, Chemnitz
Druck und Bindung: Druckhaus „Thomas Müntzer“ GmbH, Bad Langensalza
Printed in Germany

Vorwort

Dieser zweite Band der erfolgreichen dreiteiligen Sammlung „Elektro-Aufgaben“ behandelt das Gebiet des Wechselstromes. Seiner Bestimmung als Übungsbuch gemäß wurde auch hier jedem der systematisch aufeinander aufbauenden Teilgebiete eine reichhaltige Auswahl von Aufgaben beigegeben, die teilweise einander ähneln.

Ihrer Bestimmung als Hilfsmittel für Unterricht und Selbststudium entspricht auch die Reihenfolge der Aufgaben. Sie sind grundsätzlich so gestellt, dass sie der Studierende ohne zusätzliche Hilfe lösen kann. Auf eingehendere theoretische Begründung der jedem Abschnitt vorangestellten Formeln und Gesetze wurde bewusst verzichtet, da dies Aufgabe der Lehrbücher ist. Wir verweisen in diesem Zusammenhang auch auf das von Lindner, Brauer, Lehmann vorgelegte Taschenbuch der Elektrotechnik und Elektronik. Die kurz gefassten Erläuterungen und Anleitungen sollen lediglich dazu dienen, deren Bedeutung und Handhabung ins Gedächtnis zurückzurufen.

Gelegentliche Hinweise beziehen sich auf den Band I (Gleichstrom) dieser Sammlung, wo auch die in einigen Fällen benötigten Magnetisierungskurven wiedergegeben sind. Die Lösungen zeigen meist nur einen Weg, den man gehen kann. Vielfach führen auch andere Methoden zum gleichen Ziel. Insbesondere lassen sich viele Aufgaben mithilfe von Zeigerdiagrammen grafisch lösen und die Mehrzahl der im ersten Teil elementar zu lösenden Aufgaben auch unter Benutzung komplexer Ausdrücke berechnen.

Alle Lösungen wurden als Größengleichungen, d. h. unter Mitführung der jeweiligen Einheiten, geschrieben, wobei ausschließlich SI-Einheiten Verwendung fanden. Die angegebenen numerischen Ergebnisse wurden mit einem Rechner auf 8 Stellen ermittelt, auch in solchen Fällen, wo der Kürze halber $\pi = 3{,}14$ geschrieben ist. An den Stellen jedoch, wo Zwischenergebnisse angegeben sind, wurde mit diesen meist gerundeten Werten weitergerechnet.

Seit der 10. Auflage enthält der Band auch einige Abschnitte, die zahlreiche Aufgaben zur Inversion und über Ortskurven zum Gegenstand haben. Diese folgen in systematischer Weise so aufeinander, dass sie dem Anfänger ein schrittweises Erfassen der Probleme und damit sicheres Erlernen ermöglichen. Besonderer Wert wurde dabei auf das für das praktische selbstständige Arbeiten unerlässliche Errechnen und Ablesen der angewandten Maßstäbe gelegt.

Diese gut eingeführte Aufgabensammlung liegt nun bereits in der 24. Auflage vor.

Bearbeiter und Verlag

Inhaltsverzeichnis

ELEMENTARE BERECHNUNGEN

1 Sinusförmige Wechselgrößen

1.1 Augenblickswerte sinusförmiger Wechselgrößen

Formeln:

$$i = \hat{I} \sin \omega t \quad \text{bzw.} \quad = \hat{I} \sin(\omega t + \varphi)$$

$$u = \hat{U} \sin \omega t \quad \text{bzw.} \quad = \hat{U} \sin(\omega t + \varphi)$$

$$\omega = 2\pi f$$

$$T = 1/f \qquad f = 1/T$$

$$1^\circ = 0{,}017\,45 \text{ rad}$$

$$\varphi^\circ = \frac{\varphi\,(\text{rad}) \cdot 180^\circ}{\pi} \qquad \varphi\,(\text{rad}) = \frac{\varphi^\circ \cdot \pi}{180^\circ}$$

Größe	Zeichen	Einheit
Augenblickswert der Stromstärke	i	A
Augenblickswert der Spannung	u	V
Zeit	t	s
Kreisfrequenz	ω	s^{-1}
Frequenz	f	$s^{-1} = Hz$
Scheitelwert der Stromstärke	$\hat{I}$	A
Scheitelwert der Spannung	$\hat{U}$	V
Periodendauer	T	s
Phasenwinkel	φ	Grad (°) oder rad (Bogenmaß)

Hinweis:

Das Produkt ωt aus der Kreisfrequenz $\omega = 2\pi f$ und der Zeit t ist zunächst ein Winkel im *Bogenmaß* (arc φ), häufig mit der Zähleinheit rad (Radiant) versehen. Da i. Allg. der Winkel φ im *Gradmaß* angeben wird, ist das Bogenmaß in Gradmaß umzurechnen. Hierzu dienen die angegebenen Umrechnungsformeln oder der Taschenrechner (Gradmaß: DEG, Bogenmaß: RAD).

1. Welche Kreisfrequenz haben folgende Wechselströme?

a) $f = 16\,{}^2\!/_3$ Hz, b) 25 Hz, c) 48 Hz, d) 50 Hz, e) 51,4 Hz, f) 100 Hz, g) 1 000 Hz, h) 3 kHz und i) 295,4 kHz

2. Welche Periodendauer haben die in Aufgabe 1 genannten Wechselströme?

3. Wie viel Sekunden nach dern Nulldurchgang erreichen Wechselspannungen folgender Frequenzen zum ersten Mal ihre Höchstwerte?

a) $f = 16\,{}^2\!/_3$ Hz, b) 20 Hz, c) 35 Hz, d) 49 Hz, e) 50 Hz, f) 52 Hz, g) 100 Hz

4. Wie viel Sekunden nach dem Nulldurchgang erreicht eine sinusförmige Wechselspannung von 50 Hz

a) $1/10$, b) $1/5$, c) $1/4$, d) $1/3$, e) $1/2$ und f) $9/10$ ihres Höchstwertes?

5. Bei welcher Frequenz erreicht eine sinusförmige Spannung
a) 1 ms, b) 1,5 ms c) 280 µs, d) 440 µs und e) 260 µs nach dem Nulldurchgang die Hälfte ihres Scheitelwertes?

6. Welchen Betrag hat eine sinusförmige Spannung mit dem Scheitelwert $\hat{U} = 65$ V und 50 Hz

a) 0,3 s, b) 0,03 s, c) 3 ms, d) 1,55 ms,
e) 1,963 ms und f) 2,074 ms
nach dem Nulldurchgang?

7. Wie viel Sekunden nach Beginn einer Periode hat ein Wechselstrom von $\hat{I} = 15$ A und 100 Hz einen Augenblickswert von a) 0,5 A, b) 1,5 A, c) 6,5 A, d) 10 A und e) 14,5 A?

8. Welchen Scheitelwert haben die Wechselspannungen bei einer Frequenz von
a) 50 Hz, b) 100 Hz, c) 120 Hz, d) 200 Hz
und einem Augenblickswert
a) 218,74 V, 4 ms; b) 103,63 V, 3,5 ms; c) 87,02 V, 1,4 ms; d) 214 V, 1 ms nach Beginn einer Periode?

9. Welchen Augenblickswert hat eine sinusförmige Spannung von $\hat{U} = 230$ V 0,02 s nach dem Nulldurchgang bei einer Frequenz von a) 25 Hz, b) 47 Hz, c) 50 Hz, d) 54 Hz, e) 498 Hz?

10. In welchen Zeitabständen erreicht eine sinusförmige Wechselspannung jeweils die Hälfte ihres Scheitelwertes bei einer Frequenz von a) $16\,^2\!/_3$ Hz, b) 50 Hz, c) 100 Hz und d) 800 Hz?

11. Eine sinusförmige Wechselspannung erreicht nach dem Nulldurchgang a) 10 %, b) 20 %, c) 30 %, d) 50 %, e) 70 %, f) 80 % und g) 90 % ihres Höchstwertes. Welchen Verschiebungswinkeln entsprechen diese Augenblickswerte?

12. Wie groß ist die Frequenz eines sinusförmigen Wechselstromes, wenn 0,001 s vor Erreichen des Scheitelwertes der Augenblickswert a) 75 %, b) 85 %, c) 95 %, d) 98 % und e) 99 % vom Scheitelwert beträgt?

13. Der Augenblickswert einer sinusförmigen Wechselspannung benötigt innerhalb der ersten Viertelperiode 2 ms, um von a) 10 % auf 20 %, b) 20 % auf 30 %, c) 30 % auf 50 %, d) 10 % auf 50 %, e) 10 % auf 80 % des Scheitelwertes anzusteigen. Bei welchen Frequenzen ist dies der Fall?

14. In welchen Zeitabständen erreichen Stromstärke und Spannung ihre positiven Höchstwerte bei einer Frequenz von
a) 50 Hz, b) 50 Hz, c) 50 Hz, d) 100 Hz, e) 100 Hz, f) 1 000 Hz
und einem Phasenverschiebungswinkel von
a) 12°, b) 45°, c) 85°, d) 30°, e) 60° und f) 90°?

15. Durch zwei parallel geschaltete Leiter fließen zwei sinusförmige Ströme gleicher Frequenz und erreichen ihre Höchstwerte zeitlich nacheinander, d. h. zu den Zeitpunkten

	a)	b)	c)	d)
	15 ms	18 ms	560 µs	470 µs
bzw.	5 ms	2 ms	48 µs	330 µs

Wie groß ist die Frequenz, und welcher Phasenverschiebungswinkel besteht zwischen beiden Strömen?

16. Von zwei frequenzgleichen Strömen, die zwei parallel geschaltete Leiter durchfließen, beträgt der Augenblickswert des einen 4/10, während zu gleicher Zeit der des anderen 1/3 des Scheitelwertes beträgt. Berechnen Sie den Verschiebungswinkel.

17. Zwischen zwei frequenzgleichen Strömen von je $\hat{I} = 6$ A besteht eine Verschiebung von 25°. Welchen Augenblickswert hat der eine Strom, wenn der des anderen 1,5 A beträgt?

18. Um welchen Winkel ist der Nulldurchgang gegenüber dem Beginn der Messung verschoben, wenn der Scheitelwert a) 1 ms, b) 1,5 ms und c) 32 ms nach Beginn der Messung erreicht wird? ($f = 50$ Hz)

1.2 Zeitliche Mittelwerte sinusförmiger Wechselgrößen

Formeln:

$$I = \frac{\hat{I}}{\sqrt{2}} \qquad U = \frac{\hat{U}}{\sqrt{2}}$$

$$|\overline{i}| = \frac{2\hat{I}}{\pi} \qquad |\overline{u}| = \frac{2\hat{U}}{\pi}$$

$$k_\mathrm{f} = \frac{I}{|\overline{i}|} = \frac{U}{|\overline{u}|} \qquad k_\mathrm{s} = \frac{\hat{I}}{I} = \frac{\hat{U}}{U}$$

Größe	Zeichen	Einheit
Scheitelwert (Höchstwert)	$\hat{I}, \hat{U}$	A, V
Effektivwert	I, U	A, V
Gleichrichtwert	$\lvert\overline{i}\rvert, \lvert\overline{u}\rvert$	A, V
Formfaktor	k_f	1
Scheitelfaktor	k_s	1

19. Es werden mittels gewöhnlicher Messinstrumente folgende Effektivwerte festgestellt:
a) 230 V, b) 227 V, c) 218 V, d) 1,5 A und e) 0,2 A

Welche Scheitelwerte ergeben sich hieraus?

Anmerkung zu den Aufgaben 20 bis 22: Kondensatoren dürfen höchstens mit dem Scheitelwert der Wechselspannung belastet werden.

20. Welche effektive Wechselspannung kann an Kondensatoren angelegt werden, deren Nennspannung (höchste Betriebsspannung für Gleichstrom) a) 125 V, b) 160 V, c) 250 V, d) 350 V, e) 500 V, f) 700 V und g) 1 000 V beträgt?

21. Welche effektive Wechselspannung kann an einen Papierkondensator angelegt werden, wenn die Betriebsspannung ein Drittel der Prüfspannung betragen darf und diese für Gleichspannungsbetrieb angegeben ist?

Prüfspannung: a) 250 V, b) 500 V, c) 1 200 V und d) 2 000 V.

22. Mit welcher effektiven Wechselspannung dürfen MP-Kondensatoren beansprucht werden, deren Nenngleichspannungen mit a) 160 V b) 250 V und c) 350 V angegeben ist? Die Prüfspannung beträgt das 1,5fache hiervon, die Betriebsspannung davon wieder ein Drittel.

23. Welchen Scheitelwert hat die Stromstärke in einer Glühlampe für 230 V, deren Leistung a) 25 W b) 40 W c) 60 W d) 75 W und e) 100 W beträgt?

24. Welchen höchsten Augenblickswert haben die Leistungen der in Aufgabe 23 genannten Lampen?

25. Berechnen Sie den Gleichrichtwert eines Stromes mit den Scheitelstromstärken $\hat{I}$ a) 1,2 A, b) 2,8 A, c) 6,5 A bei Doppelweggleichrichtung.

26. Welchem Gleichrichtwert entsprechen folgende Effektivwerte? a) 1,8 A, b) 2,5 A, c) 3,7 A und d) 24 A

27. Zur Elektrolyse einer Salzlösung wird eine Badspannung von a) 3,8 V, b) 4,2 V und c) 5,3 V benötigt.

Welche Scheitelspannung muss der dazu verwendete Doppelweggleichrichter liefern?

28. Ein Halbweggleichrichter liefert eine sinusförmige Spannung, deren Höchstwert a) 6,5 V, b) 8,5 V und c) 16,5 V beträgt.

Welches ist der Gleichrichtwert?

29. Mit einem Drehspulspannungsmesser wird über einen Halbweggleichrichter eine Spannung von a) 12 V, b) 20 V und c) 37 V gemessen. Welchen Scheitelwert hat die gleichgerichtete sinusförmige Wechselspannung?

30. Die oszillographische Aufzeichnung zweier verzerrter Wechselströme (a und b) ergibt die in den Bildern 1 und 2 angegebenen Kurven einer Halbwelle. Ermitteln Sie aus den in Abständen von je 15° ablesbaren Augenblickswerten durch Mittelwertsbildung die arithmetischen Mittelwerte, Effektivwerte, die Scheitel- und Formfaktoren.

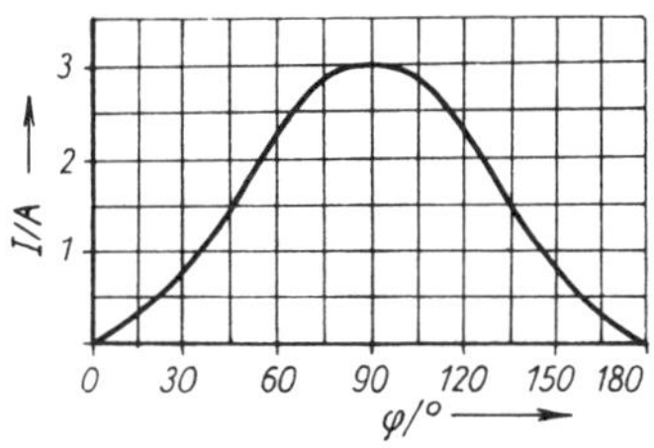

Bild 1: Aufgabe 30a

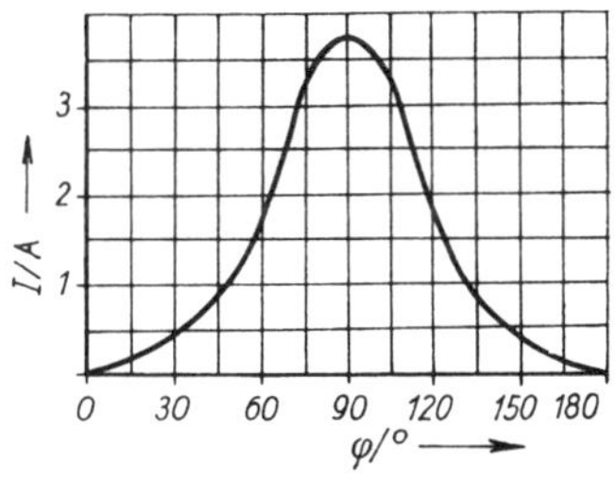

Bild 2: Aufgabe 30b

31. Ermitteln Sie nach dem gleichen Näherungsverfahren den Gleichrichtwert, den Effektivwert, den Form- und Scheitelfaktor bei a) sinusförmigem und b) dreieckförmigem Spannungsverlauf (Bilder 3 und 4).

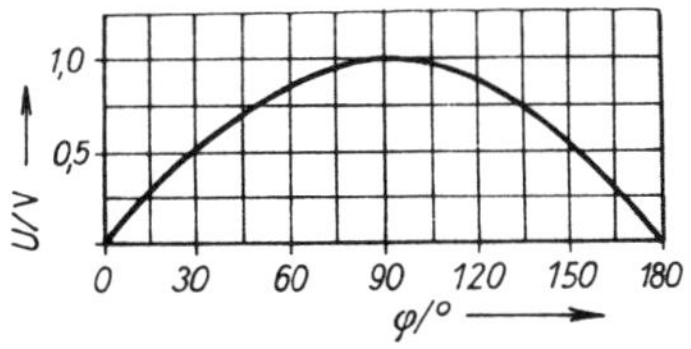

Bild 3: Aufgabe 31a

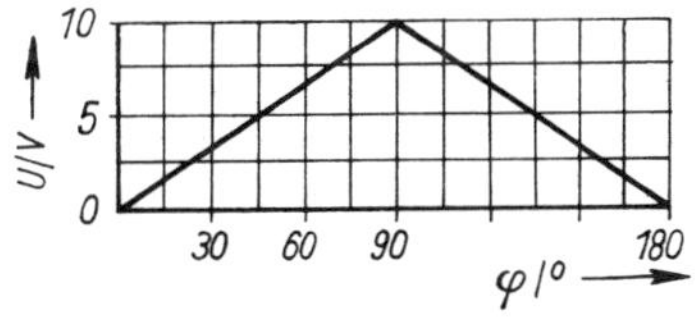

Bild 4: Aufgabe 31b

32. Ermitteln Sie den Effektivwert für die in den Bildern 5 bis 7 angegebenen, mit sinusförmigem Wechselstrom überlagerten Gleichströme.

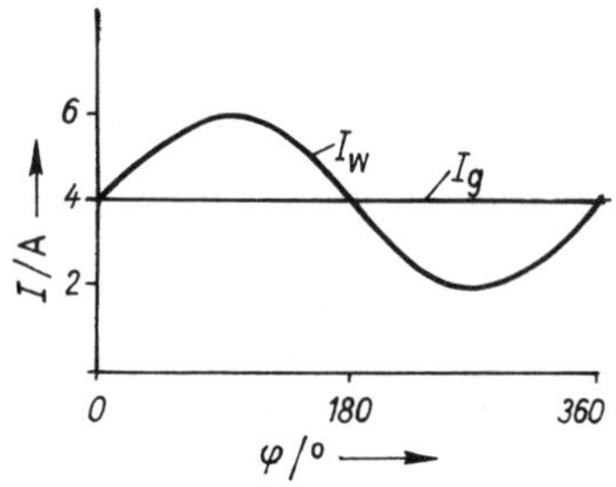

Bild 5: Aufgabe 32a

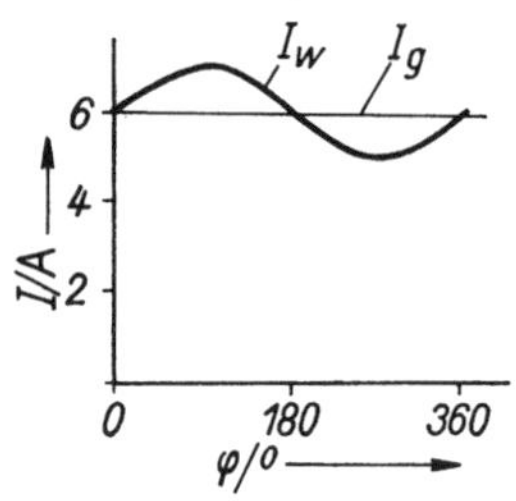

Bild 6: Aufgabe 32b

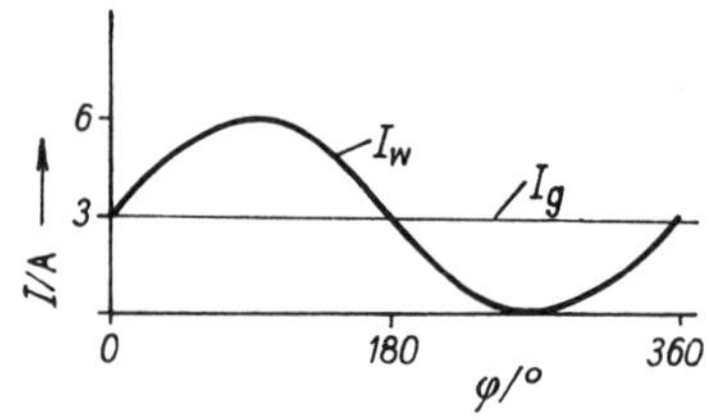

Bild 7: Aufgabe 32c

33. Welchen Form- und Scheitelfaktor hat ein sinusförmiger Wechselstrom?

34. Welche Effektivwerte ergeben sich aus folgenden Werten?

	Scheitelwert	Scheitelfaktor
a)	175 V	1,52
b)	27,8 A	1,73
c)	1,235 0 Wb/m²	1,65
d)	$3 \cdot 10^{-3}$ Wb	1,41
e)	2 680 A/m	1,95

1.3 Addition sinusförmiger Wechselgrößen gleicher Frequenz

Formeln:

$$I = \sqrt{I_1^2 + I_2^2 + 2 I_1 I_2 \cos\varphi}$$

$$\tan\varphi_g = \frac{I_2 \sin\varphi}{I_1 + I_2 \cos\varphi}$$

Größe	Zeichen	Einheit
Teilstromstärken	I_1, I_2	A
Gesamtstromstärke	I	A
Voreilung von I_2 gegenüber I_1	φ	Grad (°)
Voreilung des Gesamtstromes gegenüber I_1	φ_g	Grad (°)

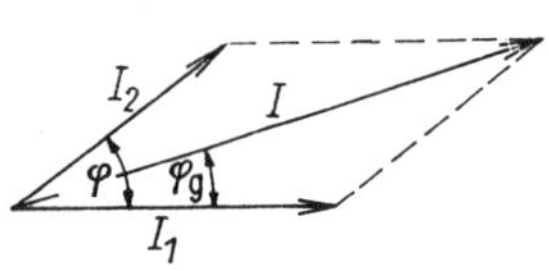

Bild 8: Addition zweier phasenverschobener Ströme

Hinweis:

Phasenverschobene Spannungen bzw. Stromstärken dürfen nur *geometrisch*, d. h. durch Zeichnen des aus den Zeigern gebildeten Parallelogramms, addiert werden. Rechnerisch ergibt sich die resultierende Größe aus dem Kosinussatz.

35. Welchen Gesamtwert ergeben die nachstehenden Teilspannungen unter Berücksichtigung der angegebenen Phasenverschiebungswinkel und unter welchem Winkel eilt die Gesamtspannung der Spannung U_1 voraus?

	a)	b)	c)	d)	e)
U_1 in V	100	60	128	230	40
U_2 in V	150	65	128	115	33
φ in °	60	30	45	75	90

36. Um welchen Winkel eilt der Strom I_2 dem Strom I_1 voraus, wenn die Gesamtstromstärke I gegeben ist?

	a)	b)	c)	d)
I_1 in A	5	1,5	0,8	1,1
I_2 in A	3,5	1,5	0,4	2,1
I in A	6	2,5	1,0	2,8

37. Zwei in Reihe geschaltete Generatoren erzeugen 120 V bzw. 100 V, haben aber bei gleicher Frequenz eine gegenseitige Phasenverschiebung von 25°. Welche Gesamtspannung resultiert daraus?

38. Die Antriebswellen zweier Generatoren mit gleicher Frequenz und 75 V bzw. 125 V sind unter einem Winkel von a) 0°, b) 30°, c) 60°, d) 90°, e) 120° und f) 180° miteinander gekuppelt. Welchen Betrag hat die Gesamtspannung?

39. Die von den in der Schaltung (Bild 9) angegebenen Generatoren erzeugten Quellenspannungen sind um 90° gegeneinander verschoben. Es fließen die beiden Ströme

	a)	b)	c)	d)
I_1 in A	18	25	47	65
I_2 in A	27	25	18	120

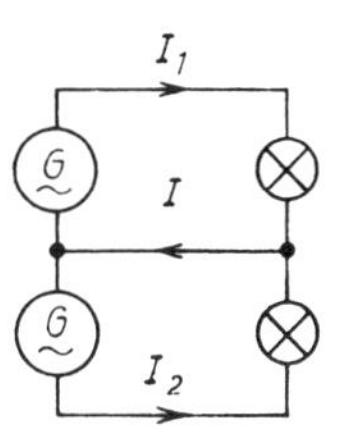

Bild 9: Aufgabe 39

Welcher Strom fließt in der gemeinsamen Zuleitung? (Es sind nur Wirkwiderstände vorhanden.)

40. Zwei in Reihe geschaltete Generatoren von gleicher Quellenspannung ergeben eine Gesamtspannung von 125 V. Die Teilspannungen sind um a) 90°, b) 60° und c) 30° gegeneinander phasenverschoben. Wie groß sind die Teilspannungen?

41. In einem Leiter überlagern sich drei Ströme I_1, I_2, I_3 von je 10 A. Es bestehen die Phasenwinkel $\varphi_{1,2} = 60°$ und $\varphi_{2,3} = 60°$. Wie groß ist der resultierende Strom?

42. Die von den 3 Generatoren erzeugten gleich großen Quellenspannungen (Bild 10) sind um je 120° zueinander verschoben, U_{q1} und U_{q2} sind jedoch gegeneinander geschaltet. Berechnen Sie die an den beiden Gruppen parallel geschalteter Lampen liegende Spannung sowie die Gesamtstromstärke I.

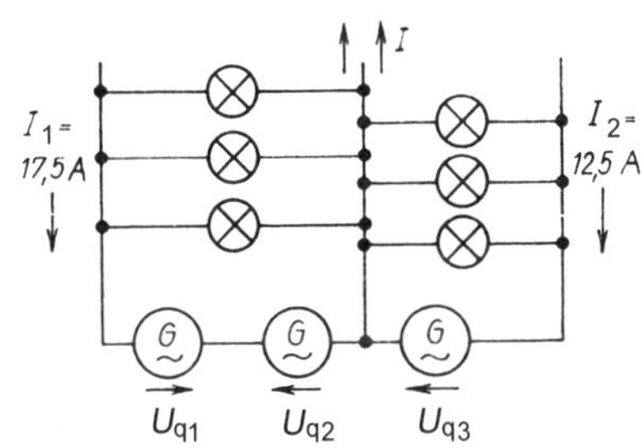

Bild 10: Aufgabe 42

43. Zwei Generatoren erzeugen die Spannungen 60 V bzw. 80 V mit einer Phasenverschiebung von a) 40°, b) 50° und c) 60°. Welche Spannungen ergeben sich bei Reihen- und Gegenreihenschaltung?

2 Widerstände im Wechselstromkreis

2.1 Verlustloser induktiver Widerstand

Formeln:

$$X_L = \omega L$$

$$I = \frac{U}{X_L} = \frac{U}{\omega L}$$

$$\omega = 2\pi f$$

Größe	Zeichen	Einheit
induktiver Widerstand	X_L	Ω
Induktivität	L	$\mathrm{H} = \mathrm{V} \cdot \mathrm{s/A}$
Stromstärke	I	A
Spannung	U	V
Kreisfrequenz	ω	s^{-1}
Frequenz	f	$\mathrm{s}^{-1} = \mathrm{Hz}$

44. Zur Bestimmung der Induktivität von Spulen werden Stromstärke und Klemmenspannung gemessen. Berechnen Sie die Induktivität bei Vernachlässigung des Wirkwiderstandes.

	a)	b)	c)	d)	e)
U	18 V	30 V	125 V	125 V	230 V
I	2 A	1,5 A	10 A	8 A	11,5 A
f	50 Hz	50 Hz	40 Hz	100 Hz	52 Hz

45. Eine Spule hat bei $f = 50\,\mathrm{Hz}$ einen induktiven Widerstand von $12\,\Omega$. Welchen induktiven Widerstand hat sie bei den Frequenzen a) 48 Hz, b) 60 Hz, c) 100 Hz und d) 800 Hz?

46. Welcher Strom fließt bei Vernachlässigung des Wirkwiderstandes durch folgende Spulen?

	a)	b)	c)	d)
L	2,45 H	15 H	25 mH	32 mH
U	110 V	65 V	125 V	230 V
f	50 Hz	200 Hz	49 Hz	50 Hz

47. Welcher Strom fließt bei Vernachlässigung des Wirkwiderstandes durch eine Drosselspule mit a) $N = 500$, b) 800 und c) 1 500 Windungen bei einer Klemmenspannung von 125 V (50 Hz)? Der Kern hat nach Bild 11 zwei Luftspalte von je $\delta = 1{,}5\,\mathrm{mm}$ und Polflächen von je $A = 4{,}5\,\mathrm{cm} \times 4{,}5\,\mathrm{cm}$. Die Berechnung erfolge näherungsweise nach Band I, 7.2.2.

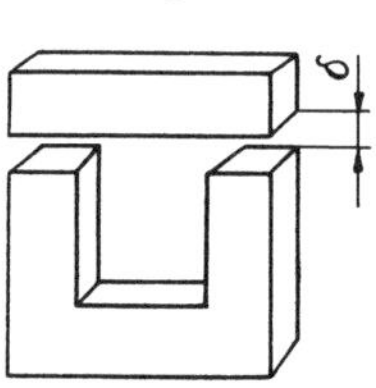

Bild 11: Aufgabe 47

48. Eine Spule hat bei 500 Hz einen induktiven Widerstand von $78\,\Omega$. Bei welchen Frequenzen beträgt dieser a) $85\,\Omega$, b) $120\,\Omega$ und c) $50\,\Omega$?

49. Wie viel Windungen muss der in Aufgabe 47 verwendete Kern tragen, wenn an der Drossel bei einem Strom von 0,6 A und 50 Hz ein Spannungsabfall von 70 V bestehen soll?

50. Wie viel Windungen muss der in Aufgabe 47 verwendete Kern tragen, wenn der induktive Widerstand a) $80\,\Omega$, b) $60\,\Omega$ und c) $50\,\Omega$ betragen soll? ($f = 50\,\mathrm{Hz}$)

51. Eine Ringspule (Stahlguss) nach Bild 12 trägt 300 Windungen dicken Drahtes, durch die ein Strom von 0,4 A fließt. Welcher induktive Spannungsabfall entsteht an den Spulenklemmen? ($f = 50\,\mathrm{Hz}$)

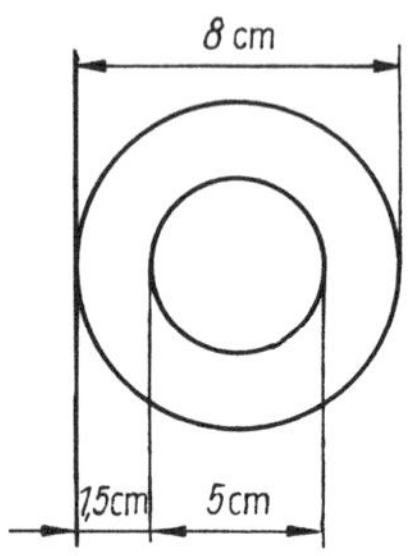

Bild 12: Aufgabe 51

52. Eine frei verlegte Doppelleitung von 25 km Einfachlänge besteht aus zwei Leitern von je $35\,\mathrm{mm}^2$ Querschnitt im Abstand von 20 cm. Welcher induktive Spannungsabfall entsteht bei der Übertragung von 45 A bei 50 Hz?

53. Wie ändert sich dieser Wert, wenn der Leiterabstand auf a) 30 cm und b) 50 cm vergrößert wird?

2.2 Verlustloser kapazitiver Widerstand

Formeln:

$$X_C = \left| \frac{1}{\omega C} \right|$$

$$I = \frac{U}{X_C} = \omega U C$$

$$\omega = 2\pi f$$

Größe	Zeichen	Einheit
kapazitiver Widerstand	X_C	Ω
Kapazität	C	$\mathrm{F} = \mathrm{A} \cdot \mathrm{s/V}$
Stromstärke	I	A
Spannung	U	V
Kreisfrequenz	ω	$\mathrm{s}^{-1} = \mathrm{Hz}$

54. Berechnen Sie den kapazitiven Widerstand folgender Kondensatoren:

	a)	b)	c)	d)	e)	f)
C	0,5 µF	0,8 µF	1,2 µF	250 pF	600 pF	2 000 pF
f	50 Hz	50 Hz	500 Hz	100 kHz	350 kHz	500 kHz

55. Welche Ströme fließen durch folgende Kondensatoren:

	a)	b)	c)	d)	e)	f)
C	2 µF	4,5 µF	0,3 µF	40 nF	1 500 pF	350 pF
U	230 V	230 V	125 V	120 V	40 V	100 V
f	50 Hz	50 Hz	50 Hz	100 kHz	500 kHz	600 kHz

56. Bei welchen Frequenzen weisen folgende Kondensatoren einen kapazitiven Widerstand von 10 Ω auf? a) 1 µF, b) 0,3 µF, c) 50 nF und d) 500 pF

57. An einem Kondensator von 5 µF liegt eine Spannung von 218 V. Es werden folgende Stromstärken gemessen: a) 0,6 A, b) 0,8 A, c) 0,342 A. Um welche Frequenzen handelt es sich?

58. An einer Anzahl von Kondensatoren liegen Spannungen von 125 V bei 50 Hz. Es fließen Ströme von a) 5,89 mA, b) 17,67 mA, c) 24 mA, d) 0,05 A, e) 0,2 A.

Welche Kapazitätswerte besitzen die Kondensatoren?

59. Durch einen Kondensator von 1,2 µF mit einer Toleranzangabe von ±20 % soll bei 50 Hz ein Strom mit dem Effektivwert von $I = 0{,}1$ A fließen. Mit welchem maximal möglichen Scheitelwert der Spannung muss gerechnet werden?

60. Zwischen welchen Werten kann die Stromstärke liegen, wenn ein Kondensator von 2,5 µF ± 10 % an eine Spannung von 400 V und 50 Hz angeschlossen wird?

61. Um wie viel Prozent weicht die wahre Kapazität eines Kondensators von seiner Nennkapazität 1,5 µF ab, wenn bei 225 V und 50 Hz ein Strom von a) 0,1 A, b) 0,109 A und c) 0,115 A fließt?

3 Berechnung von Schaltungen

3.1 *R* und *L* in Reihe

Formeln:

$$Z = \sqrt{R^2 + X_L^2}$$

$$R = Z \cos \varphi$$

$$U = \sqrt{U_R^2 + U_L^2}$$

$$X_L = Z \sin \varphi$$

$$U_R = U \cos \varphi$$

$$U_L = U \sin \varphi$$

$$I = \frac{U}{Z}$$

$$\tan \varphi = \frac{X_L}{R} = \frac{\omega L}{R}$$

Größe	Zeichen	Einheit
Wirkwiderstand	R	Ω
induktiver Widerstand	X_L	Ω
Scheinwiderstand	Z	Ω
Kreisfrequenz	$\omega = 2\pi f$	s^{-1}
Frequenz	f	$s^{-1} = Hz$
Phasenwinkel	φ	Grad (°), rad
Teilspannungen am Wirk- bzw. induktiven Widerstand	 U_R U_L	 V V

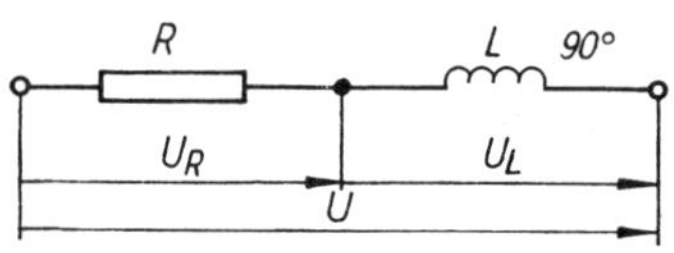

Bild 13: Reihenschaltung eines Wirk- und eines rein induktiven Widerstandes

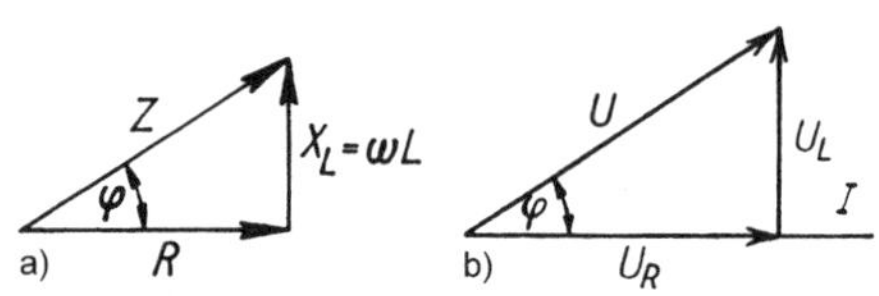

Bild 14: a) Widerstandsdiagramm, b) Spannungsdiagramm

Hinweis:

Bei der *Reihenschaltung* von Wechselstromwiderständen dient als Bezugsrichtung stets die des Stromes. Mit ihm in gleicher Phase liegt der Spannungsabfall am Wirkwiderstand U_R. Der Zeiger des induktiven Spannungsabfalls U_L ist hierzu rechtwinklig nach oben gerichtet.

62. Berechnen Sie den Scheinwiderstand und den Phasenwinkel, wenn folgende Größen angegeben sind:

	a)	b)	c)	d)	e)	f)
R	1 Ω	15 Ω	1,5 kΩ	450 kΩ	2,4 MΩ	40 kΩ
L	2 mH	0,05 H	0,6 H	1 H	12 H	35 mH
f	50 Hz	50 Hz	2,5 kHz	60 kHz	50 kHz	350 kHz

63. Wie groß muss der Widerstand R sein, wenn der Phasenwinkel 45° betragen soll?

	a)	b)	c)
L	2,5 H	180 mH	4,6 H
f	50 Hz	250 kHz	100 Hz

64. Wie groß muss die Induktivität L sein, wenn der Phasenwinkel 30° betragen soll?

	a)	b)	c)
R	3,5 Ω	0,2 Ω	18,5 Ω
f	50 Hz	420 Hz	65 Hz

65. Berechnen Sie die Frequenz f, wenn der Phasenwinkel 8° beträgt.

	a)	b)	c)
R	1,5 Ω	75 Ω	3 MΩ
L	6 mH	2,5 mH	5 mH

66. Berechnen Sie den Scheinwiderstand und die Induktivität, wenn folgende Daten gegeben sind:

	a)	b)	c)	d)
φ	87°	60°	25°	2°
f	500 kHz	40 Hz	150 Hz	200 Hz
R	1,8 Ω	7,6 Ω	140 Ω	0,01 Ω

67. Ein Fernhörer hat einen Gleichstromwiderstand von $4\,k\Omega$. Bei Erregung mit einem Summer von 1 kHz ergibt sich eine Impedanz von $5{,}822\,k\Omega$. Welche Induktivität haben die Hörerspulen?

68. Berechnen Sie für eine Frequenz von 50 Hz den Wirkwiderstand R und die Induktivität L, wenn gegeben sind

	a)	b)	c)	d)
Z	$2\,800\,\Omega$	$350\,\Omega$	$72\,\Omega$	$2{,}7\,\Omega$
φ	60°	47°	22°	19°

69. An einer Drosselspule ($R = 1\,k\Omega$, $L = 10\,H$) liegt eine Spannung von 60 V. Welche Ströme fließen bei folgenden Frequenzen (die Induktivität wird als konstant angenommen)?

	a)	b)	c)	d)
f	25 Hz	50 Hz	120 Hz	1 000 Hz

70. Um die Induktivität einer Spule zu messen, wurde zunächst ihr Gleichstromwiderstand zu $8{,}5\,\Omega$ bestimmt. Beim Anlegen einer Wechselspannung von 50 Hz und 6 V floss ein Strom von 0,45 A. Wie groß ist die Induktivität?

71. Durch eine Spule fließt beim Anlegen von 12 V Gleichspannung ein Strom von 1,3 A, dagegen nur 0,7 A, wenn eine Wechselspannung von 50 Hz und 12 V angelegt wird. Wie groß ist die Induktivität?

72. Der Spannungsabfall am Wirkwiderstand R beträgt 3,8 V. Die an der Schaltung liegende Gesamtspannung beträgt 5,7 V. Es fließt ein Strom von 0,6 A (50 Hz). Wie groß sind U_L, R und L?

73. Berechnen Sie den Phasenwinkel φ, den Wirkwiderstand R und die Induktivität L bei einer Frequenz von 50 Hz, wenn folgende Daten gegeben sind:

	a)	b)	c)	d)
U_R	10 V	2 V	120 V	1,6 V
U	12 V	20 V	240 V	2,2 V
I	2 A	0,1 A	1,75 A	3,2 A

74. Berechnen Sie den Phasenwinkel φ, wenn folgende Daten gegeben sind:

	a)	b)	c)	d)
U	15 V	3 V	185 V	23,5 V
R	$85\,\Omega$	$1\,500\,\Omega$	$2\,400\,\Omega$	$380\,\Omega$
I	0,1 A	1,5 mA	0,05 A	0,04 A

75. Durch Zuschalten eines Widerstandes R_x nach Bild 15 soll der Phasenwinkel von 30° auf 80° vergrößert werden. Welchen Wert muss R_x haben, wenn $R = 18\,\Omega$ ist? (L ist konstant.)

76. Welchen Wert muss der nach Bild 15 zuzuschaltende Widerstand R_x haben, wenn der Scheinwiderstand dadurch um 10 % abnehmen soll? ($R = 18\,\Omega$, $f = 50\,Hz$, $L = 0{,}1\,H$)

77. Wie groß muss der nach Bild 15 zuzuschaltende Widerstand R_x sein, wenn dadurch der Phasenwinkel um 20 % größer werden soll? ($R = 16\,\Omega$, $L = 0{,}1\,H$ (konstant), $f = 50\,Hz$)

78. (Bild 15) Durch Zuschalten des Widerstandes R_x soll der Scheinwiderstand Z um 30 % kleiner werden. Wie groß muss R_x bei unverändertem Phasenwinkel werden, wenn $R = 7\,\Omega$ ist?

79. Der Phasenwinkel ist durch Zuschalten von Rx auf 85° zu bringen, wobei jedoch die Stromstärke konstant bleiben soll. Wie groß müssen R_x und die Induktivität L' gewählt werden, wenn $R = 12\,\Omega$, $f = 50\,Hz$ und L anfänglich gleich 0,05 H ist?

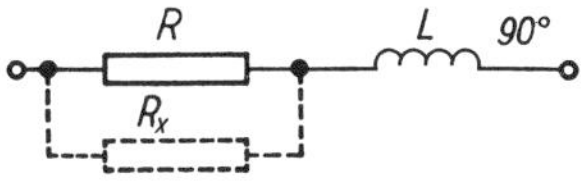

Bild 15: Aufgaben 75 bis 79

80. Von einem Wechselstromgenerator (50 Hz) mit der Induktivität $L_g = 35\,mH$ und dem Wirkungswiderstand $R_g = 3{,}2\,\Omega$ (Bild 16) führt eine Überlandleitung zum Verbraucher, dessen Wirkwiderstand $R_V = 28\,\Omega$ und Induktivität $L_V = 0{,}22\,H$ beträgt. Die Leitung hat $l = 18\,km$ Einfachlänge, einen Leiterabstand von 80 cm und einen Drahtdurchmesser von 0,8 cm ($\varrho = 0{,}02\,\Omega \cdot mm^2/m$). Am Verbraucher sollen 10 kV zur Verfügung stehen. Berechnen Sie a) den die Anlage durchfließenden Strom, b) die Klemmenspannung U_g am Generator, c) die vom Generator zu erzeugende Quellenspannung sowie d) die Voreilung φ_V der Spannung im Verbraucher und e) φ_g im Generator.

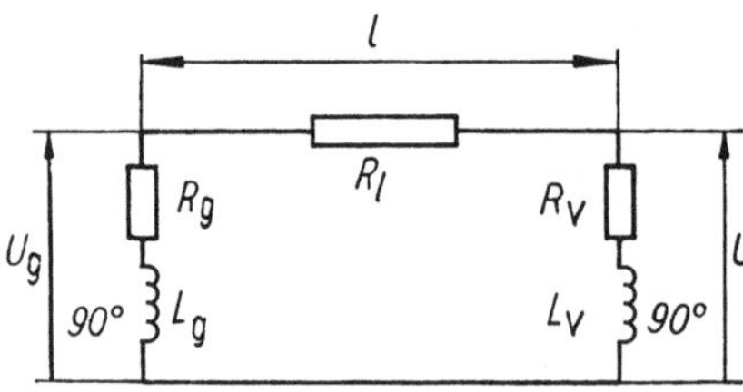

Bild 16: Aufgabe 80

81. Eine Drosselspule hat den Wirkwiderstand 4 Ω und nimmt bei 110 V (50 Hz) den Strom 4,5 A auf. Welchen Wert R_V muss ein Vorschaltwiderstand haben, der den Strom auf 1,5 A verringert? (Die Induktivität werde als konstant vorausgesetzt.)

82. Eine Drosselspule hat bei einer Kreisfrequenz von $\omega = 4\,000\,\text{s}^{-1}$ einen Scheinwiderstand von 200 Ω sowie einen Phasenwinkel von 30°. Wie groß sind R und L?

83. Eine Spule hat bei $f = 100$ Hz einen Scheinwiderstand von 1,25 kΩ sowie einen Wirkwiderstand von 0,95 kΩ. Wie groß sind Blindwiderstand und Induktivität?

84. Die Quellenspannung einer Wechselstrommaschine ($f = 50$ Hz) beträgt 80 V, der Ankerwiderstand $R_a = 1{,}5\,\Omega$. Um die Induktivität zu messen, wurde in den äußeren Stromkreis ein induktionsfreier Widerstand R geschaltet, durch den ein Strom von 8 A floss. Die Klemmenspannung betrug dabei 52 V. Welche Induktivität hat die Maschine?

3.2 *R* und *C* in Reihe

Formeln:

$$Z = \sqrt{R^2 + X_C^2}$$

$$U = \sqrt{U_R^2 + U_C^2}$$

$$\tan\varphi = \frac{X_C}{R} = \frac{1}{R\omega C}$$

$$I = \frac{U}{Z}$$

$$R = Z\cos\varphi$$

$$X_C = Z\sin\varphi$$

Größe	Zeichen	Einheit
Scheinwiderstand	Z	Ω
Wirkwiderstand	R	Ω
kapazitiver Widerstand	X_C	Ω
Teilspannungen	U_R, U_C	V
gesamte Klemmenspannung	U	V
Nacheilung der Spannung gegenüber dem Strom	φ	Grad (°), rad

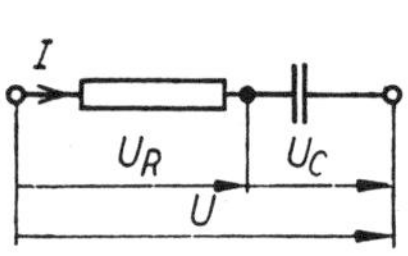

Bild 17: Reihenschaltung eines Wirk- und eines rein kapazitiven Widerstandes

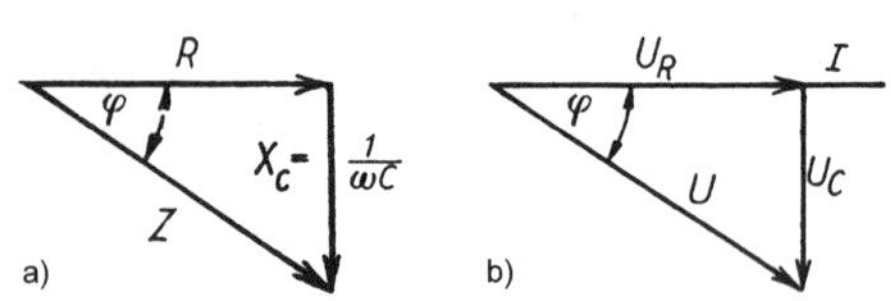

Bild 18: a) Widerstandsdiagramm, b) Spannungsdiagramm

Hinweis:

Der Zeiger des *kapazitiven* Widerstandes X_C ist stets rechtwinklig zu dem des Wirkwiderstandes R *nach unten* gerichtet.

85. Zu berechnen sind der Scheinwiderstand und der Gesamtphasenwinkel folgender in Reihe geschalteter Widerstände:

	a)	b)	c)	d)	e)	f)
C	50 pF	350 pF	12 nF	140 nF	0,2 μF	1,3 μF
R	30 kΩ	2 kΩ	120 Ω	15 Ω	30 kΩ	650 Ω
f	300 kHz	400 kHz	20 kHz	18 kHz	120 Hz	50 Hz

86. Eine Glühlampe von 125 V/15 W soll unter Zwischenschaltung eines Kondensators an eine Spannung von 230 V (50 Hz) angeschlossen werden und dabei normal brennen. Welche Kapazität muss der Kondensator haben?

87. a) Welcher Strom fließt durch einen Kondensator von 0,5 µF mit einem in Reihe geschalteten Widerstand von 5 kΩ bei einer Klemmenspannung von 80 V (50 Hz)? b) Welche Kapazität muss der Kondensator haben, wenn sich die Stromstärke um 50 % erhöhen soll?

88. Bei welcher Frequenz fließt durch einen Kondensator von 0,5 µF mit einem Reihenwiderstand von 5 kΩ ein Strom von 15 mA? Die Klemmenspannung betrage a) 80 V, b) 160 V und c) 240 V.

89. An einem Kondensator liegt die gleiche Spannung wie an dem in Reihe geschalteten Widerstand von 1 kΩ ($f = 50$ Hz). Welche Kapazität hat der Kondensator?

90. Ein Kondensator liegt bei 100 Hz in Reihe mit einem Wirkwiderstand von 800 Ω. Bei Verdoppelung der Frequenz wächst die Stromstärke auf den 1,5fachen Wert. Welche Kapazität hat der Kondensator?

91. Ein Kondensator liegt bei 100 Hz mit einem Widerstand von 350 Ω in Reihe. Infolge Durchschlages wird der Kondensator kurzgeschlossen, wodurch die Stromstärke den 10fachen Wert annimmt. Welche Kapazität hat der Kondensator?

92. Ein Kondensator liegt bei 50 Hz in Reihe mit einem Widerstand von 200 Ω. Durch Zuschalten eines weiteren Widerstandes von 200 Ω nimmt der Scheinwiderstand um 20 % zu. Welche Kapazität hat der Kondensator?

93. Der Klangregler eines Rundfunkgerätes besteht aus einem Kondensator von 0,1 µF mit einem Wirkwiderstand von 20 kΩ in Reihe. Berechnen Sie den Scheinwiderstand und den Phasenwinkel bei einer Tonfrequenz von 100 Hz.

94. Eine Glühlampe von 40 W (230 V) liegt mit einem Kondensator von 2 µF in Reihe. An dieser Reihenschaltung liegt eine Spannung von 230 V und 50 Hz. Berechnen Sie a) den Scheinwiderstand, b) die Stromstärke, c) die Spannungsabfälle an der Lampe und am Kondensator und d) den Phasenwinkel. (Der Einfachheit halber sei die in Wirklichkeit nicht zutreffende Annahme gemacht, dass der Lampenwiderstand von der Brennspannung unabhängig ist.)

95. Ein verlustloser Kondensator von 3 000 pF ist mit einem Wirkwiderstand in Reihe geschaltet. a) Wie groß muss der Letztere sein, wenn der Scheinwiderstand der Schaltung bei einer Tonfrequenz von 800 Hz gleich 100 kΩ sein soll? b) Bei welcher Klemmenspannung fließt ein Strom von 0,3 mA? c) Welche Teilspannungen liegen am Widerstand und am Kondensator?

96. In welchem Verhältnis stehen die beiden Spannungen U_1 und U_2 der Siebschaltung (Bild 19) zueinander und welchen Wert hat U_2, wenn $U_1 = 12$ V, $R = 18$ kΩ und $C = 6$ µF (50 Hz) betragen?

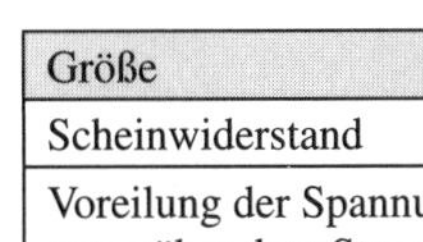

Bild 19: Aufgabe 96

3.3 *L* und *C* in Reihe

Formeln:

$$Z_L = \omega L - \frac{1}{\omega C} \quad \text{wenn} \quad \omega L > \frac{1}{\omega C}$$

$$Z_C = \frac{1}{\omega C} - \omega L \quad \text{wenn} \quad \frac{1}{\omega C} > \omega L$$

$$\varphi = \pm 90^\circ$$

je nach Überwiegen des induktiven oder des kapazitiven Widerstandes

Größe	Zeichen	Einheit
Scheinwiderstand	Z_L, Z_C	Ω
Voreilung der Spannung gegenüber dem Strom	φ	Grad (°)

$$I = \frac{U}{Z_L}$$

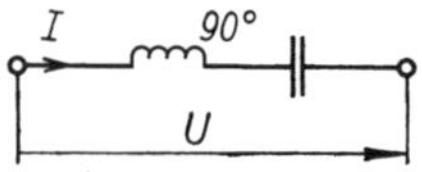

Bild 20: Reihenschaltung aus rein induktivem und kapazitivem Widerstand

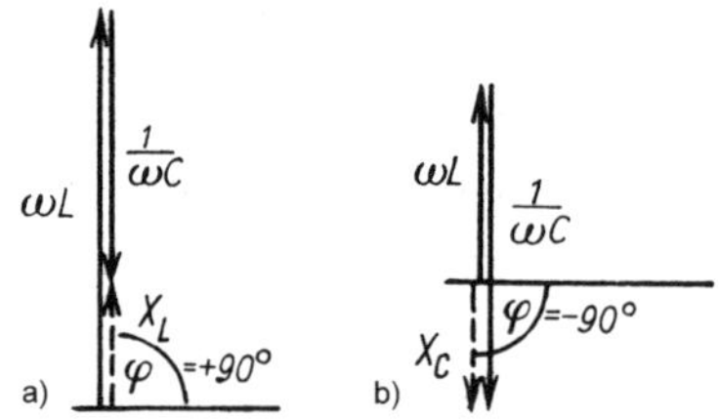

Bild 21: a) Widerstandsdiagramm bei überwiegend induktivem Widerstand, b) Widerstandsdiagramm bei überwiegend kapazitivem Widerstand

97. Wie groß sind der Blindwiderstand und der Gesamtphasenwinkel folgender in Reihe geschalteter Widerstände?

	a)	b)	c)	d)	e)
L	2 H	15 H	30 mH	2,5 H	25 H
C	1 µF	3,5 µF	2,5 pF	15 pF	0,1 µF
f	50 Hz	50 Hz	500 kHz	12 kHz	100 Hz

98. Durch welche Ersatzinduktivität bzw. -Kapazität können folgende Reihenschaltungen vereinfacht werden?

	a)	b)	c)	d)
L	3 H	1 H	1,5 H	1,82 H
C	3 µF	1 µF	3,5 µF	7,21 µF
f	50 Hz	50 Hz	50 Hz	50 Hz

99. bis **102.** Wie groß ist der Blindwiderstand der Schaltungen (Bilder 22 bis 25) und durch welche einfache Induktivität bzw. Kapazität kann die Schaltung ersetzt werden?

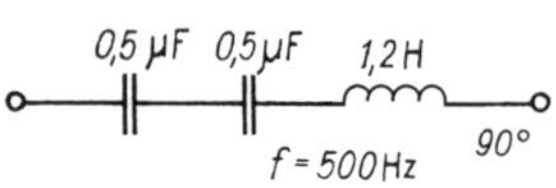

Bild 22: Aufgabe 99

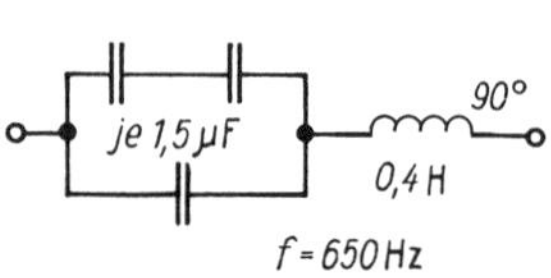

Bild 23: Aufgabe 100

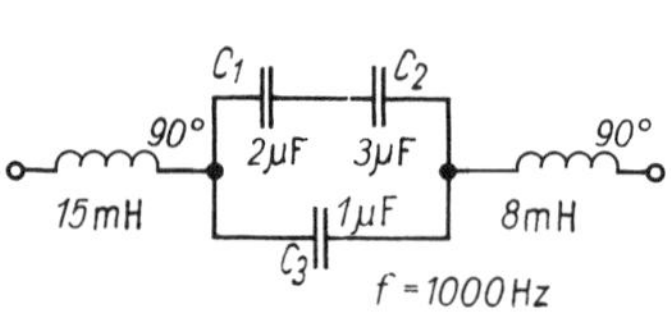

Bild 24: Aufgabe 101

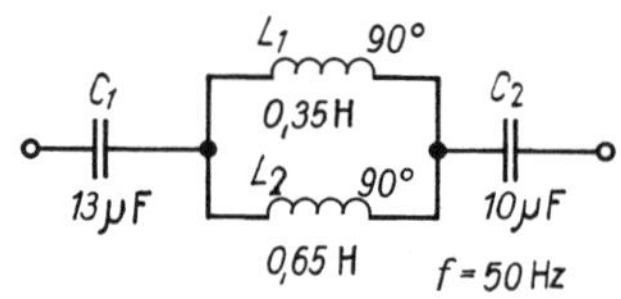

Bild 25: Aufgabe 102

103. Bei welcher Frequenz hat eine Reihenschaltung von 5 H und 1,0 µF einen a) induktiven und b) kapazitativen Blindwiderstand von 1 kΩ?

104. Welche Kapazität muss zu einer Induktivität von 2,5 H in Reihe geschaltet werden, damit die Schaltung bei $f = 800\,\text{Hz}$ einen induktiven Gesamtwiderstand von a) 10 kΩ, b) 5 kΩ und c) 12,55 kΩ erhält?

105. Um wie viel Prozent weicht die Stromstärke einer Reihenschaltung aus 25 H und 0,8 µF vom normalen Wert ab, wenn die Netzfrequenz von 50 Hz um 10 % nach oben und unten schwankt? ($U = 230\,\text{V}$)

106. Durch die in Aufgabe 105 erwähnte Schaltung fließt bei 230 V ein Strom von 75 mA. Bei welchen Frequenzen ist dies der Fall?

107. Die in Bild 26 angegebene Schaltung soll durch Regelung des Kondensators C eine Veränderung des Phasenwinkels zwischen +45° und −45° ermöglichen. Berechnen Sie Anfangs- und Endkapazität des Kondensators C.

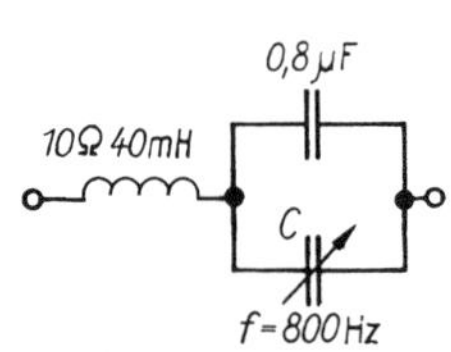

Bild 26: Aufgabe 107

3.4 *R*, *L* und *C* in Reihe

Formeln:

$$Z = \sqrt{R^2 + \left(\omega L - \frac{1}{\omega C}\right)^2}$$

$$U = \sqrt{U_R^2 + (U_L - U_C)^2}$$

$$\tan\varphi = \frac{1}{R}\left(\omega L - \frac{1}{\omega C}\right)$$

$$U_R = IR \qquad U_C = IX_C$$

$$U_L = IX_L \qquad U = IZ$$

Größe	Zeichen	Einheit
Scheinwiderstand	Z	Ω
Spannung	U	V
Stromstärke	I	A
Verschiebungswinkel (Phasenwinkel)	φ	Grad (°)

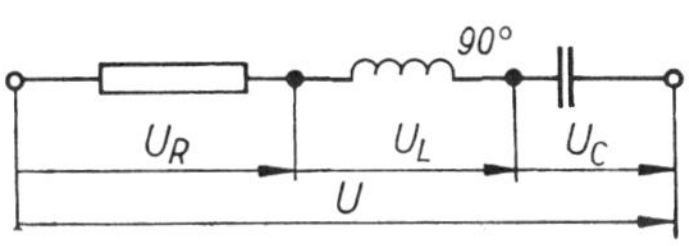

Bild 27: Reihenschaltung aus Wirk-, induktivem und kapazitivem Widerstand

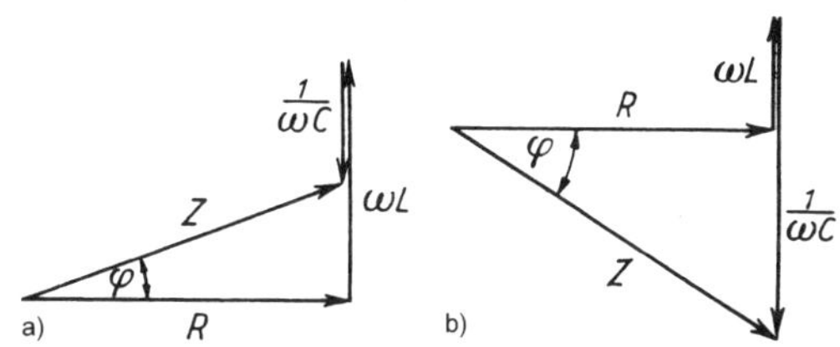

Bild 28: a) Widerstandsdiagramm bei überwiegend induktivem Widerstand, b) Widerstandsdiagramm bei überwiegend kapazitivem Widerstand

108. (Bild 27) Folgende Widerstände sind in Reihe geschaltet:

	a)	b)	c)	d)	e)	f)
R in Ω	500	340	580	6	75	3
L in mH	1 200	800	500	0,01	15	8
C in µF	8	2,5	4,8	0,8	1,5	4,5
f in Hz	100	50	50	$8 \cdot 10^4$	1 000	1 000
U in V	125	230	230	6	10	12

Berechnen Sie die Teilspannungen U_R, U_L und U_C an den einzelnen Widerständen, die Verschiebung φ der Spannung gegenüber dem Strom sowie die Stromstärke I.

109. Welche Kapazität muss zu einer Spule von 500 Ω und 2 H in Reihe geschaltet werden, damit der Phasenwinkel a) 70°, b) 45° und c) 20° beträgt? (f = 500 Hz)

110. Der durch eine Reihenschaltung von R, L und C fließende Strom sowie die Klemmenspannung der gesamten Anordnung sind gemessen worden. Berechnen Sie die in der folgenden Tabelle noch fehlenden Daten:

	a)	b)	c)	d)	e)
R in Ω	50	50	100	150	10
L in H	2	2	0,2		
C in µF				2	1,4
I in A	1,5	1,2	0,1	0,1	1
U in V	100	100	80	80	60
f in Hz	50	50	1 000	1 000	100

111. Eine Spule ist mit einem Kondensator in Reihe geschaltet. Während ein Strom von 0,5 A gemessen wird, liegt an der Spule eine Spannung von 10 V und am Kondensator von 215 V. Berechnen Sie den Wirk- und induktiven Widerstand der Spule, wenn die Gesamtspannung 210 V beträgt (f = 50 Hz).

112. Der Scheinwiderstand einer Spule beträgt Z = 25 Ω. Wenn ein Kondensator von 1,3 µF davor geschaltet wird, erhöht sich der Scheinwiderstand auf 2,43 kΩ. Berechnen Sie den Wirkwiderstand und die Induktivität der Spule. (f = 50 Hz)

113. Eine Spule ruft eine Phasenverschiebung von 30° hervor. Durch Zuschalten eines Kondensators von 20 µF wird der Phasenwinkel auf 5° verkleinert. Berechnen Sie R und L bei 50 Hz.

114. Durch eine Drosselspule fließt bei 125 V ein Strom von 3,5 A. Ihr Gleichstromwiderstand beträgt 6 Ω. Nach Zuschalten eines Kondensators sinkt der Strom auf 0,3 A. Welche Kapazität hat der Kondensator und welche Induktivität die Spule? ($f = 50$ Hz, Induktivität als konstant angenommen.)

115. Eine Drosselspule und ein Kondensator von $C_1 = 2$ µF sind in Reihe geschaltet und ergeben einen Scheinwiderstand von 500 Ω. Ein Kondensator doppelter Kapazität C_2 ergibt mit derselben Spule einen Scheinwiderstand von 300 Ω. Welche Daten hat die Spule? ($f = 50$ Hz)

116. Bei welcher Frequenz liefert eine Spule von 50 Ω und 2 H in Reihe mit einem Kondensator von 1 µF einen Scheinwiderstand von 80 Ω?

117. In einem Klangentzerrer ist eine Kapazität von 4 000 pF mit einem Wirkwiderstand und einer Induktivität von 5 H in Reihe geschaltet. Welchen Wert muss der Wirkwiderstand haben, damit der Scheinwiderstand bei 1 kHz einen Wert von 20 kΩ annimmt?

118. Die in Bild 29 angegebene Siebschaltung dient zur Beseitigung der Welligkeit einer gleichgerichteten Wechselspannung. Der „Siebfaktor" S ist gleich dem Verhältnis der „Brummspannungen" U_1/U_2 vor und hinter der Schaltung. Welche Formel ergibt sich für S?

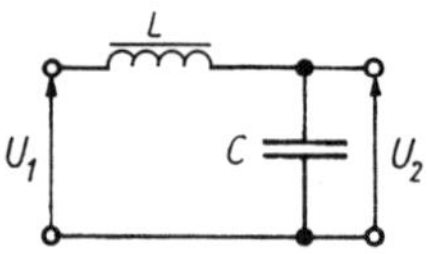

Bild 29: Aufgaben 118 und 119

119. Welcher Siebfaktor ergibt sich, wenn in der vorstehenden Schaltung $L = 35$ H und $C = 15$ µF sind, und auf welchen Wert wird eine Brummspannung von 24 V (50 Hz) herabgesetzt?

120. Wie berechnet sich der Siebfaktor der zweigliedrigen Siebschaltung nach Bild 30?

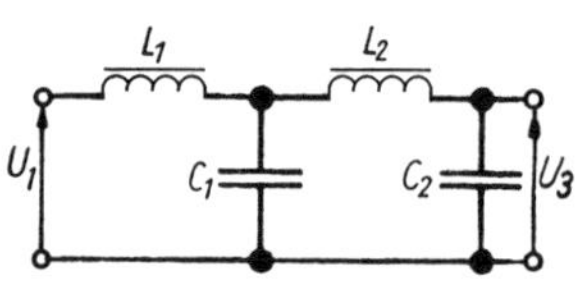

Bild 30: Aufgabe 120

121. Eine zweigliedrige Siebschaltung aus zwei gleichen Drosselspulen und zwei Kondensatoren von je 8 µF soll die Brummspannung auf den tausendsten Teil herabsetzen. Welche Induktivität muss jede der beiden Drosselspulen haben? (50 Hz)

3.5 *R* und *C* parallel

Formeln:

$$I = \sqrt{I_R^2 + I_C^2}$$

$$\tan\varphi = \frac{I_C}{I_R} = \frac{R}{X_C} = R\omega C$$

$$Z = \frac{R}{\sqrt{1+(R\omega C)^2}}$$

$$I_C = \frac{U}{X_C} = U\omega C$$

$$I_R = \frac{U}{R} \qquad R = \frac{Z}{\cos\varphi} \qquad X_C = \frac{Z}{\sin\varphi}$$

Größe	Zeichen	Einheit
Spannung	U	V
Gesamtstromstärke	I	A
Teilstromstärken	I_R, I_C	A
Voreilung des Stromes gegenüber der Spannung	φ	Grad (°)
Scheinwiderstand	Z	Ω

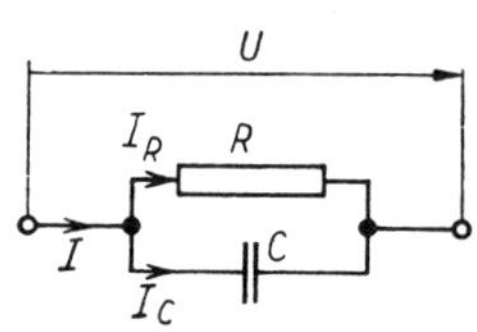

Bild 31: Parallelschaltung aus Wirk- und kapazitivem Widerstand

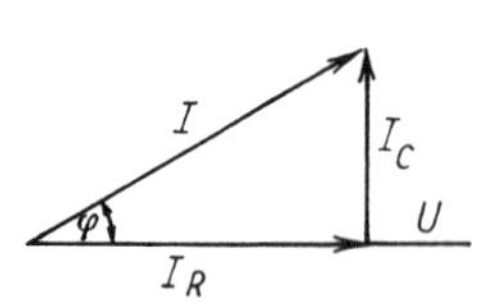

Bild 32: Stromstärkendiagramm zu Bild 31

Hinweis:

Bei der *Parallelschaltung* einfacher Wechselstromwiderstände dient als Bezugsrichtung stets die *Spannung*. Mit ihr in gleicher Phase liegt der Strom durch den Wirkwiderstand, während der Strom durch den *kapazitiven* Widerstand hierzu rechtwinklig *nach oben* gezeichnet wird.

122. (Bild 31) Berechnen Sie die Teilstromstärken, die Gesamtstromstärke, den Phasenwinkel und den Scheinwiderstand der Schaltung, wenn folgende Werte gegeben sind:

	a)	b)	c)	d)
R	1 kΩ	0,2 kΩ	0,12 kΩ	0,3 kΩ
C	2 µF	0,4 µF	0,1 µF	2 000 pF
U	230 V	110 V	125 V	80 V
f	50 Hz	500 Hz	50 Hz	300 kHz

123. Welcher Widerstand R muss bei $f = 16\,^2/_3$ Hz mit einem Kondensator von 0,6 µF parallel geschaltet werden, wenn sich ein Phasenwinkel von a) 5°, b) 15°, c) 25°, d) 35° und e) 45° ergeben soll?

124. Welcher Widerstand muss mit einem Kondensator von 0,5 µF parallel geschaltet werden, damit bei einer Spannung von 230 V und 50 Hz ein Gesamtstrom von a) 37,5 mA, b) 40 mA, c) 60 mA und d) 80 mA fließt?

125. Bei welchen Frequenzen beträgt der Scheinwiderstand eines Kondensators von 2 000 pF mit parallel geschaltetem Widerstand von 2 kΩ a) 1 kΩ, b) 1,2 kΩ und c) 1,5 kΩ?

126. Berechnen Sie den Scheinwiderstand und den Phasenwinkel, wenn folgende Werte gegeben sind (Bild 33):

	a)	b)	c)
R in Ω	800	1 200	1 500
C_1 in µF	2	1,5	3
C_2 in µF	3	0,5	1
f in Hz	50	500	1 000

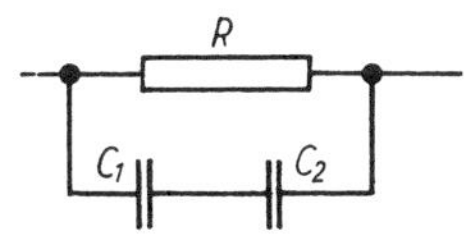

Bild 33: Aufgabe 126

127. Welche Größe muss C_1 (Bild 34) besitzen, damit $\varphi = 45°$ wird?

	a)	b)	c)
C_2 in µF	2	1	3
R in kΩ	1	1,5	0,5
f in Hz	50	50	50

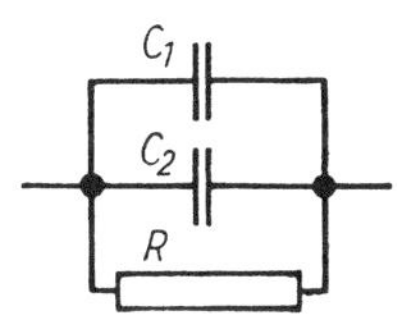

Bild 34: Aufgabe 127

128. Um die Kapazität eines Kondensators zu messen, wird mittels eines Spannungsmessers (Innenwiderstand 800 Ω) eine Spannung 160 V festgestellt, während durch die Anordnung ein Strom von 65 Hz und 1,1 A fließt (Bild 35). Wie groß ist die Kapazität?

129. Welche Stromstärke würde der Strommesser bei sonst gleichen Verhältnissen der Aufgabe 128 anzeigen, wenn der Kondensator eine Kapazität von a) 10 µF, b) 15 µF und c) 2 µF aufweist?

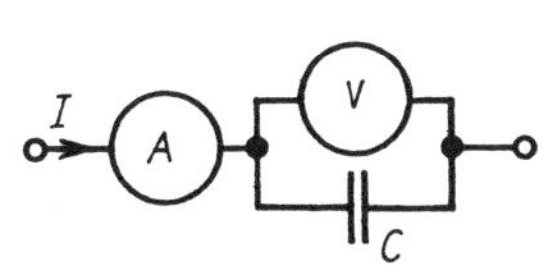

Bild 35: Aufgaben 128 und 129

3.6 Parallelschaltung zusammengesetzter Widerstände

Formeln:

$$Z_1 = \sqrt{R_1^2 + X_{L1}^2} \qquad Z_2 = \sqrt{R_2^2 + X_{L2}^2}$$

$$I = \frac{U}{Z} \qquad I_1 = \frac{U}{Z_1} \qquad I_2 = \frac{U}{Z_2}$$

$$Z = \frac{Z_1 Z_2}{\sqrt{(R_1 + R_2)^2 + (X_{L1} + X_{L2})^2}}$$

$$\cos\varphi_1 = \frac{R_1}{Z_1} \qquad \sin\varphi_1 = \frac{X_{L1}}{Z_1}$$

$$I_{w1} = I_1 \cos\varphi_1 \qquad I_{b1} = I_1 \sin\varphi_1$$

$$I_w = I_{w1} + I_{w2} \qquad I_b = I_{b1} + I_{b2}$$

$$I = \sqrt{(I_{w1} + I_{w2})^2 + (I_{b1} + I_{b2})^2}$$

$$\tan\varphi = \frac{I_b}{I_w}$$

Berechnung mithilfe der Leitwerte:

$$G_1 = \frac{R_1}{Z_1^2} \qquad B_1 = \frac{X_{L1}}{Z_1^2} \qquad Y_1 = \sqrt{G_1^2 + B_1^2}$$

$$Y = \sqrt{G^2 + B^2}$$

$$I = UY \qquad \tan\varphi = \frac{B}{G}$$

$$G = G_1 + G_2 \qquad B = B_1 + B_2$$

Größe	Zeichen	Einheit
Scheinwiderstand eines Stromzweiges	Z_1, Z_2	Ω
gesamter Scheinwiderstand der Schaltung	Z	Ω
Wirkleitwert eines Stromzweiges	G_1, G_2	S
Blindleitwert eines Stromzweiges	B_1, B_2	S
Scheinleitwert der gesamten Schaltung	Y	S
Wirk- und Blindstromstärke	I_w, I_b	A
Stromstärke	I	A

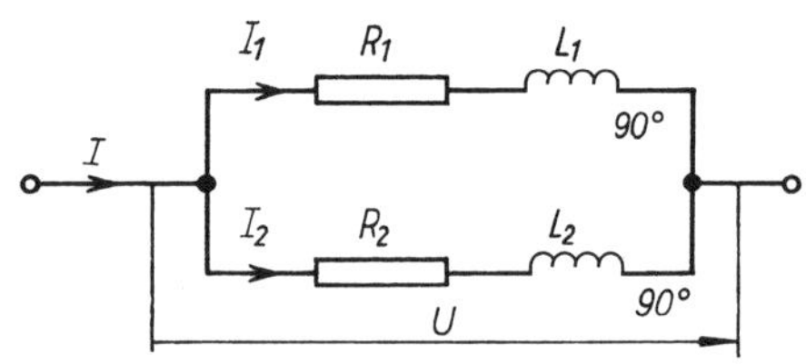

Bild 36: Parallelschaltung zusammengesetzter Widerstände

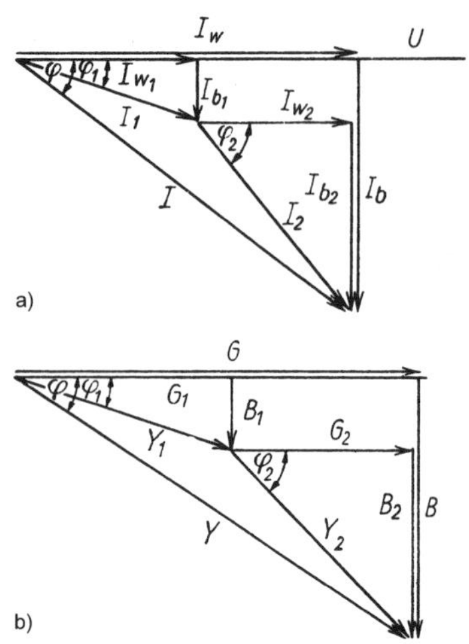

Bild 37: a) Stromstärkediagramm zu Bild 36, b) Diagramm der Leitwerte zu Bild 36

Hinweis:

Bei der *Parallel*schaltung dürfen nur reine *Wirkströme* bzw. *Wirkleitwerte* oder nur reine *Blindströme* bzw. *Blindleitwerte* algebraisch addiert werden, niemals aber die entsprechenden Widerstände oder Spannungen.

130. (Bilder 36 und 37) Berechnen Sie Gesamtwiderstand, Gesamtstromstärke, Teilstromstärken, die beiden Phasenwinkel und den Gesamtphasenwinkel einer Parallelschaltung aus $R_1 = 15\,\Omega$ und $L_1 = 0{,}05\,\text{H}$ bzw. $R_2 = 10\,\Omega$ und $L_2 = 0{,}1\,\text{H}$ für $f = 50\,\text{Hz}$ und $U = 60\,\text{V}$.

131. (Bild 36) In derselben Schaltung sind $R_1 = 50\,\Omega$, $R_2 = 25\,\Omega$, $L_1 = 5\,\text{mH}$, $L_2 = 3\,\text{mH}$, $f = 1\,\text{kHz}$ und $U = 80\,\text{V}$. Berechnen Sie die Teilstromstärke, die Gesamtstromstärke und den Phasenwinkel der Schaltung.

132. (Bild 36) Bei welcher Frequenz beträgt der Scheinwiderstand der Schaltung $5\,\Omega$, wenn $R_1 = 9\,\Omega$, $L_1 = 0{,}02\,\text{H}$, $R_2 = 3\,\Omega$ und $L_2 = 0{,}01\,\text{H}$ ist?

133. (Bild 38) $R_1 = 8\,\Omega$, $L = 0{,}04\,\text{H}$, $R_2 = 20\,\Omega$, $f = 50\,\text{Hz}$, $U = 110\,\text{V}$. Berechnen Sie die Gesamtstromstärke I, die Teilstromstärke und den Gesamtphasenwinkel φ.

134. (Bild 38) Berechnen Sie dieselben Größen, wenn $R_1 = 1{,}5\,\Omega$, $L = 0{,}02\,\text{H}$, $R_2 = 0{,}5\,\Omega$, $U = 8\,\text{V}$ und $f = 50\,\text{Hz}$ betragen.

135. (Bild 38) Wie groß muss R_2 gewählt werden, wenn in beiden Zweigen dieselbe Stromstärke bestehen soll, und welcher Phasenwinkel ergibt sich dann? $R_1 = 12\,\Omega$, $L_1 = 0{,}03\,\text{H}$, $f = 50\,\text{Hz}$.

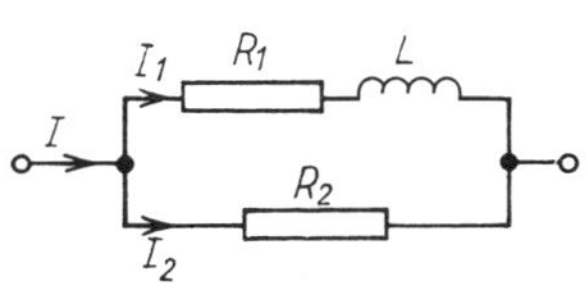

Bild 38: Aufgaben 133 bis 135

136. (Bild 39) Es sei $R_1 = \omega L_1 = 1\,\Omega$. Der Widerstand R_2 sei von $0\,\Omega$ an stetig veränderbar. Stellen Sie den Verlauf des gesamten Scheinwiderstandes der Schaltung in Abhängigkeit von R_2 grafisch dar. Welchem Grenzwert strebt Z zu?

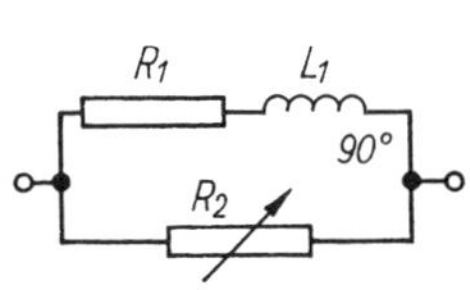

Bild 39: Aufgabe 136

137. (Bild 40) Der Widerstand R_1 sei von $0\,\Omega$ an stetig veränderlich, $R_2 = \omega L_1 = 1\,\Omega$. Stellen Sie den Verlauf des Scheinwiderstandes der Schaltung in Abhängigkeit von R_1 grafisch dar. Welchem Grenzwert strebt Z zu und für welchen Wert von R_1 hat der Scheinwiderstand ein Minimum?

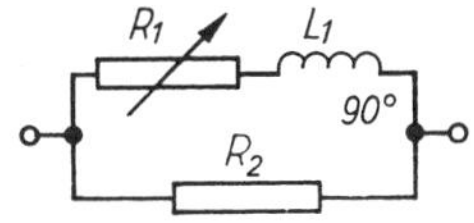

Bild 40: Aufgabe 137

138. (Bild 41) Berechnen Sie Gesamtstromstärke, Teilstromstärke und den Gesamtphasenwinkel, wenn $R = 6\,\Omega$, $L_1 = 15\,\text{mH}$, $L_2 = 150\,\text{mH}$, $f = 50\,\text{Hz}$ und $U = 24\,\text{V}$ ist.

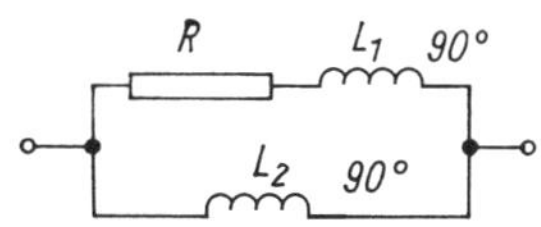

Bild 41: Aufgaben 138 und 139

139. (Bild 41) $L_1 = 10\,\text{mH}$, $L_2 = 100\,\text{mH}$. Welche Werte kann R haben, wenn der Gesamtphasenwinkel bei 50 Hz gleich 45° sein soll?

140. (Bild 42) Gegeben sind $R_1 = 50\,\Omega$, $C_1 = 3\,\mu\text{F}$, $R_2 = 20\,\Omega$, $C_2 = 5\,\mu\text{F}$, $f = 500\,\text{Hz}$ und $U = 225\,\text{V}$. Berechnen Sie Gesamtstromstärke, Teilstromstärke und Gesamtphasenwinkel.

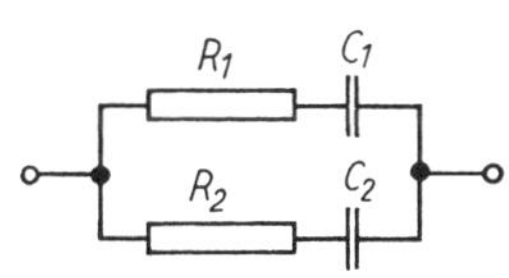

Bild 42: Aufgaben 140 und 141

141. (Bild 42) Gegeben sind $R_1 = 350\,\Omega$, $R_2 = 750\,\Omega$, $C_1 = 4\,\mu\text{F}$, $C_2 = 6{,}5\,\mu\text{F}$, $f = 50\,\text{Hz}$ und $U = 218\,\text{V}$. Berechnen Sie Gesamtstromstärke, Teilstromstärke und den Gesamtphasenwinkel.

142. (Bild 43) $R_1 = 8\,\Omega$, $R_2 = 6\,\Omega$, $C = 3\,000\,\text{pF}$, $f = 1\,000\,\text{kHz}$, $U = 10\,\text{V}$. Berechnen Sie die Gesamtstromstärke, die Teilstromstärke und den Gesamtphasenwinkel.

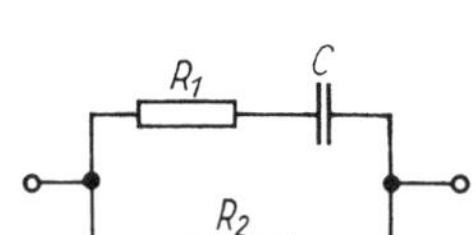

Bild 43: Aufgaben 142 und 143

143. (Bild 43) In derselben Schaltung sind $R_1 = 1{,}5\,\text{k}\Omega$, $C = 20\,\text{pF}$, $R_2 = 150\,\Omega$, $f = 5\,\text{kHz}$ und $U = 60\,\text{V}$. Berechnen Sie die Gesamtstromstärke, die Teilstromstärken und den Gesamtphasenwinkel.

144. (Bild 44) Es sei $R_1 = R_2 = 1\,\Omega$. Der kapazitive Widerstand X_C sei stetig veränderbar. Stellen Sie den Verlauf des Scheinwiderstandes der Schaltung in Abhängigkeit von X_C grafisch dar. Welchem Grenzwert strebt Z zu?

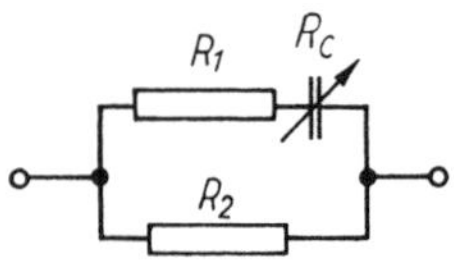

Bild 44: Aufgaben 144 und 145

145. (Bild 44) $R_1 = 0{,}25\,\text{k}\Omega$, $R_2 = 1\,\text{k}\Omega$, $C = 2\,\mu\text{F}$, $U = 50\,\text{V}$. Bei welcher Frequenz fließt durch die Schaltung ein Strom von 100 mA?

146. (Bild 45) Gegeben sind $R_1 = 30\,\Omega$, $L = 0{,}15\,\text{H}$, $f = 50\,\text{Hz}$, $I_2 = 1\,\text{A}$, $I = 2{,}5\,\text{A}$. Der Strom I_2 soll gegenüber I um 90° voreilen. Berechnen Sie U, R_2 und C.

147. In der gleichen Schaltung (Bild 45) sind gegeben $R_1 = 20\,\Omega$, $L = 0{,}1\,\text{H}$, $f = 50\,\text{Hz}$, $I_1 = 2\,\text{A}$, $I_2 = 1\,\text{A}$. I_2 soll gegenüber I um 90° voreilen. Berechnen Sie U, R_2 und C.

148. (Bild 45) Gegeben sind $R_1 = 40\,\Omega$, $L = 0{,}2\,\text{H}$. Die Zweigströme I_1 und I_2 sollen gleich groß und um 90° gegeneinander phasenverschoben sein. $f = 50\,\text{Hz}$. Berechnen Sie R_2 und C.

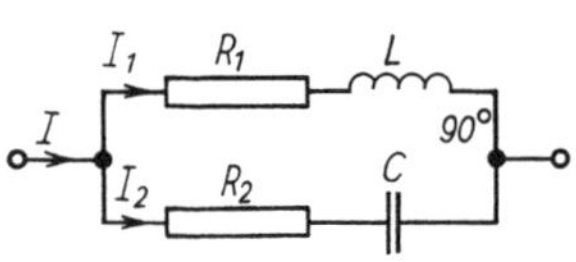

Bild 45: Aufgaben 146 bis 148

149. (Bild 46) Innerhalb welcher Grenzen lässt sich der Phasenwinkel regeln, wenn bei $f = 50\,\text{Hz}$ folgende Werte gegeben sind:

	a)	b)	c)
L in H	0,1	1	0,2
C in µF	1	1	10
R in Ω	10...100	10...100	5...50

150. (Bild 46) Stellen Sie den Verlauf des Phasenwinkels und der Stromstärke grafisch dar, wenn R von 10 bis 100 Ω stetig geändert wird und $L = 0{,}1\,\text{H}$, $C = 20\,\mu\text{F}$, $f = 50\,\text{Hz}$ und $U = 100\,\text{V}$ betragen.

151. (Bild 46) Innerhalb welcher Grenzen muss R veränderlich sein, wenn der Phasenwinkel von +80° bis −80° stetig geregelt werden soll und $L = 0{,}1\,\text{H}$, $C = 10\,\mu\text{F}$ und $f = 100\,\text{Hz}$ betragen?

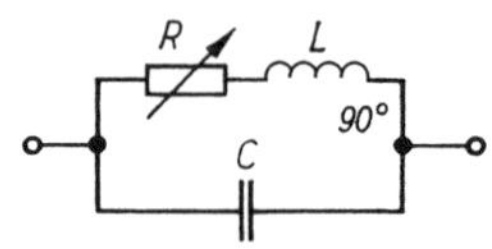

Bild 46: Aufgaben 149 bis 151

152. (Bild 47) Gegeben sind $R_1 = 30\,\Omega$, $R_2 = 60\,\Omega$, $R_3 = 80\,\Omega$, $L_1 = 200\,\text{mH}$, $L_2 = 300\,\text{mH}$, $L_3 = 400\,\text{mH}$, $f = 200\,\text{Hz}$, $U = 120\,\text{V}$. Berechnen Sie die Gesamtstromstärke, die Teilstromstärken und den Gesamtphasenwinkel.

153. In derselben Schaltung wie Aufgabe 152 sind $R_1 = 20\,\Omega$, $R_2 = 40\,\Omega$, $L_1 = 0{,}2\,\text{H}$, $L_2 = 0{,}3\,\text{H}$, $f = 50\,\text{Hz}$ und $U = 80\,\text{V}$. Welche Widerstände R_3 und L_3 müssen zugeschaltet werden, damit ein Strom von 3 A fließt und der Phasenwinkel des dritten Zweiges gegenüber der Spannung $\varphi_3 = 45°$ beträgt?

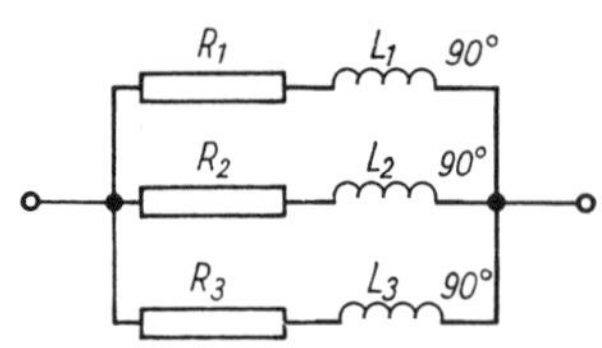

Bild 47: Aufgaben 152 und 153

154. (Bild 48) Gegeben sind $R_1 = 5\,\Omega$, $R_2 = 7\,\Omega$, $L_1 = 0{,}1\,\text{H}$, $L_2 = 0{,}15\,\text{H}$ und $f = 50\,\text{Hz}$. Die von beiden Spulen bewirkte Phasenverschiebung soll durch den zugeschalteten Kondensator wieder aufgehoben werden. Welche Kapazität muss dieser haben?

155. (Bild 48) Welche Kapazität muss der Kondensator in Aufgabe 154 haben, wenn die Frequenz 500 Hz beträgt?

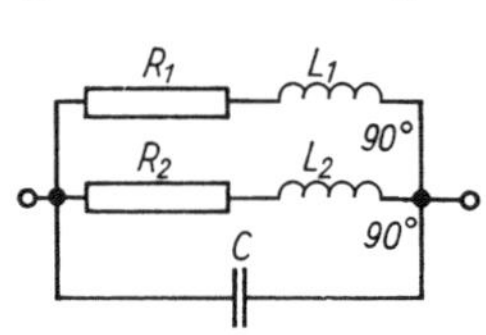

Bild 48: Aufgaben 154 und 155

4 Resonanz im Wechselstromkreis

4.1 Spannungs- oder Reihenresonanz

Formeln:

$$f_0 = \frac{1}{2\pi}\sqrt{\frac{1}{LC}}$$

$$I_0 = \frac{U}{R} \qquad U_0 = I_0\omega_0 L = I_0\frac{1}{\omega_0 C}$$

$$Q = \frac{\omega_0 L}{R} = \frac{1}{R}\sqrt{\frac{L}{C}} = \frac{U_{C0}}{U} = \frac{U_{L0}}{U}$$

$$d = \frac{1}{Q} \qquad B = d\,f_0$$

Größe	Zeichen	Einheit
Resonanzfrequenz	f_0	$s^{-1} = Hz$
Resonanzkreisfrequenz	ω_0	s^{-1}
Resonanzstromstärke bzw. -spannung	I_0, U_0	A, V
Gütefaktor (Resonanzüberhöhung)	Q	1
Verlustfaktor (relative Bandbreite)	d	1
Bandbreite	B	$s^{-1} = Hz$

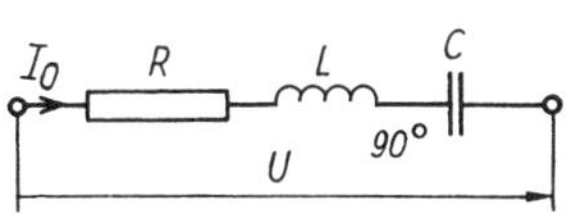

Bild 49: Reihenresonanzkreis

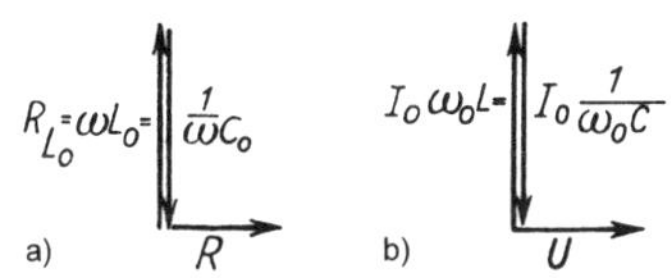

Bild 50: a) Widerstandsdiagramm des Reihenresonanzkreises, b) Spannungsdiagramm des Reihenresonanzkreises

Hinweis:

Bei einer Reihenschaltung aus R, L und C liegt *Resonanz* vor, wenn für eine bestimmte Frequenz f_0 induktiver und kapazitiver Widerstand gleich groß sind. Spannung und Stromstärke sind dann in gleicher Phase, und die Stromstärke berechnet sich allein aus der Klemmenspannung und dem Wirkwiderstand R. Die Spannung an den beiden Blindwiderständen nimmt extrem hohe Werte an, die *Stromstärke* erreicht ihr *Maximum*.

156. Berechnen Sie für folgende Schaltungen (Bild 49) a) die Resonanzfrequenz, b) die Stromstärke im Resonanzfall und c) die Resonanzspannung:

	a)	b)	c)	d)	e)
R in Ω	12	18	10	6	120
L in H	0,25	0,3	0,5	1,1	0,8
C in μF	25	20	15	4,5	1,4
U in V	125	120	230	60	230

157. Gegeben sind die folgenden Daten von Reihenresonanzkreisen. Berechnen Sie die fehlenden Werte:

	a)	b)	c)	d)	e)
R in Ω				65	2,5
L in H			0,2		$3 \cdot 10^{-3}$
C in μF	2			0,3	
U in V	250	230	230		0,6
f_0 in Hz	180	50		100	
I_0 in A	20	5	4,5		
U_0 in V		1 000	500	2 000	150

158. In einer Reihenschaltung von $R = 30\,\Omega$, L und C tritt nach Anlegen einer Spannung von 125 V (50 Hz) eine Resonanzspannung von 800 V auf. Welche Größe muss C bei unveränderten Werten R und L mindestens haben, wenn bei gleicher Stromstärke am Kondensator höchstens 250 V liegen dürfen? Auf welchen Wert muss die Klemmenspannung dann erhöht werden?

159. Wie groß müssen in einer Reihenschaltung von R, L und C der Widerstand R und die Induktivität L sein, wenn die Resonanzspannung den doppelten Betrag der Klemmenspannung haben soll? ($C = 10\,\mu F$, $f = 50\,Hz$)

160. Welchen Wert muss die Induktivität einer Spule haben, wenn sie die von einem Kondensator bewirkte Phasenverschiebung gerade aufheben soll?

	a)	b)	c)	d)	e)
C	1 μF	0,2 μF	250 pF	650 pF	4,5 μF
f	50 Hz	55 Hz	320 kHz	105 kHz	48 Hz

161. Welchen Wert muss die Kapazität eines Kondensators haben, wenn er die von einer Spule bewirkte Phasenverschiebung gerade aufheben soll?

	a)	b)	c)	d)	e)
L	5 H	1,4 H	25 mH	12,5 mH	20 mH
f	50 Hz	52 Hz	100 Hz	800 Hz	400 kHz

162. Bei welcher Frequenz befinden sich folgende Induktivitäten mit den betreffenden Kapazitäten in Resonanz?

	a)	b)	c)	d)	e)
L	3 H	4,2 H	12,5 H	25 mH	65 mH
C	2 µF	1,1 µF	2,2 µF	380 pF	470 pF

163. Gegeben ist eine Reihenschaltung aus $R = 50\,\Omega$, $L = 3\,\text{H}$ und $C = 2\,\mu\text{F}$, an der eine Klemmenspannung von 100 V liegt. Stellen Sie den Verlauf der Stromstärke und des Scheinwiderstandes von 63,4 bis 66,6 Hz in Form einer Kurve dar.

164. Gegeben ist eine Reihenschaltung aus $R = 20\,\Omega$, $L = 5\,\text{H}$ und $C = 1\,\mu\text{F}$ mit einer Klemmenspannung von 60 V. Stellen Sie den Verlauf der Stromstärke und des Scheinwiderstandes von $\omega = 443\,\text{s}^{-1}$ bis $\omega = 451\,\text{s}^{-1}$ in Form einer Kurve dar.

165. (Bild 51) Ermitteln Sie aus der Resonanzkurve einer Reihenschaltung die Werte für R, L und C. Vorschlag für die Berechnung: Es werden die drei Kurvenpunkte, die den Stromstärken 8 A und 4 A entsprechen, zugrunde gelegt.

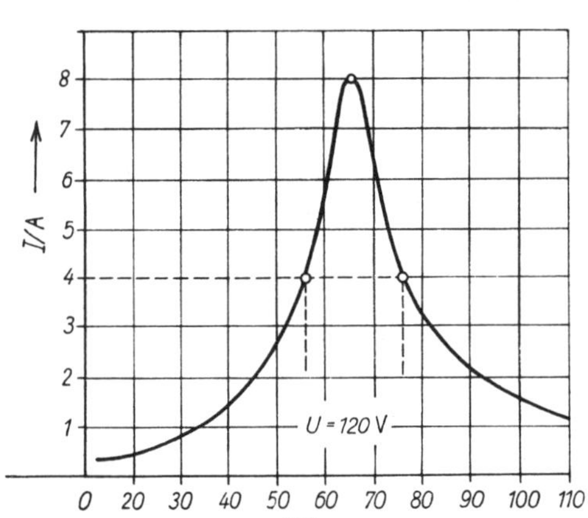

Bild 51: Aufgabe 165

166. Gegeben ist eine Reihenschaltung aus $R = 200\,\Omega$, $L = 5\,\text{H}$ und $C = 1\,\mu\text{F}$. Stellen Sie den Verlauf der Stromstärke bei einer Spannung von 60 V in Form einer Kurve dar. Berechnen Sie ferner die beiden an der Induktivität und an der Kapazität liegenden Teilspannungen U_L und U_C und stellen Sie deren Verlauf zwischen $\omega = 443\,\text{s}^{-1}$ und $\omega = 451\,\text{s}^{-1}$ als Kurve dar.

167. Speist man einen Reihenresonanzkreis mit einer Frequenz, die um 10 % über der Resonanzfrequenz liegt, so sinkt bei unveränderter Klemmenspannung die Stromstärke um 20 % unter ihren Höchstwert. Welchen Betrag hat der Gütefaktor Q?

168. Durch einen Reihenschwingkreis mit $L = 100\,\mu\text{H}$ und $C = 400\,\text{pF}$ fließt der Resonanzstrom $I_0 = 0{,}8\,\text{A}$; infolge einer Kapazitätsänderung um $\Delta C = +8\,\text{pF}$ sinkt die Stromstärke bei konstant bleibender Frequenz und Klemmenspannung auf den Wert $I' = 0{,}5\,\text{A}$. Zu berechnen sind der Verlustwiderstand, der Gütefaktor und die Bandbreite.

169. Den wievielfachen Wert der Klemmenspannung hat die im Resonanzfall an der Induktivität liegende Spannung folgender Reihenschaltungen? Bei welcher Frequenz tritt diese Spannungsüberhöhung ein?

	a)	b)	c)	d)
R	50 Ω	50 Ω	3 Ω	15 Ω
L	15 H	35 H	2 mH	200 µH
C	10 µF	12 µF	3 000 pF	400 pF

170. Ein unterirdisch verlegtes, an dem einen Ende offenes Kabel hat eine Kapazität gegen Erde von 2 µF, einschließlich Maschine eine Induktivität von 0,5 H und einen Wirkwiderstand von 6 Ω. Es steht unter einer Scheitelspannung $U_{max} = 4\,000\,\text{V}$. a) Welcher Strom fließt bei einer Frequenz von 50 Hz zur Erde? (Ersatzschaltung nach Bild 52, wobei die Kapazität in der Leitungsmitte zu denken ist, sodass $R = 3\,\Omega$) b) Bei welcher Frequenz tritt Resonanz ein? c) Welcher Strom fließt in diesem Fall? d) Welche Teilspannungen liegen dann an der Induktivität bzw. an der Kapazität?

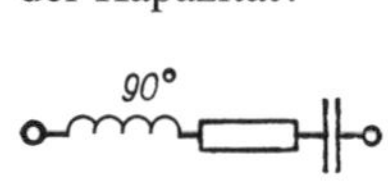

Bild 52: Aufgabe 170

171. a) Welche Eigenfrequenz hat eine Rundfunkantenne mit einer wirksamen Induktivität von 18 μH und einer Kapazität von 200 pF?

b) Welche Induktivität muss mit der Antenne in Reihe geschaltet werden, damit die Antenne auf eine Frequenz $f_0 = 841\,\text{kHz}$ abgestimmt wird?

4.2 Strom- oder Parallelresonanz

Formeln:

Fall 1 (Bild 53)
(bei Vernachlässigung aller Verluste):

$$f_0 = \frac{1}{2\pi}\sqrt{\frac{1}{LC}}$$

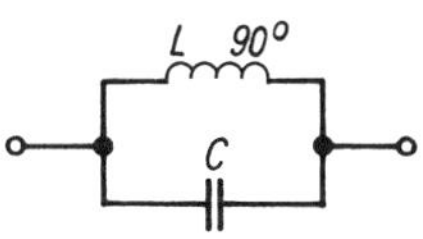

Bild 53: Parallelresonanzkreis ohne Verluste (Fall 1)

Größe	Zeichen	Einheit
Resonanzfrequenz	f_0	$s^{-1} = Hz$
Resonanzstromstärke	I_0	A
Resonanzspannung	U_0	V
Verlustwiderstand der Spule (mit L in Reihe)	R	Ω
Kreiswiderstand (Resonanzwiderstand)	R_p	Ω
Gütefaktor	Q	1
Verlustfaktor	d	1
Bandbreite	B	$s^{-1} = Hz$

Fall 2 (Bild 54)
(bei Vernachlässigung der Verluste des Kondensators):

$$f_0 = \frac{1}{2\pi}\frac{1}{L}\sqrt{\frac{L}{C} - R^2}$$

$$I_0 = U\frac{R}{R^2 + (\omega_0 L)^2}$$

$$d = \frac{1}{Q} = \frac{R}{\omega_0 L} = R\sqrt{\frac{C}{L}}$$

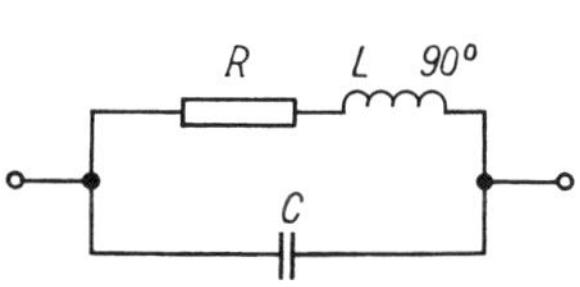

Bild 54: Parallelresonanzkreis (Fall 2)

Fall 3 (Bild 55)
(Umrechnung des Spulenwiderstandes R in einen Parallelwiderstand R_p unter Zusammenfassung mit dem Verlustwiderstand des Kondensators):

$$R_p = \frac{L}{RC}$$

$$f_0 = \frac{1}{2\pi}\sqrt{\frac{1}{LC}}$$

$$Q = \frac{1}{d} = \frac{R_p}{\omega_0 L} = R_p\omega_0 C = R_p\sqrt{\frac{C}{L}}$$

$$B = f_0 d \qquad U_0 = IR_p$$

$$I_{C0} = I_{L0} = \omega_0 C U_0 = \omega_0 C R_p I = \frac{R_p I}{\omega_0 L}$$

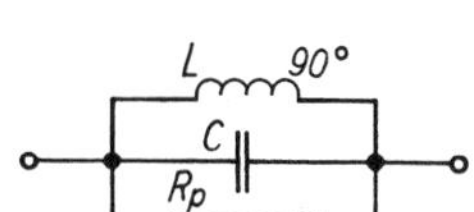

Bild 55: Parallelresonanzkreis: Ersatzschaltung mit Resonanzwiderstand R_p (Fall 3)

Hinweis:

Bei einer Parallelschaltung aus R, L und C liegt *Resonanz* vor, wenn für eine bestimmte Frequenz f_0 induktiver und kapazitiver Widerstand gleich groß sind. Induktiver und kapazitiver Blindstrom heben sich dabei gegenseitig auf, die Gesamtstromstärke erreicht ein Minimum.

172. Welche Eigenfrequenzen haben folgende verlustlose Schwingkreise?

	a)	b)	c)	d)	e)
C in pF	400	250	150	127	18
L in µH	90	120	80	62	65

173. Zur einfachen Berechnung von Schwingkreisen mit kleinem Verlustfaktor werden folgende Formeln angegeben:

a) $f_0/\mathrm{kHz} = \dfrac{159\,200}{\sqrt{(L/\mu\mathrm{H})(C/\mathrm{pF})}}$

b) $f_0/\mathrm{kHz} = \dfrac{5\,030}{\sqrt{(L/\mathrm{mH})(C/\mathrm{pF})}}$

c) $L/\mu\mathrm{H} = \dfrac{253 \cdot 10^8}{(f_0^2/\mathrm{kHz}^2)(C/\mathrm{pF})}$

d) $C/\mathrm{pF} = \dfrac{253 \cdot 10^5}{(f_0^2/\mathrm{kHz}^2)(L/\mathrm{mH})}$

Bestätigen Sie die Richtigkeit der darin vorkommenden Zahlenwerte.

174. Zu einem Telefonhörer von 4 kΩ und 0,6 H soll zwecks Erzielung von Resonanz bei 1 000 Hz ein Kondensator parallel geschaltet werden. Welche Kapazität muss dieser haben und wie groß ist der Resonanzwiderstand? (Fall 2)

175. Ein Schwingkreis enthält einen Kondensator von $C = 50\,\mathrm{pF}$, hat einen Verlustfaktor von 1,2 % und schwingt mit einer Frequenz von 750 kHz. Berechnen Sie a) die Induktivität und b) den Verlustwiderstand R der Spule, c) den Kreiswiderstand R_p, d) den induktiven Blindwiderstand und e) die Bandbreite (Fall 3).

176. Dem Schwingkreis der Aufgabe 175 wird von der Stromquelle eine Wirkleistung von 6 mW zugeführt. Berechnen Sie a) den Höchstwert der Stromstärke und b) den Höchstwert der am Kondensator liegenden Spannung.

177. Berechnen Sie für folgende Parallelschwingkreise a) die Resonanzfrequenz, b) den Kreiswiderstand, c) den Verlustfaktor, d) den Resonanzstrom und e) die Bandbreite bei einer Spannung von 100 V, wenn C, L und R folgende Werte haben (Fall 2):

	a)	b)	c)	d)	e)
C in pF	150	200	300	400	500
L in mH	0,1	0,2	0,3	0,25	0,6
R in Ω	5	8	10	9	12

178. Ein Schwingkreis nach Bild 55 besteht aus einer Spule mit der Induktivität $L = 15\,\mathrm{mH}$ und einem Kondensator mit der Kapazität $C = 300\,\mathrm{pF}$. Der Gütefaktor beträgt 180. Durch Parallelschalten eines weiteren Widerstandes R' wird die Güte auf den Wert 50 herabgesetzt. a) Wie groß muss dieser Widerstand sein und b) wie groß ist die Bandbreite vor und nach der zusätzlichen Bedämpfung?

179. Ein Parallelschwingkreis von 800 kHz soll den Kreiswiderstand 500 kΩ und den Gütefaktor 300 haben. Wie groß müssen Induktivität und Kapazität gewählt werden? (Fall 3)

180. Eine HF-Eisenkernspule von 0,25 mH soll die Bandbreite 5 kHz ergeben. Wie groß muss der Verlustwiderstand der Spule sein?

181. Der Gütefaktor eines Schwingkreises aus $L = 0{,}3\,\mathrm{mH}$ und $C = 120\,\mathrm{pF}$ soll $Q = 180$ betragen. a) Welcher Wirkwiderstand ist parallel zu schalten, b) wie groß ist die Resonanzfrequenz und c) wie groß ist der Scheinwiderstand im Resonanzfall? (Fall 3)

182. Ein Parallelschwingkreis besteht aus einer Spule von $L = 0{,}1\,\mathrm{mH}$ mit dem Verlustwiderstand $R_v = 2\,\Omega$ und einem Kondensator $C = 200\,\mathrm{pF}$ mit dem Verlustfaktor $d_C = 0{,}002$. Der Kreis wird mit 2,4 mA gespeist. Wie groß sind a) die maximale an den Schaltgliedern liegende Spannung und b) die Resonanzstromstärke?

183. Berechnen Sie die Induktivität eines verlustlosen Schwingkreises, wenn ein Wellenband von 200 m bis 600 m bestrichen werden soll und der Drehkondensator eine Anfangskapazität $C_a = 25\,\mathrm{pF}$ hat. Welche Endkapazität C_e muss der Kondensator haben?

184. Es soll ein Schwingkreis für das Wellenband von 2 000 m bis 6 000 m zusammengesetzt werden, wobei ein Drehkondensator mit $C_a = 30\,\mathrm{pF}$ und $C_e = 650\,\mathrm{pF}$ zu benutzen ist. Zur Korrektur werde ein Trimmer C_p parallel geschaltet. a) Welche Kapazität muss dieser haben und welche Induktivität muss die Spule besitzen? b) Zwischen welchen beiden Grenzwerten bewegen sich dabei der Verlustfaktor d und der Kreiswiderstand R_p, wenn die Spule den Verlustwiderstand 15 Ω hat?

5 Leistung des Wechselstroms

5.1 Berechnung der Leistung in verschiedenen Schaltungen

Formeln:

$S = UI$

$P = UI\cos\varphi$

$Q = UI\sin\varphi$

$S = \sqrt{P^2 + Q^2}$

$I = \sqrt{I_w^2 + I_b^2}$

$I_w = I\cos\varphi$ $\quad$ $I_b = I\sin\varphi$

$\cos\varphi = \frac{R}{Z}$ $\quad$ $\sin\varphi = \sqrt{1-\cos^2\varphi}$

Größe	Zeichen	Einheit
Scheinleistung	S	V · A
Wirkleistung	P	W
Blindleistung	Q	var = W
Blindstromstärke	I_b	A
Wirkstromstärke	I_w	A
Phasenverschiebungswinkel	φ	Grad (°)
Leistungsfaktor	$\cos\varphi$	1
Wirkungsgrad	η	1
Wirkwiderstand	R	Ω
Scheinwiderstand	Z	Ω

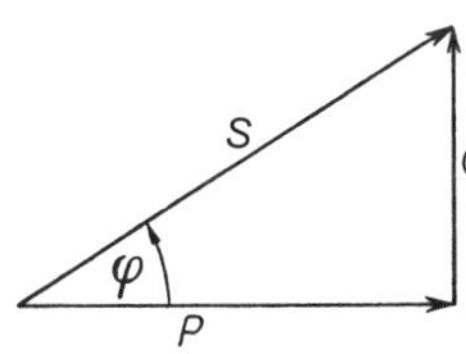

Bild 56: Leistungsdiagramm

Hinweis:

Die *Scheinleistung S* ist das Produkt aus der Klemmenspannung U und der Stromstärke I. Die *Wirkleistung P* ist der in *nicht* elektrische Form (Wärme, mechanische Arbeit usw.) umgewandelte Anteil. Die *Blindleistung Q* dient nur zum Auf- und Abbau elektrischer und magnetischer Felder und pendelt zwischen Verbraucher und Generator hin und her.

185. Welche Wirk- und Blindleistungen ergeben sich aus einer Scheinleistung von 18 kVA bei einem Phasenverschiebungswinkel von a) 35°, b) 40°, c) 55° und d) 75°?

186. Der Leistungsfaktor eines Einphasenmotors von 1,5 kW Wirkleistung beträgt bei verschiedenen Drehzahlen a) 0,89, b) 0,87, c) 0,85, d) 0,82 und e) 0,75. Welcher Strom fließt bei einer Spannung von 230 V?

187. An verschiedenen Drosselspulen wurden Klemmenspannung, Stromstärke und Wirkleistung gemessen. Welche Leistungsfaktoren ergeben sich?

	a)	b)	c)	d)	e)
U in V	35	48	19	65	52
I in A	1,1	2,2	0,45	2,4	0,35
P in W	25	79,2	6,67	90,5	10,9

188. Welchen Leistungsfaktor hat die nach Bild 57 untersuchte Drosselspule, wenn eine Stromstärke von 1,9 A, eine Spannung von 40 V und eine Wirkleistung von 50 W gemessen werden? Es sollen die durch die inneren Widerstände des Hitzdrahtspannungsmessers (0,2 kΩ) und der Spannungsspule des Leistungsmessers (2,5 kΩ) verbrauchten Leistungen berücksichtigt werden (I_S: Spulenstromstärke, I_M: Messgerätestromstärke).

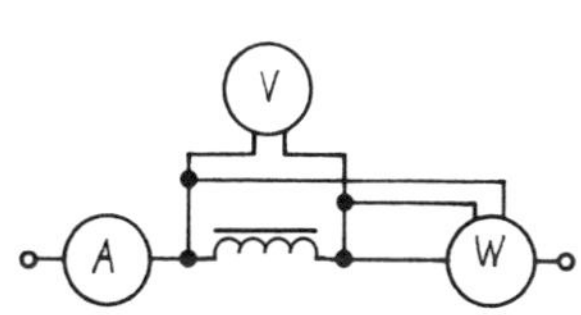

Bild 57: Aufgabe 188

189. (Bild 58) Der von einem Generator erzeugte Strom wird über eine 20 km lange Doppelleitung (Kupfer) von 8 mm Durchmesser (im Abstand von 50 cm verlegt) mehreren Motoren zugeleitet, deren Klemmenspannung 2 000 V, Betriebsstromstärke 35 A und Leistungsfaktor zusammen $\cos\varphi = 0{,}8$ beträgt.

a) Welche Spannungsabfälle verursacht die Leitung? b) Welche Spannungsabfälle verursachen die Motoren? c) Wie groß ist die Klemmenspannung des Generators? d) Welche Wirkleistung hat der Generator aufzuwenden und welche Wirkleistung geht in der Leitung verloren? ($f = 50$ Hz)

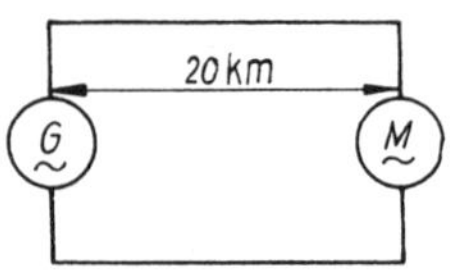

Bild 58: Aufgabe 189

190. An einer 230-V-Leitung liegen parallel geschaltet 3 Motoren, durch die Ströme von 2,5 A, 3,5 A und 6,4 A fließen. Die Leistungsfaktoren sind 0,65 bzw. 0,85 bzw. 0,81. Welche Gesamtwerte ergeben sich für a) die Wirkleistung, b) die Blindleistung, c) die Scheinleistung? d) Welcher Gesamtleistungfaktor ergibt sich und e) welcher Strom wird dem Netz entnommen?

191. Zwei Motoren ergeben zusammen eine Wirkleistung von 4,8 kW und einen Leistungsfaktor von 0,82. Der eine Motor hat eine Wirkleistung von 1,5 kW und einen Leistungsfaktor von 0,75. Welchen Leistungsfaktor hat der andere Motor?

192. Zwei Motoren haben zusammen eine Wirkleistung von 2,5 kW und einen $\cos\varphi$ von 0,78. Der Leistungsfaktor des einen beträgt 0,75 und der des anderen 0,84. Welche Wirkleistungen haben die beiden Motoren einzeln?

193. Welche Wirk-, Blind- und Scheinleistungen ergeben sich bei folgenden Reihenschaltungen ($U = 230$ V, $f = 50$ Hz):

	a)	b)	c)
R in Ω	12	18	26
L in H	0,03	0,03	0,03

194. Welche Kapazität muss ein Kondensator haben, wenn er bei 50 Hz, mit einem Wirkwiderstand von 300 Ω in Reihe geschaltet, folgende Leistungsfaktoren ergeben soll?

	a)	b)	c)	d)
$\cos\varphi$	0,6018	0,4226	0,2588	0,1564

195. Ein Telefonhörer hat einen Wirkwiderstand von 4 kΩ und eine Induktivität von a) 0,6 H, b) 0,8 H und c) 1,2 H. Wie groß ist der Leistungsfaktor bei 1 kHz?

196. Welche Induktivität und Quellenspannung hat eine Wechselstrommaschine, die bei 60 Hz eine Klemmenspannung von 2,5 kV liefert, wenn ein Strom von 40 A durch den äußeren Widerstand fließt? Im Anker gehen 1,2 % der Wirkleistung durch Stromwärme verloren. Die Quellenspannung der Selbstinduktion soll 20 % der Klemmenspannung betragen. Der äußere Stromkreis hat einen $\cos\varphi$ von 0,75. Welche Wirkleistung hat die Maschine aufzubringen?

197. Welche Blind- und Scheinleistung ergibt sich für einen Kondensator von 0,1 µF an einer Spannung von 230 V bei 50 Hz?

198. Eine Stereoanlage verbraucht 0,36 A bei einer Spannung von 230 V. Der Leistungsfaktor beträgt 0,9. Welche Leistung nimmt das Gerät auf und was kostet ein 12-stündiger Betrieb, wenn der Preis einer Kilowattstunde 24 ct beträgt?

199. Methode der drei Spannungsmesser (Drei-Voltmeter-Methode): Die Wirkleistung einer Spule (R_2, L_2) soll mit drei Spannungsmessern gemessen werden, indem nach Bild 59 der induktionsfreie Widerstand R_1 davorgeschaltet wird, dessen Wert genau bekannt ist. Es gilt dann die Formel

$$P = (U^2 - U_1^2 - U_2^2)/(2R_1)$$

Bestätigen Sie die Richtigkeit der Formel.

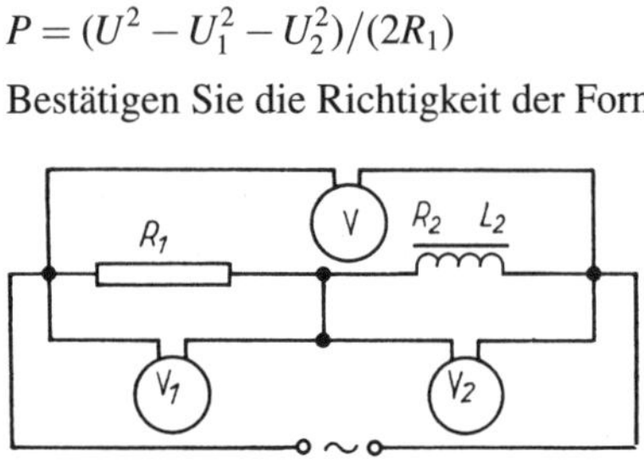

Bild 59: Aufgaben 199 bis 201

200. Mithilfe der in der letzten Aufgabe genannten Methode wird die Wirkleistung eines Motors durch Zuschalten eines Widerstandes von $R_1 = 6{,}5\,\Omega$ bestimmt? Es werden die Spannungen $U = 225$ V, $U_1 = 112$ V und $U_2 = 118$ V gemessen. Welche Wirk- und Scheinleistung sowie welchen Leistungsfaktor hat der Motor?

201. Mit der in Aufgabe 199 genannten Methode wurden Drosselspulen untersucht und folgende Werte festgestellt:

	a)	b)	c)
R_1 in Ω	15	15	15
U in V	60	60	60
U_1 in V	24	22	18,3
U_2 in V	38,2	45,1	52,6

Berechnen Sie die Wirkleistung und den Leistungsfaktor.

202. An Quecksilberdampflampen mit vorgeschalteter Drosselspule wurden folgende Werte gemessen:

	a)	b)	c)
I in A	1,1	3,7	8,0
U in V	230	230	230
U_1 in V	108	122	125
U_2 in V	187	178	176

Welche Leistungen haben die Lampen ohne und mit Vorschaltdrossel?

203. Methode der drei Strommesser (Drei-Amperemeter-Methode): Nach Bild 60 wird die Leistungsaufnahme der Spule (R_2, L_2) Mittels dreier Strommesser bestimmt, wobei der Widerstand R_1 genau bekannt ist. Auf welche Weise erhält man die Formel

$$P = \frac{R_1}{2}(I^2 - I_1^2 - I_2^2)?$$

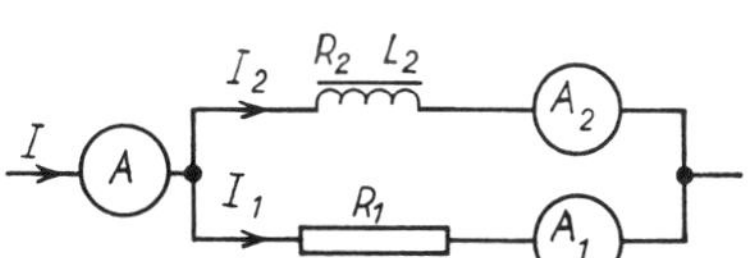

Bild 60: Aufgabe 203

204. An einer Spannung von 224 V liegt parallel geschaltet eine größere Anzahl von Glühlampen, durch die ein Gesamtstrom von 12,5 A fließt, und ein Elektromotor, der einen Strom von 8,9 A aufnimmt. Die Gesamtstromstärke beträgt 20,6 A. Welche Wirkleistung verbrauchen Motor und Lampen und welchen Leistungsfaktor hat der Motor?

205. Welche Leistungsfaktoren ergeben sich in Aufgabe 202 für die Drosselspulen sowie für die Lampen in Verbindung mit der jeweiligen Vorschaltdrossel?

206. Verschiedene Leuchtstofflampen haben bei einer Nennspannung von 230 V folgende Leistungsaufnahmen:

	a)	b)	c)	d)
Lampe allein	10 W	16 W	25 W	40 W
mit Drossel	13 W	20 W	31 W	49 W
Stromstärke	0,15 A	0,2 A	0,29 A	0,5 A

Welchen Leistungsfaktor haben diese Drosselspulen allein und die Lampen zusammen mit der jeweiligen Drossel?

207. Ein Generator speist über eine längere Leitung einen Motor. Dieser nimmt bei einer Klemmenspannung von 2 400 V und einem cos φ von 0,85 eine Wirkleistung von 180 kW auf. In der Leitung, in der ein Strom von 88 A fließt, gehen 10 % der Generatorleistung verloren. Gesucht sind a) die Wirkleistung des Generators, b) der Spannungsabfall in der Leitung, c) der cos φ des Generators und d) die Spannung am Generator. e) Wie viel Prozent der Generatorspannung gehen in der Leitung verloren?

208. Welche Gesamtwerte haben in der auf Bild 61 angegebenen Reihenschaltung zweier Motoren a) die Spannung, b) der Leistungsfaktor, c) der Wirk- und Blindstrom?

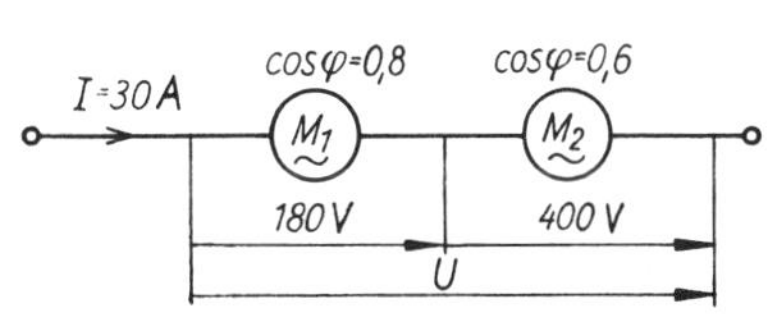

Bild 61: Aufgabe 208

209. Welche Einzelspannungen liegen an den in Bild 62 angegebenen Motoren, wenn die Gesamtwirkleistung $P = 8$ kW beträgt?

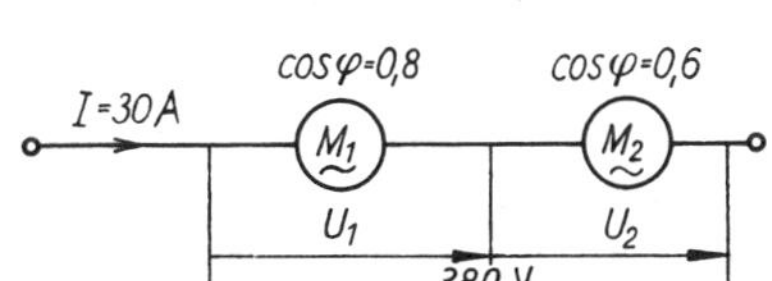

Bild 62: Aufgabe 209

210. (Bild 63) Zwei Motoren liegen parallel an einer Klemmenspannung von 500 V (50 Hz). Der eine leistet 33 kW bei $\eta = 0{,}82$ und $\cos\varphi = 0{,}65$, der andere 26 kW bei $\eta = 0{,}78$. Der Gesamtleistungsfaktor beträgt 0,5. Berechnen Sie a) die Teilstromstärken I_1 und I_2 und die Gesamtstromstärke I, b) den Leistungsfaktor des zweiten Motors sowie c) die Spannung U am Beginn der 600 m langen Zuleitung von 50 mm^2 Kupfer. Wie groß werden d) der Gesamtleistungsfaktor und die Gesamtstromstärke, wenn den Motoren ein Kondensator von 800 µF zugeschaltet wird?

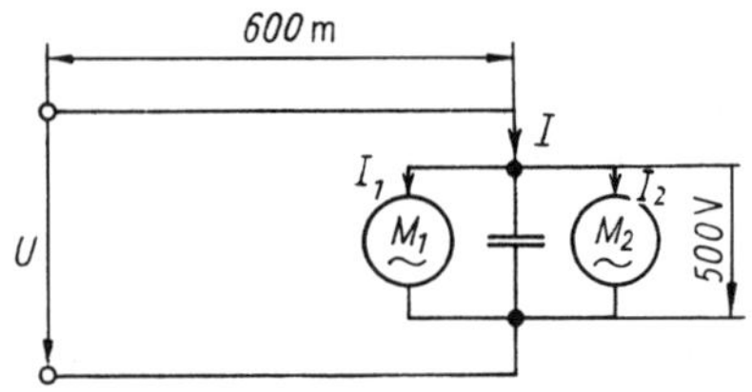

Bild 63: Aufgabe 210

211. (Bild 64) Zwei Lampen zu je 40 W und 125 V sollen mit passenden Vorschaltwiderständen versehen werden. Um das bei der niedrigen Frequenz auftretende Flackern zu unterdrücken, sollen die Ströme I_1 und I_2 um +45° bzw. −45° gegenüber der Netzspannung phasenverschoben sein.

a) Es sind die erforderlichen Werte für R_1, R_2, L und C zu berechnen. Drosselspule und Kondensator werden dabei als verlustlos angenommen. b) Welche Wirkleistung verbraucht die Anlage? c) Welcher Gesamtstrom I fließt?

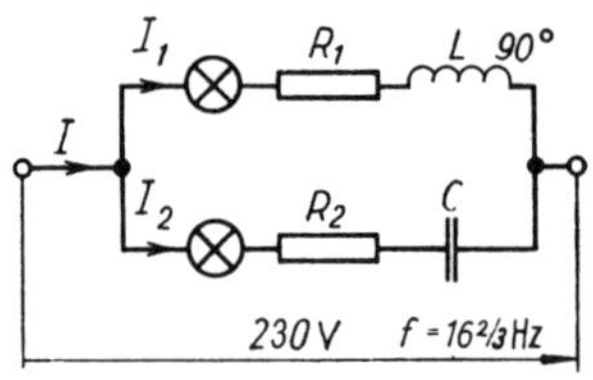

Bild 64: Aufgabe 211

5.2 Verbesserung des Leistungsfaktors

Formeln:

$$Q = Q_{C1} - Q_{C2}$$

$$Q_C = P(\tan\varphi_1 - \tan\varphi_2)$$

$$Q_C = U^2\omega C$$

$$\lambda = \frac{P}{S} = \cos\varphi$$

Größe	Zeichen	Einheit
Leistung des Kondensators	Q_C	var, kvar
Blindleistung vor bzw. nach der Kompensierung	Q_1, Q_2	var, kvar
Scheinleistung	S	W
Wirkleistung	P	W, kW
Phasenverschiebungswinkel vor bzw. nach der Kompensierung	φ_1, φ_2	Grad (°)

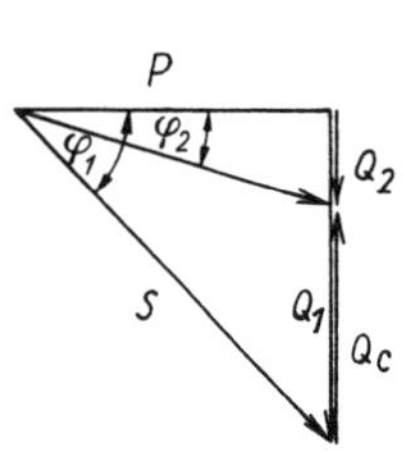

Bild 65: Leistungsdiagramm bei Kompensation

Hinweis:

Ein schlechter Leistungsfaktor bedeutet einen hohen Blindstrom, der das öffentliche Verteilungsnetz zusätzlich belastet. Durch Zuschalten von Kondensatoren kann der induktive Blindstrom weitgehend kompensiert werden.

212. Welche Blindleistung ist zu kompensieren, wenn ein Industriebetrieb bei einem durchschnittlichen Verbrauch von 4 800 kW den Leistungsfaktor von 0,6 auf 0,8 verbessern will?

213. Durch Einbau von Kondensatoren wird die Blindleistung eines Betriebes um 5 600 kvar verringert und ein Leistungsfaktor von 0,82 erreicht. Wie groß war dieser zuvor, wenn die Wirkleistung 8 500 kW beträgt?

214. Wie groß ist die Wirkleistung eines Betriebes, wenn er durch Kompensation von 4 200 kvar Blindleistung den Leistungsfaktor von 0,65 auf 0,85 verbessern konnte?

215. Ein Industriewerk verbraucht monatlich 71 000 kW · h und 105 000 kvar · h. Wie viel kvar sind zu kompensieren, wenn ein Leistungsfaktor von $\lambda = 0{,}92$ angestrebt wird und die monatliche Betriebsstundenzahl 380 beträgt?

216. An einen mit 150 kVA belastbaren Transformator ist ein Motor von 120 kW und $\lambda = 0{,}6$ angeschlossen und dadurch bereits überlastet. Um noch einen zweiten Motor von 30 kW und $\lambda = 0{,}7$ anzuschließen, muss ein Teil des Blindstromes kompensiert werden. Wie viel kvar sind mindestens zu kompensieren, wenn der Transformator nicht überlastet werden soll?

217. Mit welchen Wirkleistungen kann ein Transformator für 160 kW bei $\lambda = 0{,}45$ belastet werden a) ohne Kompensation der Blindleistung, b) unter Zuschalten eines Kondensators für 60 kvar, c) unter Zuschalten eines Kondensators für 120 kvar, und wie groß ist der Leistungsfaktor in diesen beiden Fällen?

218. Um welchen Faktor erhöhen sich die durch Stromwärme verursachten Verluste in einer Überlandleitung, wenn bei gleich bleibender Wirklast der Leistungsfaktor von $\cos\varphi = 1$ auf a) 0,9, b) 0,75, c) 0,65 und d) 0,5 zurückgeht?

219. Zur Berechnung von Phasenschieberkondensatoren werden in einem Industrieprospekt folgende Formeln angegeben:

a) Bei 230 V ist $C = 60{,}2\,Q$.
b) Bei 400 V ist $C = 19{,}9\,Q$.
c) Bei 500 V ist $C = 12{,}74\,Q$.

C in µF, Q in kvar

Aufgrund welcher Berechnung ergeben sich diese Formeln?

220. Der Leistungsfaktor einer Leuchtstofflampe (230 V) soll durch Zuschalten eines Kondensators von 0,5 auf 0,9 verbessert werden. Welche Kapazität ist je Ampere unkompensierten Lampenstroms erforderlich ($f = 50$ Hz)?

221. Welche Kompensationskondensatoren sind für folgende Narva-Leuchtstofflampen (230 V) notwendig, wenn ein Leistungsfaktor von 0,8 bzw. 1,0 erreicht werden soll ($f = 50$ Hz)?

	Bezeichnung	Leistung in W	Betriebsstromstärke in A
a)	LT14WT5-EQ	14	0,165
b)	LT28WT5-EQ	28	0,170
c)	LT39WT5-HQ	39	0,325
d)	LT54WT5-HQ	54	0,455
e)	LT80WT5-HQ	80	0,530

222. Die Blindleistung einer 400-V-Anlage (50 Hz) von $\cos\varphi = 0{,}6$ wird mithilfe eines Kondensators von 20 µF vollständig kompensiert. Wie groß ist die Wirkleistung?

223. Die Wirkleistung eines Asynchronmotors beträgt 150 kW bei $\lambda = 0{,}5$. Auf welche Werte wird der Leistungsfaktor durch Zuschalten eines Kondensators von a) 120 kvar, b) 130 kvar, c) 150 kvar und d) 180 kvar verbessert und welche Werte hat die Scheinleistung vor und nach der Kompensation (50 Hz)?

224. Durch Zuschalten von Kondensatoren sinkt eine Scheinleistung von 85 kVA und $\lambda = 0{,}6$ um a) 10 %, b) 20 %, und c) 30 % ab. Welche Kapazität haben diese Kondensatoren und welche Werte hat der Leistungsfaktor nach dem Zuschalten? (230 V, 50 Hz)

225. Die Netzspannung eines Schweißtransformators beträgt 230 V (50 Hz), sein Blindleistungsbedarf ist 64 % der Scheinleistung. Welche Kapazität hat ein Kondensator, der bei der primärseitigen Stromstärke 3 A den Leistungsfaktor auf $\cos\varphi = 0{,}9$ verbessert?

226. Welche Blindleistungen können bei 50 Hz mit folgenden Kondensatoren kompensiert werden?

	a)	b)	c)	d)	e)
C in µF	132	230	132	230	50
U in V	400	400	230	230	230

227. Ein Motor, der bei einem Wirkungsgrad von 75 % und $\lambda = 0{,}7$ die Leistung 1 kW abgibt, ist mit einer Gruppe Glühlampen von zusammen 800 W parallel geschaltet. (230 V, 50 Hz) a) Wie groß ist der dem Netz entnommene Gesamtstrom? b) Wie groß ist der Gesamtleistungsfaktor? c) Welcher Strom wird dem Netz entnommen, wenn der Blindstrom voll kompensiert wird? d) Welche Kapazität muss der Kondensator bei Vollkompensation haben?

5.3 Verlustwinkel und Verlustleistung von Kondensatoren

Formeln:

$$\tan\delta_C = \frac{1}{\omega CR} = \frac{P_V}{Q_C}$$

$$P_V = U^2\omega C \tan\delta_C = UI_R$$

$$\delta_C \approx \tan\delta_C \approx \sin\delta_C$$ bei kleinen Winkeln

Größe	Zeichen
Verlustfaktor	$d_C = \tan\delta_C$
Verlustwinkel	$\delta = 90° - \varphi$
Verlustleistung	P_V
Kondensatorleistung	Q_C
Verluststrom	I_R

Hinweis:

Besonders infolge von Polarisationsvorgängen im Dielektrikum fließt im Kondensator ein geringer Strom I_R, der dem Wirkstrom eines ohmschen. Widerstandes analog ist und eine bestimmte Verlustleistung P_V verursacht.

228. Gegeben sind folgende Papierkondensatoren und ihre Verlustfaktoren für 800 Hz:

	a)	b)	c)	d)
C	200 pF	0,1 µF	25 nF	2 µF
d_C	0,8 %	1 %	1,5 %	1,8 %

Berechnen Sie die entsprechenden Parallelersatzwiderstände für eine Frequenz von 800 Hz.

229. Ein Keramikkondensator von 600 pF hat bei 500 kHz einen Verlustwinkel von a) 0,3°, b) 0,2° und c) 0,6°. Welcher Widerstand ist zu einem verlustfreien Luftkondensator parallel zu schalten, wenn der Verlustwinkel von gleicher Größe sein soll?

230. Die dielektrischen Verluste eines Kondensators von 250 pF können bei 400 kHz durch Parallelwiderstände von a) 40 kΩ, b) 600 kΩ und c) 200 kΩ dargestellt werden. Welchen Verlustwinkeln entsprechen diese?

231. Um wie viel Grad eilt der Strom der Spannung voraus, wenn die Verlustfaktoren von Metallpapierkondensatoren d_C a) 0,022, b) 0,028, c) 0,035, d) 0,072 und e) 0,1 betragen?

232. Welcher Verluststrom fließt durch einen Kondensator von 500 pF bei 180 V und 350 kHz, wenn der Verlustwinkel 0,4° beträgt?

233. Welche Verlustleistung ergibt sich bei folgenden Phasenschieberkondensatoren bei einer Frequenz von 50 Hz?

	a)	b)	c)	d)
C in µF	132	230	132	230
U in V	400	400	230	230
d_C	$4\cdot10^{-3}$	$6\cdot10^{-3}$	$6\cdot10^{-3}$	$4\cdot10^{-3}$

Durch welche Parallelwiderstände können die hieraus ersichtlichen Verluste dargestellt werden?

234. Gegeben sind die bei 220 V und 50 Hz festgestellten Verluste folgender Kondensatoren:

	a)	b)	c)
C in µF	50	12	4
P_V in W	4	1,5	0,8

Welche Verlustfaktoren ergeben sich daraus?

5.4 Verluste auf Einphasenwechselstrom-Leitungen

Formeln:

$$U_V = 2IR_L \cos\varphi \approx U_a - U_k$$

$$U_V \approx \frac{2lP}{\varkappa A U_k}$$

$$U_a = \sqrt{U_k^2 + (2IR_L)^2 + 4U_k I R_L \cos\varphi}$$

$$P_V = I^2 R_L = \frac{P^2 R_L}{U_k^2 \cos^2\varphi}$$

$$p = \frac{P_V \cdot 100}{P}$$

$$p = \frac{200\, lP}{\varkappa A U_k^2 \cos^2\varphi}$$

Größe	Zeichen	Einheit
einfache Länge der Leitung	l	m
Leiterquerschnitt	A	mm^2
Widerstand der einfachen Leitung	R_L	Ω
Spannung am Leitungsanfang	U_a	V
Spannung am Verbraucher	U_k	V
Spannungsverlust	U_V	V
übertragene (Wirk-)Leistung	P	W
Leistungsverlust	p	%
Leistungsverlust, absolut	P_V	W
Leitfähigkeit	$\varkappa$	S/m

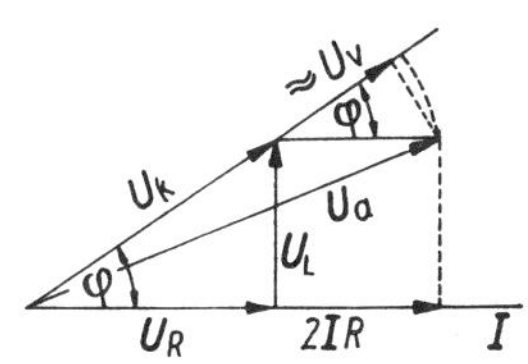

Bild 66: Spannungsdiagramm

Hinweise:

Die beiden Formeln für den Spannungsverlust $U_V = U_a - U_k$ gelten nur näherungsweise. Zu genaueren Berechnungen ist der Kosinussatz heranzuziehen. Prozentangaben von Spannungs- bzw. Leistungsverlusten beziehen sich stets auf die Verbraucherseite.

235. Mehrere Motoren für 400 V, zusammen 25 kW und dem mittleren $\cos\varphi = 0{,}7$ werden durch eine 85 m lange Zuleitung ($\varkappa = 56\,S \cdot m/mm^2$, $A = 25\,mm^2$) gespeist. Wie groß ist der absolute und prozentuale Leistungsverlust?

236. Ein Verbraucher von 1,8 kW benötigt die Klemmenspannung 230 V bei einem Leistungsfaktor von 0,65. Welchen Querschnitt muss die 120 m lange Kupferleitung ($\varkappa = 56\,S \cdot m/mm^2$) haben, wenn der Leistungsverlust 2 % nicht überschreiten darf?

237. Welche Wirkleistung darf ein Verbraucher bei $\cos\varphi = 0{,}8$ und 215 V im Höchstfall aufnehmen, wenn der durch die 250 m lange Zuleitung ($\varkappa = 56\,S \cdot m/mm^2$, $A = 25\,mm^2$) verursachte Leistungsverlust nicht mehr als 2,5 % betragen darf?

238. Welche Wirkleistung darf der in der letzten Aufgabe genannte Verbraucher im Höchstfall aufnehmen, wenn der in der Zuleitung auftretende Spannungsverlust 2,5 % nicht überschreiten darf?

239. Ein Verbraucher entnimmt bei 370 V mit $\cos\varphi = 0{,}9$ die Scheinleistung 6,6 kVA. Bei welcher Leitungslänge ($\varkappa = 35\,S \cdot m/mm^2$, $A = 25\,mm^2$) wird der zulässige Leistungsverlust von 3 % nicht überschritten?

240. Ein kleiner Fertigungsbetrieb entnimmt bei 210 V für Licht und Heizung 15 kW und für Antriebe ($\lambda = \cos\varphi_1 = 0{,}7$) 20 kW. Welcher absolute und prozentuale Leistungsverlust entsteht in der 90 m langen Zuleitung ($\varkappa = 56\,S \cdot m/mm^2$, $A = 25\,mm^2$)?

241. Der durch die Zuleitung verursachte Leistungsverlust eines Verbrauchers beträgt 4 %. a) Wie ändert sich dieser, wenn der Leistungsfaktor bei unveränderten Werten für P und U_k von 0,6 auf 0,9 verbessert wird? b) Auf das Wievielfache könnte die entnommene Wirkleistung bei gleich bleibendem prozentualem Leistungsverlust erhöht werden, wenn der Leistungsfaktor von 0,6 auf 0,9 verbessert wird?

242. Die 110 m lange Zuleitung ($A = 15\,\text{mm}^2$, $\varkappa = 56\,\text{S}\cdot\text{m}/\text{mm}^2$) gibt an den Verbraucher 15 kW bei 230 V und $\lambda = 0{,}8$ ab. Um wie viel % würde sich der Leistungsverlust verringern, wenn der Leiterquerschnitt auf 25 mm^2 vergrößert wird, und wie viel Kilowatt werden dabei eingespart?

243. Wie groß ist der Leistungsfaktor eines Verbrauchers, wenn der durch die Zuleitung verursachte Spannungsverlust 2 % und der Leistungsverlust 3,6 % betragen?

244. Weshalb ist bei Wechselstrom im Allgemeinen die Spannung am Leitungsanfang nicht gleich der Summe aus der Spannung am Leitungsende und dem Spannungsverlust?

245. Ein Verbraucher entnimmt der 55 m langen Zuleitung bei 225 V und einem Leistungsfaktor von 0,8 die Leistung 20 kW. Wie groß ist die Spannung am Anfang der Leitung ($\varkappa = 35\,\text{S}\cdot\text{m}/\text{mm}^2$, $A = 50\,\text{mm}^2$)?

246. Eine Leitung ($\varkappa = 56\,\text{S}\cdot\text{m}/\text{mm}^2$, $A = 25\,\text{mm}^2$) wird mit 420 V gespeist. Wie lang ist sie, wenn der Verbraucher 120 kW bei 380 V und $\cos\varphi = 0{,}6$ entnimmt?

247. Die Speisespannung einer 100 m langen Leitung ($\varkappa = 56\,\text{S}\cdot\text{m}/\text{mm}^2$, $A = 25\,\text{mm}^2$) ist 400 V. Wie groß ist die Nutzspannung, wenn eine Leistung von 30 kW bei $\cos\varphi = 0{,}8$ entnommen wird?

248. Welche Wirkleistung wird bei dem Leistungsfaktor 0,85 verbraucht, wenn die Leitung mit 450 V gespeist wird, einen Gesamtwiderstand von 0,3 Ω hat und einen Strom von 100 A führt?

249. Zwei Einphasenmotoren für 500 V von 3 kW und $\cos\varphi_1 = 0{,}85$ bzw. 6,5 kW und $\cos\varphi_2 = 0{,}55$ sind 600 m vom Generator entfernt. Berechnen Sie a) die Stromstärke, b) den Spannungsabfall in der Leitung, c) den Leistungsverlust in der Leitung und d) die am Anfang der Leitung erforderliche Spannung (Kupfer, Querschnitt 35 mm^2).

6 Drehstrom

6.1 Berechnung der Spannungen, Stromstärken und Widerstände

Formeln:

Dreieckschaltung:

$$U_L = U_{St}$$

$$I_L = I_{St}\sqrt{3}$$

Sternschaltung:

$$U_L = U_{St}\sqrt{3}$$

$$I_L = I_{St}$$

Größe	Zeichen	Einheit
Leiterspannung	U_L	V
Leiterstromstärke	I_L	A
Strangspannung	U_{St}	V
Strangstromstärke	I_{St}	A

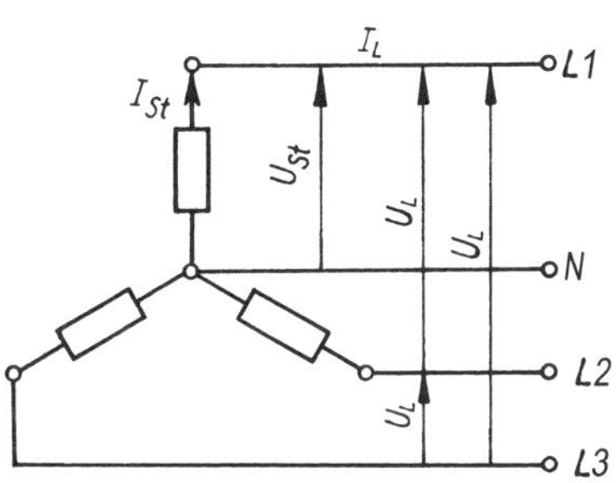

Bild 67: Sternschaltung

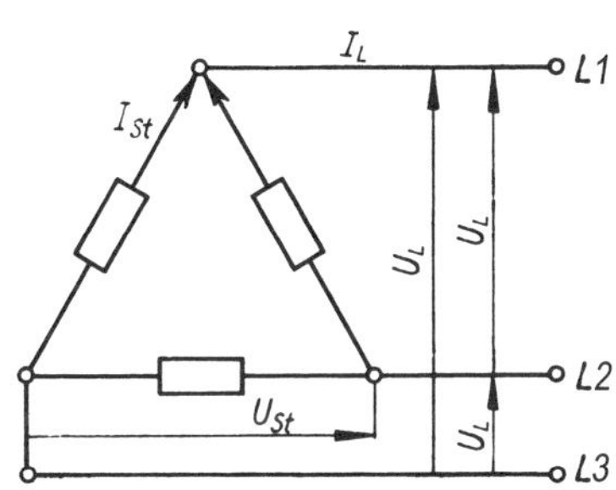

Bild 68: Dreieckschaltung

250. An den Klemmen L2 und L3 eines Drehstromanschlusses (Sternschaltung) wird die Spannung 370 V gemessen. Wie groß sind die Spannungen an den Klemmen a) L1 und L2, b) L2 und N und c) L1 und N?

251. Die Strangspannung eines Drehstromgenerators beträgt 125 V. Wie groß ist die Leiterspannung bei a) Dreieckschaltung und b) Sternschaltung?

252. Ein Heizofen kann a) in Dreieck- oder b) in Sternschaltung an ein Drehstromnetz von 400/230 V angeschlossen werden. Welcher Leiterstrom fließt, wenn jeder Einzelwiderstand 25 Ω beträgt?

253. Zwei aus gleich großen Teilwiderständen in Sternschaltung zusammengesetzte Heizöfen sind an ein Drehstromnetz angeschlossen. Um das Wievielfache nimmt der Gesamtstrom zu, wenn einer der beiden Öfen in Dreieck umgeschaltet wird?

254. Ein in Sternschaltung arbeitender Drehstromgenerator erzeugt die Strangspannung 225 V. Wie groß ist a) die Leiterspannung und b) die Spannung eines Hauptleiters gegen den Nullleiter?

255. Schließt man an 3 in Stern geschaltete gleich große Widerstände zuerst 2 und danach alle 3 Leitungen eines Drehstromnetzes von 230/133 V an, so nimmt der Leiterstrom um 1 A zu. Wie groß sind die Widerstände?

256. Schaltet man die drei Heizwiderstände von je 15 Ω in Dreieck, so fließt in den Zuleitungen eines elektrischen Ofens der Strom 46,19 A. Welche Spannung liefert das Drehstromnetz und welcher Strom wird bei Sternschaltung fließen?

257. Drei Widerstände von je 35 Ω sind in Dreieck an ein Drehstromnetz von 230/133 V angeschlossen. a) Welcher Strom fließt in den Zuleitungen und b) welche Änderung tritt ein, wenn eine der drei Zuleitungen abgeschaltet wird?

258. Drei gleich große Widerstände ergeben an einem Drehstromnetz von 230/133 V in Sternschaltung einen um 20 A kleineren Strom als in Dreieckschaltung. Wie groß sind die Widerstände?

259. Legt man an drei in Stern geschaltete Widerstände nur zwei der drei Leitungen eines Drehstromnetzes, zwischen denen die Spannung 385 V gemessen wird, so fließt der Strom 15,5 A. Wie ändert sich die Stromstärke, wenn auch die 3. Leitung angeschlossen wird?

260. Drei in Dreieck geschaltete Kondensatoren von je 8 µF werden an ein Drehstromnetz von 400/230 V (50 Hz) angeschlossen. Welcher Strom fließt a) durch jeden Kondensator und b) in den Zuleitungen?

261. Schließt man einen Kondensator von 150 µF an die Klemmen L1 und L2 eines Drehstromnetzes an, so ist der Strom um 7,93 A größer als bei Anschluss an die Klemmen L1 und N. Wie groß sind die Klemmenspannungen bei 50 Hz?

6.2 Leistung und Arbeit des Drehstroms

Formeln:

$$S = U_L I_L \sqrt{3} \quad \text{oder} \quad S = 3 U_{St} I_{St}$$

$$P = U_L I_L \sqrt{3} \cos\varphi \quad \text{oder} \quad P = 3 U_{St} I_{St} \cos\varphi$$

$$Q = U_L I_L \sqrt{3} \sin\varphi \quad \text{oder} \quad Q = 3 U_{St} I_{St} \sin\varphi$$

Größe	Zeichen
Leiterspannung bzw. -stromstärke	U_L, I_L
Strangspannung bzw. -stromstärke	U_{St}, I_{St}
Scheinleistung	S
Wirkleistung	P
Blindleistung	Q

262. Welche Blind-, Wirk- und Scheinleistung nimmt ein Drehstrommotor für 400 V bei der Stromstärke 16 A und dem Leistungsfaktor 0,85 auf?

263. An jedem der drei Stränge eines in Stern geschalteten Drehstromverbrauchers liegt die Spannung 125 V, wobei die Leistung 17 kW bei $\cos\varphi = 0{,}65$ beträgt. Wie groß ist der Leiterstrom?

264. An einem Einzelstrang eines in Dreieck geschalteten Verbrauchers werden 230 V und 12,5 A gemessen. Welche Leistung nimmt der Verbraucher bei $\cos\varphi = 1$ auf?

265. Ein an ein Drehstromnetz von 400/230 V in Sternschaltung angeschlossener Drehstrommotor nimmt bei dem Leistungsfaktor $\cos\varphi = 0{,}82$ die Wirkleistung 6,5 kW auf. Wie groß ist der Leiterstrom?

266. Auf dem Typenschild eines Drehstrommotors befinden sich folgende Angaben: 400/230 V; 19,5 kW; 37,6/65,0 A; $\cos\varphi = 0{,}87$. Zu berechnen sind a) die Leistungsaufnahme bei Stern- bzw. Dreieckschaltung und b) der Wirkungsgrad bei der angegebenen Belastung.

267. Wie lautet die Formel für die Drehstromwirkleistung P bei gegebenem Einzelwiderstand R und gegebener Leiterspannung U_L a) bei Dreieckschaltung des Verbrauchers, b) bei Sternschaltung des Verbrauchers?

268. Wie lautet die Formel für die Wirkleistung P bei gegebenem Einzelwiderstand R und Leiterstrom I_L a) bei Dreieckschaltung des Verbrauchers, b) bei Sternschaltung des Verbrauchers?

269. Wie ändert sich die Stromaufnahme eines Drehstrommotors, wenn während des Betriebes eine der drei Zuleitungen ausfällt und die abgenommene Leistung konstant bleibt?

270. Wie viel Kilowatt nimmt ein a) in Dreieck und b) in Stern an ein 400/230-V-Netz; angeschlossener Heizofen auf, wenn jeder Einzelwiderstand 30 Ω beträgt?

271. Schaltet man einen in Stern geschalteten. Heizofen in Dreieck um, so erhöht sich die Leistungsaufnahme um 6 kW. Wie groß sind die Einzelwiderstände, wenn die Leiterspannung 230 V beträgt?

272. Ein Drehstrommotor nimmt bei der Leiterspannung 230 V den Leiterstrom 14,5 A auf und hat den Leistungsfaktor 0,72. Wie lange ist er in Betrieb, wenn der Gesamtverbrauch 35,8 kW · h ist?

273. Unterbricht man eine Zuleitung zu einem in Stern geschalteten elektrischen Ofen, dessen Widerstände je 9 Ω betragen, so verringert sich seine Leistung um 5 kW. Wie groß ist die Leiterspannung?

274. Ein Heißwasserspeicher hat den Wirkungsgrad $\eta = 0{,}95$ und erwärmt 200 Liter Wasser innerhalb von 6 Stunden von 10 °C auf 85 °C (spez. Wärmekapazität des Wassers $c = 4{,}19\,\mathrm{J/kg \cdot K}$). a) Wie groß sind die in Dreieck geschalteten Widerstände bei der Leiterspannung 230 V? b) Wie lange dauert die Erwärmung, wenn ein Widerstand durchbrennt?

275. Welche Leistung muss eine Wasserturbine abgeben, wenn sie mit einem Wirkungsgrad von $\eta = 0{,}92$ einen Drehstromgenerator betreiben soll, der die Leiterspannung 250 V und den Strom 45 A beim Leistungsfaktor 1 abgeben soll?

6.3 Verluste auf Drehstromleitungen

Formeln:

$$U_\mathrm{V} = IR_L \cos\varphi\sqrt{3} \approx U_\mathrm{a} - U_\mathrm{k}$$

$$U_\mathrm{V} \approx \frac{lP}{\varkappa A U_\mathrm{k}}$$

$$U_\mathrm{a} = \sqrt{U_\mathrm{k}^2 + 3(IR_L)^2 + 2U_\mathrm{k} IR_L\sqrt{3}\cos\varphi}$$

$$p = \frac{P_\mathrm{V} \cdot 100}{P} \qquad p = \frac{100\,lP}{\varkappa A U_\mathrm{k}^2 \cos^2\varphi}$$

$$\varrho_\mathrm{Cu} = 0{,}017\,8\,\Omega \cdot \mathrm{mm^2/m}$$

$$\varrho_\mathrm{Al} = 0{,}028\,6\,\Omega \cdot \mathrm{mm^2/m}$$

Größe	Zeichen	Einheit
Einfache Länge der Leitung	l	m
Widerstand der einfachen Leitung	R_L	Ω
Spannung am Leitungsanfang	U_a	V
Spannung am Verbraucher	U_k	V
Spannungsverlust	U_V	V
Wirkleistung des Verbrauchers	P	W
Leistungsverlust	P_V	W
prozentualer Leistungsverlust	p	%

Hinweise:

Die Formeln für den Spannungsverlust $U_\mathrm{V} = U_\mathrm{a} - U_\mathrm{k}$ gelten nur näherungsweise. Bei genaueren Berechnungen muss der Kosinussatz herangezogen werden. Prozentangaben beziehen sich stets auf die Verbraucherseite.

276. Bei Verlegung im Rohr ist eine isolierte Drehstromleitung wie folgt belastbar:

	Material	Querschnitt	Betriebsspannung	Höchstbelastung
a)	Kupfer	1 mm²	230 V	4,6 kW
b)	Kupfer	1 mm²	400 V	7,9 kW
c)	Kupfer	4 mm²	500 V	23,4 kW
d)	Alu	10 mm²	400 V	25 kW
e)	Alu	35 mm²	230 V	32,8 kW

Welche absoluten und prozentualen Leistungsverluste ergeben sich bei induktionsfreier Belastung je 100 m Streckenlänge?

277. Ein Drehstrommotor mit der Leistung 4,0 kW bei 400 V, dem Wirkungsgrad $\eta = 0{,}81$ und $\cos\varphi = 0{,}82$ soll durch eine bewegliche Leitung an einen 250 m entfernten Mast angeschlossen werden. Verwendet wird eine Cu-Leitung von 0,75 mm² Querschnitt. Wie groß ist der Leistungsverlust?

278. Welchen spezifischen Widerstand hat eine Drehstrom-Stahlleitung von 4 mm² Querschnitt, wenn sie bei einer Verbraucherspannung von 125 V und cos $\varphi = 1$ je 100 m Streckenlδnge bei einer Höchstbelastung von 1,95 kW 42,3 % Verlust aufweist?

279. Für eine Drehstromleitung wird je 100 m Streckenlänge bei einer Höchstlast von 29,4 kW ein Leistungsverlust von $p = 11$ % angegeben.

Wie viel Prozent beträgt dieser bei einer Beanspruchung mit 18 kW unter sonst gleichen Verhältnissen? Welches sind die absoluten Verluste in beiden Fällen?

280. Welche Streckenlänge darf eine 16 mm² dicke Alu-Leitung für 44,8 kW Übertragungsleistung (Drehstrom 400 V) haben, wenn der Verlust höchstens $p = 7{,}5$ % betragen darf? (cos $\varphi = 1$)

281. Eine Drehstromleitung weist bei einer Belastung mit 120 kW (400 V) und einem cos $\varphi = 1$ einen Leistungsverlust von $P_V = 11{,}5$ kW auf. Wie groß ist der Verlust unter sonst gleichen Umständen, wenn die Betriebsspannung und cos φ des Verbrauchers folgende Werte haben:

	a)	b)	c)	d)
U in V	400	400	230	230
cos φ	0,8	0,6	0,8	0,6

282. Welcher Drahtquerschnitt (Kupfer) ist erforderlich, um eine Drehstromleistung von 17,6 kW bei einer Spannung von 230 V, einem cos φ von a) 1, b) 0,8 und c) 0,6 und einem zulässigen Verlust von 18,5 % je 100 m Streckenlänge zu übertragen?

283. (Bild 69) Welchen Querschnitt muss die 400 m lange Zuleitung (Kupfer) eines Drehstrommotors für 30 kW und 400 V bei einem cos $\varphi = 0{,}8$ aufweisen, wenn außerdem für 10 kW Glühlampen (230 V) symmetrisch angeschlossen sind und ein Leistungsverlust von 6 % zugelassen wird?

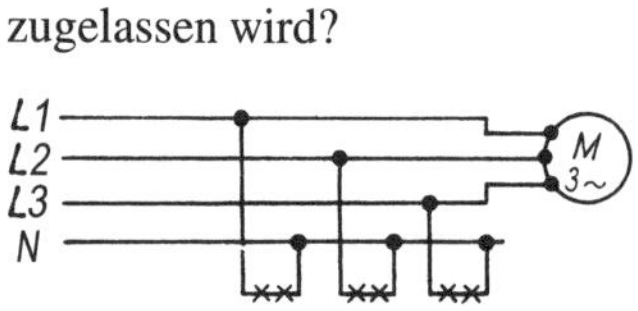

Bild 69: Aufgabe 283

284. (Bild 70) Ein Drehstromgenerator speist drei Gruppen in Dreieckschaltung in 500 m Entfernung angeschlossene Glühlampen. Die Klemmenspannung der Maschine beträgt 230 V, die Stromstärke in jedem Leiter 25 A (Leitungsdurchmesser 6 mm Leitungskupfer). Berechnen Sie a) Leistung der Maschine, b) Spannungsverlust der Leitung, c) Lampenspannung, d) Leistungsverlust.

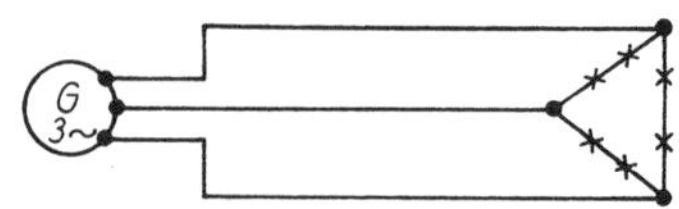

Bild 70: Aufgabe 284

285. 150 Glühlampen zu je 230 V/40 W werden von einem 300 m weit entfernten Generator gespeist. Der Spannungsverlust der Leitung (Kupfer) darf 3 % betragen. Berechnen Sie den gesamten Querschnitt der Leitung bei Verwendung von a) Gleichstrom, b) Drehstrom in Dreieckschaltung und c) desgl. in Sternschaltung.

286. Welche Klemmenspannung muss ein Drehstromgenerator erzeugen, wenn er mittels einer 400 m langen Kupferleitung von 4 mm Durchmesser eine Verbraucherleistung von 15 kW bei einer Verbraucherspannung von 380 V und einem cos $\varphi = 0{,}75$ speisen soll?

287. Welchen Querschnitt muss die 250 m lange Kupferzuleitung zu einem Drehstrommotor von 12 kW (220 V, cos $\varphi = 0{,}88$) aufweisen, wenn ein Spannungsverlust von a) 20 V, b) 30 V und c) 40 V zugelassen wird, und mit welcher Spannung muss die Leitung gespeist werden?

288. An eine 400 m lange Drehstromleitung (Kupfer) sind angeschlossen:

1. 1 Asynchronmotor von 8 kW, $\eta = 0{,}8$, cos $\varphi = 0{,}8$,
2. 1 Asynchronmotor von 6 kW, $\eta = 0{,}72$, cos $\varphi = 0{,}6$,
3. 300 Glühlampen zu je 40 W.

Die Verbraucherspannung beträgt 230 V. Berechnen Sie a) die Stromstärke in jedem Verbraucher, b) den Drahtquerschnitt, wenn ein Verlust von 10 % der gesamten Wirkleistung zugelassen wird.

289. (Bild 71) An eine Drehstromleitung (50 mm² Kupfer) sind angeschlossen:

1. 1 Motor von 3 kW, $\eta = 0{,}82$, cos $\varphi = 0{,}8$, 220 V,
2. 1 Motor von 1,5 kW, $\eta = 0{,}75$, cos $\varphi = 0{,}75$, 220 V,
3. 60 Glühlampen zu je 75 W, 127 V.

Der Generator befindet sich in 500 m Entfernung. Berechnen Sie a) Stromstärken in den Verbrauchern, b) Gesamtstromstärke, c) den Gesamtleistungsfaktor λ und d) Spannung des Generators.

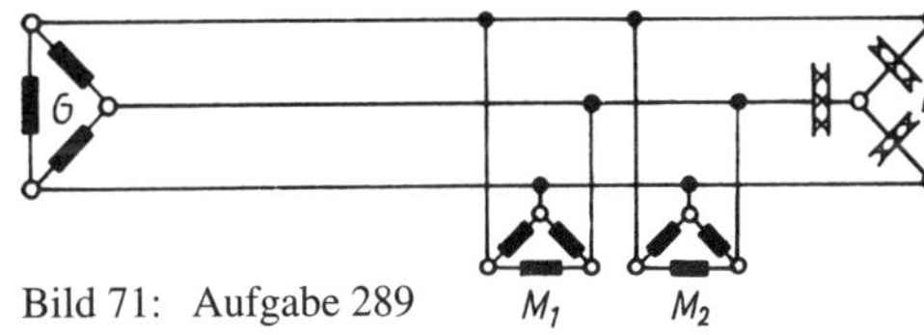

Bild 71: Aufgabe 289

7 Spulen mit Eisen

7.1 Eisengefüllte Drosselspule

Formeln:

$$v = v_1 \left(\frac{B_{max}}{B_1}\right)^2$$

$$P_{Fe} = v\, m_{Fe}$$

$$U_L = \frac{\omega N \Phi_{max}}{\sqrt{2}}$$

$$I = \sqrt{I_V^2 + I_\mu^2}$$

$$I_V = \frac{P_{Fe}}{U} \qquad I_\mu = \frac{H_{Fe} l_{Fe} + H_L l_L}{N}$$

(alles Scheitelwerte)

$$H_{eff} = \frac{H_{max}}{\xi_S} \qquad P = P_{Fe} + P_{Cu}$$

Größe	Zeichen	Einheit
Eisen- bzw. Kupferverluste	P_{Fe}, P_{Cu}	W
gesamte Wirkleistung	P	W
Verlustziffer der magnetischen Flussdichte für $B_1 = 1\,\mathrm{T}$	v_1	W/kg
Verlustziffer für beliebige magnetische Flussdichten	v	W/kg
Eisenmasse	m_{Fe}	kg
Effektivwert der induktiven Spannung	U_L	V
Magnetisierungsstromstärke	I_μ	A
Eisenverluststromstärke	I_V	A
Scheitelfaktor	ξ_S	1
Widerstand der Kupferwicklung	R_{Cu}	Ω
Windungszahl	N	1
Stromdichte	J	A/mm^2
magnetische Feldstärke in Luft	H_L	A/m
magnetische Feldstärke in Eisen	H_{Fe}	A/m
Feldlinienlänge in Luft	l_L	m
Feldlinienlänge in Eisen	l_{Fe}	m

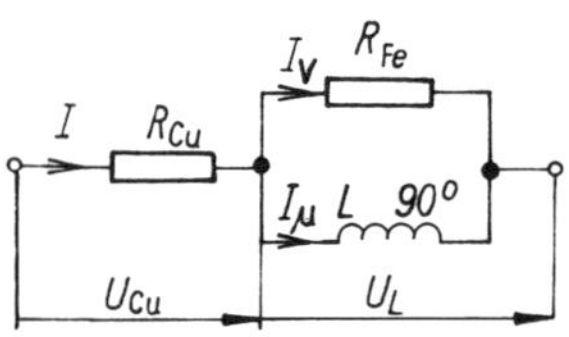

Bild 72: Ersatzschaltung der Drosselspule

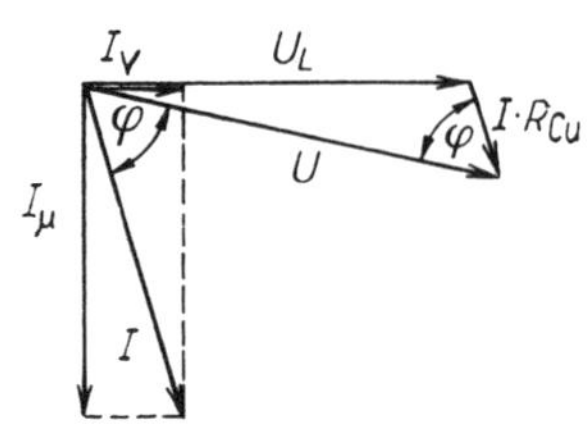

Bild 73: Zeigerdiagramm zu Bild 72

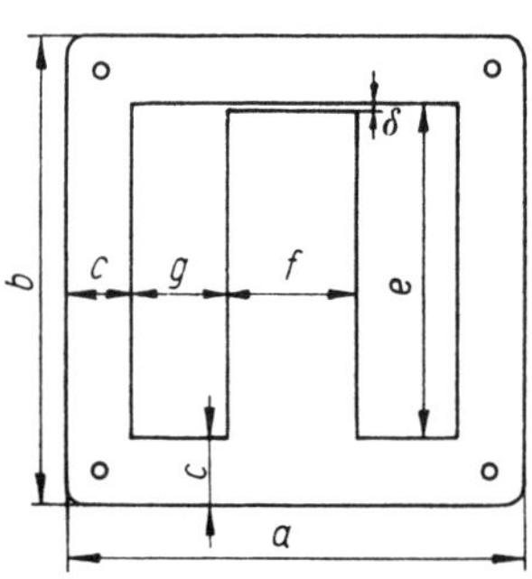

Bild 74: Genormter Mantelschnitt

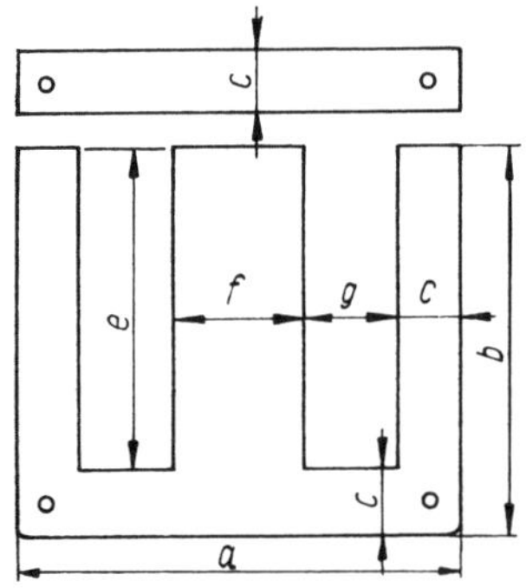

Bild 75: Genormter E-Schnitt zu Bild 74

zu Bild 74:

	a	*b*	*c*	*e*	*f*	*g*	*δ*	Schichthöhe[1]	k_{Fe}
M 42	42	42	6	30	12	9	0,5	15 mm	0,95
M 65	65	65	10	45	20	12,5	1,0	27 mm	0,85
M 85	85	85	14,5	56	29	13,5	2,0	35 mm	0,85

zu Bild 75:

	a	*b*	*c*	*e*	*f*	*g*	*δ*	Schichthöhe[1]	k_{Fe}
E 48	48	32	8	24	16	8	—	16 mm	0,85
E 84	84	56	14	42	28	14	—	28 mm	0,90
E 150	150	100	20	80	40	35	—	50 mm	0,95

Hinweise:

Durch Ummagnetisierung und Wirbelströme im Eisenkern entstehen die *Eisenverluste*. Sie werden mit der für jede Blechart charakteristischen *Verlustziffer* v erfasst, die mit der Masse des Eisens die Leistung P_{Fe} ergibt. Sie bewirkt einen zusätzlichen, parallel zur Induktivität liegenden Widerstand R_{Fe}. Durch den Widerstand der Wicklung entstehen die *Kupferverluste* P_{Cu}. Zur Bestimmung der Feldstärke H_{Fe} dienen entsprechende Magnetisierungskennlinien (s. Band I, Abschnitt 5.3). Bei nicht sinusförmigem Verlauf der Flussdichte bzw. Feldstärke ist zur Berechnung der Induktionsspannung der Faktor $\sqrt{2}$ durch den gegebenen Scheitelfaktor ξ_S zu ersetzen.

290. Welche Eisenverluste entstehen bei einer Flussdichte von $B_{max} = 1{,}2\,T$ für die auf Bild 74 angegebenen Kerne E 48, E 84 und E 150? ($\varrho = 7{,}6\,g/cm^3$, $f = 50\,Hz$, $v_1 = 3{,}3\,W/kg$; der Eisenfüllfaktor k_{Fe} ist zu beachten.)

291. Berechnen Sie die Eisenverluste in W/kg für eine Flussdichte von a) $B_{max} = 0{,}8\,T$, b) 1,2 T, c) 1,4 T, wenn $v_1 = 3{,}1\,W/kg$ ist.

292. Welche maximale Flussdichte besteht in folgenden Eisenkernen, deren Eisenverluste bekannt sind, wenn $v_1 = 3{,}5\,W/kg$ ist?

	a)	b)	c)	d)
m_{Fe} in kg	0,150	0,765	2,5	4,8
P_{Fe} in W	0,756	2,68	12,6	28,4

293. Der Kupferwiderstand einer Spule beträgt 3 Ω. Bei einer Klemmenspannung von 16 V (50 Hz) fließt ein Strom von 2 A. Der Leistungsfaktor beträgt a) 0,55, b) 0,6, c) 0,68 und d) 0,75.

Welcher Eisenverlust ergibt sich jeweils?

294. Die Eisenverluste einer Spule betragen a) 8,5 W, b) 9,8 W, c) 11,9 W, d) 18 W. Der Kupferwiderstand beträgt 5 Ω. Welcher Leistungsfaktor ergibt sich, wenn bei einer Klemmenspannung von 20 V ein Strom von 1,5 A fließt?

295. Welche maximale Flussdichte besteht in folgenden Eisenkernen? ($v_1 = 3{,}5\,W/kg$)

	a)	b)	c)
Kern	E 48	E 84	E 150
m_{Fe} in kg	0,159	0,901	4,476
R_{Cu} in Ω	1,2	1,6	3,0
U in V	8	16	26
I in A	3	5	4,5
$\cos\varphi$	0,5	0,6	0,6

296. An einer Spule mit Eisenkern werden gemessen:

	a)	b)	c)
U in V	35	55	100
I in A	3	4,8	6
P in W	40	72	280
R_{Cu} in Ω	0,65	1,1	2,8

Berechnen Sie a) den Leistungsfaktor, b) den Wirk- und Scheinwiderstand, c) den Spannungsabfall im Kupferwiderstand der Wicklung, d) die

[1] Dicke der Blechstreifen, an denen der Kern geschichtet ist

Selbstinduktionsspannung, e) die Kupferverluste, f) die Eisenverluste, g) die Wirk- und Blindstromstärke.

297. Von einer Vorschaltdrossel sind folgende Werte bekannt: Wirkwiderstand der Wicklung $R_{Cu} = 100\,\Omega$, Induktivität $L = 1{,}4$ H, Eisenverluste $P_{Fe} = 20$ W, Blindleistung $Q = 40$ var, $f = 50$ Hz. Zu berechnen sind Stromstärke I, Scheinleistung S und gesamter Spannungsabfall U.

298. Von einer Vorschaltdrossel sind folgende Werte bekannt: gesamter Spannungsabfall $U = 200$ V, Stromstärke $I = 1{,}5$ A, Wirkleistung $P = 40$ W, Induktivität $L = 0{,}5$ H, $f = 50$ Hz. Zu berechnen sind die Scheinleistung, cos φ und der Wirkwiderstand der Wicklung.

299. Der in Bild 76 gezeigte Eisenrahmen ohne Luftspalt aus Dynamoblech soll so bewickelt werden, dass bei einer Klemmenspannung von 230 V der Scheitelwert der Flussdichte 1,4 T beträgt. Es gelten: $v_1 = 3{,}3$ W/kg, Eisenfüllfaktor 0,9, Scheitelfaktor der Feldstärke $\xi_S = 2{,}2$, $f = 50$ Hz. Die Kupferverluste seien vernachlässigt, $\varrho = 7{,}6\,\text{g/cm}^3$. Berechnen Sie die Windungszahl und die effektive Stromstärke der Drossel.

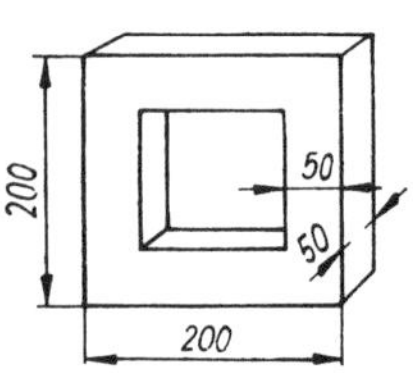

Bild 76: Aufgaben 229 bis 301 (Angaben in mm)

300. Wie ist der in Aufgabe 299 gegebene Kern zu bewickeln und welcher Strom fließt, wenn bei sonst gleichen Daten die Klemmenspannung nur a) 40 V, b) 80 V, c) 160 V betragen soll?

301. Der Kern nach Aufgabe 299 trägt a) 250 und b) 500 Windungen. Welche Klemmenspannung muss angelegt werden und welcher Strom fließt, wenn die maximale Induktion 1,2 T betragen soll? (Scheitelfaktor $\xi_S = 2{,}0$)

302. (Bild 77) Zur Bestimmung der Verlustziffer von Blechen wird der EPSTEIN-Apparat verwendet. Er besteht aus 4 Paketen zu je 2,5 kg, welche die Einzelstreifen enthalten. Jedes Paket wird in eine Magnetisierungsspule geschoben. Die Spulen sind in Reihe geschaltet und zu einem quadratischen Rahmen zusammengeschraubt. Zur Speisung dient ein Generator mit veränderbarer Frequenz und Feldstärke, womit die Klemmenspannung geregelt werden kann. In einem Einzelfall liegen folgende Werte vor: $m = 11{,}5$ kg, Streifenlänge 50 cm, Dichte des Blechs $7{,}75\,\text{g/cm}^3$, $U_k = 48$ V, $I = 6{,}24$ A, $P_{ges} = 63{,}2$ W, Windungszahl 254, $R_{Cu} = 0{,}14\,\Omega$, $f = 48$ Hz. Berechnen Sie die sich hierbei ergebende Flussdichte und die Verlustziffer.

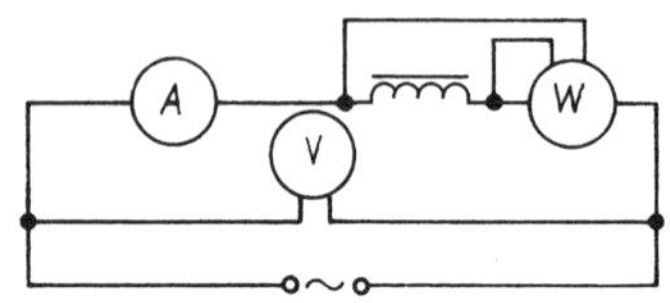

Bild 77: Aufgaben 302 und 303

303. Auf welche Klemmenspannung muss der Generator von Aufgabe 302 eingestellt werden, wenn die Verlustziffer für 1 T und 50 Hz ermittelt werden soll?

304. Für eine Bogenlampe (Brennspannung 40 V und Stromstärke 10 A) ist eine passende Vorschaltdrossel bei einer Spannung von 128 V zu wickeln. Es soll der in Bild 78 angegebene Kern verwendet werden. Es sind ferner gegeben: $B_{max} = 1{,}1$ T, $v_1 = 3{,}4$ W/kg (Dynamoblech); $\xi_S = \sqrt{2}$, Stromdichte $J = 2{,}5\,\text{A/mm}^2$; $k_{Cu} = 0{,}6$, $k_{Fe} = 0{,}9$, $f = 50$ Hz, $\varrho = 7{,}6\,\text{g/cm}^3$. Zu berechnen sind die erforderliche Windungszahl, der Drahtdurchmesser und die Breite des Luftspaltes. Es ist zu prüfen, ob der Wickelraum ausreicht. Der Wickelkörper beansprucht allseitig 3 mm Spielraum.

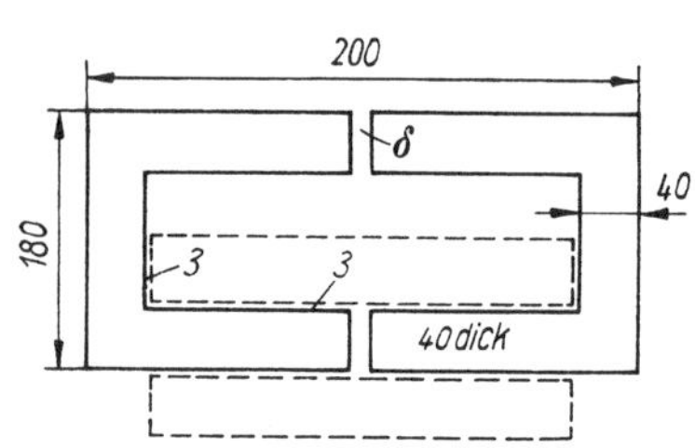

Bild 78: Aufgaben 304 und 305 (Angaben in mm)

305. Aus Ersparnisgründen wird in Aufgabe 304 bei gleichem Eisenquerschnitt der Kern so verkleinert, dass die Fensterfläche nur noch $30\,\text{cm}^2$ beträgt. Wie ändern sich dadurch die Verluste und wie breit muss der Luftspalt dann gehalten werden? (Vorschlag: äußere Kerngröße $13 \times 14\,\text{cm}^2$)

306. Für eine Leuchtstofflampe (Betriebsstromstärke 0,5 A, Netzspannung 230 V, Leistungsaufnahme 40 W) soll eine passende Vorschaltdrossel auf einen Kern E 84 ($m = 0{,}9\,\text{kg}$) gewickelt werden. Es sind gegeben $B_{\max} = 1{,}2\,\text{T}$, $v_1 = 2{,}3\,\text{W/kg}$ (Dyn.-Blech), $\xi_S = \sqrt{2}$, Stromdichte $J = 2\,\text{A/mm}^2$, $k_{Cu} = 0{,}55$, $k_{Fe} = 0{,}9$, $f = 50\,\text{Hz}$, $\varrho = 7{,}7\,\text{g/cm}^3$. Zu berechnen sind Windungszahl, Drahtdicke, Luftspaltbreite, Leistungsaufnahme, Leistungsfaktoren der Drossel bzw. der Lampe mit Drossel. Für den Wickelkörper sind allseitig 3 mm zu berücksichtigen. Es ist zu prüfen, ob der Wickelraum ausreicht.

307. Welche Stromstärke und welchen Spannungsabfall liefert eine mit 1 500 Windungen versehene Vorschaltdrossel mit Kern M 65 (Dyn.-Blech), wenn $k_{Cu} = 0{,}6$, $\xi_S = \sqrt{2}$, $J = 3\,\text{A/mm}^2$ und $f = 50\,\text{Hz}$? Für den Spulenkörper werden allseitig 2 mm Raum beansprucht.

308. Ein Kern M 85 (Dyn.-Blech) soll mit $B_{\max} = 0{,}8\,\text{T}$ belastet werden. Die zulässige Stromdichte darf $3{,}5\,\text{A/mm}^2$ betragen. Bei welcher Stromstärke beträgt der Spannungsabfall der Drosselspule 187,5 V? Es ist zu prüfen, ob der Wickelraum ausreicht. $\xi_S = \sqrt{2}$, $f = 50\,\text{Hz}$, für den Wickelkörper werden allseitig 2 mm beansprucht, der Luftspalt beträgt $\delta = 2\,\text{mm}$, $k_{Cu} = 0{,}6$.

309. (Bild 79) An einer Natriumdampflampe mit Vorschaltdrossel wurden gemessen: Lampenspannung 14 V, Netzspannung 230 V, Stromstärke 1,2 A. Die Fensterfläche des U-Kerns ($k_{Fe} = 0{,}9$) ist zu 50 % ausgenutzt ($k_{Cu} = 0{,}6$). Angenommen ist $B_{\max}$ mit 1,2 T, $v_1 = 3{,}5\,\text{W/kg}$, $\xi_S = \sqrt{2}$. Berechnen Sie den Spannungsabfall an der Drosselspule, Windungszahl, Drahtdicke und Stromdichte, Kupfer-, Eisen- und Gesamtverluste sowie den erforderlichen Luftspalt.

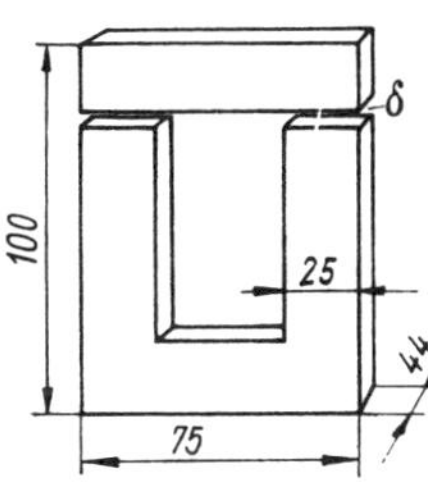

Bild 79: Aufgabe 309 (Angaben in mm)

310. Eine Vorschaltdrossel soll bei der Klemmenspannung 150 V (50 Hz) einen Strom von 10 A aufnehmen. Sie trägt 200 Windungen und hat den Eisenquerschnitt $25\,\text{cm}^2$. Es ist die erforderliche Luftspaltbreite δ näherungsweise zu berechnen, d. h. unter Vernachlässigung des Wirkwiderstandes und des magnetischen Widerstandes des Eisenkerns sowie bei Annahme von $\xi_S = \sqrt{2}$.

7.2 Eisengefüllter Transformator

Formeln:

$$U_L = \frac{\omega N_1 \Phi_{\max}}{\sqrt{2}}$$

$$\frac{U_1}{U_2} \approx \frac{U_{L1}}{U_{L2}} = \frac{N_1}{N_2} = \ddot{u}$$ bei Leerlauf

$$\frac{I_1}{I_2} = \frac{N_2}{N_1} = \frac{1}{\ddot{u}}$$ bei sekundärem Kurzschluss und reduzierter Spannung

$$U_1 I_1 = U_2 U_1$$ bei Vernachlässigung der Eisenverluste

$$\eta = \frac{P_2}{P_2 + P_{Fe} + P_{Cu}}$$

$$U_1 = U_{L1} + I_1 R_1$$

$$U_2 = U_{L2} - I_2 R_2$$

Größe	Zeichen	Einheit
induzierte Urspannung (EMK), Effektivwert	U_{L1}, U_{L2}	V
Klemmenspannung	U_1, U_2	V
Leerlaufstromstärke	I_0	A
Windungszahl	N_1, N_2	1
Scheinleistung	S_1, S_2	W
abgegebene Wirkleistung	P_2	W
Wirkungsgrad	η	1
Übersetzungsverhalten	$\ddot{u}$	1
Eisen- bzw. Kupferverluste	P_{Fe}, P_{Cu}	W
Scheitelfaktor bei verzerrter Stromkurve	ξ_S	1
Stromdichte	J	A/mm^2
Eisenfüllfaktor	k_{Fe}	1
Kupferfüllfaktor	k_{Cu}	1
magnetischer Fluss	Φ	Wb
magnetische Flussdichte	B	T

$$I_0 = \sqrt{I_V^2 + I_\mu^2}$$ $$I_{eff} = \frac{I_{max}}{\xi_S}$$

$P_{Fe} \approx$ Verlustleistung im Leerlauf
$P_{Cu} \approx$ Verlustleistung bei sekundärem Kurzschluss und reduzierter Spannung

Hinweis:

In vereinfachten Fällen kann unter dem Wirkungsgrad auch das Verhältnis von sekundärseitiger und primärseitiger Scheinleistung verstanden werden.

311. Ein Netztransformator ist an a) 230 V und b) 125 V (50 Hz) angeschlossen und trägt primärseitig 800 Windungen. Welchen Querschnitt muss der Eisenkern haben, wenn $B_{max} = 0{,}9$ T ist?

312. Von einigen Transformatoren sind folgende Werte gegeben (50 Hz):

	a)	b)	c)	d)	e)
U_1 in V	230	200	125	—	—
U_2 in V	6,5	—	—	18	65
N_1	840	450	1 200	—	1 500
N_2	—	85	—	150	—
$ü$	—	—	25	12	3,5
B_{max} in T	0,8	0,9	—	—	1
A_{Fe} in cm²	—	—	6	4,5	—

Berechnen Sie die noch fehlenden Werte.

313. Die Primärseite eines Kleintransformators hat 750 Windungen und liegt an einer Spannung von 230 V. a) Wie viel Windungen muss die Sekundärseite haben, wenn sie eine Spannung von 4 V liefern soll? b) Welcher Strom fließt in der Primärspule, wenn die Sekundärspule 2 A abgeben soll? Berechnen Sie c) Übersetzungsverhältnis, d) Scheinleistung (50 Hz).

314. Welche Windungszahlen müssen folgende Transformatoren aufweisen (50 Hz):

	a)	b)	c)
U_1 in kV	3	2	1,5
U_2 in V	230	125	60
A_{Fe} in cm²	120	105	85
B_{max} in T	0,7	0,68	0,8

315. Welche Stromstärken bestehen auf der Primärseite folgender Stromwandler:

	a)	b)	c)	d)
I_2 in A	2,8	3,9	4,5	1,8
N_1	10	25	1	2
N_2	500	750	400	500

316. Ein Transformator für primärseitig 230 V (50 Hz) soll eine Kerninduktion von $B_{max} = 1{,}2$ T aufweisen. Berechnen Sie für die Kerne A) E 48, B) E 84 und C) E 150 (siehe Abschnitt 7.1) a) primäre Windungszahl, b) Eisenverluste und c) Leerlaufstrom, wenn $v_1 = 2{,}3$ W/kg, $\varrho = 7{,}7\ \mathrm{g/cm^3}$, $\xi_S = 1{,}7$ ist. Die Bleche sind einseitig geschichtet, sodass mit einem Luftspalt von $2 \cdot 0{,}05$ mm gerechnet werden muss.

317. Wie groß ist der Leerlaufstrom der in Aufgabe 316 berechneten Transformatoren, wenn die Bleche fugenlos (wechselseitig) geschichtet sind? ($\xi_S = 2{,}0$)

318. Ein Stromwandler mit sekundärseitig angeschlossenem Stromstärkemesser hat im Betrieb folgende Daten: $N_1 = 1$, $I_1 = 300$ A, 50 Hz, $I_2 = 5$ A, $A_{Fe} = 5{,}4\ \mathrm{cm^2}$. Widerstand des Instrumentes $R_2 = 0{,}6\ \Omega$, sekundärseitige Spannung wird 20 % höher als I_2R_2 geschätzt. Es sei kein Luftspalt vorhanden. a) Berechnen Sie die magnetische Flussdichte und die Feldstärke bei Volllast. b) Welche Werte haben diese Größen, wenn das Instrument abgeschaltet wird und die Sekundärklemmen offen bleiben?

319. Welche Eisenverluste und Verlustziffern ergeben sich für folgende Transformatoren?

	a)	b)	c)
η in %	91	92	94
P in W	230	420	900
P_{Cu} in W	11	14	18
m_{Fe} in kg	2,4	4,4	8,4

320. Welche Höchststromstärken können den in Aufgabe 319 genannten Transformatoren mit $ü = 3{,}5$ entnommen werden, wenn die Primärspannung 230 V beträgt, und welcher Primärstrom fließt dabei unter Berücksichtigung des Wirkungsgrades?

321. Welche Wirkleistung geben folgenden Transformatoren ab?

	a)	b)	c)
P_{Fe} in W	12,5	24,0	35,0
P_{Cu} in W	15	30	38
η	0,88	0,92	0,95

322. Ein Transformator überträgt eine Wirkleistung von 8 kW von 5 000 V auf 230 V (50 Hz). Für die Verluste werden 3,5 % im Kupfer und 1,5 % im Eisen veranschlagt. Es wird angenommen, dass die Stromwärmeverluste in beiden Wicklungen gleich groß sind. Die Stromdichte beträgt $1{,}4\,\text{A/mm}^2$, die magnetische Flussdichte $B_{max} = 0{,}6\,\text{T}$ und der Eisenquerschnitt $105\,\text{cm}^2$. Berechnen Sie a) Wirkungsgrad; sowie für die Primär- und Sekundärseite b) Drahtdicken, c) Induktionsspannungen und d) Windungszahlen.

323. Zur Berechnung der Windungszahlen kann man die Zahlenwertgleichungen

$$N_1 = \frac{N_0 U_1}{1 + 0{,}05\, l_m N_0} \quad \text{bzw.} \quad N_2 = \frac{N_0 U_2}{1 - 0{,}05\, l_m N_0}$$

benutzen, wobei N_0 die Windungszahl je Volt und l_m die mittlere Windungslänge in m und U_1 bzw. U_2 die Spannung in V bedeuten sowie ein spezifischer Widerstand $\varrho = 0{,}02\,\Omega \cdot \text{mm}^2/\text{m}$ und die Stromdichte $J = 2{,}5\,\text{A/mm}^2$ angenommen werden. Begründen Sie diese Formeln!

324. Für einen Rundfunkempfänger soll ein Netztrafo für primär 230 V und 50 Hz gewickelt werden. Sekundär liegt je eine Wicklung für 300 V und 100 mA, 6,3 V und 2,4 A, 4 V und 1,1 A.

Verwendet wird ein Kern M 85 mit einem Wirkungsgrad von 86 %, der Stromdichte von $2{,}5\,\text{A/mm}^2$ und der Flussdichte von $B_{max} = 1{,}2\,\text{T}$. Berechnen Sie a) Primärleistung, b) Primärstrom, c) Windungszahl je Volt, d) mittlere Windungslänge jeder Wicklung, wobei zunächst angenommen wird, dass die Wickelhöhe der Primärwicklung gleich der halben Fensterhöhe sein wird und die Sekundärwicklung das Fenster vollständig ausfüllt (die Heizwicklungen liegen ganz außen), e) Windungszahlen nach Aufgabe 323, f) Drahtdicken, g) es ist nachzuprüfen, ob bei einem Kupferfüllfaktor von 0,6 der Wickelraum ausreicht.

325. Zur Berechnung der erzielbaren primären Scheinleistung wird die Formel

$$S_1 = 2 B_{max} A_{Fe} A_L k_{Cu} J f \cdot 10^{-2}$$

angegeben, wobei J die Stromdichte in A/mm^2, A_{Fe} den Eisenquerschnitt und A_L die Fensterfläche in cm^2 bedeuten, die zu etwa 43 % von der Primärwicklung ausgefüllt wird. B_{max} in T. U_1 liege 5 % höher als U_{L1}. Begründen Sie diese Formel!

326. Ein Transformator soll eine Spannung von 230 V und 50 Hz auf 40 V heruntersetzen. Gegeben sind folgende Daten: Eisenquerschnitt $32\,\text{cm}^2$, $k_{Fe} = 0{,}9$, $k_{Cu} = 0{,}3$, $B_{max} = 1{,}2\,\text{T}$, mittlere Eisenweglänge $l_{Fe} = 35\,\text{cm}$, mittlere Windungslänge primär 32 cm, sekundär 42 cm, Stromdichte $J = 3{,}5\,\text{A/mm}^2$, $v_1 = 3{,}5\,\text{W/kg}$, Fensterfläche $A_L = 26\,\text{cm}^2$, Stoßfuge $d = 0{,}2\,\text{mm}$. Die Induktionsspannung werde zu 210 V bzw. 42 V veranschlagt. Berechnen Sie a) aufgrund der Abmessungen des Kerns erzielbare primäre Scheinleistung (Aufgabe 325), b) Windungszahlen, c) Drahtdicken, d) Leistungsfaktor λ im Leerlauf.

327. Für die Berechnung der Kupferverluste je Kilogramm bei der Stromdichte J (in A je mm^2) ergibt sich die Formel $P_{Cu} = (2{,}25\,J^2)\,\text{W}$. Wie kommt diese Formel zustande, wenn der spezifische Widerstand $\varrho' = 0{,}02\,\Omega \cdot \text{mm}^2/\text{m}$ und die Dichte des Kupfers $\varrho = 8{,}9\,\text{g/cm}^3$ zugrunde gelegt werden?

328. Von einem Transformator sind folgende Werte bekannt. Scheinleistung 175 kVA, 50 Hz, primäre Klemmenspannung 5 V, $B_{max} = 1{,}18\,\text{T}$, Eisenmasse 635 kg, Kupfermasse 265 kg, mittlere Stromdichte $1{,}75\,\text{A/mm}^2$, $N_1/N_2 = 540/96$, $v_1 = 2{,}3\,\text{W/kg}$. Berechnen Sie a) Eisenverluste, b) Kupferverluste (Aufgabe 327), c) Wirkungsgrad, d) primäre, e) sekundäre Stromstärke bei Volllast und f) sekundäre Leerlaufspannung.

329. Es soll ein Transformator für 230 V und 50 Hz hergestellt werden, der sekundär 6,3 V und 2 A liefert. Der Wirkungsgrad sei mit

$\eta = 0{,}65$ und die magnetische Belastung des Kerns mit 1,25 T angenommen. Zur Berechnung des Eisenquerschnitts dient die Gebrauchsformel $A = 0{,}8\sqrt{P_1}$ (in cm^2). Berechnen Sie die beiderseitigen Windungszahlen, wobei zur Deckung der ohmschen Verluste sekundärseitig 10 % zuzuschlagen sind, sowie die sekundäre Drahtdicke für eine Stromdichte von $2{,}5\,\mathrm{A/mm^2}$.

330. Derselbe Transformator soll zusätzlich eine zweite Sekundärwicklung für 4 V und 0,5 A erhalten. Welche Windungszahlen und sekundären Drahtdicken ergeben sich für diesen Fall?

331. Zur Berechnung von Transformatoren verwendet man die Formel für den Eisenquerschnitt in cm^2

$$A_{\mathrm{Fe}} = \sqrt{\frac{S_1 \cdot 10^2}{2{,}22\,BJf}\,\frac{m_{\mathrm{Fe}}}{m_{\mathrm{Cu}}}\,\frac{l_{\mathrm{Cu}}}{l_{\mathrm{Fe}}}\,\frac{\varrho_{\mathrm{Cu}}}{\varrho_{\mathrm{Fe}}}}$$

Hierbei bedeuten m_{Fe} und m_{Cu} die Massen des Eisens und des Kupfers, l_{Cu} die mittlere Windungslänge, l_{Fe} die mittlere Weglänge der Feldlinien, ϱ_{Cu} und ϱ_{Fe} die Dichten des Kupfers und Eisens in $\mathrm{g/cm^3}$, B die Flussdichte in T. Auf die Primärwicklung entfällt 50 % der Kupfermasse. Begründen Sie diese Formel.

332. Berechnen Sie mithilfe der in Aufgabe 331 angegebenen Formel einen Transformator, der mit einem Wirkungsgrad von $\eta = 0{,}88$ und einer Sekundärleistung von 300 W die Primärspannung von $U_1 = 125\,\mathrm{V}$ auf $U_2 = 30\,\mathrm{V}$ herabsetzt. Es beträgt das Masseverhältnis $m_{\mathrm{Fe}}/m_{\mathrm{Cu}} = 3{,}3$, das Verhältnis $l_{\mathrm{Cu}}/l_{\mathrm{Fe}} = 0{,}65$, $B = 1{,}2\,\mathrm{T}$, $f = 50\,\mathrm{Hz}$, $J = 3\,\mathrm{A/mm^2}$, $\varrho_{\mathrm{Fe}} = 7{,}8\,\mathrm{g/cm^3}$ und $\varrho_{\mathrm{Cu}} = 8{,}9\,\mathrm{g/cm^3}$, $\varrho' = 0{,}02\,\Omega \cdot \mathrm{mm^2/m}$, $v_1 = 3\,\mathrm{W/kg}$, $l_{\mathrm{Cu}} = 30\,\mathrm{cm}$. Die Spannungsverluste in den beiden Wicklungen betragen je 4 %.

Berechnen Sie a) Eisenquerschnitt, b) primäre und sekundäre Windungszahl, c) Eisen- und d) Kupferverluste.

BERECHNUNGEN MIT DER SYMBOLISCHEN METHODE

8 Rechnen mit komplexen Zahlen

8.1 Addition und Subtraktion komplexer Ausdrücke in der Normalform

Formeln:

$$(a+\mathrm{j}\,b)+(c+\mathrm{j}\,d)=(a+c)+\mathrm{j}\,(b+d)$$

$$(a+\mathrm{j}\,b)-(c+\mathrm{j}\,d)=(a-c)+\mathrm{j}\,(b-d)$$

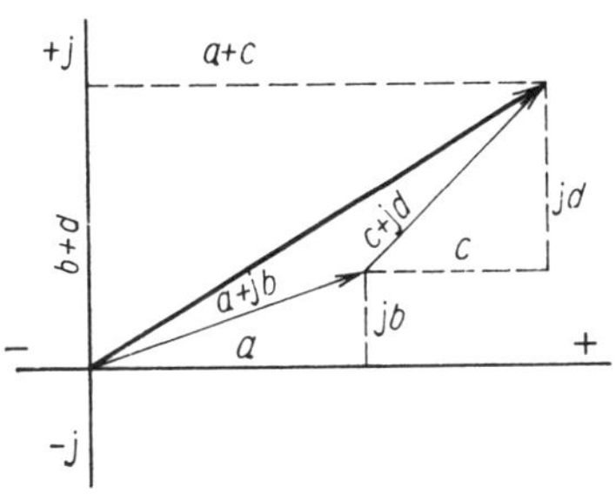

Bild 80: Addition zweier komplexer Zahlen

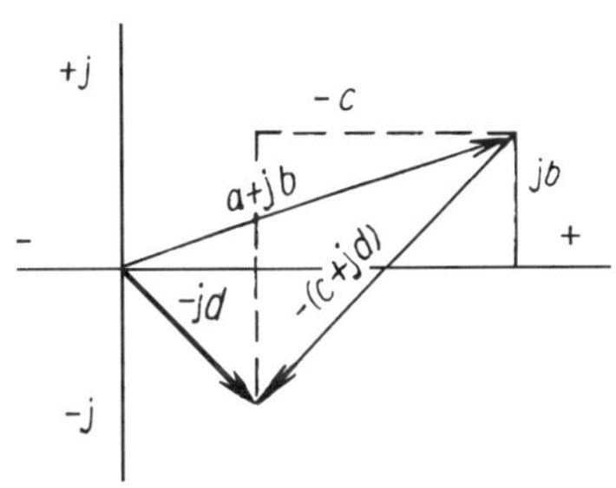

Bild 81: Subtraktion zweier komplexer Zahlen

Addieren Sie folgende Ausdrücke:

333. $(5+\mathrm{j}\,3)+(2+\mathrm{j}\,)$

334. $(7+\mathrm{j}\,10)+(3+\mathrm{j}\,4)$

335. $(0{,}1+\mathrm{j}\,0{,}9)+(0{,}9+\mathrm{j}\,0{,}1)$

336. $(1+\mathrm{j}\,)+(2+\mathrm{j}\,9)$

337. $(5{,}5+\mathrm{j}\,3{,}5)+(4{,}9+\mathrm{j}\,1{,}1)$

338. $(1{,}87+\mathrm{j}\,2{,}73)+(0{,}56+\mathrm{j}\,3{,}33)$

339. $(8-\mathrm{j}\,11)+(4-\mathrm{j}\,3)$

340. $(2-\mathrm{j}\,9)+(8-\mathrm{j}\,)$

341. $(-4-\mathrm{j}\,)+(4+\mathrm{j}\,)$

342. $(5-\mathrm{j}\,0{,}5)+(-4+\mathrm{j}\,0{,}5)$

343. $6+\mathrm{j}\,2+\mathrm{j}\,7-3+\mathrm{j}\,-1$

344. $18-\mathrm{j}\,12+1-\mathrm{j}\,3-19+\mathrm{j}\,16$

345. $-\mathrm{j}\,+1-\mathrm{j}\,3-3+5+\mathrm{j}\,8$

346. $0{,}5-\mathrm{j}\,0{,}4+1{,}3+1{,}2+\mathrm{j}\,1{,}0+\mathrm{j}\,0{,}4$

347. $(6+\mathrm{j}\,)-(5+\mathrm{j}\,)$

348. $(15+\mathrm{j}\,3)-(12+\mathrm{j}\,2)$

349. $(1-\mathrm{j}\,)-(-1+\mathrm{j}\,)$

350. $(0{,}2+\mathrm{j}\,0{,}6)-(0{,}1-\mathrm{j}\,0{,}4)$

351. $(4{,}8+\mathrm{j}\,5{,}6)-(9{,}5-\mathrm{j}\,4{,}8)$

352. $(2{,}75-\mathrm{j}\,1{,}25)-(-3{,}75-\mathrm{j}\,0{,}25)$

353. $(2{,}63+\mathrm{j}\,1{,}24)-(3{,}75-\mathrm{j}\,1{,}12)$
$+(4{,}82-\mathrm{j}\,2{,}36)$

354. $(124+\mathrm{j}\,65)-(86-\mathrm{j}\,)-(42+\mathrm{j}\,59)$

355. $\mathrm{j}\,-(3{,}5-\mathrm{j}\,)+4{,}5$

356. $(46+\mathrm{j}\,17)-(-\mathrm{j}\,23)+24$

357. $(1+\mathrm{j}\,)-(-\mathrm{j}\,)-(1-\mathrm{j}\,)+1$

8.2 Berechnung von Betrag und Phase aus der Normalform einer komplexen Zahl

Formeln:

$\underline{Z} = a + \mathrm{j}\,b$

$|\underline{Z}| = Z = \sqrt{a^2 + b^2}$

$\overline{\underline{Z}} = a - \mathrm{j}\,b$

Lage des Zeigers	I. Quadr.	II. Quadr.	III. Quadr.	IV. Quadr.
Vorzeichen des tan φ	$\frac{+}{+} = +$	$\frac{+}{-} = -$	$\frac{-}{-} = +$	$\frac{-}{+} = -$
$\tan\varphi = \frac{b}{a}$	$\sin\varphi = \frac{b}{Z}$	$\cos\varphi = \frac{a}{Z}$		

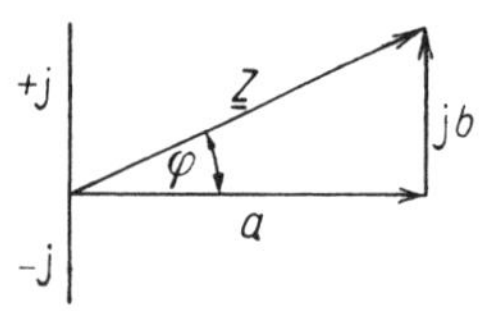

Bild 82: Betrag und Phasenwinkel einer komplexen Zahl

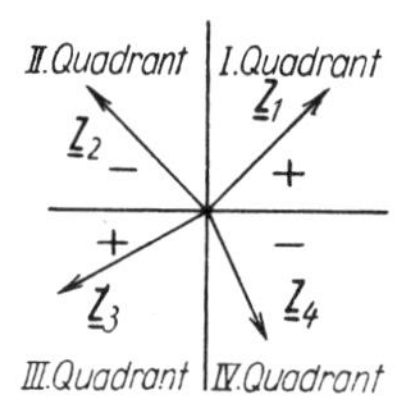

Bild 83: Vorzeichen des Tangens in den 4 Quadranten

Ermitteln Sie den Betrag Z und den Phasenwinkel φ aus folgenden komplexen Zahlen:

358. $3 + \mathrm{j}\,4$

359. $1 + \mathrm{j}$

360. $4 + \mathrm{j}\,3$

361. $6 + \mathrm{j}\,1{,}5$

362. $1{,}5 + \mathrm{j}\,6$

363. $7 + \mathrm{j}\,2{,}8$

364. $12 + \mathrm{j}\,11$

365. $0{,}8 + \mathrm{j}\,0{,}1$

366. $1{,}27 + \mathrm{j}\,2{,}48$

367. $62{,}6 + \mathrm{j}\,75{,}5$

368. $3 - \mathrm{j}\,4$

369. $5 - \mathrm{j}\,5$

370. $16 - \mathrm{j}\,14$

371. $-3{,}3 + \mathrm{j}\,1{,}8$

372. $-6{,}5 + \mathrm{j}\,9{,}5$

373. $-8 - \mathrm{j}\,13$

374. $-12 - \mathrm{j}\,7$

375. $-100 - \mathrm{j}\,300$

376. $-125 + \mathrm{j}\,72$

377. $-311 - \mathrm{j}\,883$

378. bis **402.** Ermitteln Sie Betrag und Phase der sich aus den Aufgaben 333 bis 357 ergebenden komplexen Zahlen.

Wie lautet die Normalform $a + \mathrm{j}\,b$ der komplexen Zahl und wie groß ist ihr Betrag, wenn folgende Werte gegeben sind:

403. $\sin\varphi = 0{,}707\,1;\ b = 3{,}5$

404. $\sin\varphi = 0{,}866\,0;\ b = 210$

405. $\sin\varphi = 0{,}173\,6;\ b = 58$

406. $\sin\varphi = 0{,}994\,5;\ b = 1{,}8$

407. $\sin\varphi = 0{,}965\,9;\ a = 8$

408. $\sin\varphi = 0{,}838\,7;\ a = 0{,}3$

409. $\cos\varphi = 0{,}906\,3;\ a = 0{,}75$

410. $\cos\varphi = 0{,}309\,0;\ a = 25$

411. $\cos\varphi = 0{,}087\,2;\ b = 150$

412. $\cos\varphi = 0{,}906\,3;\ b = 4{,}8$

413. $\tan\varphi = 1{,}732;\ a = 5$

414. $\tan\varphi = 5{,}145;\ a = 1{,}2$

415. $\tan\varphi = 1{,}376;\ a = 10{,}5$

416. $\tan\varphi = 0{,}364\,0;\ b = 0{,}75$

417. $\tan\varphi = 0{,}839\,1;\ b = 185$

8.3 Multiplikation komplexer Ausdrücke

Formeln:

$$(a+\mathrm{j}\,b)(c+\mathrm{j}\,d)=ac-bd+\mathrm{j}\,(bc+ad)$$

$$(a+\mathrm{j}\,b)(a-\mathrm{j}\,b)=a^2+b^2$$

$$Z=\sqrt{(a^2+b^2)(c^2+d^2)}$$

$$\tan\varphi=\frac{bc+ad}{ac-bd}$$

Es sind folgende komplexe Zahlen zu multiplizieren sowie Betrag und Phase des Produktes zu ermitteln:

418. $\mathrm{j}\,(5+\mathrm{j})$

419. $12(17-\mathrm{j}\,3)$

420. $\mathrm{j}\,(-8-\mathrm{j}\,2)$

421. $\mathrm{j}\,(1-\mathrm{j}\,15)$

422. $-\mathrm{j}\,(1+\mathrm{j})$

423. $(4+\mathrm{j}\,2)(2-\mathrm{j}\,4)$

424. $(4-\mathrm{j}\,3)(8-\mathrm{j}\,2)$

425. $(0{,}7+\mathrm{j}\,1{,}1)(1{,}1-\mathrm{j}\,0{,}7)$

426. $(12{,}5+\mathrm{j}\,12{,}5)(13{,}5-\mathrm{j}\,13{,}5)$

427. $(24-\mathrm{j}\,15)(-6+\mathrm{j}\,10)$

428. $(-35-\mathrm{j}\,15)(-22+\mathrm{j}\,14)$

429. $(6+\mathrm{j})(5-\mathrm{j}\,3)(2+\mathrm{j}\,2)$

430. $(1+\mathrm{j})(4-\mathrm{j}\,4)(5+\mathrm{j}\,5)$

431. $(26+\mathrm{j})^2$

432. $(2{,}9-\mathrm{j}\,1{,}3)^2$

433. $(120+\mathrm{j}\,250)^2$

434. $(1+\mathrm{j})(1-\mathrm{j})$

435. $(0{,}5+\mathrm{j}\,0{,}3)(0{,}5-\mathrm{j}\,0{,}3)$

436. $(15{,}4+\mathrm{j}\,11{,}6)(15{,}4-\mathrm{j}\,11{,}6)$

437. $(105+\mathrm{j}\,96)(105-\mathrm{j}\,96)$

8.4 Division komplexer Ausdrücke

Formeln:

$$\frac{a+\mathrm{j}\,b}{c+\mathrm{j}\,d}=\frac{(a+\mathrm{j}\,b)(c-\mathrm{j}\,d)}{(c+\mathrm{j}\,d)(c-\mathrm{j}\,d)}=\frac{ac+bd+\mathrm{j}\,(bc-ad)}{c^2+d^2}$$

$$Z=\sqrt{\frac{a^2+b^2}{c^2+d^2}}$$

$$\tan\varphi=\frac{bc-ad}{ac+cd}$$

Anleitung:

Ist der Nenner eines Bruches eine komplexe Zahl, so wird dieser reell gemacht, indem man den Bruch mit dem konjugiert komplexen Wert des Nenners erweitert.

Betrag und Phase können auch aus dem fertigen Quotienten gewonnen werden.

Es sind folgende komplexe Ausdrücke auf die Form $x + \mathrm{j}\,y$ zu bringen sowie Betrag und Phase zu bestimmen:

438. $\frac{3+\mathrm{j}\,2}{\mathrm{j}}$

439. $\frac{-5-\mathrm{j}\,6}{\mathrm{j}}$

440. $\frac{1}{1-\mathrm{j}}$

441. $\frac{3}{3+\mathrm{j}\,2}$

442. $\frac{\mathrm{j}}{4-\mathrm{j}\,9}$

443. $\frac{-\mathrm{j}}{5-\mathrm{j}}$

444. $\frac{1+\mathrm{j}}{1-\mathrm{j}}$

445. $\frac{2+\mathrm{j}}{1+\mathrm{j}}$

446. $\frac{4+\mathrm{j}\,5}{5+\mathrm{j}\,4}$

447. $\frac{6+\mathrm{j}\,3}{2+\mathrm{j}\,5}$

448. $\frac{3-\mathrm{j}\,7}{4+\mathrm{j}\,5}$

449. $\frac{9-\mathrm{j}\,8}{7-\mathrm{j}\,8}$

450. $\frac{2-\mathrm{j}\,6}{9+\mathrm{j}}$

451. $\frac{10+\mathrm{j}\,12}{8-\mathrm{j}\,10}$

452. $\frac{25-\mathrm{j}\,15}{45-\mathrm{j}\,25}$

453. $\frac{36+\mathrm{j}\,28}{22-\mathrm{j}\,32}$

454. $\frac{3{,}75+\mathrm{j}\,1{,}25}{5{,}85-\mathrm{j}\,4{,}95}$

455. $\frac{0{,}19-\mathrm{j}\,0{,}66}{0{,}08-\mathrm{j}\,0{,}14}$

456. $\frac{(8+\mathrm{j}\,3)(5-\mathrm{j}\,7)}{4-\mathrm{j}\,6}$

457. Wie lauten Betrag und Phase des Ausdruckes

$$\underline{Z} = \frac{(a+\mathrm{j}\,b)(c+\mathrm{j}\,d)}{e+\mathrm{j}\,f}?$$

Berechnen Sie Betrag und Phase von

458. $\underline{Z} = \frac{(3+\mathrm{j}\,5)(6-\mathrm{j}\,7)}{8-\mathrm{j}\,9}$

459. $\underline{Z} = \frac{(5-\mathrm{j}\,3)(4+\mathrm{j}\,7)}{5+\mathrm{j}\,6}$

460. $\underline{Z} = \frac{(2+\mathrm{j})(3+\mathrm{j})}{2-\mathrm{j}\,3}$

461. $\underline{Z} = \frac{(1-\mathrm{j}\,9)(2-\mathrm{j}\,10)}{5+\mathrm{j}\,7}$

462. $\frac{(2+\mathrm{j})(3-\mathrm{j})(1-\mathrm{j}\,2)}{4+\mathrm{j}\,3}$

8.5 Exponentialform

Formeln:

Trigonometrische Form einer komplexen Zahl:

$$\underline{Z} = Z(\cos\varphi \pm \mathrm{j}\,\sin\varphi)$$

Euler'sche Formel:

$$\mathrm{e}^{\pm\mathrm{j}\,\varphi} = \cos\varphi \pm \mathrm{j}\,\sin\varphi$$

Exponentialform einer komplexen Zahl:

$$\underline{Z} = Z\,\mathrm{e}^{\pm\mathrm{j}\,\varphi}$$

Multiplikation:

$$Z_1\mathrm{e}^{\mathrm{j}\,\varphi_1} Z_2\mathrm{e}^{\mathrm{j}\,\varphi_2} = Z_1 Z_2 \mathrm{e}^{\mathrm{j}\,(\varphi_1+\varphi_2)}$$

Division:

$$\frac{Z_1\,\mathrm{e}^{\mathrm{j}\,\varphi_1}}{Z_2\,\mathrm{e}^{\mathrm{j}\,\varphi_2}} = \frac{Z_1}{Z_2}\,\mathrm{e}^{\mathrm{j}\,(\varphi_1-\varphi_2)}$$

Verwandeln Sie folgende Ausdrücke in die Exponentialform:

463. $\underline{Z} = 4+\mathrm{j}\,2{,}6$

464. $\underline{Z} = 12{,}5+\mathrm{j}\,0{,}6$

465. $\underline{Z} = 0{,}57+\mathrm{j}\,38{,}9$

466. $\underline{Z} = 0{,}919-\mathrm{j}\,4{,}72$

467. $\underline{Z} = 386 - \mathrm{j}\,72{,}7$

468. $\underline{Z} = \dfrac{345}{12 - \mathrm{j}\,16}$

469. $\underline{Z} = \dfrac{1}{55 + \mathrm{j}\,4{,}9}$

470. $\underline{Z} = 20 - \mathrm{j}\,458$

Verwandeln Sie folgende Ausdrücke in die Normalform $a + \mathrm{j}\,b$:

471. $19{,}5\,\mathrm{e}^{\mathrm{j}\,67^\circ}$

472. $0{,}85\,\mathrm{e}^{-\mathrm{j}\,89{,}2^\circ}$

473. $5{,}43\,\mathrm{e}^{\mathrm{j}\,1{,}8^\circ}$

474. $11{,}5\,\mathrm{e}^{-\mathrm{j}\,25^\circ}$

475. $400\,\mathrm{e}^{\mathrm{j}\,80^\circ}$

476. $0{,}403\,\mathrm{e}^{\mathrm{j}\,41{,}9^\circ}$

Bilde das Produkt bzw. den Quotienten:

477. $5\,\mathrm{e}^{\mathrm{j}\,75^\circ} \cdot 6\,\mathrm{e}^{\mathrm{j}\,14^\circ}$

478. $2{,}4\,\mathrm{e}^{\mathrm{j}\,90^\circ} \cdot 1{,}5\,\mathrm{e}^{-\mathrm{j}\,90^\circ}$

479. $265\,\mathrm{e}^{\mathrm{j}\,14^\circ} \cdot 17\,\mathrm{e}^{\mathrm{j}\,89^\circ}$

480. $1{,}85\,\mathrm{e}^{\mathrm{j}\,2{,}2^\circ} \cdot 3{,}65\,\mathrm{e}^{\mathrm{j}\,65^\circ}$

481. $18{,}5\,\mathrm{e}^{\mathrm{j}\,25^\circ} \cdot 21{,}6\,\mathrm{e}^{\mathrm{j}\,41^\circ} \cdot 0{,}8\,\mathrm{e}^{\mathrm{j}\,10^\circ}$

482. $3{,}1\,\mathrm{e}^{\mathrm{j}\,15^\circ} \cdot 4{,}2\,\mathrm{e}^{\mathrm{j}\,25^\circ} \cdot 6{,}9\,\mathrm{e}^{-\mathrm{j}\,90^\circ}$

483. $210\,\mathrm{e}^{-\mathrm{j}\,85^\circ} \cdot 153\,\mathrm{e}^{\mathrm{j}\,84^\circ}$

484. $335\,\mathrm{e}^{\mathrm{j}\,69^\circ} \cdot \mathrm{e}^{\mathrm{j}\,17^\circ} \cdot 220\,\mathrm{e}^{-\mathrm{j}\,90^\circ}$

485. $\dfrac{75\,\mathrm{e}^{\mathrm{j}\,30^\circ}}{0{,}5\,\mathrm{e}^{\mathrm{j}\,15^\circ}}$

486. $\dfrac{200\,\mathrm{e}^{-\mathrm{j}\,89^\circ}}{300\,\mathrm{e}^{-\mathrm{j}\,60^\circ}}$

487. $\dfrac{650\,\mathrm{e}^{\mathrm{j}\,25^\circ}}{400\,\mathrm{e}^{-\mathrm{j}\,60^\circ}}$

488. $\dfrac{1}{180\,\mathrm{e}^{\mathrm{j}\,45^\circ}}$

489. $\dfrac{10\,000}{225\,\mathrm{e}^{\mathrm{j}\,18^\circ} \cdot 350\,\mathrm{e}^{\mathrm{j}\,42^\circ}}$

490. $\dfrac{1}{0{,}035\,\mathrm{e}^{-\mathrm{j}\,20^\circ} \cdot 0{,}169\,\mathrm{e}^{-\mathrm{j}\,65^\circ}}$

491. $\dfrac{12\,\mathrm{e}^{-\mathrm{j}\,40^\circ} \cdot 6\,\mathrm{e}^{\mathrm{j}\,72^\circ}}{8\,\mathrm{e}^{\mathrm{j}\,85^\circ}}$

492. $\dfrac{76\,\mathrm{e}^{\mathrm{j}\,15^\circ} \cdot 85\,\mathrm{e}^{\mathrm{j}\,65^\circ}}{46\,\mathrm{e}^{\mathrm{j}\,43^\circ}}$

Vereinfachen Sie mithilfe der Exponentialform folgende Ausdrücke:

493. $\dfrac{(3 + \mathrm{j}\,4)(9 - \mathrm{j}\,)}{(6 + \mathrm{j}\,7)(2 - \mathrm{j}\,)}$

494. $\dfrac{(4 - \mathrm{j}\,9)(5 + \mathrm{j}\,6)}{(3 - \mathrm{j}\,3)(5 - \mathrm{j}\,6)}$

495. $\dfrac{3 + \mathrm{j}\,8}{(7 + \mathrm{j}\,)(5 - \mathrm{j}\,)(8 + \mathrm{j}\,9)}$

496. $\dfrac{4 - \mathrm{j}\,3}{(9 + \mathrm{j}\,)(4 - \mathrm{j}\,6)(3 - \mathrm{j}\,10)}$

497. $\dfrac{(30 - \mathrm{j}\,10)(40 + \mathrm{j}\,)(50 - \mathrm{j}\,20)}{60 + \mathrm{j}\,50}$

498. $\dfrac{(16 + \mathrm{j}\,15)(11 - \mathrm{j}\,9)(25 + \mathrm{j}\,32)}{14 + \mathrm{j}\,36}$

8.6 Rechnen mit elektrischen Wechselgrößen in komplexer Darstellung

Formeln:

Exponentialform:

$\underline{A} = A\,\mathrm{e}^{\pm\mathrm{j}\,\varphi}$ (verkürztes Symbol)

Normalform:

$\underline{A} = b + \mathrm{j}\,c$

$A = \sqrt{b^2 + c^2}$ $\tan\varphi = \dfrac{c}{b}$

$\underline{A} = A(\cos\varphi \pm \mathrm{j}\,\sin\varphi)$

Größe	Zeichen	Einheit
komplexe Größe	$\underline{A}$	Ω, V, A usw.
Betrag der Wechselgröße $\underline{A}$	A	desgl.
reelle Komponente	b	desgl.
imaginäre Komponente	c	desgl.
Winkel der Phasenverschiebung	φ	Grad (°)

Hinweis:

Bei der Addition bzw. Subtraktion von komplexen Größen werden die reellen und imaginären Teile unter sich addiert bzw. subtrahiert.

499. Wie lautet die komplexe Darstellung folgender Wechselgrößen in der Exponential- und Normalform?

a) $U = 65\,\text{V}$ bei einer Voreilung gegenüber dem Strom um 35°

b) $U = 18\,\text{V}$ bei einer Voreilung gegenüber dem Strom um 75°

c) $I = 2{,}5\,\text{A}$ bei einer Voreilung gegenüber der Spannung um 40°

d) $I = 6{,}5\,\text{A}$ bei einer Voreilung gegenüber der Spannung um 85°

e) $R = 200\,\Omega$ in Reihe geschaltet mit $X_L = 68\,\Omega$

f) $R = 80\,\Omega$ in Reihe geschaltet mit $X_C = 86\,\Omega$

500. Welche Wirk- und Blindleistung und welcher Leistungsfaktor errechnet sich aus folgenden Ausdrücken für die Scheinleistung?

a) $\underline{S} = 26\,\text{e}^{\text{j}\,30^\circ}\,\text{W}$;

b) $\underline{S} = 300\,\text{e}^{\text{j}\,85^\circ}\,\text{W}$;

c) $\underline{S} = 185\,\text{e}^{\text{j}\,88{,}5^\circ}\,\text{W}$

501. Bestimmen Sie Betrag und Phase des Stromes I, der durch Überlagerung folgender Teilstromstärken entsteht:

a) $\underline{I}_1 = 3\,\text{A}$ $\quad \underline{I}_2 = 4\,\text{e}^{\text{j}\,90^\circ}\,\text{A}$

b) $\underline{I}_1 = 2{,}5\,\text{e}^{\text{j}\,15^\circ}\,\text{A}$ $\quad \underline{I}_2 = 2{,}5\,\text{e}^{\text{j}\,30^\circ}\,\text{A}$

c) $\underline{I}_1 = 10\,\text{e}^{\text{j}\,60^\circ}\,\text{A}$ $\quad \underline{I}_2 = 15\,\text{e}^{-\text{j}\,40^\circ}\,\text{A}$

d) $\underline{I}_1 = 6\,\text{A}$ $\quad \underline{I}_2 = 8\,\text{e}^{\text{j}\,30^\circ}\,\text{A}$

e) $\underline{I}_1 = 2\,\text{e}^{-\text{j}\,45^\circ}\,\text{A}$ $\quad \underline{I}_2 = 4\,\text{e}^{\text{j}\,80^\circ}\,\text{A}$

f) $\underline{I}_1 = 1{,}5\,\text{e}^{-\text{j}\,10^\circ}\,\text{A}$ $\quad \underline{I}_2 = 2\,\text{e}^{\text{j}\,20^\circ}\,\text{A}$

g) $\underline{I}_1 = 3\,\text{e}^{-\text{j}\,90^\circ}\,\text{A}$ $\quad \underline{I}_2 = 5\,\text{e}^{\text{j}\,90^\circ}\,\text{A}$

h) $\underline{I}_1 = 6\,\text{e}^{-\text{j}\,20^\circ}\,\text{A}$ $\quad \underline{I}_2 = 7\,\text{e}^{\text{j}\,35^\circ}\,\text{A}$

502. Durch zwei parallel geschaltete Widerstände fließen zwei Ströme $\underline{I}_1$ und $\underline{I}_2$ und ergeben zusammen die Stromstärke $\underline{I} = (4 + \text{j}\,3)\,\text{A}$. Welchen Betrag und welche Phase hat die Stromstärke $\underline{I}_2$, wenn $\underline{I}_1$ folgende Werte hat?

a) $5\,\text{e}^{-\text{j}\,60^\circ}\,\text{A}$, b) $2\,\text{e}^{\text{j}\,90^\circ}\,\text{A}$

c) $6\,\text{e}^{\text{j}\,85^\circ}\,\text{A}$, d) $6{,}5\,\text{e}^{\text{j}\,87^\circ}\,\text{A}$

503. Welchen Gesamtwert haben folgende in Reihe geschaltete Widerstände:

a) $\underline{Z}_1 = (120 + \text{j}\,52)\,\Omega$;
$\underline{Z}_2 = (75 - \text{j}\,61)\,\Omega$;
$\underline{Z}_3 = (18{,}5 - \text{j}\,40)\,\Omega$

b) $\underline{Z}_1 = (3{,}2 + \text{j}\,4{,}4)\,\Omega$;
$\underline{Z}_2 = (0{,}8 - \text{j}\,0{,}9)\,\Omega$;
$\underline{Z}_3 = (1{,}7 - \text{j}\,0{,}1)\,\Omega$

c) $\underline{Z}_1 = (2\,100 + \text{j}\;1\,100)\,\Omega$;
$\underline{Z}_2 = (1\,050 - \text{j}\;650)\,\Omega$;
$\underline{Z}_3 = (850 + \text{j}\;1\,000)\,\Omega$

Zu errechnen ist die Normal- und Exponentialform.

504. Vier in Reihe geschaltete komplexe Widerstände haben den Betrag von je $50\,\Omega$. Die einzelnen Widerstände rufen für sich allein eine Voreilung der Spannung um 15°, 30°, 45°, 60° gegenüber dem durchfließenden Strom hervor. Welches ist der komplexe Gesamtwert des Widerstandes?

505. Die Ankerwicklung eines Drehstromgenerators besteht aus 3 Strängen zu je 6 in Reihe geschalteten Spulen, die, um je 20° aufeinander folgend, versetzt sind. Je Strang wird eine Spannung von 240 V induziert. Wie groß ist die Spannung in jeder einzelnen Spule, bezogen auf den Strom? Anleitung: Man gehe von der ersten Spule aus und gebe ihr die Phasenlage 0.

506. Welche Wirk-, Blind- und Scheinleistung verbraucht ein komplexer Widerstand, durch den bei einer angelegten Spannung von 230 V ein Strom von a) $(16 + \text{j}\,15)\,\text{A}$, b) $(120 + \text{j}\,85)\,\text{A}$ und c) $(50 - \text{j}\,15)\,\text{A}$ fließt?

507. Welche Wirk-, Blind- und Scheinleistung verbraucht ein komplexer Widerstand von a) $(20 + \text{j}\,30)\,\Omega$, b) $(40 + \text{j}\,50)\,\Omega$ und c) $(25 - \text{j}\,25)\,\Omega$, an dem eine Spannung von 210 V liegt?

508. Welchen Leistungsfaktor ergibt ein komplexer Widerstand von

a) $(18{,}4 + \text{j}\,42)\,\Omega$,

b) $(26 + \text{j}\,86)\,\Omega$, c) $(122 + \text{j}\,433)\,\Omega$?

509. Welchen Gesamtleistungsfaktor ergeben folgende in Reihe geschaltete Widerstände?

a) $\underline{Z}_1 = (5 + \mathrm{j}\,2)\,\Omega$; $\underline{Z}_2 = (6 + \mathrm{j}\,)\,\Omega$

b) $\underline{Z}_1 = (35 + \mathrm{j}\,12)\,\Omega$; $\underline{Z}_2 = (40 + \mathrm{j}\,14)\,\Omega$

c) $\underline{Z}_1 = (62 + \mathrm{j}\,8)\,\Omega$; $\underline{Z}_3 = (15 + \mathrm{j}\,15)\,\Omega$

9 Berechnung von Schaltungen

9.1 Reihenschaltung von Widerständen

Formeln:

$$\underline{Z} = R + \mathrm{j}\,\omega L$$ (Bild 84a)

$$\underline{Z} = R + \frac{1}{\mathrm{j}\,\omega C} = R - \frac{\mathrm{j}}{\omega C}$$ (Bild 84b)

$$\underline{Z} = R + \mathrm{j}\left(\omega L - \frac{1}{\omega C}\right)$$ (Bild 84c)

$$\underline{Y} = \frac{1}{\underline{Z}} \qquad \underline{Z} = \frac{1}{\underline{Y}}$$

Größe	Zeichen
komplexer Widerstand	$\underline{Z}$
komplexer Leitwert	$\underline{Y}$
Wirkwiderstand (reell)	R
induktiver Widerstand (imaginär)	$\mathrm{j}\,\omega L$
kapazitiver Widerstand (imaginär)	$\frac{1}{\mathrm{j}\,\omega C} = -\frac{\mathrm{j}}{\omega C}$

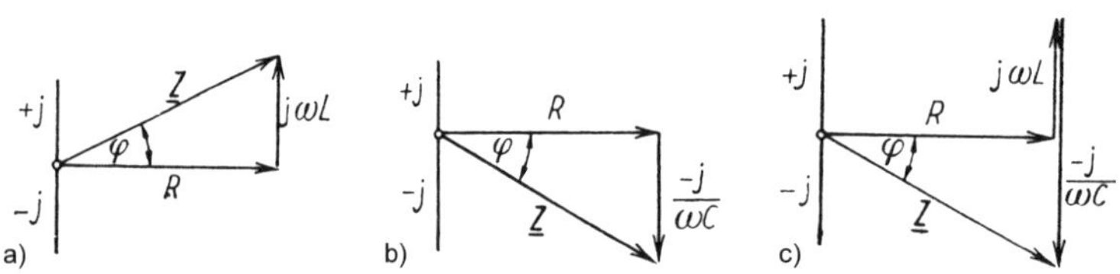

Bild 84: Komplexer Widerstand; a) induktiv, b) kapazitiv, c) überwiegend kapazitiv

Hinweis:

Die Berechnung zusammengesetzter Wechselstromkreise vereinfacht sich, wenn die jeweiligen *Wirk*anteile durch den *reellen* Teil und die *Blind*anteile durch den *imaginären* Teil komplexer Zahlen ausgedrückt werden. Die hierfür gültigen Rechenregeln werden dann in Verbindung mit den bekannten Kirchhoff'schen Regeln so gehandhabt, als ob es sich um Gleichstromwiderstände handele.

510. Die folgenden Schaltelemente liegen jeweils in Reihe. Berechnen Sie für jeden Fall den Gesamtwiderstand $\underline{Z}$ in der Normal- sowie Exponentialform.

	R in Ω	L in H	C in µF	f in Hz
a)	200	0,4		50
b)	150	0,6		50
c)	300	2,5		60
d)	5 000	4,4		100
e)	500		3	50
f)	250		6,5	50
g)	120		0,25	800
h)	80		0,35	1 000

511. Welche in Reihe geschalteten Widerstände geben folgende komplexe Ausdrücke wieder? ($f = 50\,\mathrm{kHz}$) Berechnen Sie ferner den Phasenwinkel.

a) $\underline{Z} = \frac{2}{1-\mathrm{j}}\,\Omega$ b) $\underline{Z} = (3+\mathrm{j}\,5)\,\Omega$

c) $\underline{Z} = \left(6 - \frac{3}{\mathrm{j}}\right)\Omega$ d) $\underline{Z} = \frac{5+\mathrm{j}\,4}{\mathrm{j}}\,\Omega$

e) $\underline{Z} = \frac{8}{1-\mathrm{j}\,3}\,\Omega$ f) $\underline{Z} = \frac{\mathrm{j}\,7}{2+\mathrm{j}\,3}\,\Omega$

g) $\underline{Z} = \frac{3-\mathrm{j}\,2}{\mathrm{j}+2}\,\Omega$ h) $\underline{Z} = \frac{10}{2+\mathrm{j}\,5}\,\Omega$

i) $\underline{Z} = \frac{\mathrm{j}-1}{\mathrm{j}+1}\,\Omega$ k) $\underline{Z} = \frac{0{,}6-\mathrm{j}\,1{,}5}{4+\mathrm{j}\,1{,}2}\,\Omega$

l) $\underline{Y} = \left(8 + \frac{4}{\mathrm{j}}\right)\mathrm{S}$ m) $\underline{Y} = \frac{7-\mathrm{j}\,11}{4-\mathrm{j}\,3}\,\mathrm{S}$

n) $\underline{Y} = \left(\frac{\mathrm{j}}{3-\mathrm{j}} + 4\right)\mathrm{S}$ o) $\underline{Y} = \left(\frac{5}{4+\mathrm{j}\,3} + \mathrm{j}\,2\right)\mathrm{S}$

p) $\underline{Y} = \left(3 - \frac{\mathrm{j}}{9 - \mathrm{j}}\right) \mathrm{S}$ q) $\underline{Y} = \left(\frac{1}{\mathrm{j}} - \frac{1}{\mathrm{j} - 1}\right) \mathrm{S}$

r) $\underline{Z} = \left(4 - \frac{1}{\sqrt{-64}}\right) \Omega$ s) $\underline{Z} = (7 - \mathrm{j}\,3)^2\,\Omega$

t) $\underline{Y} = \frac{a}{b - \mathrm{j}\,c}\,\mathrm{S}$ u) $\underline{Y} = \left(\frac{4 - \mathrm{j}\,2}{2 - \mathrm{j}\,3}\right)^2 \mathrm{S}$

512. Welche in Reihe geschalteten Widerstände geben folgende komplexe Ausdrücke wieder? ($f = 100\,\mathrm{Hz}$)

a) $\underline{Z} = 8{,}5\,\mathrm{e}^{\mathrm{j}\,30^\circ}\,\Omega$ b) $\underline{Z} = 27\,\mathrm{e}^{\mathrm{j}\,63^\circ}\,\Omega$

c) $\underline{Z} = 11{,}1\,\mathrm{e}^{\mathrm{j}\,89{,}5^\circ}\,\Omega$ d) $\underline{Z} = 30{,}5\,\mathrm{e}^{\mathrm{j}\,1{,}1^\circ}\,\Omega$

e) $\underline{Z} = 490\,\mathrm{e}^{-\mathrm{j}\,88{,}8^\circ}\,\Omega$ f) $\underline{Z} = 785\,\mathrm{e}^{-\mathrm{j}\,87{,}3^\circ}\,\Omega$

g) $\underline{Z} = 5{,}3\,\mathrm{e}^{-\mathrm{j}\,80{,}4^\circ}\,\Omega$ h) $\underline{Y} = 0{,}08\,\mathrm{e}^{\mathrm{j}\,12^\circ}\,\mathrm{S}$

i) $\underline{Y} = 9{,}5\,\mathrm{e}^{-\mathrm{j}\,88^\circ}\,\mathrm{S}$ k) $\underline{Y} = 1{,}4\,\mathrm{e}^{-\mathrm{j}\,65^\circ}\,\mathrm{S}$

513. Berechnen Sie den Gleichstromwiderstand und die Frequenz in folgenden komplexen Widerständen:

a) $\underline{Z} = 300\,\mathrm{e}^{\mathrm{j}\,60^\circ}\,\Omega$; $L = 0{,}5\,\mathrm{H}$
b) $\underline{Z} = 128\,\mathrm{e}^{\mathrm{j}\,75^\circ}\,\Omega$; $L = 0{,}225\,\mathrm{H}$
c) $\underline{Z} = 1200\,\mathrm{e}^{\mathrm{j}\,86^\circ}\,\Omega$; $L = 0{,}75\,\mathrm{H}$
d) $\underline{Z} = 850\,\mathrm{e}^{\mathrm{j}\,57^\circ}\,\Omega$; $L = 0{,}35\,\mathrm{H}$
e) $\underline{Z} = 200\,\mathrm{e}^{-\mathrm{j}\,45^\circ}\,\Omega$; $C = 2\,\mu\mathrm{F}$
f) $\underline{Z} = 160\,\mathrm{e}^{-\mathrm{j}\,3^\circ}\,\Omega$; $C = 6{,}5\,\mu\mathrm{F}$
g) $\underline{Z} = 9\,\mathrm{e}^{-\mathrm{j}\,72^\circ}\,\Omega$; $C = 5{,}5\,\mu\mathrm{F}$
h) $\underline{Z} = 50\,\mathrm{e}^{-\mathrm{j}\,82^\circ}\,\Omega$; $C = 9{,}5\,\mu\mathrm{F}$

514. Berechnen Sie den komplexen Widerstand einer Drosselspule (R, L) mit nachgeschaltetem Kondensator (C) in der Normal- und Exponentialform, wenn folgende Werte bekannt sind:

	a)	b)	c)	d)
R in kΩ	1	1,5	2	1,8
L in H	12	0,8	8	0,05
C in µF	4	5,5	1,5	1,2
f in Hz	25	50	60	600

515. Bei welchen Frequenzen werden die Gesamtwiderstände in Aufgabe 514 reell?

516. Welchen Wert muss die Induktivität in den folgenden Widerständen annehmen, wenn sich bei unverändertem Wirkwiderstand der Gesamtbetrag des Widerstandes verdoppeln soll? ($f = 50\,\mathrm{Hz}$)

a) $(1\,000 + \mathrm{j}\,2\,000)\,\Omega$ b) $(200 + \mathrm{j}\,100)\,\Omega$
c) $(80 + \mathrm{j}\,25)\,\Omega$ d) $(15 + \mathrm{j}\,15)\,\Omega$

517. Welchen Wert muss der Wirkwiderstand in den folgenden komplexen Widerständen annehmen, wenn bei unverändertem Blindwiderstand der Gesamtbetrag des Widerstandes auf die Hälfte abnehmen soll?

a) $(75 - \mathrm{j}\,25)\,\Omega$ b) $(18 + \mathrm{j}\,10)\,\Omega$
c) $(65 + \mathrm{j}\,32{,}5)\,\Omega$ d) $(17{,}32 - \mathrm{j}\,10)\,\Omega$

518. Welchen Wert muss der Wirkwiderstand in den folgenden komplexen Widerständen annehmen, wenn bei unverändertem Blindwiderstand der Phasenwinkel um 10° kleiner werden soll?

a) $(4 + \mathrm{j}\,6)\,\Omega$ b) $(3 + \mathrm{j})\,\Omega$
c) $(18 + \mathrm{j}\,4)\,\Omega$ d) $(28{,}4 + \mathrm{j}\,5)\,\Omega$

519. Stellen Sie den Widerstand eines Wechselstrommotors von

	a)	b)	c)
P in kW	1,5	3	15
U in V	230	230	400
cos φ	0,78	0,80	0,87

in komplexer Form (Normalform) dar.

520. Welche Wirkleistung nimmt ein Einphasenmotor auf und welchen Leistungsfaktor hat er, wenn folgende Werte bekannt sind:

	a)	b)	c)
komplexer Widerstand in Ω	$8 + \mathrm{j}\,5{,}5$	$12 + \mathrm{j}\,9$	$5 + \mathrm{j}\,3{,}8$
Klemmen-spannung in V	230	230	400

521. (Bild 85) Ein Industriewerk entnimmt dem Netz bei $f = 50\,\mathrm{Hz}$, cos $\varphi = 0{,}72$ und einer Außenleiterspannung von 3 000 V den Strom 240 A. Die Leitung hat je Strang den Wirkwiderstand 1,5 Ω und eine Induktivität von 5,6 mH.

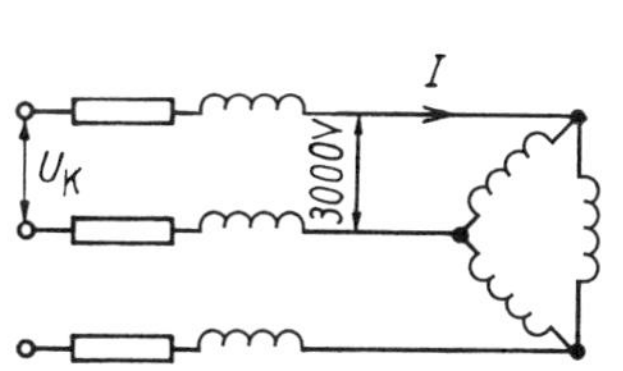

Bild 85: Aufgaben 521 und 522

Welche Klemmenspannung hat der Generator zu liefern und welcher Leistungsfaktor entsteht für das Kraftwerk?

522. Der im vorigen Beispiel entstehende Blindstrom wird mittels im Dreieck geschalteter Kondensatoren kompensiert. Welche Spannung hat der Generator nunmehr zu liefern, und welche Kapazität muss jeder Kondensator aufweisen?

523. Die Ständerwicklung eines in Sternschaltung laufenden Asynchronmotors nimmt bei einer Klemmenspannung von 400 V einen Strom von 42 A auf. Der Wirkwiderstand je Wicklungsstrang beträgt 0,22 Ω und die Induktivität 1 mH. Welche Spannung wird in der Maschine bei einem $\cos\varphi = 0{,}82$ erzeugt und um welchen Winkel ist sie gegen die Klemmenspannung verschoben? ($f = 50\,\text{Hz}$)

9.2 Parallelschaltung von Widerständen

Formeln:

Komplexer Leitwert:

$$\underline{Y} = G \pm \mathrm{j}B$$ (– induktiv, + kapazitiv)

Leitwert paralleler Widerstände:

$$\underline{Y} = \underline{Y}_1 + \underline{Y}_2 \qquad \underline{Z} = \frac{1}{\underline{Y}}$$

komplexer Gesamtwiderstand:

$$\underline{Z} = \frac{\underline{Z}_1 \underline{Z}_2}{\underline{Z}_1 + \underline{Z}_2}$$

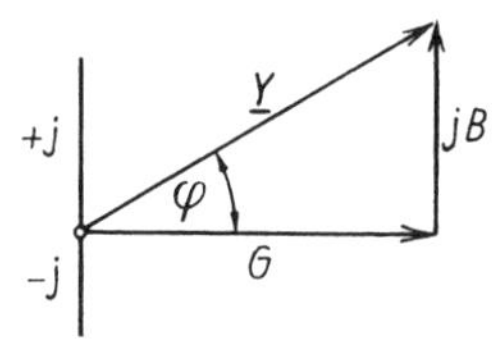

Bild 86: Komplexer Leitwert

524. Welche parallel geschalteten Widerstände *R* und *L* bzw. *R* und *C* werden durch die in Aufgabe 511 (Reihenschaltung) genannten komplexen Ausdrücke wiedergegeben? ($f = 50\,\text{kHz}$)

525. Welche parallel geschalteten Widerstände *R* und *L* bzw. *R* und *C* werden durch die in Aufgabe 512 (Reihenschaltung) genannten komplexen Ausdrücke wiedergegeben? ($f = 100\,\text{Hz}$)

526. Welcher allgemeine komplexe Ausdruck ergibt sich für den Widerstand einer Parallelschaltung aus Wirk- und induktivem Widerstand (getrennt in reellen und imaginären Anteil)?

527. Berechnen Sie den komplexen Gesamtwiderstand folgender Parallelschaltungen in der Normal- sowie Exponentialform:

	a)	b)	c)	d)
R in Ω	250	19	800	900
L in H	0,6	0,005	4	8,5
f in Hz	50	50	25	25

528. Welcher allgemeine komplexe Ausdruck ergibt sich für den Widerstand einer Parallelschaltung aus Wirk- und kapazitivem Widerstand (getrennt in reellen und imaginären Anteil)?

529. Berechnen Sie den komplexen Gesamtwiderstand einer Parallelschaltung aus *R* und *C* bei folgenden Einzelwerten (Normal- sowie Exponentialform):

	a)	b)	c)	d)
R in Ω	1 000	750	25	10
C in µF	1	0,5	0,5	2
f in Hz	50	50	3 000	1 000

530. Berechnen Sie den komplexen Gesamtwiderstand folgender Parallelschaltungen in der Normal- und Exponentialform:

	a)	b)	c)	d)
R in Ω	800	200	12	8
L in H	1	0,8	0,004	0,002
C in µF	5	4,5	7	6,5
f in Hz	50	50	1 000	2 000

531. Parallel zu einem Wirkwiderstand von 65 Ω soll ein Kondensator geschaltet werden, sodass die Wirkkomponente des Gesamtwiderstandes bei 50 Hz a) 40 Ω und b) 64 Ω beträgt. Berechnen Sie die Kapazität.

532. Parallel zu einem Kondensator von 0,5 µF soll ein Wirkwiderstand geschaltet werden, sodass die Blindkomponente des Gesamtwiderstandes bei 50 Hz nur noch a) 6 kΩ und b) 4 kΩ beträgt.

533. An zwei parallel geschalteten Widerständen im Gesamtwert von

	a)	b)	c)
$\underline{Z}$ in Ω	12 + j 9	3 + j 8	14 − j 11

liegt eine Spannung von 60 V. Welcher Strom fließt insgesamt und durch die einzelnen Zweige?

534. Durch zwei parallel geschaltete Widerstände fließen bei einer Klemmenspannung von 125 V die beiden Ströme

	a)	b)	c)
I_R	1,2 A	0,35 A	19 mA
I_L	2,4 A	0,76 A	8 mA

Wie lautet der komplexe Gesamtwiderstand?

535. Der komplexe Leitwert einer Parallelschaltung aus R und C beträgt

	a)	b)	c)
$\underline{Y}$ in S	35 + j 14	0,8 + j 1,3	0,06 + j 0,025

Bei welcher Spannung beträgt die Scheinleistung jeweils 200 W?

9.3 Parallelschaltung zusammengesetzter Widerstände

536. (Bild 87) a) Berechnen Sie den komplexen Leitwert und daraus den tan φ als allgemeine Formel. b) Welchen Wert muss in dieser Schaltung der Widerstand R_2 haben, damit die Nacheilung des Stromes gegenüber der Spannung gerade 45° beträgt?

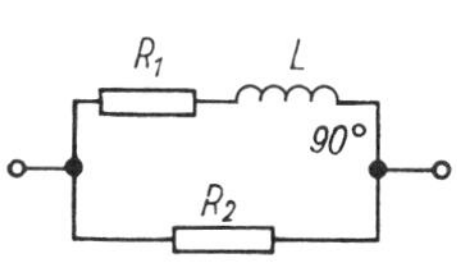

Bild 87: Aufgaben 536 und 537

537. Die in Bild 87 angegebene Schaltung soll mit $R_1 = 150\,\Omega$ und $L = 1{,}8\,\text{H}$ eine Nacheilung des Stromes von 20° liefern. Welchen Wert muss R_2 haben? ($f = 25\,\text{Hz}$)

538. Zwei Widerstände ergeben in Reihe geschaltet 50 Ω (reell) und parallel geschaltet 20 Ω (reell). Welche Werte $\underline{Z}_1$ und $\underline{Z}_2$ haben die beiden Widerstände?

539. (Bild 88) Berechnen Sie den komplexen Leitwert und daraus den tan φ als allgemeine Formel.

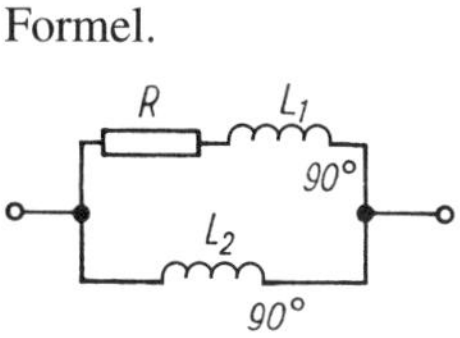

Bild 88: Aufgabe 539

540. (Bild 89) Welchen allgemeinen Ausdruck für Scheinwiderstand und Tangens des Phasenwinkels ergibt die Schaltung nach Bild 89?

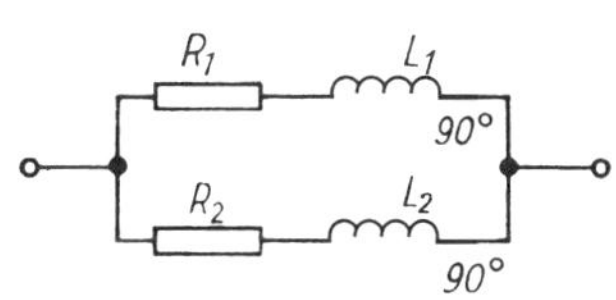

Bild 89: Aufgaben 540 und 541

541. In Aufgabe 540 sei $R_2 = 2R_1$ und $L_2 = 2L_1$. Wie lauten nunmehr die Ausdrücke für Betrag und Phase?

542. Durch Zuschalten von R_2 in Aufgabe 536 reduziert sich der Scheinwiderstand auf die Hälfte des Wertes ohne R_2. Welchen Wert muss R_2 haben?

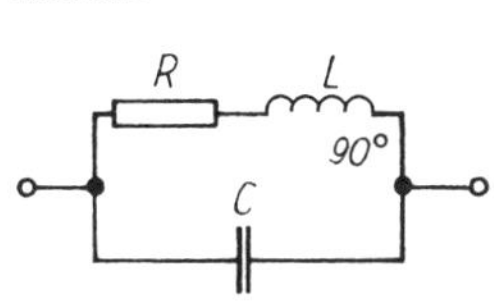

Bild 90: Aufgaben 543 und 544

543. (Bild 90) Berechnen Sie den komplexen Leitwert und Widerstand als allgemeine Formel.

544. Welcher Ausdruck ergibt sich aus Aufgabe 543 für die Resonanzfrequenz?

545. (Bild 91) Berechnen Sie als allgemeine Formel den komplexen Widerstand und die Phase.

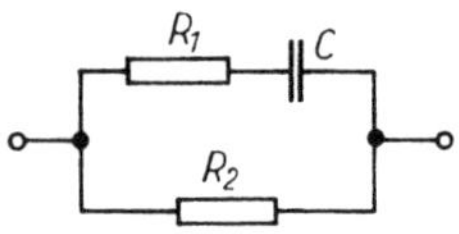

Bild 91: 545

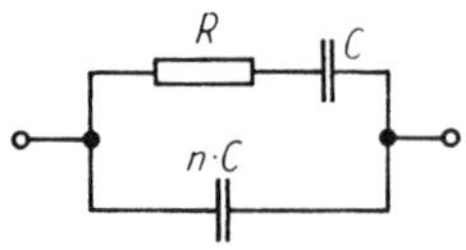

Bild 92: Aufgabe 546

546. (Bild 92) Berechnen Sie als allgemeine Formel den komplexen Widerstand und die Phase.

547. (Bild 93) Welcher allgemeine Ausdruck ergibt sich für den komplexen Leitwert sowie für die Resonanzfrequenz?

548. Für welchen Wert von R_1 ist die Resonanzfrequenz in Aufgabe 547 gleich null bzw. für welchen Wert von R_2 ist sie gleich ∞?

549. Die Schaltung in Aufgabe 547 gibt bei jeder beliebigen Frequenz Resonanz, wenn die Wurzel den unbestimmten Ausdruck $0/0$ liefert. a) Für welchen Wert von R_1 und R_2 tritt dies ein? b) Welchen frequenzunabhängigen Wirkwiderstand (charakteristischen Widerstand) besitzt die Schaltung dann?

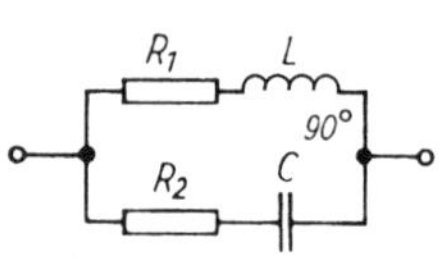

Bild 93: Aufgaben 547 bis 549

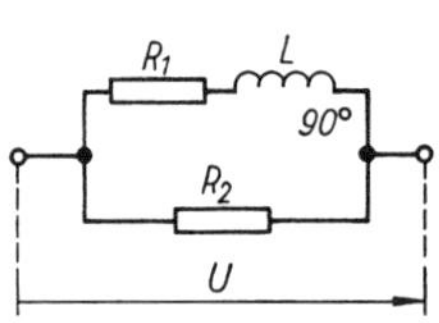

Bild 94: Aufgabe 550

550. (Bild 94) Berechnen Sie den komplexen Ersatzwiderstand, die Stromstärke, den Gesamtphasenwinkel sowie die Induktivität der entsprechenden Reihenersatzschaltung ($f = 50$ Hz).

	a)	b)	c)
R_1 in Ω	100	80	30
R_2 in Ω	100	120	150
L in H	0,5	0,4	1,5
U in V	230	100	60

551. (Bild 95) Berechnen Sie den komplexen Ersatzwiderstand, die Stromstärke, den Gesamtphasenwinkel sowie die Kapazität der entsprechenden Reihenersatzschaltung.

	a)	b)	c)
R_1 in Ω	1 000	100	2 000
R_2 in Ω	2 500	100	1 200
C in µF	4	20	200
U in V	230	230	250
f in Hz	50	50	0,3

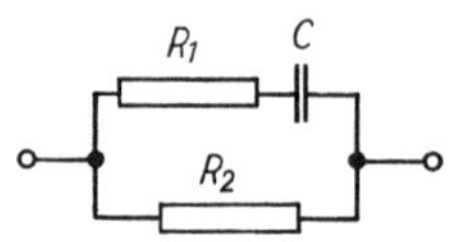

Bild 95: Aufgabe 551

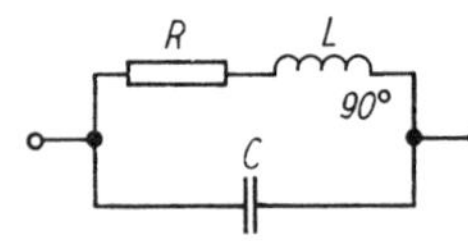

Bild 96: Aufgabe 552

552. Berechnen Sie die in den Aufgaben 550 und 551 gesuchten Werte für die Schaltung in Bild 96.

	a)	b)	c)
R in Ω	150	150	150
L in H	0,3	1,5	0,3
C in µF	12	12	1
U in V	230	230	230
f in Hz	50	50	50

553. Berechnen Sie die in den Aufgaben 550 und 551 gesuchten Werte für die Schaltung in Bild 97.

	a)	b)	c)
R in Ω	150	150	150
L in H	0,3	1,5	0,3
C in µF	12	12	1
U in V	230	230	230
f in Hz	50	50	50

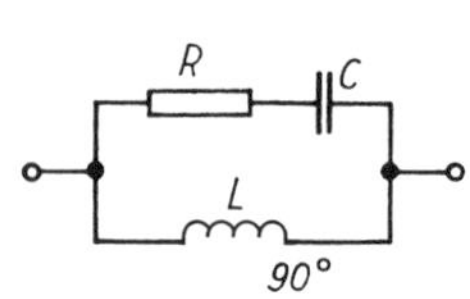

Bild 97: Aufgabe 553

554. Welchen Wert muss die Induktivität L in Aufgabe 553a haben, wenn sich ein Gesamtphasenwinkel von 45° ergeben soll?

555. Welche Kapazität bzw. Induktivität muss in Aufgabe 553a anstelle der Kapazität C eingesetzt werden, damit sich ein Phasenwinkel von $\varphi = +60°$ ergibt?

556. bis **559.** Berechnen Sie zu den Aufgaben 550a, 551a, 552a und 553a die Teilspannungen und Teilströme und zeichnen Sie dazu das Zeigerdiagramm.

560. (Bild 98) Berechnen Sie die Teilströme für eine Klemmenspannung von 60 V und zeichnen Sie das Stromdiagramm.

	a)	b)
R_1 in Ω	5	2
R_2 in Ω	3	10
R_3 in Ω	30	10
X_L in Ω	4	4
X_C in Ω	8	6

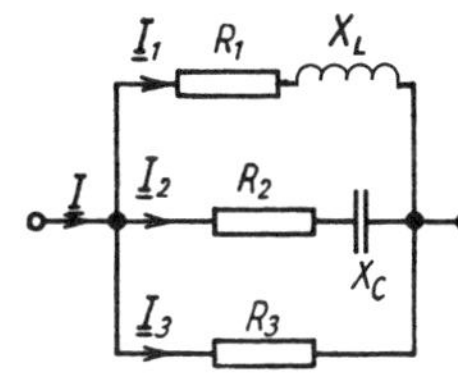

Bild 98: Aufgabe 560

9.4 Gemischte Schaltungen

561. bis **572.** Berechnen Sie den komplexen Widerstand sowie dessen Betrag und den Phasenwinkel für folgende Schaltungen (Bilder 99 bis 110).

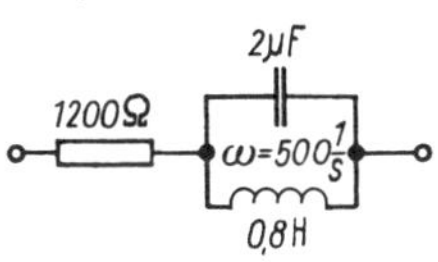

Bild 99: Aufgaben 561 und 573

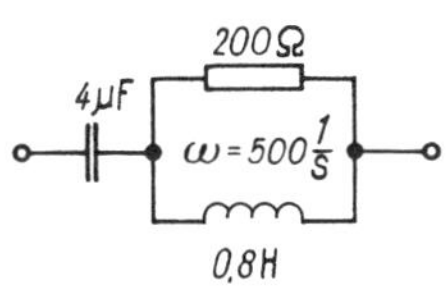

Bild 100: Aufgaben 562 und 574

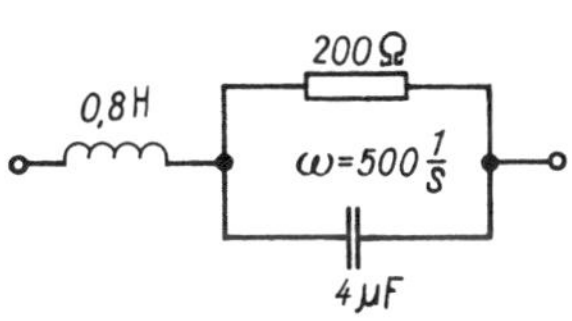

Bild 101: Aufgaben 563 und 575

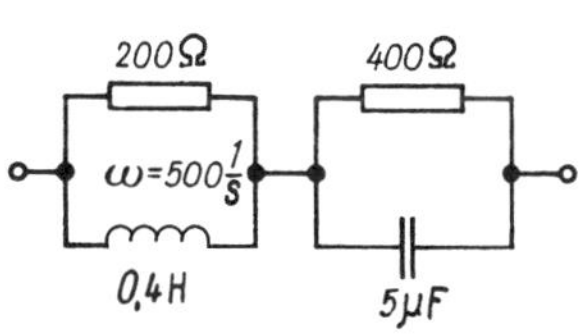

Bild 102: Aufgaben 564 und 576

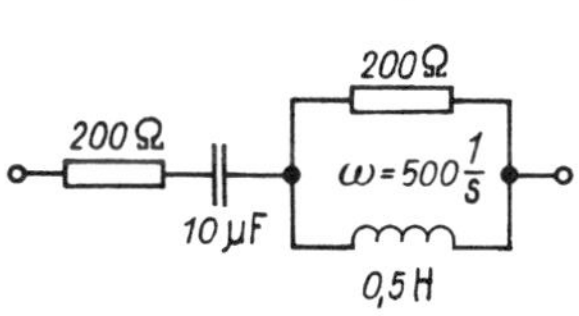

Bild 103: Aufgaben 565 und 577

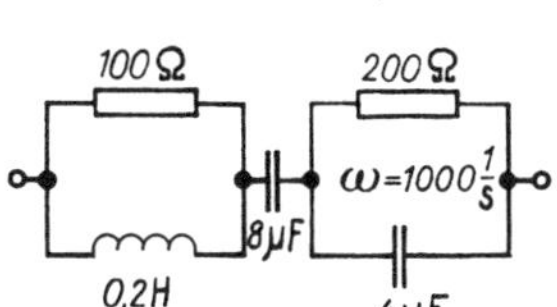

Bild 104: Aufgaben 566 und 578

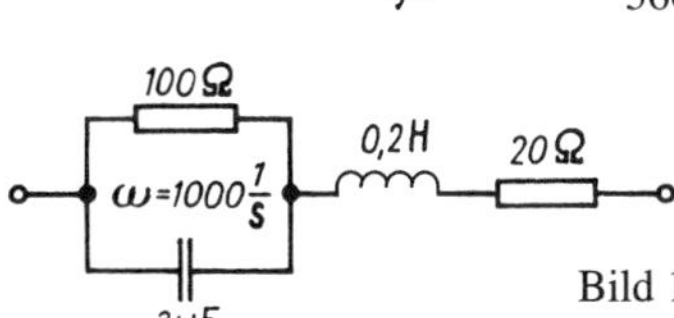

Bild 105: Aufgaben 567 und 579

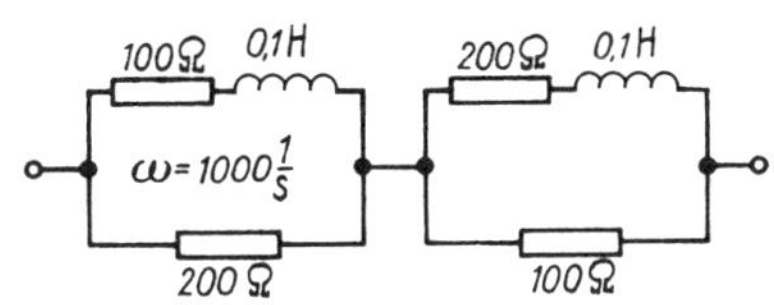

Bild 106: Aufgabe 568

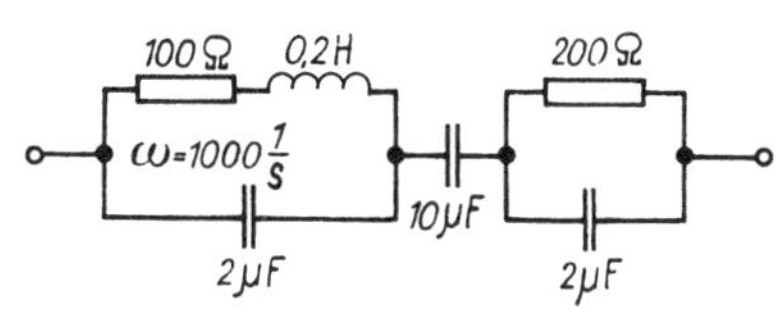

Bild 107: Aufgabe 569

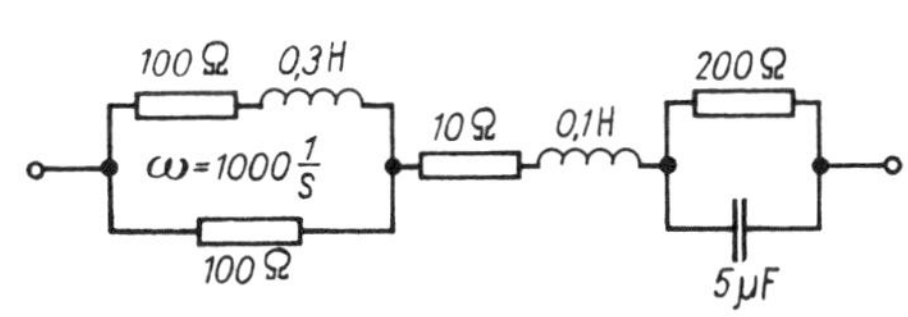

Bild 108: Aufgabe 570

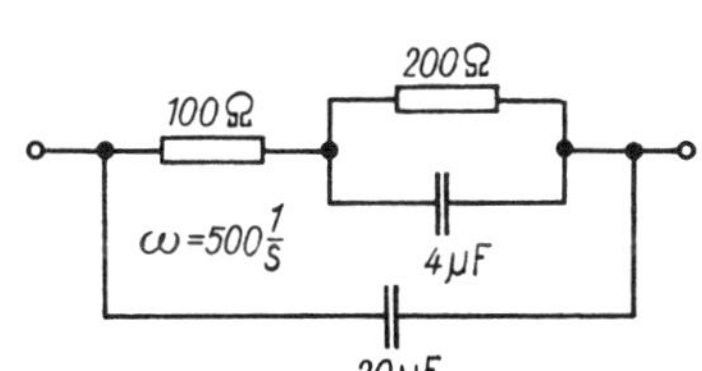

Bild 109: Aufgaben 571 und 580

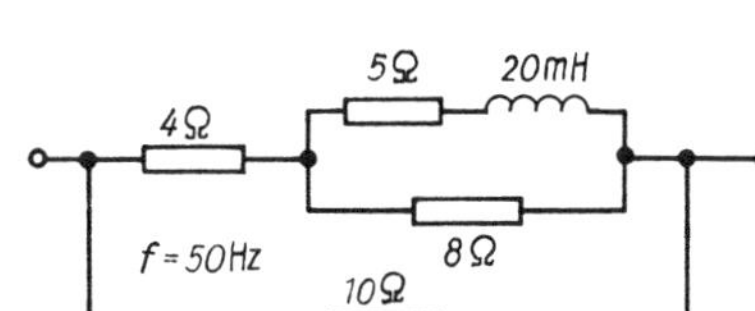

Bild 110: Aufgabe 572

573. bis **580.** Berechnen Sie zu den Aufgaben 561 bis 567 und 571 für eine Klemmenspannung von 1 000 V die Teilspannungen, die Gesamtstromstärke und die Teilstromstärken. Zeichnen Sie hierzu das vollständige Zeigerdiagramm.

581. (Bild 111) Wechselstromparadoxon. Der durch die Schaltung fließende Wechselstrom soll trotz Zu- bzw. Abschaltens von R_2 seine Stärke nicht ändern. Wie groß muss R_2 gemacht werden, damit dies der Fall ist?

582. (Bild 111) Welchen Wert muss der Widerstand R_2 in Aufgabe 581 haben, wenn $R_1 = 50\,\Omega$, $L = 0{,}1$ H und $f = 50$ Hz betragen ?

583. (Bild 111) Durch Zuschalten von R_2 soll der Gesamtphasenwinkel auf die Hälfte reduziert werden. Wie groß muss R_2 gewählt werden, wenn $R_1 = 50\,\Omega$, $L = 0{,}1$ H und $f = 50$ Hz sind?

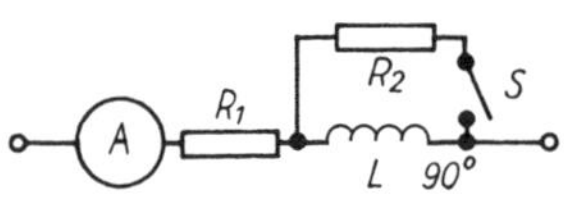

Bild 111: Aufgaben 581 bis 583

584. (Bild 112) Wechselstromparadoxon. Der durch die Schaltung fließende Wechselstrom soll trotz Ab- bzw. Zuschaltens von R_2 seine Stärke nicht ändern. Wie groß muss R_2 gemacht werden?

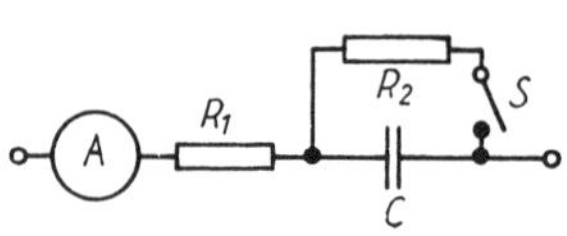

Bild 112: Aufgabe 584

585. (Bild 113) 90°-Schaltung nach Hummel. Welchen Wert muss R_2 haben, damit der Zweigstrom $\underline{I}_3$ der Spannung $\underline{U}$ um 90° nacheilt?

586. Welchen Wert muss R_2 in der vorigen Aufgabe haben, wenn $\underline{I}_3$ gegenüber $\underline{U}$ um 45° nacheilen soll?

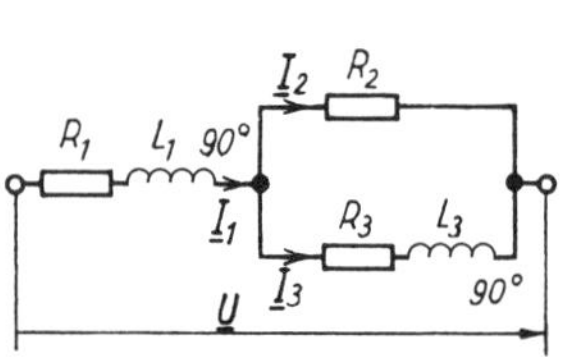

Bild 113: Aufgaben 585 und 586

587. Der induktive Widerstand einer Drosselspule, deren Ersatzschaltung auf Bild 114 angegeben ist, beträgt $30\,\Omega$, der Kupferwiderstand $R_2 = 10\,\Omega$. Bei der Stromstärke 3 A nimmt die Spule eine Wirkleistung von 180 W auf. Berechnen Sie daraus den Eisenverlustwiderstand R_1 und die Klemmenspannung bei $f = 50$ Hz (2 Lösungen!).

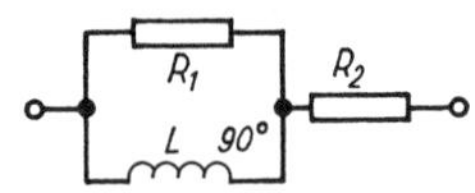

Bild 114: Aufgabe 587

588. Bild 115 stellt die Ersatzschaltung eines Kondensators von 15 µF mit einem Vorschaltwiderstand von $R_2 = 2\,\Omega$ dar. Welchen Wert haben der Verlustwiderstand R_1 und der Verlustwinkel des Kondensators, wenn der Gesamtverlustwinkel $\delta = 1°$ ist?

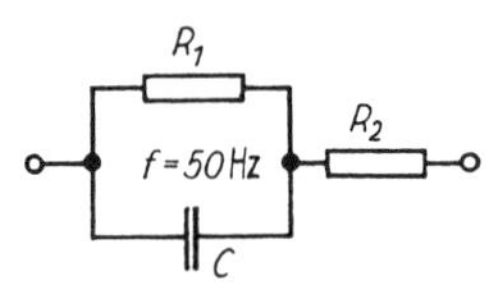

Bild 115: Aufgabe 588

589. (Bild 116) a) Welchen Wert muss die Kapazität C haben, damit der Gesamtphasenwinkel der Schaltung gleich null wird? b) Welcher Gesamtwiderstand ergibt sich dann?

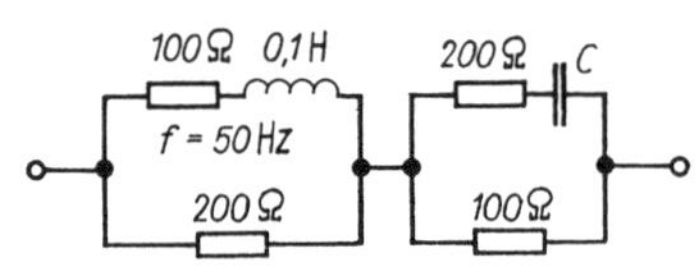

Bild 116: Aufgabe 589

590. (Bild 117) a) Welchen Wert muss die Induktivität L haben, damit der Gesamtphasenwinkel der Schaltung gleich null wird? b) Welcher Gesamtwiderstand ergibt sich dann?

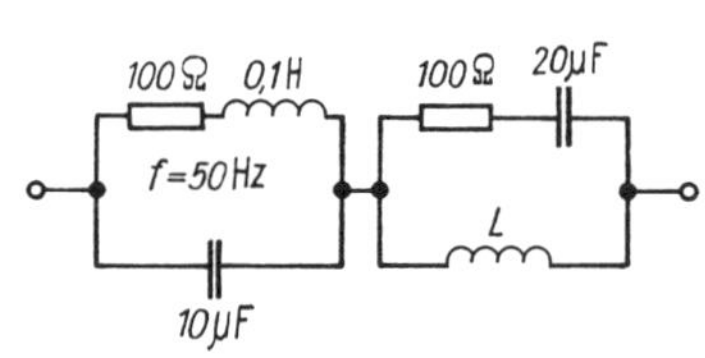

Bild 117: Aufgabe 590

591. (Bild 118) Boucherot-Schaltung. Der durch n Glühlampen R_1 fließende Strom I_1 soll konstant bleiben, unabhängig davon, wie viel Lampen eingeschaltet sind. Dies wird erreicht, wenn $\omega^2 LC = 1$ ist. Führen Sie den Beweis!

Anleitung: Man bezeichnet den Widerstand nR_1 als x und wende die Maschenregel auf den von C und x sowie auf den von L und x gebildeten Stromkreis an.

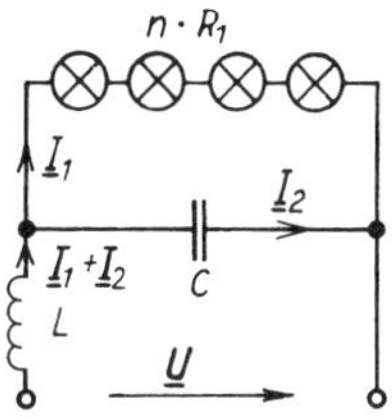

Bild 118: Aufgabe 591

592. (Bild 119) Welchen Wert muss die Kapazität C in der Schaltung haben, damit die Stromstärke $\underline{I}$ mit der Spannung $\underline{U}$ in Phase liegt, und welche Stromstärken $\underline{I}_1$, $\underline{I}_2$ und $\underline{I}$ ergeben sich?

Zeichnen Sie das vollständige Zeigerdiagramm.

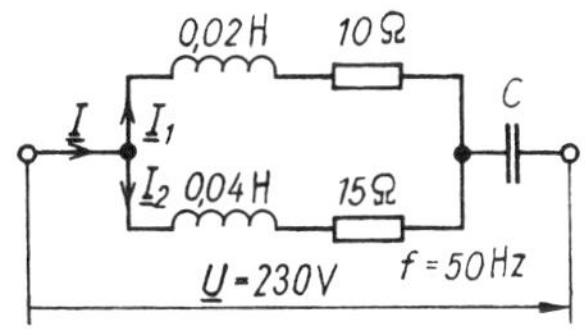

Bild 119: Aufgabe 592

10 Umwandlungen

10.1 Umwandlung einer Reihenschaltung in eine äquivalente Parallelschaltung und umgekehrt

Formeln:

$$R_2 = \frac{R_1^2 + X_1^2}{R_1} = \frac{1}{G_1}$$

$$R_1 = \frac{R_2 X_2^2}{R_2^2 + X_2^2} = G_2 X_2^2$$

$$X_2 = \frac{R_1^2 + X_1^2}{X_1} = \frac{1}{B_1}$$

$$X_1 = \frac{R_2^2 X_2}{R_2^2 + X_2^2} = B_2 R_2^2$$

Größe	Zeichen
Widerstände der Reihenschaltung	R_1, X_1
Widerstände der Parallelschaltung	R_2, X_2

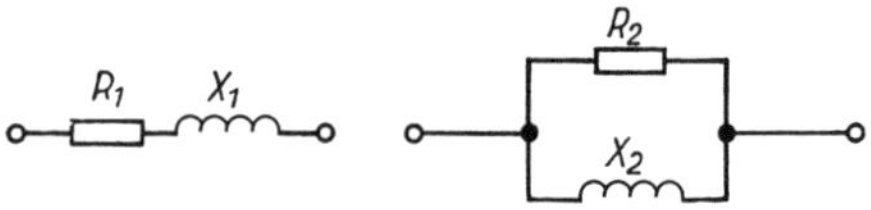

Bild 120: Reihenschaltung und äquivalente Parallelschaltung

Hinweis:

Einander äquivalente Schaltungen haben den gleichen komplexen Widerstand, d. h., ihre Widerstände stimmen auch nach Betrag und Phase überein.

593. Wandeln Sie folgende Reihenschaltungen in je eine äquivalente Parallelschaltung um und berechnen Sie die entsprechenden Werte für R_2 und L_2 bzw. C_2:

	a)	b)	c)	d)
R_1	2 kΩ	500 Ω	0,2 MΩ	5 kΩ
L_1	500 mH			30 mH
C_1		2 μF	450 pF	
f	800 Hz	50 Hz	2 kHz	10 kHz

594. Wandeln Sie folgende Parallelschaltungen in je eine äquivalente Reihenschaltung um und berechnen Sie die entsprechenden Werte für R_1 und L_1 bzw. C_1:

	a)	b)	c)	d)
R_2	0,5 kΩ	45 Ω	2 MΩ	5 MΩ
L_2	200 MH	2,5 MH		
C_2			600 pF	40 pF
f	50 Hz	1 kHz	3 kHz	200 kHz

595. Entwickeln Sie eine möglichst einfache Formel, mit der man die Kapazität C_2 eines Kondensators in Parallelersatzschaltung unmittelbar berechnen kann, wenn die Werte der Reihenersatzschaltung ω, R_1 und C_1 gegeben sind.

596. Desgleichen für den Parallelersatzwiderstand R_2, wenn ω, R_1 und C_1 gegeben sind.

597. Desgleichen für die Reihenersatzwerte R_1 und C_1 bei gegebenen Werten ω, R_2 und C_2.

598. (Bild 121) Durch Hinzufügen eines induktiven Blindwiderstandes x soll der Gesamtwiderstand der Schaltung auf 6,92 Ω (reell) gebracht werden. Welchen Wert muss x haben?

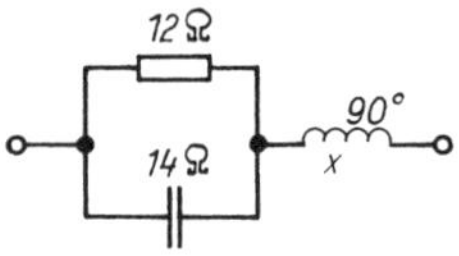

Bild 121: Aufgabe 598

599. (Bild 122) Durch Hinzufügen von x und y soll der Gesamtwiderstand 4 Ω (reell) werden. Berechnen Sie x und y!

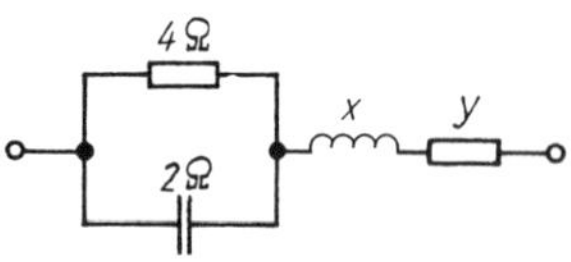

Bild 122: Aufgabe 599

600. (Bild 123) Durch Hinzufügen der beiden Glieder x und y soll erreicht werden, dass der Gesamtwiderstand gleich 4 Ω (reell) wird. Berechnen Sie x und y!

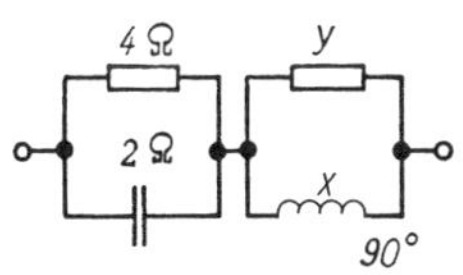

Bild 123: Aufgabe 600

601. (Bild 124) Es sollen die Zusatzglieder x und y so bestimmt werden, dass der Gesamtwiderstand gleich 4 Ω (reell) wird.

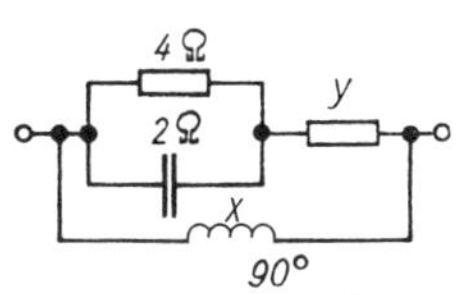

Bild 124: Aufgabe 601

602. Die auf Bild 125 angegebene Reihenschaltung soll durch Zuschalten von x und y so ergänzt werden, dass der Gesamtwiderstand gleich 6 Ω (reell) wird. Berechnen Sie x und y.

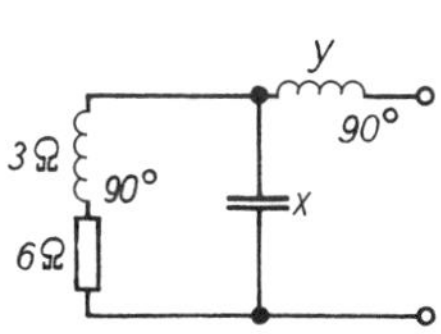

Bild 125: Aufgabe 602

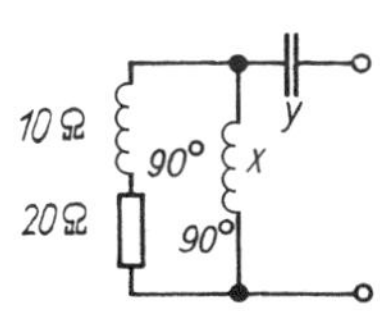

Bild 126: Aufgabe 603

603. (Bild 126) Bestimmen Sie die beiden Widerstände x und y so, dass der Gesamtwiderstand gleich 12,5 Ω (reell) wird.

604. (Bild 127) Bestimmen Sie die beiden Widerstände x und y so, dass der Gesamtwiderstand gleich 10 Ω (reell) wird.

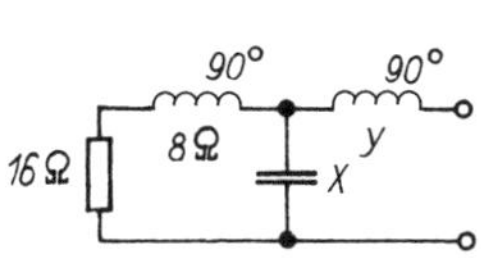

Bild 127: Aufgabe 604

Welche Schaltungen werden durch folgende komplexe Ausdrücke in den Aufgaben 605 bis 624 wiedergegeben? Berechnen Sie R und L bzw. C für a) eine Reihenschaltung und b) die entsprechende Parallelschaltung sowie die Phasenverschiebung der Spannung gegenüber dem Strom ($f = 50\,\text{kHz}$).

605. $\underline{Z} = \dfrac{2}{1-\text{j}}\,\Omega$

606. $\underline{Z} = (3+\text{j}\,5)\,\Omega$

607. $\underline{Z} = \left(6-\dfrac{3}{\text{j}}\right)\,\Omega$

608. $\underline{Z} = \dfrac{5+\text{j}\,4}{\text{j}}\,\Omega$

609. $\underline{Z} = \dfrac{8}{1-\text{j}\,3}\,\Omega$

610. $\underline{Z} = \dfrac{\text{j}\,7}{2+\text{j}\,3}\,\Omega$

611. $\underline{Z} = \dfrac{3-\text{j}\,2}{\text{j}+2}\,\Omega$

612. $\underline{Z} = \dfrac{10}{2+\text{j}\,5}\,\Omega$

613. $\underline{Z} = \dfrac{\text{j}-1}{\text{j}+1}\,\Omega$

614. $\underline{Z} = \dfrac{0{,}6-\text{j}\,1{,}5}{4+\text{j}\,1{,}2}\,\Omega$

615. $\underline{Y} = \left(8+\dfrac{4}{\text{j}}\right)\,\text{S}$

616. $\underline{Y} = \dfrac{7-\text{j}\,11}{4-\text{j}\,3}\,\text{S}$

617. $\underline{Y} = \left(\dfrac{\text{j}}{3-\text{j}}+4\right)\,\text{S}$

618. $\underline{Y} = \left(\dfrac{5}{4+\text{j}\,3}+\text{j}\,2\right)\,\text{S}$

619. $\underline{Y} = \left(3-\dfrac{\text{j}}{9-\text{j}}\right)\,\text{S}$

620. $\underline{Y} = \left(\dfrac{1}{\text{j}}-\dfrac{1}{\text{j}-1}\right)\,\text{S}$

621. $\underline{Z} = \left(4-\dfrac{1}{\sqrt{-64}}\right)\,\Omega$

622. $\underline{Z} = (7-\text{j}\,3)^2\,\Omega$

623. $\underline{Y} = \dfrac{a}{b-\text{j}\,c}\,\text{S}$

624. $\underline{Y} = \left(\dfrac{4-\text{j}\,2}{2-\text{j}\,3}\right)^2\,\text{S}$

Welche in Reihe bzw. parallel geschalteten Widerstände geben folgende komplexe Ausdrücke in den Aufgaben 625 bis 634 wieder? ($f = 100\,\text{Hz}$)

625. $\underline{Z} = 8{,}5\text{e}^{\text{j}\,30^\circ}\,\Omega$

626. $\underline{Z} = 27\text{e}^{\text{j}\,63^\circ}\,\Omega$

627. $\underline{Z} = 11{,}1\mathrm{e}^{\mathrm{j}\,89{,}5^\circ}\,\Omega$

628. $\underline{Z} = 30{,}5\mathrm{e}^{\mathrm{j}\,1{,}1^\circ}\,\Omega$

629. $\underline{Z} = 490\mathrm{e}^{-\mathrm{j}\,88{,}8^\circ}\,\Omega$

630. $\underline{Z} = 758\mathrm{e}^{-\mathrm{j}\,87{,}3^\circ}\,\Omega$

631. $\underline{Z} = 5{,}3\mathrm{e}^{-\mathrm{j}\,80{,}4^\circ}\,\mathrm{k}\Omega$

632. $\underline{Y} = 0{,}08\mathrm{e}^{\mathrm{j}\,12^\circ}\,\mathrm{S}$

633. $\underline{Y} = 9{,}5\mathrm{e}^{-\mathrm{j}\,88^\circ}\,\mathrm{S}$

634. $\underline{Y} = 1{,}4\mathrm{e}^{-\mathrm{j}\,65^\circ}\,\mathrm{S}$

10.2 Umwandlung einer Sternschaltung in eine äquivalente Dreieckschaltung

Formeln:

$$\underline{Z}_a = \underline{Z}_2 + \underline{Z}_3 + \frac{\underline{Z}_2\underline{Z}_3}{\underline{Z}_1}$$

$$\underline{Z}_b = \underline{Z}_1 + \underline{Z}_3 + \frac{\underline{Z}_1\underline{Z}_3}{\underline{Z}_2}$$

$$\underline{Z}_c = \underline{Z}_1 + \underline{Z}_2 + \frac{\underline{Z}_1\underline{Z}_2}{\underline{Z}_3}$$

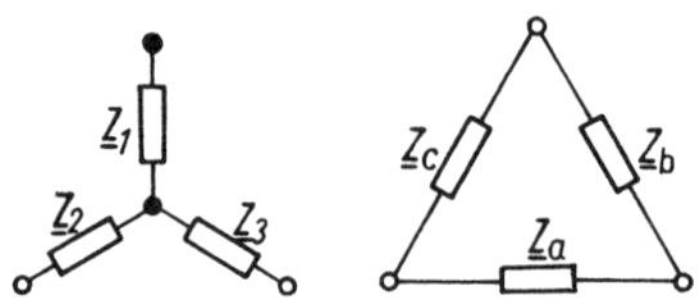

Bild 128: Sternschaltung und äquivalente Dreieckschaltung

Wandeln Sie folgende Sternschaltungen in die Dreieckschaltung um, wenn die Widerstände wie folgt gegeben sind:

635. $\underline{Z}_1 = (1 - \mathrm{j}\,6)\,\Omega$; $\underline{Z}_2 = (3 + \mathrm{j}\,2)\,\Omega$; $\underline{Z}_3 = (2 - \mathrm{j})\,\Omega$

636. $\underline{Z}_1 = 6\,\Omega$; $\underline{Z}_2 = 6\,\Omega$; $\underline{Z}_3 = \mathrm{j}\,6\,\Omega$

637. $\underline{Z}_1 = \mathrm{j}\,3\,\Omega$; $\underline{Z}_2 = -\mathrm{j}\,5\,\Omega$; $\underline{Z}_3 = 4\,\Omega$

638. $\underline{Z}_1 = (1 - \mathrm{j})\,\Omega$; $\underline{Z}_2 = (1 + \mathrm{j})\,\Omega$; $\underline{Z}_3 = 1\,\Omega$

639. $\underline{Z}_1 = 3\,\Omega$; $\underline{Z}_2 = -\mathrm{j}\,3\,\Omega$; $\underline{Z}_3 = \mathrm{j}\,3\,\Omega$

640. $\underline{Z}_1 = (2 + \mathrm{j})\,\Omega$; $\underline{Z}_2 = (3 - \mathrm{j})\,\Omega$; $\underline{Z}_3 = (1 + \mathrm{j}\,4)\,\Omega$

641. $\underline{Z}_1 : R = 300\,\Omega$; $\underline{Z}_2 : R = 0$; $L = 1\,\mathrm{H}$; $\underline{Z}_3 : R = 0$; $C = 3\,\mu\mathrm{F}$; $f = 50\,\mathrm{Hz}$

642. $\underline{Z}_1 : R = 50\,\Omega$; $\underline{Z}_2 : R = 0$; $L = 0{,}01\,\mathrm{H}$; $\underline{Z}_3 : R = 0$; $C = 1{,}5\,\mu\mathrm{F}$; $f = 1\,000\,\mathrm{Hz}$

643. $\underline{Z}_1 = \mathrm{j}\,350\,\Omega$; $\underline{Z}_2 = -\mathrm{j}\,120\,\Omega$; $\underline{Z}_3 = \mathrm{j}\,250\,\Omega$

644. $\underline{Z}_1 = 10\,\Omega$; $\underline{Z}_2 = (10 + \mathrm{j}\,5)\,\Omega$; $\underline{Z}_3 = (5 - \mathrm{j}\,10)\,\Omega$

10.3 Umwandlung einer Dreieckschaltung in eine äquivalente Sternschaltung

Formeln:

$$\underline{Z}_a = \frac{\underline{Z}_2\underline{Z}_3}{\underline{Z}_1 + \underline{Z}_2 + \underline{Z}_3}$$

$$\underline{Z}_b = \frac{\underline{Z}_1\underline{Z}_3}{\underline{Z}_1 + \underline{Z}_2 + \underline{Z}_3}$$

$$\underline{Z}_c = \frac{\underline{Z}_1\underline{Z}_2}{\underline{Z}_1 + \underline{Z}_2 + \underline{Z}_3}$$

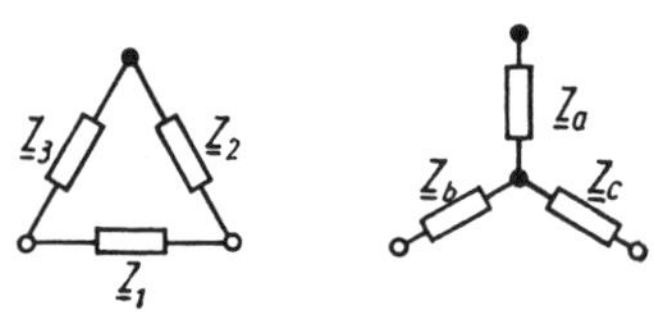

Bild 129: Dreieckschaltung und äquivalente Sternschaltung

Wandeln Sie folgende Dreieckschaltungen in die entsprechende Sternschaltung um:

645. $\underline{Z}_1 = (1 - \mathrm{j}\,5)\,\Omega$; $\underline{Z}_2 = (2 + \mathrm{j})\,\Omega$; $\underline{Z}_3 = (2 - \mathrm{j}\,5)\,\Omega$

646. $\underline{Z}_1 = (2 + \mathrm{j}\,3)\,\Omega$; $\underline{Z}_2 = (3 + \mathrm{j}\,2)\,\Omega$; $\underline{Z}_3 = (2 - \mathrm{j})\,\Omega$

647. $\underline{Z}_1 = (1 + \mathrm{j}\,13)\,\Omega$; $\underline{Z}_2 = (2 + \mathrm{j})\,\Omega$; $\underline{Z}_3 = (2 - \mathrm{j}\,5)\,\Omega$

648. $\underline{Z}_1 = (2 + \mathrm{j}\,4)\,\Omega$; $\underline{Z}_2 = (3 + \mathrm{j}\,5)\,\Omega$; $\underline{Z}_3 = (1 - \mathrm{j}\,2)\,\Omega$

649. $\underline{Z}_1 = (2 + \mathrm{j}\,6)\,\Omega$; $\underline{Z}_2 = (2 + \mathrm{j}\,2)\,\Omega$; $\underline{Z}_3 = (2 - \mathrm{j})\,\Omega$

Wandeln Sie in die Sternschaltung um und geben Sie die entsprechenden Werte der Induktivitäten bzw. Kapazitäten an:

650. $\underline{Z}_1 : R = 25\,\Omega$; $L = 0{,}5\,\mathrm{H}$;
$\underline{Z}_2 : R = 32\,\Omega$; $L = 0{,}1\,\mathrm{H}$;
$\underline{Z}_3 : R = 1{,}5\,\mathrm{k\Omega}$; $C = 1\,\mu\mathrm{F}$;
($f = 50\,\mathrm{Hz}$)

651. $\underline{Z}_1 : L = 3{,}5\,\mathrm{H}$; $\underline{Z}_2 : C = 2\,\mu\mathrm{F}$; $\underline{Z}_3 : C = 4{,}2\,\mu\mathrm{F}$; ($f = 50\,\mathrm{Hz}$)

652. $\underline{Z}_1 : R = 18\,\Omega$; $\underline{Z}_2 : L = 0{,}15\,\mathrm{H}$; $\underline{Z}_3 : C = 2\,\mu\mathrm{F}$; ($f = 500\,\mathrm{Hz}$)

653. $\underline{Z}_1 : R = 5\,\mathrm{k\Omega}$; $\underline{Z}_2 : R = 6\,\mathrm{k\Omega}$; $\underline{Z}_3 : C = 0{,}05\,\mu\mathrm{F}$; ($f = 1\,000\,\mathrm{Hz}$)

654. $\underline{Z}_1 : R = 2\,\mathrm{k\Omega}$; $\underline{Z}_2 : C = 0{,}1\,\mu\mathrm{F}$; $\underline{Z}_3 : C = 0{,}2\,\mu\mathrm{F}$; ($f = 1\,000\,\mathrm{Hz}$)

655. Wandeln Sie die auf Bild 130 angegebene Π-Schaltung in eine gleichwertige T-Schaltung um, wenn $f = 795{,}8\,\mathrm{Hz}$ ist.

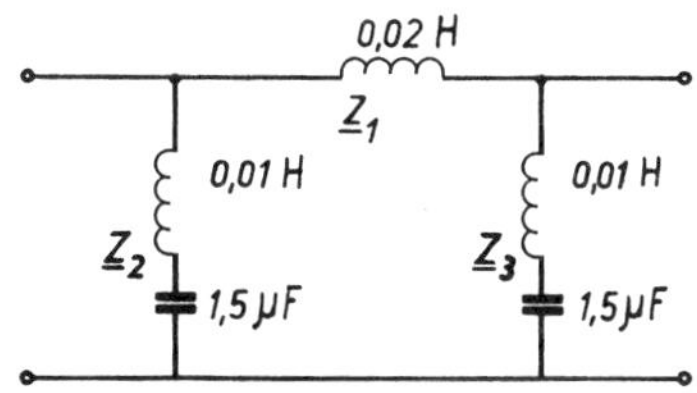

Bild 130: Aufgabe 655

656. Berechnen Sie den Gesamtwiderstand der auf Bild 131 angegebenen Brückenschaltung.

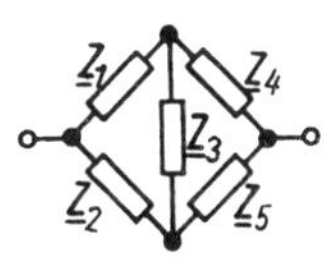

Bild 131: Aufgabe 656

	a)	b)	c)	d)
$\underline{Z}_1$ in Ω	3	2	1	4
$\underline{Z}_2$ in Ω	−j	j	2	3
$\underline{Z}_3$ in Ω	j 2	j 3	j	j
$\underline{Z}_4$ in Ω	3 − j	j 2	−j	3
$\underline{Z}_5$ in Ω	1 + j	−j	j	3

11 Übertragungsfunktion

Formeln:

Übertragungsfunktion

$$\frac{\underline{U}_a}{\underline{U}_e} \text{ oder } \frac{\underline{U}_1}{\underline{U}_2}$$

Spannungsverhältnis

$$\frac{U_a}{U_e}$$

Siebfaktor

$$S = \frac{U_a}{U_e}$$

Größe	Zeichen	Einheit
Ausgangsspannung	$\underline{U}_a$, $\underline{U}_1$	V
Eingangsspannung	$\underline{U}_e$, $\underline{U}_2$	V
Grenzfrequenz	f_g	Hz

Hinweis:

Bei einem Vierpol (z. B. Bild 132) bezeichnet man das komplexe Verhältnis $\underline{U}_2/\underline{U}_1$ als *Übertragungsfunktion*, wobei $\underline{U}_1$ die Eingangsspannung und $\underline{U}_2$ die Ausgangsspannung im Leerlauf sind. Zur Berechnung betrachte man die Schaltung als *Spannungsteiler*, an der die Gesamtspannung $\underline{U}_1$ liegt und die Teilspannung $\underline{U}_2$ abgegriffen wird. Bei mehrstufiger Spannungsteilung ist das gesamte Widerstandsverhältnis gleich dem Produkt der Widerstandsverhältnisse der einzelnen Stufen.

Hinweis für die Aufgaben 657 bis 659: Als Grenzfrequenz f_g der Schaltung gilt diejenige, für welche $U_a/U_e = 0{,}707$ beträgt. U_a ist dann um etwa 30 % niedriger als U_e und $f_g = 1/(2\pi RC)$.

657. Kopplungsglied (Bild 132). a) Wie lautet die Übertragungsfunktion? b) Um wie viel Prozent liegt U_2 unter U_1? c) Wie groß ist die Grenzfrequenz?

658. Welchen Wert muss der Widerstand R in Aufgabe 657 haben, wenn die Ausgangsspannung bei 50 Hz a) 1 %, b) 1,5 % und c) 2 % kleiner als U_1 sein darf? In welchem Verhältnis stehen jeweils R und $1/(\omega C)$ zueinander?

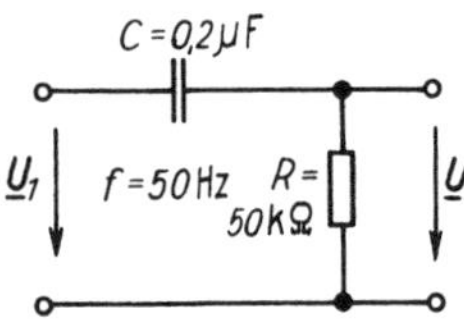

Bild 132: Aufgaben 657 bis 659

659. In Aufgabe 657 sei $R = 250\,\text{k}\Omega$ und $C = 0{,}02\,\mu\text{F}$. Berechnen Sie die Grenzfrequenz und bestimmen Sie diejenigen Frequenzen, für welche die Ausgangsspannung um a) 1 % und b) 3 % unterhalb von U_1 liegt.

660. Eine Fernleitung von 100 km Länge besitzt die Widerstandswerte $2R = 16\,\Omega$, $2\omega L = 24\,\Omega$ und $2 \cdot 1/(\omega C) = 4\,\text{k}\Omega$. Die in der Nachbildung angenommene Verteilung der Widerstände ist aus Bild 133 zu entnehmen.

Berechnen Sie das Spannungsverhältnis für den Fall des Leerlaufs. *Anleitung:* Anwendung der Spannungsteilerregel.

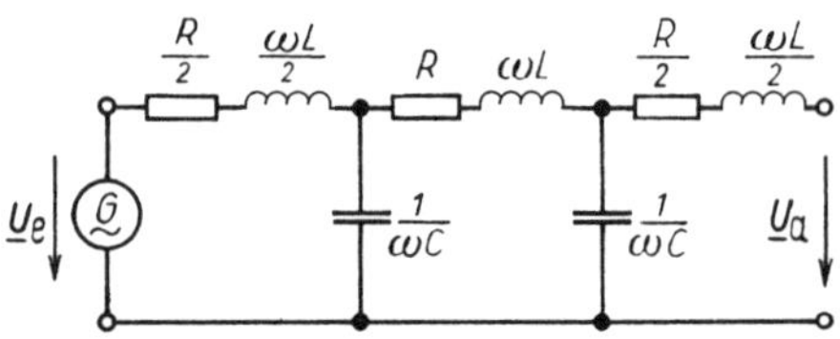

Bild 133: Aufgabe 660

661. (Bild 134) Die in Aufgabe 660 genannte Leitung werde am Ausgang mit einem Widerstand von $R = 300\,\Omega$ in Reihe mit $\omega L = 200\,\Omega$ belastet. Um wie viel Prozent weicht in diesem Falle die Spannung am Ausgang von der Eingangsspannung ab?

Anleitung: Man nehme die Spannung am Belastungswiderstand U_a als gegeben an, stelle nach dem Knotenpunkt- und Maschensatz die Gleichungen für die übrigen Spannungen und Stromstärken auf und drücke zuletzt U_e allein durch U_a aus.

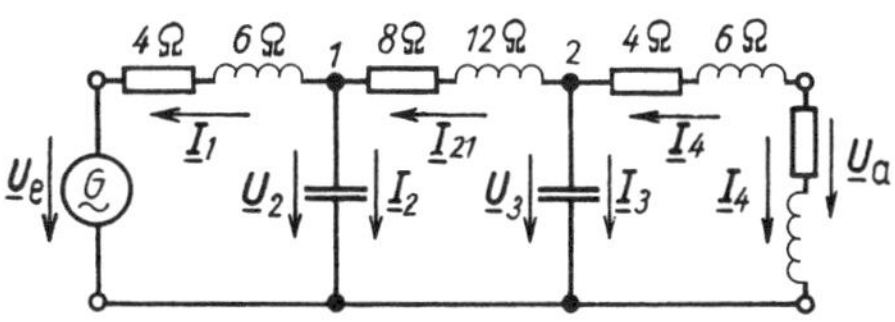

Bild 134: Aufgabe 661

662. (Bild 135) Berechnen Sie die Übertragungsfunktion des *RC*-Filters, wobei $R_1 = R_2 = R$ und $C_1 = C_2 = C$ ist. Ermitteln Sie diejenige Frequenz, für welche U_2/U_1 einen Höchstwert annimmt, sowie den Wert dieses maximalen Spannungsverhältnisses. Anleitung: zweimalige Anwendung der Spannungsteilerregel.

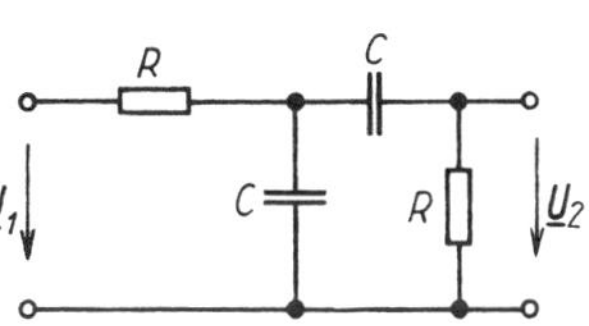

Bild 135: Aufgabe 662

663. Untersuchen Sie in entsprechender Weise die in Bild 136 angegebene Schaltung.

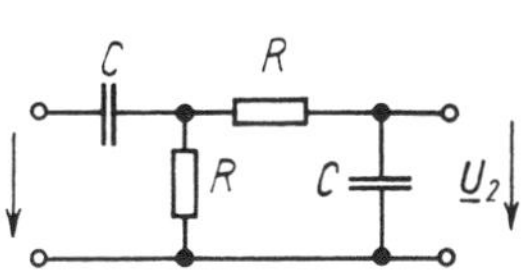

Bild 136: Aufgabe 663

664. Berechnen Sie die Übertragungsfunktion für die in Bild 137 angegebene Schaltung.

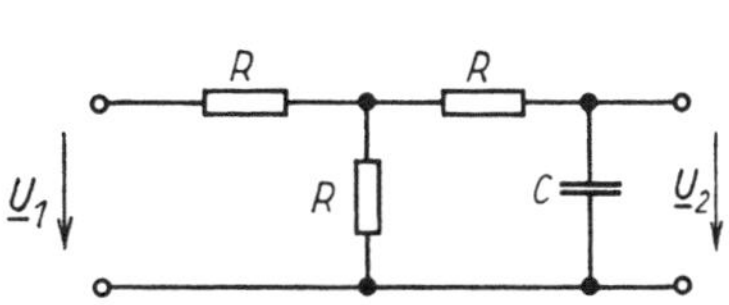

Bild 137: Aufgaben 664 und 665

665. Am Eingang der in Aufgabe 664 gegebenen Schaltung liegt eine Spannung von $U_1 = 10\,\text{V}$, ferner sind $R = 1\,\Omega$ und $1/(\omega C) = 2\,\Omega$. Berechnen Sie die Ausgangsspannung und alle Teilströme.

666. In der auf Bild 138 angegebenen Siebschaltung ist $R = 2\,\text{k}\Omega$ und $C = 32\,\mu\text{F}$ ($f = 50\,\text{Hz}$). Wie groß ist der Siebfaktor S und auf welchen Wert wird eine Brummspannung von $U_1 = 4{,}8\,\text{V}$ herabgesetzt?

667. Am Eingang der auf Bild 138 angegebenen Schaltung liegt eine Wechselspannung von 120 V (50 Hz). Berechnen Sie die Ausgangsspannung und alle Teilströme.

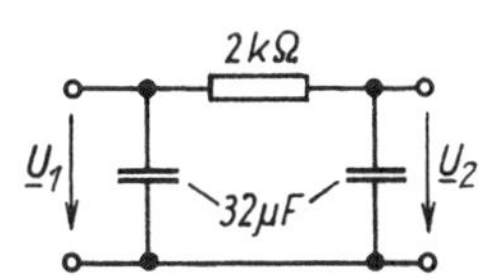

Bild 138: Aufgaben 666 und 667

668. Berechnen Sie den Siebfaktor für die in Bild 139 angegebene Siebkette ($f = 50\,\text{Hz}$).

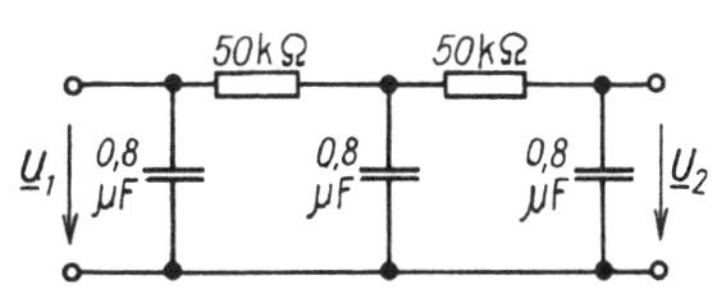

Bild 139: Aufgabe 668

669. Berechnen Sie die Übertragungsfunktion der auf Bild 140 angegebenen „Phasenkette 1. Art". Für welchen Wert von ωRC wird die Funktion reell, und welchen Wert hat sie dann?

670. An der auf Bild 140 gegebenen Schaltung liegt eine Eingangsspannung von 120 V, ferner sind $R = 60\,\Omega$ und $1/(\omega C) = 60\,\Omega$. Berechnen Sie die Ausgangsspannung und alle Teilströme.

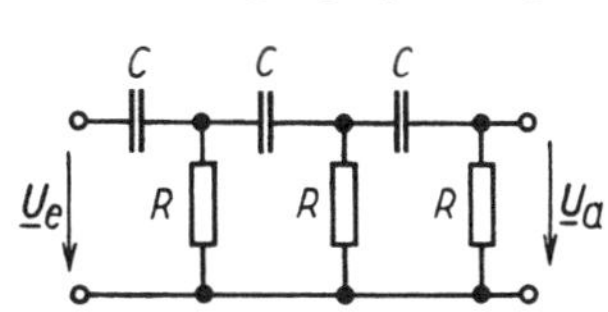

Bild 140: Aufgaben 669 und 670

671. Berechnen Sie die in Aufgabe 669 verlangten Daten für die auf Bild 141 angegebene „Phasenkette 2. Art".

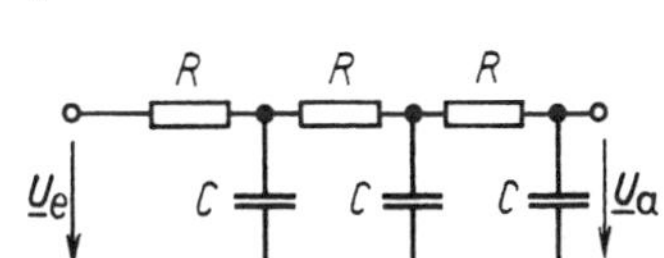

Bild 141: Aufgabe 671

12 Transformator

Formeln:

Grundgleichungen in Widerstandsform:

$$\underline{U}_1 = \underline{I}_1(R_1 + \mathrm{j}\,\omega L_1) + \underline{I}_2\mathrm{j}\,\omega M \qquad (1a)$$

$$-\underline{U}_2 = \underline{I}_2(R_2 + \mathrm{j}\,\omega L_2) + \underline{I}_1\mathrm{j}\,\omega M \qquad (1b)$$

Sekundärseits wirkende Quellenspannung:

$$\underline{U}_{q2} = -\underline{I}_1\mathrm{j}\,\omega M \qquad (2)$$

Stromübersetzungsverhältnis:

$$\frac{\underline{I}_1}{\underline{I}_2} = \frac{R_2 + \mathrm{j}\,\omega L_2 + \underline{Z}_a}{-\mathrm{j}\,\omega M} \qquad \left|\frac{\underline{I}_2}{\underline{I}_1}\right| = \ddot{u}_i \qquad (3)$$

Phasenwinkel zwischen Primärspannung und Primärstrom:

$$\tan\varphi_1 = \frac{\omega[L_1 - \ddot{u}_i^2(L_2 + L_a)]}{R_1 + \ddot{u}_i^2(R_2 + R_a)} \qquad (4)$$

Gegeninduktivität:

$$M = k\sqrt{L_1 L_2} \qquad (5)$$

Windungsverhältnis:

$$\ddot{u} = \frac{N_1}{N_2} = \sqrt{\frac{L_1}{L_2}} \qquad (6)$$

Streufaktor:

$$\sigma = 1 - k^2 \qquad (7)$$

Eingangswiderstand:

$$\underline{W}_1 = \frac{\underline{U}_1}{\underline{I}_1} \qquad (8)$$

Ausgangswiderstand:

$$\underline{W}_2 = \underline{Z}_a = \frac{\underline{U}_2}{\underline{I}_2} \qquad (9)$$

$$\underline{U}_1 = \underline{I}_1\left[\underline{Z}_1 + \frac{(\omega M)^2}{\underline{Z}_2 + \underline{Z}_a}\right] \qquad (10)$$

$$\underline{I}_2 = \frac{-\underline{U}_1\mathrm{j}\,\omega M}{\underline{Z}_1(\underline{Z}_2 + \underline{Z}_a) + (\omega M)^2} \qquad (11)$$

$$\underline{U}_2 = \frac{-\underline{U}_1\mathrm{j}\,\omega M\underline{Z}_a}{\underline{Z}_1(\underline{Z}_2 + \underline{Z}_a) + (\omega M)^2} \qquad (12)$$

Größe	Zeichen
Klemmenspannungen und Stromstärken von Primär- und Sekundärseite	$\underline{U}_1, \underline{U}_2$ $\underline{I}_1, \underline{I}_2$
Wirkwiderstände und Induktivitäten der Wicklungen	R_1, R_2 L_1, L_2
Belastungswiderstand	$\underline{Z}_a = R_a + \mathrm{j}\,\omega L_a$
Gegeninduktivität	M
Kopplungsfaktor	k
komplexe Widerstände der Wicklungen	$\underline{Z}_1, \underline{Z}_2$
Stromübersetzungsverhältnis	$\ddot{u}_i$
Windungszahlverhältnis	$\ddot{u}$

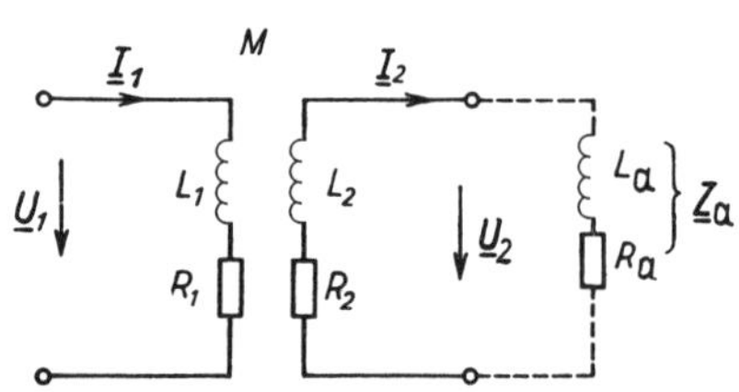

Bild 142: Ersatzschaltung des Transformators

672. An der Sekundärseite eines Lufttransformators werden bei ohmscher Belastung die Klemmenspannung $U_2 = 30\,\mathrm{V}$ und der Strom $I_2 = 0{,}3\,\mathrm{A}$ gemessen. Es sind ferner $R_1 = 20\,\Omega$, $R_2 = 40\,\Omega$, $L_1 = L_2 = 0{,}01\,\mathrm{H}$, $k = 0{,}6$ und $f = 4\,\mathrm{kHz}$. Berechnen Sie den Streufaktor σ, die auf der Sekundärseite wirkende Quellenspannung, den Belastungswiderstand R_a, Eingangsspannung $\underline{U}_1$ und Eingangsstrom $\underline{I}_1$. Prüfen Sie die Ergebnisse anhand eines Zeigerdiagramms nach.

673. Welcher primäre Strom I_0 fließt im Fall des Leerlaufs, wenn sekundärseits eine Quellenspannung von 30 V gemessen wird, und welche Spannung liegt hierbei am Eingang?

674. Die Kopplung eines Variometers wird nacheinander auf a) $k = 0{,}1$, b) 0,5 und c) 1,0 eingestellt. Es sind $R_1 = R_2 = 15\,\Omega$, $L_1 = L_2 = 100\,\mu\mathrm{H}$; $\omega = 5 \cdot 10^5\,\mathrm{s}^{-1}$, $\underline{U}_1 = 100\,\mathrm{V}$. Welchen Wert hat die bei Leerlauf in den einzelnen Fällen auftretende sekundäre Quellenspannung?

675. Welche Spannung besteht in diesen drei Fällen (Betrag und Phase) an den Sekundärklemmen, wenn das Variometer mit $Z_a = 20\,\Omega$ (reell) belastet wird?

676. Bestimmen Sie aus dem Zeigerdiagramm (Bild 143) folgende Größen: R_1, R_2, L_1, L_2, I_1, k und $\underline{Z}_a$. Es ist $\omega = 30\,000\,\mathrm{s}^{-1}$ und $\underline{I}_2 = 0{,}1\,\mathrm{A}$.

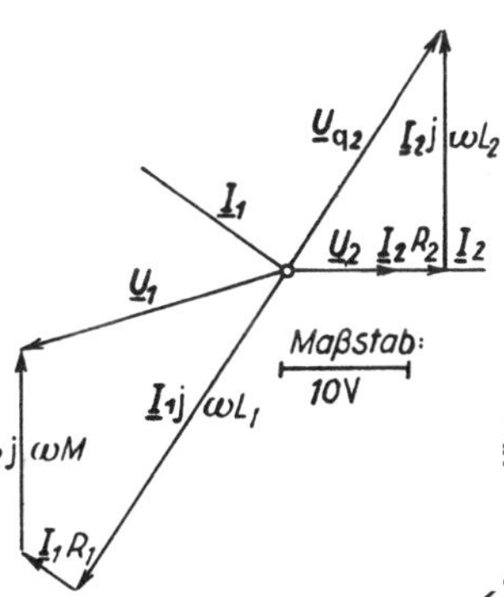

Bild 143: Aufgabe 676

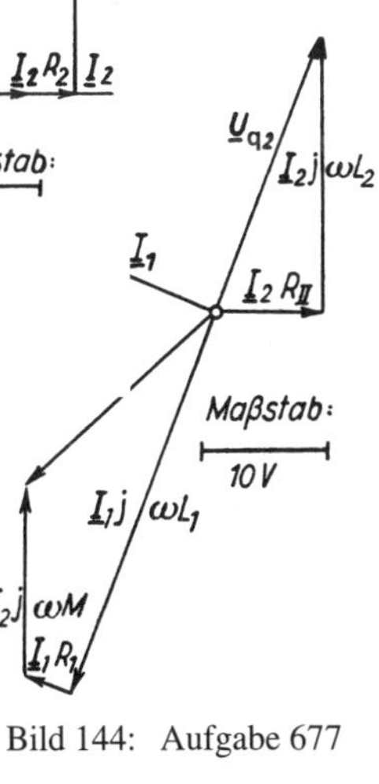

Bild 144: Aufgabe 677

677. Bestimmen Sie aus dem Zeigerdiagramm (Bild 144) $\underline{I}_1$, $\underline{I}_2$ und k, wenn $\omega = 40\,000\,\mathrm{s}^{-1}$ und der Betrag des gesamten Sekundärwiderstandes $\underline{Z}_2 = 268{,}7\,\Omega$ ist.

678. Für einen Lufttransformator sind gegeben $\underline{U}_2 = 40\,\mathrm{V}$, $I_2 = 0{,}2\,\mathrm{A}$, $R_1 = 5\,\Omega$, $R_2 = 8\,\Omega$, $L_1 = 20\,\mathrm{mH}$, $M = 15\,\mathrm{mH}$, $k = 0{,}5$ und $\omega = 20\,000\,\mathrm{s}^{-1}$. Zu berechnen sind $\underline{U}_1$ und $\underline{I}_1$.

679. Ein Transformator hat primär 800 Windungen mit $R_1 = 40\,\Omega$ und $L_1 = 1{,}5\,\mathrm{H}$. Die Sekundärwicklung hat $R_2 = 25\,\Omega$ und $L_2 = 0{,}5\,\mathrm{H}$. Die Eingangsspannung beträgt $\underline{U}_1 = 20\,\mathrm{V}$, der Kopplungsfaktor $k = 0{,}8$, der Belastungswiderstand $R_a = 50\,\Omega$ (reell) und $\omega = 500\,\mathrm{s}^{-1}$. Berechnen Sie die sekundäre Windungszahl N_2, die Gegeninduktivität M, das Spannungs- und Stromverhältnis, den primär und sekundär fließenden Strom. Berechnen Sie zur Kontrolle φ_1 nach Formel (4).

680. Im Leerlauf werden an einem streuungslosen Transformator bei $\omega = 500\,\mathrm{s}^{-1}$, $U_1 = 15\,\mathrm{V}$, $\underline{U}_2 = 75\,\mathrm{V}$, $I_0 = 0{,}5\,\mathrm{A}$ gemessen sowie die Wirkwiderstände der Wicklungen $R_1 = 12\,\Omega$ und $R_2 = 25\,\Omega$. Welche Werte für die Ströme und die Sekundärspannung ergeben sich, wenn bei gleicher Primärspannung die Sekundärseite mit $\underline{Z}_a = 500\,\Omega$ belastet wird? Berechnen Sie zur Kontrolle den primären Phasenwinkel mithilfe von $\ddot{u}_i$.

681. Fließt durch die Primärwicklung eines Transformators ein Strom von $I_1 = 4\,\mathrm{A}$, so eilt dieser gegenüber der Spannung $\underline{U}_1$ um 75° nach und ruft einen Sekundärstrom von $I_2 = 2\,\mathrm{A}$ hervor. Es sind $R_1 = R_2 = 10\,\Omega$, $\underline{Z}_a = 10\,\Omega$, $L_1 = 0{,}2\,\mathrm{H}$ und $f = 50\,\mathrm{Hz}$. Berechnen Sie k, M, $\underline{U}_1$ und $\underline{U}_2$.

682. Bei festgehaltener Primärspannung wird der Ausgangswirkwiderstand eines streuungslosen Transformators von $R_a = \infty$ (Leerlauf) bis $R_a = 0$ (Kurzschluss) schrittweise verringert. Welchen Wert hat die Primärstromstärke für $R_a = \infty$, $R_a = 10\,\Omega$, $R_a = 1\,\Omega$ und $R_a = 0$? Es seien gegeben $U_1 = 1\,\mathrm{V}$, $R_1 = R_2 = 1\,\Omega$, $\omega L_1 = \omega L_2 = 1\,\Omega$, sodass auch $\omega M = 1\,\Omega$ ist.

Für welchen Wert von R_a ist die primäre Stromstärke am kleinsten?

13 Inversion

13.1 Inversion komplexer Zahlen

Als Inversion bezeichnet man die Überführung einer komplexen Größe $\underline{Z}$ in die reziproke Größe $\underline{Y} = 1/\underline{Z}$. In der komplexen Zahlenebene besteht die Inversion in einer Spiegelung an der reellen Achse und nochmaliger Spiegelung am Einheitskreis (Inversionskreis). Beide Spiegelungen sind vertauschbar.

Rein rechnerisch kann das Ergebnis auch mit den bekannten Regeln für die Division komplexer Zahlen gefunden werden (siehe Abschnitt 8.4).

Formeln:

$$\underline{Z} = \frac{1}{\underline{Y}}$$

$$Z = \frac{1}{Y} \quad \text{(Beträge)}$$

$$\underline{Z} = Z\mathrm{e}^{\mathrm{j}\varphi}$$

$$\overline{OP} \cdot \overline{OP'} = r^2 \quad \text{(Bild 145)}$$

$$\underline{Y} = \frac{1}{Z}\mathrm{e}^{-\mathrm{j}\varphi} \qquad Y = \frac{l_Y}{r^2} \qquad \underline{Y} = \frac{\underline{l}_Y}{r^2}$$

Größe	Zeichen	Einheit
komplexe Zahl bzw. ihr Betrag	$\underline{Z}$, Z	
zur Zahl $\underline{Z}$ inverse komplexe Zahl bzw. ihr Betrag	$\underline{Y}$, Y	
konjugiert komplexe Zahl	$\underline{Z}^*$, $\underline{Y}^*$	
Radius des Inversionskreises	r	cm
in der Zeichnung erscheinende Länge des invertierten Zeigers	l_Y	cm
in der Zeichnung erscheinenden komplexe Zahl	$\underline{l}_Y$	cm

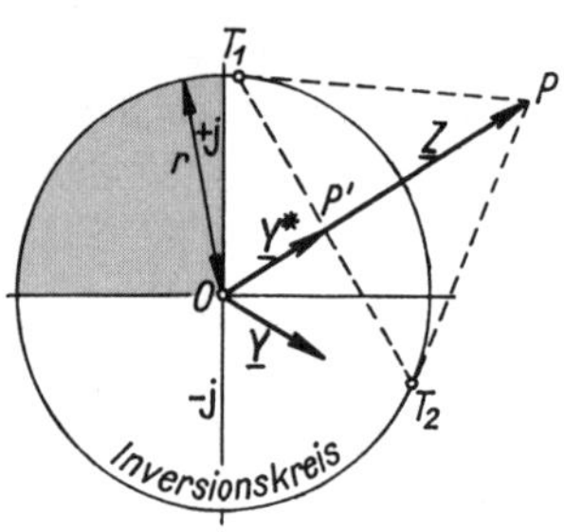

Bild 145:
Geometrische Konstruktion
der inversen Größe

Anleitung zur geometrischen Konstruktion der inversen Größe (Bild 145)

a) *Inversion am Einheitskreis.* Man zeichne den Inversionskreis mit dem Radius $r = 1$ und lege vom Endpunkt des zu spiegelnden Zeigers $\underline{Z}$ aus die Tangenten an den Kreis. Die Verbindungslinie der Berührungspunkte T_1 und T_2 schneidet die Strecke $\overline{OP} = |\underline{Z}| = Z$ im Punkt P'. $\overline{OP'} = Y$ ist der Betrag des am Kreis gespiegelten Zeigers $\underline{Y}^*$. Es gilt unmittelbar $\overline{OP} \cdot \overline{OP'} = 1$, d. h. $ZY = 1$, sodass $Y = 1/Z$ ist. Durch nochmalige Spiegelung von $\overline{OP'}$ an der reellen Achse entsteht die zu $\underline{Z}$ inverse Größe $\underline{Y} = 1/\underline{Z}$.

Liegt der zu invertierende Zeiger $\underline{Z}$ innerhalb des Inversionskreises, so errichtet man in seinem Endpunkt P' die Senkrechten nach beiden Seiten, wodurch man die Punkte T_1 und T_2 erhält. Die Tangenten stehen senkrecht auf den Radien OT_1 und OT_2. Ihr Schnittpunkt mit der Verlängerung von $\overline{OP'}$ liefert den Endpunkt P des gespiegelten Zeigers.

b) *Inversion am Kreis von beliebigem Radius r.* Damit die invertierte Größe in der Zeichnung gut abgelesen werden kann, wird anstelle des Einheitskreises ein Inversionskreis von passendem Radius r verwendet. Den Radius r wählt man zweckmäßig so, dass sein Betrag von gleicher Größenordnung wie die Zeigerlänge Z bzw. Y wird. Mit der Wahl von r ist auch das Maßstabsverhältnis zwischen Z und Y festgelegt. Es gilt dann $\overline{OP} \cdot \overline{OP'} = r^2$. Mit der aus der Zeichnung abgelesenen Länge $\overline{OP'} = l_Y$ ist dann $Y = l_Y/r^2$. In entsprechender Weise sind auch die in der Zeichnung erscheinenden Komponenten der komplexen Zahl $\underline{Y}$ umzurechnen.

683. Folgende Zeiger sind auf grafischem Weg am Einheitskreis zu invertieren. Wie lautet die komplexe Normalform des inversen Zeigers? Die Richtigkeit der Beträge ist durch Rechnung nachzuprüfen.

a) $\underline{Z} = 1{,}5 + \mathrm{j}\,1{,}0$ b) $\underline{Z} = 0{,}25 - \mathrm{j}\,1{,}5$
c) $\underline{Z} = -0{,}3 - \mathrm{j}\,0{,}8$ d) $\underline{Z} = 1{,}25\mathrm{e}^{\mathrm{j}\,165^\circ}$
e) $\underline{Z} = 0{,}75\mathrm{e}^{-\mathrm{j}\,135^\circ}$ f) $\underline{Z} = -3 - \mathrm{j}\,0{,}5$

684. Folgende Zeiger $\underline{Z}$ sind auf grafischem Weg an einem Kreis vom Radius r zu invertieren. Zu ermitteln sind Betrag und Normalform des inversen Zeigers.

a) $\underline{Z} = 2 + \mathrm{j}\,2$; $r = 4$;
Maßstab der Zeichnung: 1 cm $\widehat{=}$ 1 Einheit

b) $\underline{Z} = 3 + \mathrm{j}\,1{,}5$; $r = 4$;
Maßstab der Zeichnung: 1 cm $\widehat{=}$ 1 Einheit

c) $\underline{Z} = 1 + \mathrm{j}\,5$; $r = 6$;
Maßstab der Zeichnung: 1 cm $\widehat{=}$ 1 Einheit

d) $\underline{Z} = 3 - \mathrm{j}\,4$; $r = 6$;
Maßstab der Zeichnung: 1 cm $\widehat{=}$ 1 Einheit

685. Die folgenden Zeiger sind auf grafischem Weg an einem Kreis vom Radius r zu invertieren. Welche Beträge haben die invertierten Zeiger? Wie lautet die Normalform der inversen Zeiger? Nachprüfung durch Rechnung.

a) $\underline{Z} = 50 + \mathrm{j}\,60$; $r = 40$;
Maßstab der Zeichnung: 1 cm $\widehat{=}$ 10 Einheiten

b) $\underline{Z} = -15 + \mathrm{j}\,30$; $r = 40$;
Maßstab der Zeichnung: 1 cm $\widehat{=}$ 10 Einheiten

c) $\underline{Z} = 2\,500 - \mathrm{j}\,4\,500$; $r = 3\,000$;
Maßstab der Zeichnung: 1 cm $\widehat{=}$ 1 000 Einheiten

d) $\underline{Z} = -1\,000 - \mathrm{j}\,1\,500$; $r = 3\,000$;
Maßstab der Zeichnung: 1 cm $\widehat{=}$ 1 000 Einheiten

686. Welchen Betrag Z hat ein Zeiger, wenn der am Kreis vom Radius $r = 20$ gespiegelte Zeiger in der Zeichnung die Länge $l_Y =$ a) $Z/2$, b) $Z/3$ und c) $Z/4$ hat?

687. Welchen Radius r hat der Inversionskreis, wenn der Zeiger $\underline{Z}$ gegeben ist und der gespiegelte Zeiger in der Zeichnung mit der Größe l_Y erscheint, und welches ist der jeweils wirkliche Betrag des invertierten Zeigers $\underline{Y}$?

a) $\underline{Z} = 5 - \mathrm{j}\,3$; $l_Y = 15 - \mathrm{j}\,9$
b) $\underline{Z} = 0{,}5 + \mathrm{j}\,1{,}5$; $l_Y = 4 + \mathrm{j}\,12$
c) $\underline{Z} = 1{,}1 - \mathrm{j}\,1{,}3$; $l_Y = 11 - \mathrm{j}\,13$
d) $\underline{Z} = 3{,}5 + \mathrm{j}\,18$; $l_Y = 49 + \mathrm{j}\,252$

688. Folgende Zeiger sind auf grafischem Weg zu invertieren, wobei der Radius des Inversionskreises r gleich dem Realteil von $\underline{Z}$ zu wählen ist. Zu ermitteln ist $\underline{Y} = 1/\underline{Z}$ in der Normalform.

a) $\underline{Z} = 26 - \mathrm{j}\,35$;
Maßstab der Zeichnung: 1 cm $\widehat{=}$ 10 Einheiten

b) $\underline{Z} = 65 + \mathrm{j}\,50$;
Maßstab der Zeichnung: 1 cm $\widehat{=}$ 10 Einheiten

c) $\underline{Z} = 450 - \mathrm{j}\,300$;
Maßstab der Zeichnung: 1 cm $\widehat{=}$ 100 Einheiten

d) $\underline{Z} = 2\,600 + \mathrm{j}\,3\,000$;
Maßstab der Zeichnung: 1 cm $\widehat{=}$ 1 000 Einheiten

689. Gegeben sind die beiden Zeiger $\underline{A}$ und $\underline{B}$. Es ist auf grafischem Weg die Normalform des Zeigers $\underline{C} = 1/(\underline{A} + \underline{B})$ zu ermitteln.

a) $\underline{A} = 2 + \mathrm{j}\,2$; $\underline{B} = 2 - \mathrm{j}$; $r = 3$
b) $\underline{A} = 1 + \mathrm{j}\,3$; $\underline{B} = 4 - \mathrm{j}\,4$; $r = 3$
c) $\underline{A} = 5 + \mathrm{j}\,3$; $\underline{B} = -(2 + \mathrm{j}\,5)$; $r = 3$
d) $\underline{A} = 3 - \mathrm{j}\,3$; $\underline{B} = 2 + \mathrm{j}\,5$; $r = 6$

690. Gegeben sind die beiden Zeiger $\underline{A}$ und $\underline{B}$. Es ist auf grafischem Weg die Normalform des Zeigers $\underline{C} = 1/\underline{A} + \underline{B}$ zu ermitteln.

a) $\underline{A} = 4 + \mathrm{j}$; $\underline{B} = 0{,}1 + \mathrm{j}\,0{,}2$; $r = 5$
b) $\underline{A} = 0{,}2 - \mathrm{j}\,0{,}3$; $\underline{B} = -1 - \mathrm{j}\,2$; $r = 1$
c) $\underline{A} = 3 - \mathrm{j}\,4$; $\underline{B} = 0{,}28 + \mathrm{j}\,0{,}24$; $r = 5$
d) $\underline{A} = 1 - \mathrm{j}\,2{,}5$; $\underline{B} = 0{,}5 + \mathrm{j}\,0{,}6$; $r = 2$

691. Gegeben sind die beiden Zeiger $\underline{A}$ und $\underline{B}$. Es ist auf grafischem Weg die Normalform des Zeigers $\underline{C} = 1/\left(1/\underline{A} + 1/\underline{B}\right)$ zu ermitteln.

a) $\underline{A} = 5 + \mathrm{j}\,4$; $\underline{B} = 3 - \mathrm{j}\,6$; $r = 5$
b) $\underline{A} = -\mathrm{j}\,5$; $\underline{B} = 3$; $r = 5$
c) $\underline{A} = 6 - \mathrm{j}\,14$; $\underline{B} = -10$; $r = 10$
d) $\underline{A} = 6 - \mathrm{j}\,8$; $\underline{B} = 8 + \mathrm{j}\,6$; $r = 10$

692. Gegeben sind die beiden Zeiger $\underline{A}$ und $\underline{B}$. Es ist auf grafischem Weg die Normalform des Zeigers $\underline{C} = 1/(1/\underline{A} + \underline{B})$ zu ermitteln.

a) $\underline{A} = 50$; $\underline{B} = -\text{j}\,0{,}01$; $r = 50$
b) $\underline{A} = 30 + \text{j}\,50$; $\underline{B} = 0{,}01 + \text{j}\,0{,}02$; $r = 40$
c) $\underline{A} = 20 + \text{j}\,10$; $\underline{B} = 0{,}02 + \text{j}\,0{,}03$; $r = 30$
d) $\underline{A} = 15 - \text{j}\,20$; $\underline{B} = -0{,}01 - \text{j}\,0{,}04$; $r = 30$

13.2 Grafische Behandlung einfacher Schaltungen mittels Inversion

Formeln:

$$\underline{Y} = \frac{1}{\underline{Z}} \qquad Y = \frac{1}{Z}$$

$$l_Z = ZM_Z$$

$$Y = \frac{l_Y}{M_Y}$$

$$r = \sqrt{M_Z M_Y} = \sqrt{l_Z l_Y}$$

Maßstab:

$1\,\text{cm} \mathrel{\widehat{=}} a\,\Omega$ bzw. $M_Z = \dfrac{1\,\text{cm}}{a\,\Omega}$

Größe	Zeichen	Einheit
komplexe elektrische Größe, z. B. Scheinwiderstand, bzw. ihr Betrag	$\underline{Z}$, Z	Ω
inverse elektrische Größe, z. B. Scheinleitwert, bzw. ihr Betrag	$\underline{Y}$, Y	S
Radius des Inversionskreises	r	cm
im Diagramm abgelesene Länge, z. B. für den Betrag des Scheinwiderstandes	l_Z	cm
Maßstab z. B. für den Scheinwiderstand	M_Z	$\dfrac{1\,\text{cm}}{a\,\Omega}$

Bemerkung zur Durchführung der Konstruktion

Der Zeichnungsmaßstab ist so zu wählen, dass die gegebenen Größen deutlich abgelesen werden können, wobei der Radius des Inversionskreises in derselben Größenordnung gewählt wird. In die Zeichnung sind die gegebenen Größen z. B. mit der Länge $l_Z = Z \cdot M_Z$ einzutragen. Den Maßstab M der inversen Größe errechnet man nach der Beziehung $M_Z \cdot M_Y = r^2$. Die Konstruktion der inversen Größe geschieht wie in 13.1. Die in der Zeichnung mit der Länge z. B. l_Y erscheinende inverse Größe folgt aus der Beziehung $Y = l_Y/M_Y$. Bei zweimaliger Inversion bleibt der ursprüngliche Maßstab erhalten.

Die in den Aufgaben angegebenen Maßstäbe und Inversionskreisradien entsprechen den in den Lösungen verwendeten. Ihre Wahl ist willkürlich und ohne Einfluss auf das Endergebnis.

693. Gegeben ist eine Reihenschaltung mit $R = 50\,\Omega$ und $L = 0{,}2\,\text{H}$ (50 Hz); zu ermitteln ist der Scheinleitwert Y; $1\,\text{cm} \mathrel{\widehat{=}} 10\,\Omega$; $M_Z = 1\,\text{cm}/10\,\Omega$; $r = 5\,\text{cm}$.

694. Gegeben ist eine Parallelschaltung mit $R = 60\,\Omega$ und $C = 50\,\mu\text{F}$ (50 Hz); zu ermitteln ist der Scheinwiderstand Z; $1\,\text{cm} \mathrel{\widehat{=}} 10\,\Omega$; $r = 5\,\text{cm}$.

695. Gegeben ist eine Parallelschaltung mit $R = 100\,\Omega$ und $L = 0{,}4\,\text{H}$ (50 Hz); zu ermitteln ist der Scheinwiderstand Z; $1\,\text{cm} \mathrel{\widehat{=}} 20\,\Omega$; $r = 5\,\text{cm}$.

696. Umwandlung einer Reihenschaltung in eine äquivalente Parallelschaltung mittels Inversion. Ein Wirkwiderstand $R_1 = 400\,\Omega$ liegt in Reihe mit einem kapazitiven Widerstand $X_{C1} = 700\,\Omega$. Wie groß müssen R_2 und X_{C2} einer Parallelschaltung sein, die denselben Scheinwiderstand und Phasenwinkel aufweist? $1\,\text{cm} \mathrel{\widehat{=}} 200\,\Omega$; $r = 5\,\text{cm}$.

697. Umwandlung einer Parallelschaltung in eine äquivalente Reihenschaltung mittels Inversion. Ein Wirkwiderstand $R = 400\,\Omega$ liegt parallel zu einem induktiven Widerstand $X_{L2} = 600\,\Omega$. Wie groß müssen R_1 und X_{L1} einer Reihenschaltung sein, die denselben Scheinleitwert und Phasenwinkel aufweist? $1\,\text{cm} \mathrel{\widehat{=}} 100\,\Omega$; $r = 5\,\text{cm}$.

698. Ein Wirkwiderstand $R_1 = 20\,\Omega$ liegt in Reihe mit einem induktiven Widerstand $X_{L1} = 50\,\Omega$.

Wie groß müssen die Widerstände R_2 und X_{L2} einer Parallelschaltung sein, die den gleichen Scheinleitwert, jedoch den Phasenwinkel 45° aufweist? $1\,\text{cm} \mathrel{\hat{=}} 10\,\Omega$; $r = 4\,\text{cm}$.

Für die folgenden Schaltungen sind die Normalform des komplexen Widerstandes $\underline{Z}_{AB}$ sowie dessen Betrag und Phasenwinkel durch grafische Konstruktion zu ermitteln.

699. (Bild 146) $R_2 = 250\,\Omega$; $R_1 = 100\,\Omega$; $\omega L = 200\,\Omega$; Maßstab für die Widerstände: $200\,\Omega \mathrel{\hat{=}} 3\,\text{cm}$ bzw. $M_Z = 3\,\text{cm}/200\,\Omega$; $r = 3\,\text{cm}$.

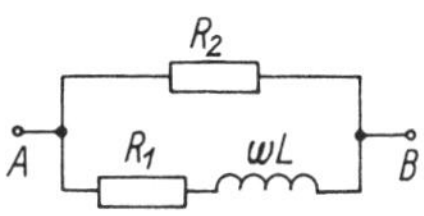

Bild 146: Aufgabe 699

700. (Bild 147) $R_1 = 50\,\Omega$; $\omega L = 30\,\Omega$; $R_2 = 20\,\Omega$; Maßstab für die Widerstände: $1\,\text{cm} \mathrel{\hat{=}} 10\,\Omega$; $M_Z = 1\,\text{cm}/10\,\Omega$; $r = 4\,\text{cm}$.

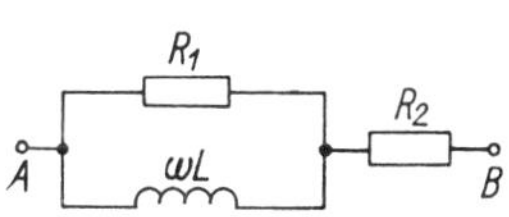

Bild 147: Aufgabe 700

701. (Bild 148) $R_1 = 60\,\Omega$; $1/(\omega C) = 40\,\Omega$; $\omega L = 20\,\Omega$; Maßstab für die Widerstände: $1\,\text{cm} \mathrel{\hat{=}} 10\,\Omega$; $M_Z = 1\,\text{cm}/10\,\Omega$; $r = 4\,\text{cm}$.

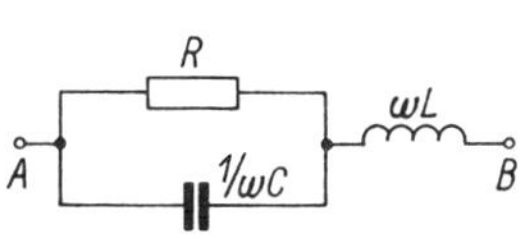

Bild 148: Aufgabe 701 und 705

702. (Bild 149) $R_1 = 300\,\Omega$; $R_2 = 500\,\Omega$; $L = 0{,}1\,\text{H}$; $C = 0{,}5\,\mu\text{F}$; $f = 1\,\text{kHz}$; Maßstab für die Widerstände: $1\,\text{cm} \mathrel{\hat{=}} 100\,\Omega$; $M_Z = 1\,\text{cm}/100\,\Omega$; $r = 4\,\text{cm}$.

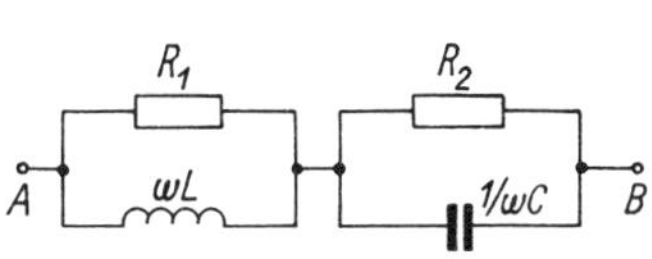

Bild 149: Aufgabe 702

703. (Bild 150) $R = 4\,\text{k}\Omega$; $L = 2\,\text{H}$; $C = 0{,}05\,\mu\text{F}$; $f = 500\,\text{Hz}$; Maßstab für die Widerstände $1\,\text{cm} \mathrel{\hat{=}} 2\,\text{k}\Omega$; $M_Z = 1/2\,\text{k}\Omega$; $r = 4\,\text{cm}$.

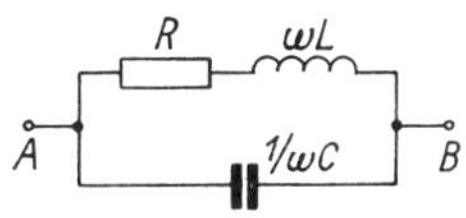

Bild 150: Aufgabe 703

704. (Bild 151) $R_1 = 15\,\Omega$; $R_2 = 30\,\Omega$; $\omega L = 35\,\Omega$; $1/(\omega C) = 20\,\Omega$; Maßstab für die Widerstände: $1\,\text{cm} \mathrel{\hat{=}} 10\,\Omega$; $M_Z = 1\,\text{cm}/10\,\Omega$, $r = 3\,\text{cm}$.

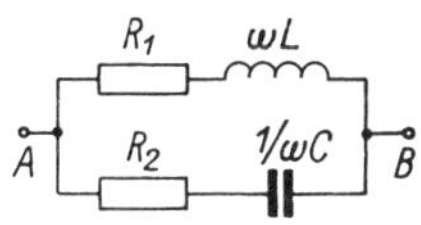

Bild 151: Aufgabe 704

705. (Bild 148) $R = 60\,\Omega$; $1/(\omega C) = 40\,\Omega$; $M_Z = 1\,\text{cm}/10\,\Omega$; $r = 4\,\text{cm}$. Wie groß muss ωL sein, damit der Scheinwiderstand $\underline{Z}_{AB}$ der Schaltung ebenso groß wird wie der Scheinwiderstand $\underline{Z}_1$ des Parallelgliedes?

706. (Bild 152) Welcher komplexe Widerstand $\underline{Z}_{BC}$ ist mit den beiden parallel geschalteten Widerständen $R_1 = 80\,\Omega$ und $\omega L = 71\,\Omega$ in Reihe zu schalten, damit der Gesamtwiderstand $\underline{Z}_{AC}$ reell und gleich $80\,\Omega$ wird? $M_Z = 1\,\text{cm}/20\,\Omega$; $r = 4\,\text{cm}$

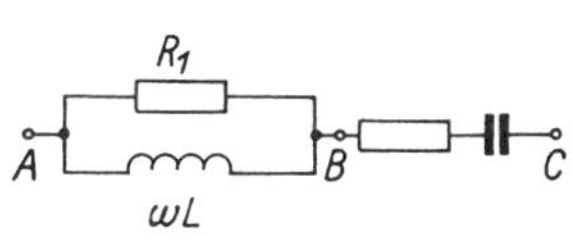

Bild 152: Aufgabe 706

707. (Bild 148). Gegeben sind $\omega L = 30\,\Omega$ und der Gesamtwiderstand der Schaltung $\underline{Z}_{AB} = (15 + \text{j}\,5)\,\Omega$. Welche Werte haben R und $1/(\omega C)$? $M_Z = 1\,\text{cm}/10\,\Omega$; $r = 4\,\text{cm}$.

708. (Bild 147). Gegeben ist der Scheinwiderstand der Schaltung $\underline{Z}_{AB} = (40 + \text{j}\,30)\,\Omega$. Welche Werte müssen die Widerstände R_1, R_2 und ωL haben, damit zwischen $\underline{Z}_{AB}$ und der ersten Gruppe $\underline{Z}_1$ ein Phasenwinkel $\varphi = 30°$ entsteht? Maßstab für die Widerstände: $1\,\text{cm} \mathrel{\hat{=}} 10\,\Omega$ bzw. $M_Z = 1\,\text{cm}/10\,\Omega$; $r = 4\,\text{cm}$.

14 Ortskurven

Wird die Frequenz oder der Wert eines einzelnen Schaltelementes einer Wechselstromschaltung stetig verändert, so bewegt sich der Endpunkt des Zeigers des Widerstandes oder einer anderen zu untersuchenden Größe auf einer Linie, die Ortskurve genannt wird. Allgemein ist die Ortskurve der geometrische Ort für die Endpunkte eines Zeigers in der komplexen Zahlenebene, der sich in Abhängigkeit von einem reellen Faktor (Parameter) stetig verändert.

14.1 Ortskurven sind Geraden

Formeln:

1. Parallele zur reellen Achse:

   $\underline{Z} = pa + \mathrm{j}\,b$ (Bild 153)

2. Parallele zu imaginären Achse:

   $\underline{Z} = a + \mathrm{j}\,pb$ (Bild 154)

3. Gerade durch den Nullpunkt:

   $\underline{Z} = p(a + \mathrm{j}\,b)$ (Bild 155)

4. Gerade in allgemeiner Lage:

   $\underline{Z} = \underline{Z}_0 + p(a + \mathrm{j}\,b)$ (Bild 156)

Maßstab:

$1\,\mathrm{cm} \mathrel{\widehat{=}} a\,\Omega$ bzw. $M_Z = \dfrac{1\,\mathrm{cm}}{a\,\Omega}$

Größe	Zeichen
komplexe Größen	$\underline{Z}, \underline{Y}, \underline{U}, \underline{I} \ldots$
komplexe Zahl	$\underline{Z} = a + \mathrm{j}\,b$
imaginäre Einheit	j
veränderlicher Faktor (Parameter)	p
Maßstab, z. B. für Widerstandsgrößen bzw. Leitwerte	M_Z, M_Y
Abstand der Ortskurve vom Nullpunkt	l_a
Maßstab für die Stromstärke (bei konstanter Klemmenspannung)	$M_I = M_Y/U$
Maßstab für die Spannung (bei konstanter Stromstärke)	$M_U = M_Z/I$

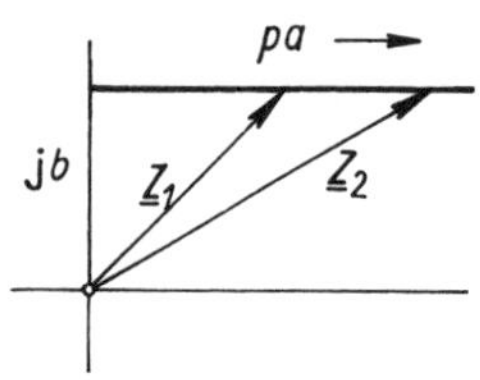

Bild 153: Fall 1

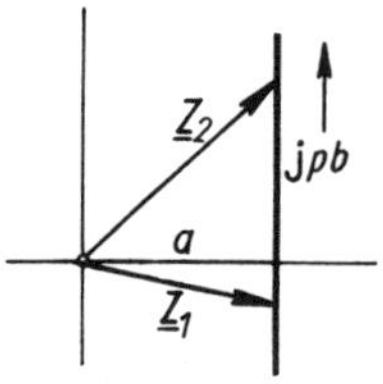

Bild 154: Fall 2

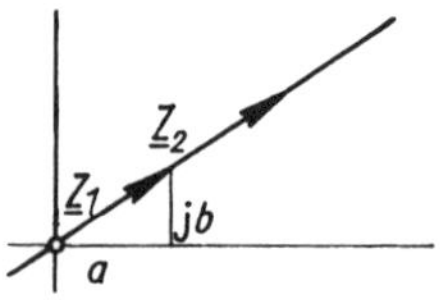

Bild 155: Fall 3

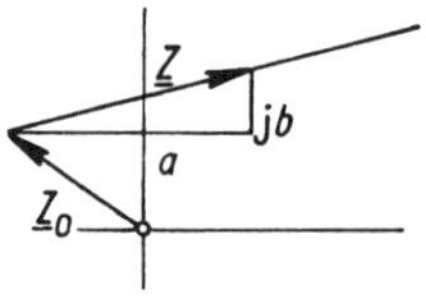

Bild 156: Fall 4

Anleitung zur Wahl des Parameters p:

Die Veränderung der komplexen Größe kann in folgender Weise vorgenommen werden:

1. durch Auswahl einer Reihe kennzeichnender Einzelwerte im interessierenden Bereich,
2. durch Festlegung eines Bezugswertes f_1 (z. B. 10 Hz), R_1 (z. B. 50 Ω) usw. und Vervielfachung mit dem Parameter $p = 0, 1, 2, \ldots$,
3. durch Festlegung des Bezugswertes in der Weise, dass sein Zeiger mit der reellen Achse einen Winkel von 45° bildet. Dann ist z. B. $\omega L = R$ und $\omega_{45} = R/L$, sodass $\omega = p\omega_{45}$ bzw. $f = pf_{45}$ ist. Die Parameterskale wird an die Ortskurve angetragen; entweder die p-Werte selbst oder die entsprechenden Werte $f = pf_1$, $R = pR_1$ usw.

709. Welchen Abstand vom Nullpunkt und welchen Verlauf haben die Ortskurven der folgenden Funktionen und welchen Betrag haben die Zeiger für die Parameterwerte $p_1 = 0{,}5$ und $p_2 = 5$?

a) $\underline{Z} = 4 + \mathrm{j}\,p3$ b) $\underline{Z} = p3 + \mathrm{j}\,7$
c) $\underline{Z} = 2 + \mathrm{j}\,p4$ d) $\underline{Z} = 2{,}5 + \mathrm{j}\,p3{,}2$
e) $\underline{Z} = p(2{,}3 + \mathrm{j}\,1{,}2)$ f) $\underline{Z} = p(2{,}8 + \mathrm{j}\,2{,}8)$

710. Für welchen Wert des Parameters p hat der Zeiger in den folgenden Ortskurven den Betrag Z?

a) $\underline{Z} = 4 - \mathrm{j}\,p3$; $Z = 7{,}21$
b) $\underline{Z} = 2 + \mathrm{j}\,p3$; $Z = 5{,}2$
c) $\underline{Z} = 3p - \mathrm{j}\,7$; $Z = 17$
d) $\underline{Z} = 5 - p(1 + \mathrm{j}\,2)$; $Z = 6{,}4$

711. Wie lautet die Funktion der Ortskurve, wenn die Zeigerlänge Z, der Realteil a bzw. der Imaginärteil b und der Parameter p_a bzw. p_b bekannt sind?

a) $Z = 15$; $a = 12$; $p_b = 4$
b) $Z = 8$; $b = 4$; $p_b = 1$
c) $Z = 16$; $b = 5$; $p_a = 2$
d) $Z = 16$; $b = 5$; $p_b = 2$

712. Gegeben sind die Funktionen $\underline{Z}_1$ und $\underline{Z}_2$ zweier Ortskurven, die sich schneiden. Bei welchem Wert des Parameters p_1 auf der OK für $\underline{Z}_1$ und des Parameters p_2 auf der OK für $\underline{Z}_2$ liegt der Schnittpunkt?

a) $\underline{Z}_1 = 4 + \mathrm{j}\,p_1 3$; $\underline{Z}_2 = p_2 2 + \mathrm{j}\,5$
b) $\underline{Z}_1 = p_1(3 - \mathrm{j}\,4)$; $\underline{Z}_2 = 3 + \mathrm{j}\,p_2 5$
c) $\underline{Z}_1 = 5 - p_1(3 + \mathrm{j}\,3)$; $\underline{Z}_2 = p_2 3 + \mathrm{j}\,2{,}4$
d) $\underline{Z}_1 = 3{,}6 - \mathrm{j}\,2{,}6 - p_1(2{,}8 - \mathrm{j}\,1{,}2)$;
$\underline{Z}_2 = 2{,}3 + \mathrm{j}\,1{,}2 + p_2(4{,}3 - \mathrm{j}\,3{,}7)$

713. Gegeben sind die folgenden Ortskurven:

a) $\underline{Z} = 3 + p(2 + \mathrm{j}\,3)$
b) $\underline{Z} = 1{,}0 + \mathrm{j}\,3{,}6 + p(1{,}6 + \mathrm{j}\,1{,}8)$
c) $\underline{Z} = \mathrm{j}\,3 - p(3 + \mathrm{j}\,5)$
d) $\underline{Z} = \mathrm{j}\,3 + p(-1 + \mathrm{j}\,2)$

Welchen Abstand l_a hat die Ortskurve vom Nullpunkt, wie lautet die Normalform des entsprechenden Zeigers $\underline{Z}_a$ und für welchen Wert des Parameters p wird $\underline{Z}$ reell?

714. Die Ortskurve der Funktion $Z_1 = (1 + \mathrm{j}\,2{,}5) + p_1(1 + \mathrm{j}\,4)$ schneidet diejenige der Funktion

a) $\underline{Z}_2 = (2 + \mathrm{j}\,p_2 3)$ b) $\underline{Z}_2 = (3 - \mathrm{j}\,p_2 2)$
c) $\underline{Z}_2 = (p_2 + \mathrm{j}\,5)$ d) $\underline{Z}_2 = p_2(2 - \mathrm{j})$

Wie lautet die Normalform des Zeigers $\underline{Z}_5$ des Schnittpunktes und bei welchem Wert des Parameters p_2 liegt der Schnittpunkt?

Zeichnen Sie die Ortskurven des Scheinwiderstandes $\underline{Z}$ folgender Reihenschaltungen:

715. $R = 20\,\Omega$; $L = 0{,}1$ H; $f = 0 \ldots 50$ Hz; Anleitung 2 (S. 76); $f_1 = 10$ Hz; 1 cm $\hat{=}$ 5 Ω.

716. $R = 2\,\mathrm{k}\Omega$; $L = 4$ H; $\omega = 0 \ldots 1\,000\,\mathrm{s}^{-1}$; Anleitung 3 (S.76); 1 cm $\hat{=}$ 500 Ω.

717. $R = 15 \ldots 120\,\Omega$; $X_L = 60\,\Omega$; Anleitung 2 (S.76); $R_1 = 15\,\Omega$; 1 cm $\hat{=}$ 30 Ω.

718. $R = 20 \ldots 500\,\Omega$; $C = 5\,\mu$F; $\omega = 1\,000\,\mathrm{s}^{-1}$; Anleitung 1 (S.76); 1 cm $\hat{=}$ 100 Ω.

719. $R = 200\,\Omega$; $C = 2{,}5 \ldots 20\,\mu$F; $f = 159$ Hz; Anleitung 3 (S.76); 1 cm $\hat{=}$ 100 Ω.

720. $R = 200\,\Omega$; $C = 10\,\mu$F; veränderliche Kreisfrequenz; Anleitung 3 (S.76); $p = 0{,}5 \ldots 4$; 1 cm $\hat{=}$ 100 Ω.

721. $R = 6\,\mathrm{k}\Omega$; $L = 2$ mH; $C = 50 \ldots 500$ pF; $f = 300$ kHz; Anleitung 1 (S.76); 1 cm $\hat{=}$ 2 kΩ.

722. $R = 2{,}5\,\mathrm{k}\Omega$; $C = 0{,}5\,\mu$F; $L = 0{,}8$ H; veränderliche Kreisfrequenz; $p = 1$ für $\omega = 1\,000\,\mathrm{s}^{-1}$; 1 cm $\hat{=}$ 500 Ω.

Anleitung: Man zeichne die beiden Parameterskalen $p_L = 0 \ldots 4$ und $p_C = 0 \ldots 4$ zuerst getrennt ein. Die resultierende Skale entsteht, indem man die Strecken für gleich große Parameterwerte $p_L = p_C$ jeweils paarweise vorzeichengerecht addiert.

723. $R = 2\,\mathrm{k}\Omega$; $C = 0{,}4\,\mu$F; $L = 0{,}5$ H; $p = 1$ für $\omega = 1\,000\,\mathrm{s}^{-1}$; Anleitung und Maßstab wie bei Aufgabe 722.

Zeichnen Sie die Ortskurven des Scheinleitwertes $\underline{Y}$ folgender Parallelschaltungen:

724. $R = 100 \ldots 500\,\Omega$; $C = 1\,\mu$F; $\omega = 4\,000\,\mathrm{s}^{-1}$; welchen Betrag und Phasenwinkel hat der Scheinleitwert für $R = 100\,\Omega$? $M_Y = 1$ cm/2 mS; Anleitung 1.

725. $R = 500\,\Omega$; $C = 4\,\mu$F; $\omega = 250 \ldots 1\,000\,\mathrm{s}^{-1}$; Anleitung 2 mit Bezugsfrequenz $\omega_1 = 250\,\mathrm{s}^{-1}$; 1 cm $\hat{=}$ 1 mS.

726. $R = 200\,\Omega$; $L = 2$ mH; $f = 10 \ldots 100$ kHz; Anleitung 2 mit $f_1 = 50$ kHz; 1 cm $\hat{=}$ 2 mS.

727. $R=40\,\Omega$; $\omega=2{,}5\cdot10^3\,\text{s}^{-1}$; $C=5\ldots20\,\mu\text{F}$; Anleitung 3; $M_Y = 1\,\text{cm}/10\,\text{mS}$; welcher Betrag und Phasenwinkel ergibt sich für $C = 16\,\mu\text{F}$?

Verschiedene Aufgaben:

728. Zeichnen Sie die Ortskurve des Stromes I, der bei der Spannung $U = 4\,\text{V}$ durch eine Parallelschaltung aus $R = 10\ldots100\,\Omega$ und $X_L = 25\,\Omega$ fließt. Anleitung 2; $G_1 = 0{,}01\,\text{S}$; $1\,\text{cm} \mathrel{\hat{=}} 0{,}02\,\text{S}$.

729. Zeichnen Sie die Ortskurve des Stromes I, der bei der Spannung $U = 20\,\text{V}$ durch eine Parallelschaltung aus $R = 500\,\Omega$ und $C = 2\,\mu\text{F}$ fließt, wenn die Frequenz zwischen 50 und 300 Hz veränderlich ist. Anleitung 2; $f_1 = 50\,\text{Hz}$; $1\,\text{cm} \mathrel{\hat{=}} 1\,\text{mS}$; welcher Strom fließt bei 300 Hz?

730. a) Zeichnen Sie die Ortskurve der Spannung $\underline{U}$, wenn ein als unveränderlich angenommener Strom von 5 mA durch eine Reihenschaltung aus $R = 3{,}5\,\text{k}\Omega$ und einem Kondensator fließt, der zwischen $0{,}6\,\mu\text{F}$ und $3\,\mu\text{F}$ veränderlich ist ($f = 50\,\text{Hz}$). b) Bei welcher Kapazität beträgt die Spannung 20 V? c) Auf welchen Wert muss der Widerstand R verändert werden, wenn sich bei $1\,\mu\text{F}$ derselbe Phasenwinkel ergeben soll wie mit $R = 3{,}5\,\text{k}\Omega$ und $C = 0{,}6\,\mu\text{F}$? $1\,\text{cm} \mathrel{\hat{=}} 1\,\text{k}\Omega$.

731. Es ist die Ortskurve des Scheinleitwertes eines Motors für $U = 380\,\text{V}$ zu zeichnen, dessen Wirkleistung $P = 20\,\text{kW}$ beträgt. Der Motor ist als Parallelschaltung eines konstanten Wirkwiderstandes mit variabler Induktivität aufzufassen. Für die Parameterskale der Ortskurve ist der $\cos\varphi$ zwischen 0,65 und 0,95 zu verwenden; $1\,\text{cm} \mathrel{\hat{=}} 40\,\text{mS}$.

732. Vergrößert man den Wirkwiderstand einer Reihenschaltung aus R und L um $\Delta R = 20\,\Omega$, so nimmt der Scheinwiderstand von $Z_1 = 25\,\Omega$ auf $Z_2 = 40\,\Omega$ zu. Wie verläuft die zugehörige Ortskurve (bei konstantem induktivem Widerstand) und durch welche Gleichung wird sie wiedergegeben? Bezugswiderstand $R_1 = 10\,\Omega$; $1\,\text{cm} \mathrel{\hat{=}} 10\,\Omega$.

733. Verkleinert man den Wirkwiderstand einer Reihenschaltung aus R und L um $\Delta R = 20\,\Omega$, so verringert sich der Scheinwiderstand von ursprünglich $60\,\Omega$ auf $Z_2 = 45\,\Omega$. Bei welchem Betrag des Wirkwiderstandes beträgt der Scheinwiderstand nur noch $40\,\Omega$? $1\,\text{cm} \mathrel{\hat{=}} 10\,\Omega$.

14.2 Ortskurven sind Halbkreise oder Kreisbögen durch den Nullpunkt

Die Inversion einer Geraden, die nicht durch den Nullpunkt geht, ergibt einen Kreis durch den Nullpunkt.

Die Inversion eines Kreises, der durch den Nullpunkt geht, ergibt eine Gerade, die nicht durch den Nullpunkt geht.

Die Inversion achsenparalleler Halbgeraden ergibt Halbkreise, die in der anderen Halbebene liegen und deren Mittelpunkte auf der Achse liegen, auf der die Gerade beginnt.

Formeln:

$$l_Z = ZM_Z \qquad l_Y = YM_Y$$

$$r = \sqrt{M_Z M_Y} = \sqrt{l_a l_d}$$

weitere Hinweise siehe Abschnitt 14.1

Größe	Zeichen	Einheit
komplexe Größe	$\underline{Z}, \underline{Y}, \underline{U}, \underline{I}, \ldots$	Ω, S, V, A, …
bzw. ihr Betrag	$Z, Y, U, I, \ldots$	Ω, S, V, A, …
Parameter	p	1
Radius des Inversionskreises	r	cm
in der Zeichnung erscheinende Strecke	l	cm

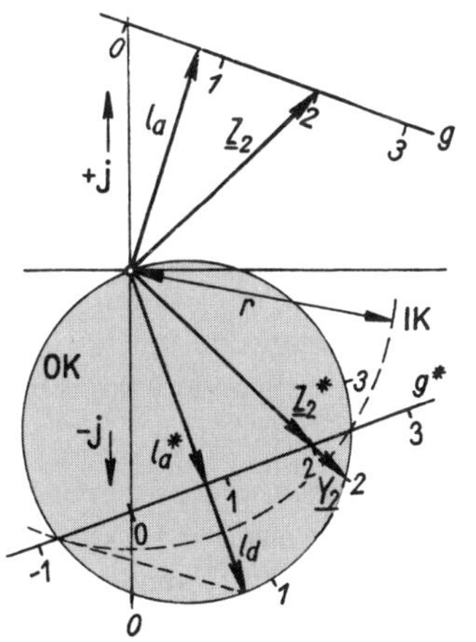

Bild 157: Inversion einer Geraden g in allgemeiner Lage

Größe	Zeichen	Einheit
Durchmesser der Ortskurve in der Zeichnung	l_d	cm
Abstand der inversen Geraden vom Nullpunkt in der Zeichnung	l_a	cm
Maßstab für Widerstandsgrößen	M_Z	cm/Ω
Maßstab für Leitwerte	M_Y	cm/S

Anleitung der Konstruktion:

1. Weg: Die als Gerade g gegebene Ortskurve wird gezeichnet und die Parameterskale darauf abgetragen. Der Durchmesser l_d der inversen Ortskurve entsteht durch Inversion des Abstandes l_a der Geraden g vom Nullpunkt am Inversionskreis vom Radius r. Die nach den Teilpunkten von g gezogenen Strahlen werden an der reellen Achse gespiegelt und schneiden die Ortskurve in entsprechenden Teilpunkten. Dadurch entstehen gleichzeitig die Zeiger der inversen Größen.

2. Weg: Die Gerade g mitsamt ihrer Skale wird von vornherein an der reellen Achse gespiegelt (g^*) dargestellt. Mit den nach den Teilpunkten von g^* gezogenen Strahlen erhält man damit gleichzeitig die auf der Ortskurve endenden Zeiger der inversen Größe.

Der Durchmesser der Ortskurve kann auch frei gewählt werden, z. B. $l_d = 2l_a$, wobei sich der Radius des Inversionskreises dann durch Rechnung ergibt.

734. Welchen Durchmesser haben die Ortskurven, die durch Inversion folgender Geraden am Inversionskreis vom Radius r entstehen?

a) $p3 + j\,4$; $r = 5$
b) $2{,}5 + j\,p6$; $r = 3$
c) $p1{,}5 - j\,8$; $r = 6$
d) $p(4 - j\,3)$; $r = 3$
e) $-3 + p(3 + j\,3)$; $r = 5$
f) $-1 + p(1 + j\,3)$; $r = 2$
g) $10 + p(-5 + j\,2)$; $r = 2{,}5$
h) $-8 + p(4 - j\,5)$; $r = 3$

735. Gegeben ist eine Reihenschaltung mit $R = 20\,\Omega$ bei variablem induktivem Widerstand X_L und dem Maßstab für die Widerstände $M_Z = 1\,\text{cm}/10\,\Omega$. Wie groß muss der Maßstab für die Leitwerte M_Y sein, wenn die Radien des Inversionskreises und der Ortskurve in der Zeichnung übereinstimmen sollen, und wie groß sind diese Radien?

736. Gegeben ist eine Reihenschaltung mit $X_L = 50\,\Omega$ bei variablem R; $M_Z = 1\,\text{cm}/10\,\Omega$; wie lautet der Maßstab für die Leitwerte M_Y, wenn der Radius des Inversionskreises gleich dem Durchmesser der Ortskurve sein soll, und wie groß sind diese Radien?

737. Wie groß ist der Maßstab M_Y der Leitwerte und der Radius r des Inversionskreises, wenn der Fußpunkt der Ortskurve des Widerstandes einer Reihenschaltung aus $R = 20\,\Omega$ und variablem X_L im Endpunkt der Ortskurve der Leitwerte liegt? $M_Z = 1\,\text{cm}/10\,\Omega$.

Zeichnen Sie die Ortskurven der Scheinleitwerte folgender Reihenschaltungen:

738. $R = 1\,\Omega \ldots \infty$; $X_L = 3\,\Omega$; $M_Z = 0{,}5\,\text{cm}/\Omega$; Anleitung 2 für Parameterskale (S. 76), Bezugswiderstand $R_1 = 1\,\Omega$; $M_Y = 18\,\text{cm/S}$; aus der Zeichnung sind ferner die Beträge der Scheinleitwerte Y_1, Y_3 und Y_5 für $R = 1$, 3 und $5\,\Omega$ zu entnehmen.

739. Wie ändert sich die Konstruktion der vorigen Aufgabe, wenn ein Inversionskreisradius von $r = 4\,\text{cm}$ verwendet wird?

740. $R = 250\,\Omega$, L veränderlich, $\omega = 100\,\text{s}^{-1}$; Parameterskale nach Anleitung 3 (S. 76); $M_Z = 1\,\text{cm}/100\,\Omega$; $M_Y = 2\,\text{cm/mS}$; bei welcher Induktivität hat der Scheinleitwert den Betrag 2 mS?

741. $R = 40\,\Omega$; $L = 0{,}2\,\text{H}$; $\omega = 20 \ldots 200\,\text{s}^{-1}$; Parameterskale nach Anleitung 3 (S. 76); $M_Z = 3\,\text{cm}/40\,\Omega$, $l_d = 6\,\text{cm}$; wie groß sind Betrag und Phasenwinkel des Scheinleitwertes bei $\omega = 20\,\text{s}^{-1}$?

742. $R = 200\,\Omega$, $C = 4\,\mu\text{F}$, $100 \ldots 400\,\text{Hz}$; Parameterskale nach Anleitung 2 (S. 76); $f_1 = 100\,\text{Hz}$; $1\,\text{cm} \mathrel{\widehat{=}} 100\,\Omega$; $l_d = 6\,\text{cm}$; wie groß sind die Beträge Y_1, Y_2 und Y_3 des Scheinleitwertes bei Frequenzen von 400, 150 und 100 Hz?

Zeichnen Sie die Ortskurven der Scheinwiderstände folgender Parallelschaltungen:

743. $R = 100\,\Omega \ldots \infty$, $L = 0{,}2\,\text{H}$, $\omega = 1\,000\,\text{s}^{-1}$; Parameterskale nach Anleitung 3 (S. 76); $M_Z = 1\,\text{cm}/50\,\Omega$, $M_Y = 1\,\text{cm}/2{,}5\,\text{mS}$; wie groß sind Betrag und Phasenwinkel des Scheinwiderstandes für $R = 400\,\Omega$?

744. $R = 200\,\Omega$, $L = 100\,\text{mH}$, $f = 200\,\text{Hz} \ldots \infty$, Parameterskale nach Anleitung 2 (S. 76) mit $f_1 = 200\,\text{Hz}$, $M_Y = 1\,\text{cm}/2{,}5\,\text{mS}$; $l_d = 5\,\text{cm}$; wie groß sind die Beträge des Scheinwiderstandes bei Frequenzen von 200, 400 und 800 Hz?

745. $R = 50\,\Omega \ldots \infty$; $C = 10\,\mu\text{F}$, $\omega = 1\,000\,\text{s}^{-1}$, $M_Y = 1\,\text{cm}/4\,\text{mS}$, $M_Z = 1\,\text{cm}/20\,\Omega$; Parameterskale nach Anleitung 3 (S. 76). Wie groß ist der Scheinwiderstand für $R = 200\,\Omega$?

746. $R = 50\,\Omega$; $L = 0{,}25\,\text{H} \ldots \infty$; $\omega = 100\,\text{s}^{-1}$; Parameterskale nach Anleitung 3 (S. 76); $M_Z = 1\,\text{cm}/10\,\Omega$; $M_Y = 1\,\text{cm}/10\,\text{mS}$; bei welcher Induktivität beträgt der Scheinwiderstand $Z = 40\,\Omega$?

747. Die in der Tabelle auf S. 81 verzeichneten Daten gelten für halbkreisförmige, durch den Nullpunkt gehende Ortskurven. Hieraus sind folgende Angaben zu ermitteln:

a) die Art der vorliegenden Schaltung, b) der Maßstab der inversen Größe und c) die jeweils konstanten Werte für R bzw. L bzw. C.

748. Zeichnen Sie die Ortskurve der Ströme, die bei der Spannung $U = 20\,\text{V}$ und veränderlicher Frequenz durch eine Reihenschaltung aus $R = 80\,\Omega$ und $L = 51\,\text{mH}$ fließen; $M_Z = 1\,\text{cm}/40\,\Omega$; $l_d = 6\,\text{cm}$. Welche Parameterwerte umfasst der vom Nullpunkt ausgehende erste Viertelkreis bei der Bezugsfrequenz $f_1 = 50\,\text{Hz}$?

749. Zeichnen Sie die Ortskurve der Ströme, die durch eine Reihenschaltung aus $R = 1{,}5\,\text{k}\Omega$ und dem zwischen 300 und $2\,000\,\mu\text{F}$ veränderlichen Kondensator bei einer konstanten Klemmenspannung von 250 V und der konstanten Frequenz $f = 200\,\text{kHz}$ fließen. Welche Stromstärken sind für $C = 300$, 1 000 und 2 000 pF aus der Ortskurve zu entnehmen? $M_Z = 1\,\text{cm}/500\,\Omega$; $l_d = 8\,\text{cm}$.

750. Zeichnen Sie die Ortskurve der Spannungen an einer Parallelschaltung aus $L = 25\,\text{mH}$ und dem zwischen $25\,\Omega$ und ∞ veränderlichen Widerstand R bei der konstanten Stromstärke $I = 5\,\text{A}$ und Kreisfrequenz $\omega = 1\,000\,\text{s}^{-1}$. Anleitung 2 (S. 76) mit $R_1 = 25\,\Omega$ für $p = 1$. Die Parameterskale der Leitwerte soll 3 cm und der Durchmesser der Ortskurve 5 cm lang sein. Welche Spannungen ergeben sich für $R = 25\,\Omega$, $50\,\Omega$ sowie $75\,\Omega$?

751. Zeichnen Sie die Ortskurve der Klemmenspannung einer Parallelschaltung aus $R = 8\,\Omega$ und $C = 50 \ldots 150\,\text{nF}$ bei der Frequenz $f = 200\,\text{kHz}$ und der Stromstärke $I = 2\,\text{mA}$. Bei welchen Kapazitätswerten C_1, C_2, C_3 beträgt die Spannung 5/6, 4/6 bzw. 3/6 des Maximalwertes? $l_d = 6\,\text{cm}$; $1\,\text{cm} \mathrel{\widehat{=}} 50\,\text{mS}$.

752. (Bild 158). Zeichnen Sie die Ortskurve des Leitwertes mit $M_Z = 1\,\text{cm}/20\,\Omega$ und $l_d = 6\,\text{cm}$: Welcher Strom fließt bei einer Spannung von 100 V, wenn $R_1 = 80\,\Omega$ ist?

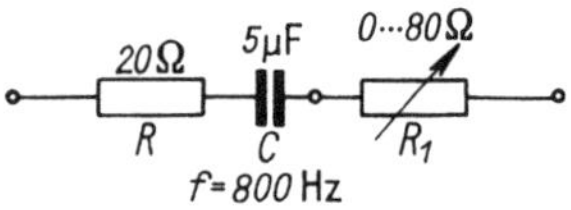

Bild 158: Aufgabe 752

753. In Aufgabe 752 sollen der Zeiger $\underline{Z}_0$ (für $R_1 = 0$) und der invertierte Zeiger $\underline{Y}_0$ die gleiche Länge haben. Wie groß sind dann die Radien des Inversionskreises und der Ortskurve des Leitwertes, wenn der Maßstab M_Z unverändert bleibt?

Tabelle zur Aufgabe 747

	Lage der Ortskurve	Durchmesser l_d in cm	Abstand der inversen Geraden l_a in cm	Maßstab	Frequenz f
A	an der negativen imaginären Achse	12	5	$M_Y = 3\,\text{cm/mS}$	konstant 1 Hz
B	oberhalb der reellen Achse	16	10	$M_Y = 2\,\text{cm/mS}$	veränderlich, bei $\varphi = 45°$ ist $f = 800\,\text{Hz}$
C	oberhalb der reellen Achse	25	4	$M_Y = 50\,\text{cm/mS}$	konstant 1 kHz
D	unterhalb der reellen Achse	10	6	1 cm ≙ 1,25 A $U = 250\,\text{V}$ (konstant)	veränderlich, bei $\varphi = 45°$ ist $f = 1\,000\,\text{Hz}$
E	oberhalb der reellen Achse	20	10	$M_Z = 1\,\text{cm}/150\,\Omega$	veränderlich, bei $\varphi = 60°$ ist $f = 2\,\text{kHz}$
F	an der positiven imaginären Achse	8	5	1 cm ≙ 80 V $I = 4\,\text{A}$ (konstant)	konstant 500 Hz
G	unterhalb der reellen Achse	18	10	1 cm ≙ 50 mV $I = 0{,}5\,\text{A}$ (konstant)	konstant 100 kHz

754. (Bild 159) Zeichnen Sie die Ortskurve der Stromstärke für eine Klemmenspannung von 45 V. $M_Z = 1\,\text{cm}/5\,\Omega$, $l_d = 6\,\text{cm}$; um wie viel nimmt die Stromstärke ab, wenn X_{L1} von $0\,\Omega$ bis $10\,\Omega$ zunimmt?

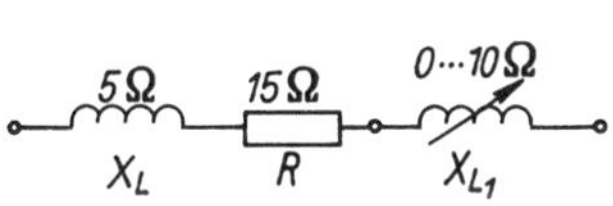

Bild 159: Aufgabe 754

755. (Bild 160) Zeichnen Sie die Ortskurve des Scheinwiderstandes. Wie groß ist deren Durchmesser und der des Inversionskreises, wenn der Endpunkt des Widerstandszeigers des oberen Zweiges auf dem Inversionskreis liegen soll? $M_Z = 1\,\text{cm}/8\,\Omega$. Wie groß ist der Scheinwiderstand für $R_1 = 40\,\Omega$?

756. (Bild 161) Zeichnen Sie die Ortskurve des Scheinwiderstandes. Der Zeiger $\underline{Z}_0$ für den oberen Zweig und sein inverser Zeiger $\underline{Y}_0$ sollen in der Zeichnung gleich lang sein.

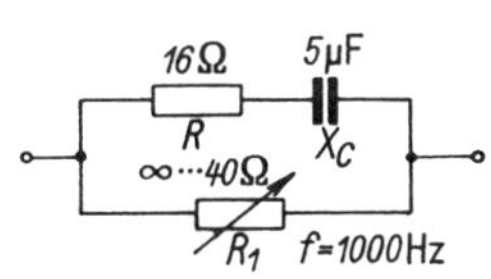

Bild 160: Aufgabe 755

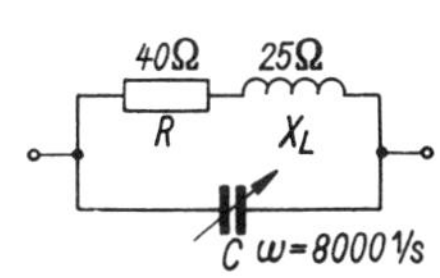

Bild 161: Aufgabe 756

Bezugswert $C_1 = 1\,\mu\text{F}$; $M_Z = 1\,\text{cm}/10\,\Omega$. Wie groß ist der Scheinwiderstand für $C_1 = 1\,\mu\text{F}$ und bei welcher Kapazität wird dieser reell?

757. (Bild 162) Zeichnen Sie die Ortskurve der Stromstärke und bestimmen Sie danach die Stromstärke bei der Kapazität $C = 4\,\mu\text{F}$, $U = 20\,\text{V}$, $M_Z = 1\,\text{cm}/200\,\Omega$, $M_Y = 2{,}5\,\text{cm/mS}$.

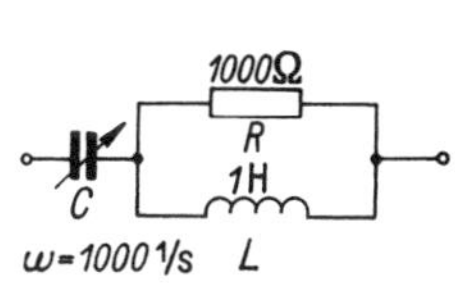

Bild 162: Aufgabe 757

14.3 Ortskurven sind Kreisbögen, die nicht durch den Nullpunkt gehen

Die Inversion eines Kreises, der nicht durch den Nullpunkt geht, ergibt wieder einen Kreis, der nicht durch den Nullpunkt geht.

Anleitungen zur Konstruktion:

1. Wird zu allen Punkten einer Ortskurve ein konstanter Zeiger addiert, so entsteht eine neue Ortskurve. Dieselbe Ortskurve erhält man auch, wenn der Koordinatenursprung um eine entsprechende Strecke nach der entgegengesetzten Richtung verschoben wird.
2. Der zu invertierende Kreis mit dem Mittelpunkt M_0 wird zunächst an der reellen Achse gespiegelt, wobei der neue Mittelpunkt M_0^* entsteht. Die Mittelpunkte des gespiegelten Kreises (M_0^*), des inversen Kreises (M_0') und des Inversionskreises (M_i) liegen auf einer Geraden (Bild 163). Der Mittelpunkt des inversen Kreises liegt im Schnittpunkt dieser Geraden mit der Mittelsenkrechten auf der Sehne, die zwei beliebige invertierte Punkte (P_1', P) des gegebenen Kreises verbindet. Einer von diesen kann Schnittpunkt (P) des Inversionskreises mit dem gegebenen Kreis sein, der dabei in sich selbst übergeht.
3. (Bild 163) Die Teilpunkte der Parameterskale auf dem inversen Kreis ergeben sich als Schnittpunkte mit den Strahlen, die vom Nullpunkt M_i nach den entsprechenden Teilpunkten auf dem an der reellen Achse gespiegelten gegebenen Kreis gezogen werden.

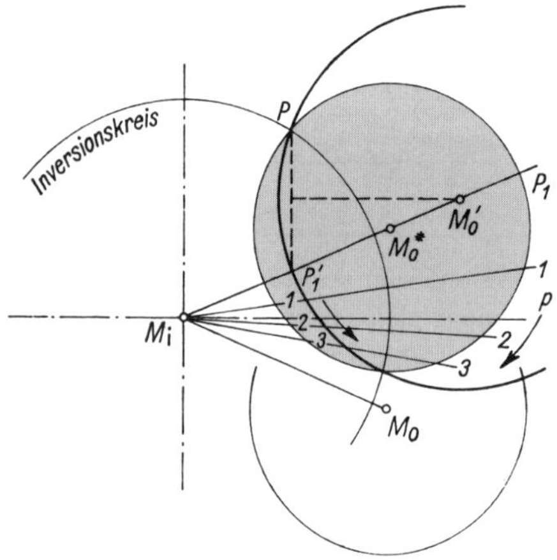

Bild 163: Konstruktion eines Inversionskreises

758. (Bild 164) a) Zeichnen Sie die Ortskurve des Scheinwiderstandes bei veränderlicher Kreisfrequenz ω nach Anleitung 3 (S. 76). b) Wie groß ist der Scheinwiderstand für $\omega = 500\,\mathrm{s}^{-1}$? c) Bei welcher Kreisfrequenz ergibt die Schaltung den größten negativen Phasenwinkel φ und wie groß ist dieser?

$M_Z = 1\,\mathrm{cm}/50\,\Omega$; $M_Y = 1\,\mathrm{cm}/2\,\mathrm{mS}$.

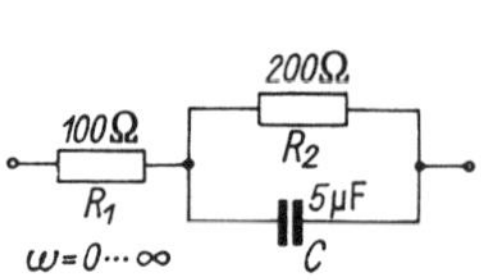

Bild 164: Aufgabe 758

759. (Bild 165) a) Zeichnen Sie die Ortskurve des Scheinwiderstandes, wenn R_2 zwischen $200\,\Omega$ und ∞ veränderlich ist. Parameterskale nach Anleitung 3 (S. 76); $M_Z = 1\,\mathrm{cm}/50\,\Omega$; $M_Y = 1\,\mathrm{cm}/2\,\mathrm{mS}$. b) Wie groß ist der Scheinwiderstand für $R_2 = 800\,\Omega$? c) Welches ist der größtmögliche Phasenwinkel und wie groß ist hier der Scheinwiderstand? d) Für welchen Wert von R_2 ist der Scheinwiderstand am größten?

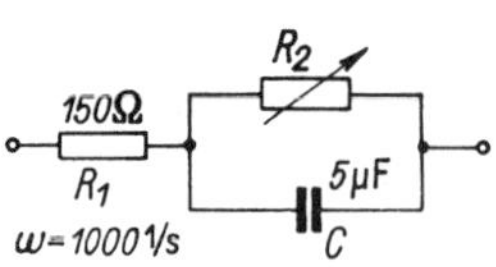

Bild 165: Aufgabe 759

760. (Bild 166) a) Zeichnen Sie die Ortskurve des Scheinwiderstandes, wenn R zwischen $500\,\Omega$ und ∞ unveränderlich ist; Anleitung 3 (S. 76); $M_Z = 1\,\text{cm}/200\,\Omega$; $M_Y = 2\,\text{cm}/\text{mS}$. b) Wie groß ist der Scheinwiderstand für $R = 1\,\text{k}\Omega$? c) Bei welchem Wert von R ist der Scheinwiderstand reell und welchen Betrag hat er?

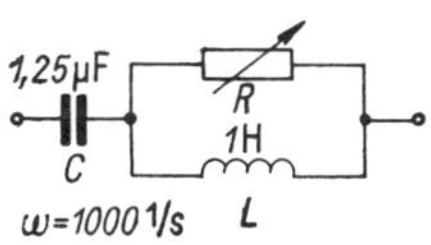

Bild 166: Aufgabe 760

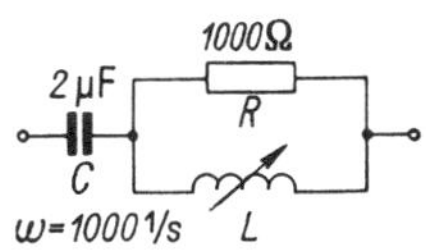

Bild 167: Aufgabe 762

761. Wie groß muss die Kapazität C der vorigen Aufgabe sein, wenn der Scheinwiderstand $\underline{Z}$ der Schaltung vom Wert des Widerstandes R unabhängig ist, und welchen Betrag hat Z?

762. (Bild 167) a) Zeichnen Sie die Ortskurve des Scheinwiderstandes bei veränderlicher Induktivität L; Anleitung 3 (S. 76); $M_Z = 1\,\text{cm}/200\,\Omega$; $M_Y = 2\,\text{cm}/\text{mS}$. b) Bei welchem Wert von L wird der Scheinwiderstand reell und wie groß ist dieser? c) Bei welcher Induktivität beträgt der Scheinwiderstand $1\,\text{k}\Omega$?

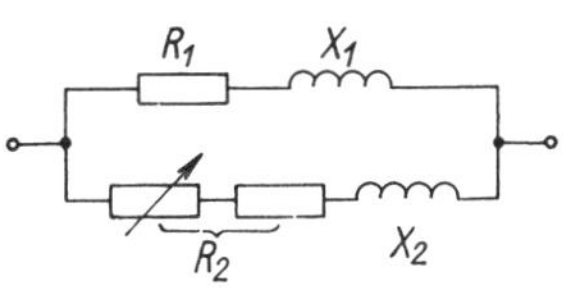

Bild 168: Aufgabe 763

763. (Bild 168) Zeichnen Sie die Ortskurve für den durch die Schaltung fließenden Strom, wenn bei Abschaltung des unteren Zweiges $I_1 = 1{,}0\,\text{A}$ ($\varphi_1 = 50°$) und bei Kurzschluss des verstellbaren Teils von R_2 $I_k = 4{,}0\,\text{A}$ ($\varphi_k = 65°$) fließen; $1\,\text{cm} \mathrel{\widehat{=}} 0{,}5\,\text{A}$; als Einheit des Parameters werde $p_1 = R_2/X_2 = 1$ gewählt.

Bei welchem Verhältnis $p = R_2/X_2$ und welchem Phasenwinkel φ fließt ein Strom $I = 2{,}0\,\text{A}$?

764. (Bild 169) Zeichnen Sie die Ortskurve des Scheinwiderstandes bei veränderlichem kapazitivem Widerstand X_{C1} nach Anleitung 3 (S. 76); $r = 3\,\text{cm}$; $M_Z = 1\,\text{cm}/100\,\Omega$.

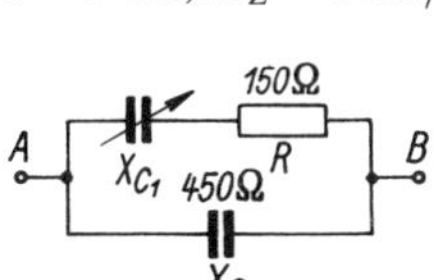

Bild 169: Aufgabe 764

765. (Bild 170) Zeichnen Sie die Ortskurve des Scheinleitwertes, wenn der Widerstand $R = pR_2$ zwischen 0 und ∞ veränderlich ist, $r = 4\,\text{cm}$, $M_Z = 1\,\text{cm}/50\,\Omega$. Welchen Betrag hat der Scheinleitwert für $R = 0$?

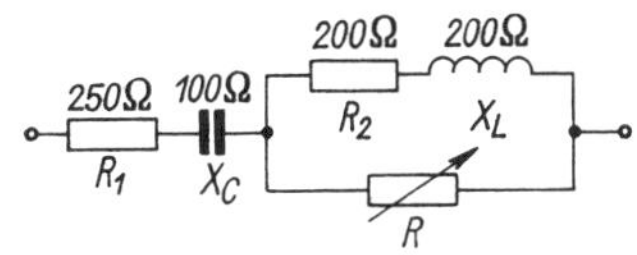

Bild 170: Aufgabe 765

766. a) (Bild 171) Zeichnen Sie die Ortskurve des Scheinwiderstandes für $\omega = 0 \ldots \infty\,\text{s}^{-1}$; $M_Z = 1\,\text{cm}/50\,\Omega$. Der durch Inversion des Scheinwiderstandes des oberen Zweiges entstehende Halbkreis soll einen Durchmesser von 6 cm haben. Welchen Betrag hat der Scheinwiderstand bei $\omega = 1\,000\,\text{s}^{-1}$? b) Wie groß muss der Maßstab M_Y sein, wenn die Halbkreise über demselben Durchmesser stehen sollen, und wie groß sind diese?

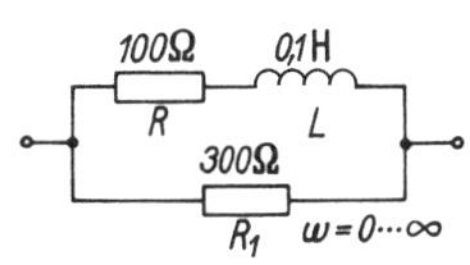

Bild 171: Aufgabe 766

767. (Bild 172) Zeichnen Sie die Ortskurve des Scheinleitwertes, wenn R zwischen 0 und ∞ veränderlich ist. Bei welchem Widerstand R wird der Scheinleitwert $\underline{Y}$ reell und welcher maximale Phasenwinkel kann eingestellt werden? $M_Y = 25\,\text{cm}/\text{S}$; $r^2 = 15\,\text{cm}^2$.

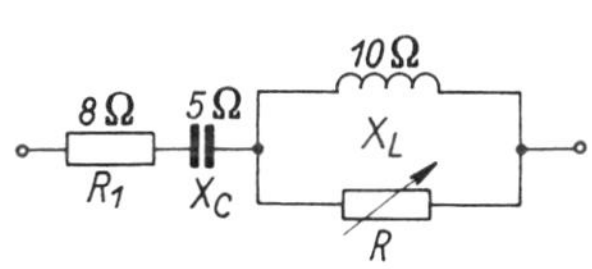

Bild 172: Aufgabe 767

768. (Bild 173) Zeichnen Sie die Ortskurve des Scheinleitwertes, wenn X_C zwischen 0 und ∞ veränderlich ist. $M_Z = 1\,\text{cm}/25\,\Omega$; $M_Y = 1\,\text{cm}/10\,\text{mS}$. Bezugswert für $p = 1$ sei $1/X_{C1} = 20\,\text{mS}$ ($\mathrel{\widehat{=}} 2\,\text{cm}$). Für welchen Wert von X_C wird der Leitwert reell?

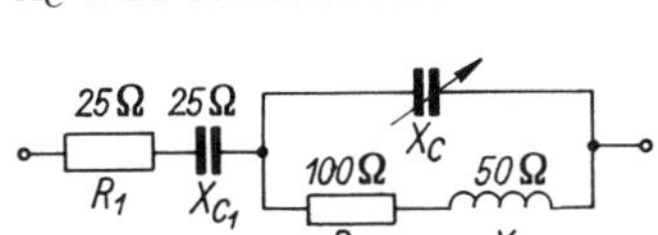

Bild 173: Aufgabe 768

15 Schwingkreise

Formeln:

$$Z=\sqrt{R^2+\left(\omega L-\frac{1}{\omega C}\right)^2}$$ R, L in Reihe

$$Z=\frac{\omega RL}{\sqrt{R^2+(\omega L)^2}}$$ R, L parallel

$$Z=\frac{R}{\sqrt{1+(\omega RC)^2}}$$ R, C parallel

$$Z=\frac{\omega L}{\omega^2 LC-1}$$ L, C parallel

$$f_0=\frac{1}{2\pi\sqrt{LC}}$$

$$Q=\frac{1}{R}\sqrt{L/C}$$ Reihenresonanz

$$Q=R\sqrt{C/L}$$ Parallelresonanz

$$B=\frac{f_0}{Q}$$

$$\tau=RC$$

$$G(\mathrm{j}\,\omega)=\frac{\underline{U}_\mathrm{a}}{\underline{U}_\mathrm{e}}$$

$$\delta=\frac{R}{2L}$$

$$\Lambda=\delta T$$

Größe	Zeichen	Einheit
Scheinwiderstand	Z	Ω
Resonanzfrequenz	f_0	$\mathrm{s}^{-1}=\mathrm{Hz}$
Kreisgüte	Q	1
Bandbreite	B	$\mathrm{s}^{-1}=\mathrm{Hz}$
Zeitkonstante	τ	s
Abklingkonstante	δ	s^{-1}
Übertragungsfunktion	$G(\mathrm{j}\,\omega)$	1
Logarithmisches Dekrement	Λ	1

Bei anfallenden Grafiken wird eine Programmierung und Visualisierung mit den Computeralgebra-Systemen Matlab oder Mathcad empfohlen.

769. Ein Schwingkreis enthält die Reihenschaltung von R, C und L (Bild 174).

	a)	b)	c)
R in Ω	10	8	6
L in H	0,1	0,2	0,4
C in nF	100	120	150

Die angelegte Spannung beträgt $U=230\,\mathrm{V}$ und die Frequenz $f=50\,\mathrm{Hz}$. Zu berechnen sind die Spannungen U_R, U_L und U_C sowie die Resonanzfrequenzen. Die Stromphase sei null. Fertigen Sie die Zeigerdiagramme der Spannungen an. Kontrollieren Sie, ob die Summe der Teilspannungen die Eingangsspannung 230 V ergibt (beachte: $\mathrm{j}\,U_L>0>\mathrm{j}\,U_C$).

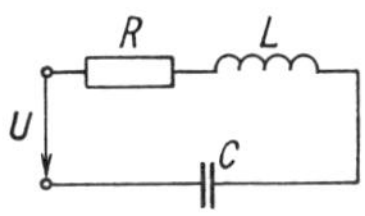

Bild 174: Aufgabe 769

770. Ein LC-Schwingkreis, der in einer Serienschaltung mit einem ohmschen Widerstand liegt (Bild 175), ist zu analysieren.

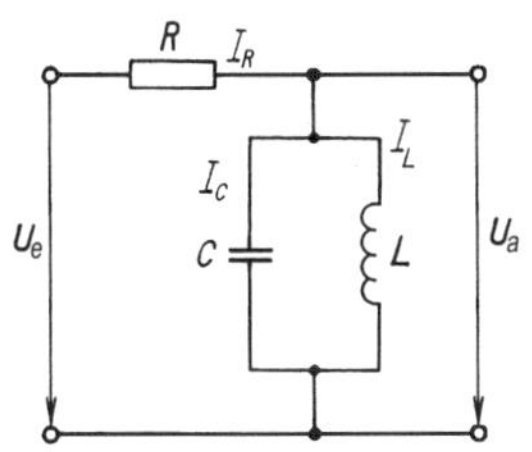

Bild 175: Aufgabe 770

Aus den Gleichungen

$$U_a = U_e - U_R, \quad U_a = \frac{I_C}{\mathrm{j}\,\omega C}, \quad U_a = \mathrm{j}\,\omega L I_L$$

$$I_R = I_L + I_C, \quad U_R = I_R R$$

ist eine Beziehung zwischen U_a und R, L, C, ω für $U_e = 1$ V abzuleiten (Übertragungsfunktion). Für welche Kreisfrequenz ω wird U_a zum Maximum (Resonanzfall)? Berechnen Sie die Gleichungen für Amplitude und Phase des Schwingkreises und stellen Sie die entsprechenden Grafiken für $L = 1$ mH, $C = 1\,\mu$F als Funktion von ω dar ($L = 1$ mH, $C = 1\,\mu$F, $R = 200, 400, 600, 800$ und $1\,000\,\Omega$).

771. Ein Parallelschwingkreis liegt an unterschiedlichen Eingangsspannungen U mit variabler Frequenz (Bild 176).

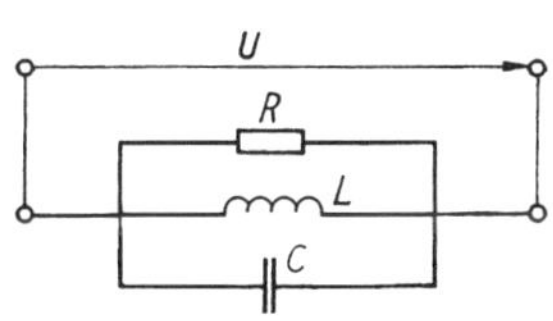

Bild 176: Aufgabe 771

Berechnen Sie den Wirkwiderstand R, die Kapazität C und die Induktivität L des Schwingkreises. Bei $\omega_R = 7\,000\,\text{s}^{-1}$ (Resonanz) fließt der Strom $I_R = 50$ mA. Folgende Werte sind zu variieren:

	a)	b)	c)
U in V	40	60	80
ω in s^{-1}	4 000	5 000	6 000
I in mA	100	120	140

772. Ein LC-Schwingkreis mit $C = 0{,}6\,\mu$F und $R = 33\,\text{k}\Omega$ erzeugt das in Bild 177 ersichtliche Oszillogramm, das ein periodisches Verhalten bei schwacher Dämpfung zeigt (Eigenfrequenz $\approx$ Resonanzfrequenz). Es ist die Resonanzfrequenz abzuschätzen sowie die Induktivität L und die Zeitkonstante τ zu berechnen.

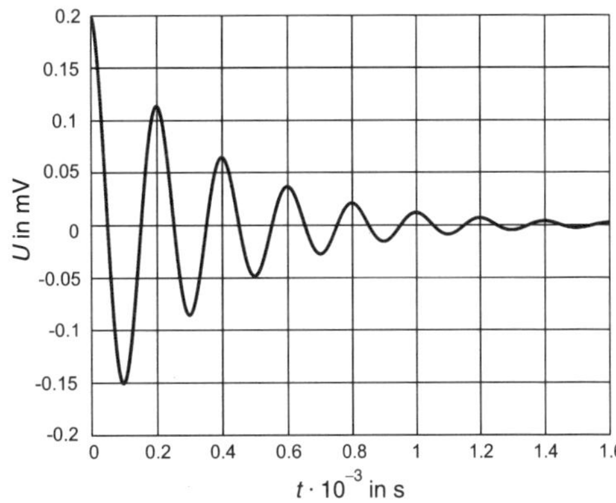

Bild 177: Aufgabe 772

773. Der Kondensator mit $C = 5\,\mu$F in einem gedämpften Schwingreis (Bild 178) mit $L = 10$ mH und $R = 10\,\Omega$ wird zum Zeitpunkt $t = 0$ mit $U_{C0} = -10$ V aufgeladen.

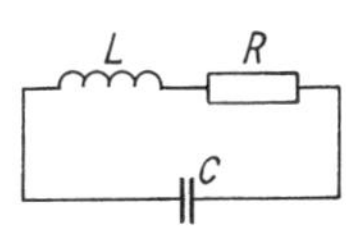

Bild 178: Aufgabe 773

Zu berechnen sind: Kreisfrequenz ω, induktiver Blindwiderstand X_L und die Zeitkonstante τ des Schwingkreises. Konstruieren Sie die Spannungsentladungskurve des Kondensators aus $U_C(t) = U_{C0}\mathrm{e}^{-1/\tau}\cos(\omega t)$.

774. Es ist ein Parallelschwingkreis (Bild 179) mit einer Spule von $L = 64$ mH und dem Gütefaktor $Q_L = 500$, einem Kondensator $C = 30$ pF mit dem Verlustwinkel $\delta_C = 0{,}011\,5°$ aufzubauen, der eine Resonanzfrequenz von $f_r = 10$ kHz besitzt.

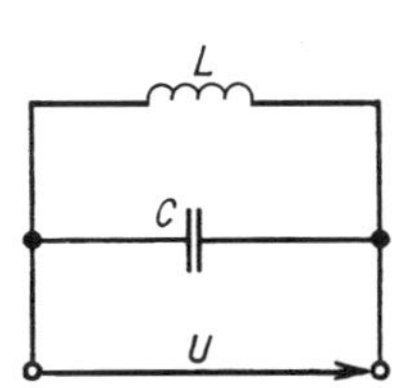

Bild 179: Aufgabe 774

Berechnen Sie die erforderliche Kapazität C, den Blindwiderstand X, den Kreisgütefaktor Q und die Bandbreite B des Schwingkreises.

775. Der in Aufgabe 774 genannte Parallelschwingkreis mit $f = 10\,\text{kHz}$ wird in ein Bandpassfilter eingebunden (Bild 175). Der vorgeschaltete Wirkwiderstand sei $R = 100\,\Omega$. Zu berechnen sind: a) Widerstand R_P der Parallelschaltung von L und C, b) Gütefaktor und Bandbreite des Schwingkreises, c) Amplitudenfrequenzgang von U_a/U_e als Funktion von ω/ω_0, die als Grafik darzustellen ist.

776. Über einen Wirkwiderstand $R = 120\,\text{k}\Omega$ wird ein Parallelschwingkreis ($L = 50\,\text{mH}$, $C = 5\,\text{nF}$) mit einer Gleichstromquelle mit $U = 150\,\text{V}$ verbunden (Bild 180).

Mit den Verlustwinkeln $\delta_L = 206''$ und $\delta_C = 20{,}6''$ sind für eine schwachen Dämpfung $\delta \ll \omega_0$ zu berechnen: a) Gütefaktor, b) Zeitkonstante, c) Anfangsamplitude der Spannung, d) Amplitudengang der Spannung sowie deren Envelope (einhüllende Kurve), Darstellung der Grafik ($t = 0\ldots2\,\text{ms}$),

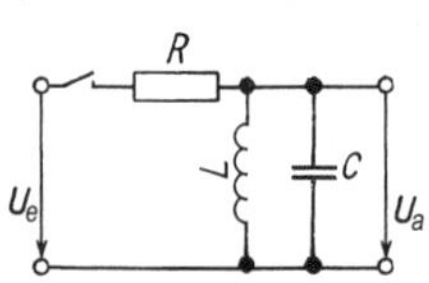

Bild 180: Aufgabe 776

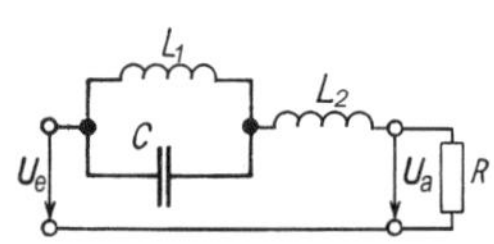

Bild 181: Aufgabe 777

777. Ein Schwingkreis enthält zwei Spulen und einen Kondensator (Bild 181).

Die Frequenz der Eingangsspannung U_e ist regelbar. Für die Werte

	a)	b)	c)
L_1 in mH	15	25	35
L_2 in mH	30	40	50
C in nF	120	150	180

sind zu berechnen: a) Frequenz f_1 für die $U_a/U_e = 0$, b) Frequenz f_1 für die $U_a/U_e = 1$.

778. Im Schwingkreis von Bild 182 ist die Frequenz der Eingangsspannung U_e regelbar.

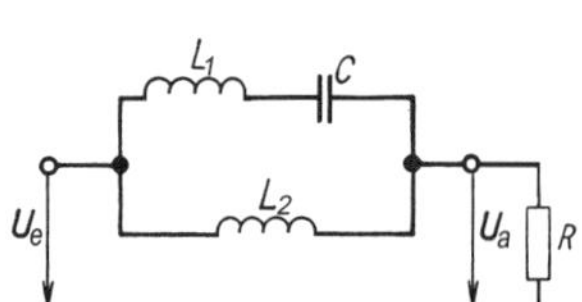

Bild 182: Aufgabe 778

Berechnen Sie die Kapazität C und die Induktivität L_2, welche für

	a)	b)	c)
L_1 in mH	8	10	12
f_1 in kHz	2,5	2,9	3,5

sichern, dass das Verhältnis $U_a/U_e = 1$ wird und für die Frequenz $f_2 = 1{,}5\,\text{kHz}$ den Wert $U_a/U_e = 0$ annimmt.

779. Welche Zeit t vergeht in einem Schwingkreis wenn die Spannung durch Dämpfung infolge des ohmschen Widerstandes auf 90 % abfällt? Das logarithmische Dekrement beträgt $\Lambda = 5 \cdot 10^{-3}$. Der Kreis enthält einen Kondensator mit $C = 2\,\text{nF}$ und eine Spule mit $L = 5\,\text{mH}$.

780. Ein Schwingkreis enthält einen Kondensator mit $C = 2\,\text{nF}$ und die einlagige zylindrische Kupferspule ($\varrho = 1{,}78 \cdot 10^{-8}\,\Omega \cdot \text{m}$, die eine Länge $l = 250\,\text{mm}$, einen Durchmesser $d = 10\,\text{mm}$ sowie einen Drahtdurchmesser von 0,5 mm besitzt. Berechnen Sie das logarithmische Dekrement Λ des Schwingkreises, wenn die Spule keinen Kern besitzt.

781. Ein Schwingkreis enthält den ohmschen Widerstand $R = 2\,\Omega$, den Kondensator $C = 405\,\text{nF}$ und die Spule $L = 10\,\text{mH}$. Um wie viel Prozent ändert sich der Potenzialunterschied im Kreis nach einer Schwingungsperiode?

782. Ein Schwingkreis enthält die Spule $L = 0{,}2\,\mu\text{H}$ und einen Plattenkondensator mit der Plattenfläche $A = 100\,\text{cm}^2$ sowie dem Plattenabstand $d = 1\,\text{mm}$. Zu berechnen ist die Permittivitätszahl ε_r für die aus der Resonanzfrequenz des Kreises ableitbare Resonanzwellenlänge $\lambda = 500\,\text{m}$.

783. Ein ungedämpfter Schwingkreis enthält eine Spule und einen Kondensator $C = 100\,\text{nF}$. Die Kreisfrequenz des Schwingkreises beträgt $\omega = \pi \cdot 10^4\,\text{s}^{-1}$. Berechnen Sie die Induktivität der Spule und die Resonanzwellenlänge des Kreises.

784. Welche Zeit vergeht in einem Schwingkreis mit $L = 90\,\text{mH}$ und $R = 20\,\text{m}\Omega$ bis der Strom I auf 90 % seines Maximalwertes angestiegen ist?

785. Welcher Potenzialunterschied entsteht auf den Platten eines Kondensators in einem Schwingkreis nach $t = T/8$ (T Periodendauer der Schwingung)? Es betragen: $L = 1\,\text{H}$, $C = 20\,\text{nF}$, die Ladung des Kondensators $Q = 2\,\mu\text{C}$. Der ohmsche Widerstand ist vernachlässigbar.

Lösungen

1. a) $\omega = 2\pi f = 2\pi \cdot 16{,}67\,\text{s}^{-1} = \underline{104{,}7\,\text{s}^{-1}}$

b) $\underline{157{,}1\,\text{s}^{-1}}$ c) $\underline{301{,}6\,\text{s}^{-1}}$ d) $\underline{314{,}2\,\text{s}^{-1}}$

e) $\underline{323{,}0\,\text{s}^{-1}}$ f) $\underline{628{,}3\,\text{s}^{-1}}$ g) $\underline{6283\,\text{s}^{-1}}$

h) $\underline{18850\,\text{s}^{-1}}$ i) $\underline{1{,}86 \cdot 106\,\text{s}^{-1}}$

2. a) $T = 1/f = 3\,\text{s}/50 = \underline{60\,\text{ms}}$ b) $\underline{40\,\text{ms}}$

c) $\underline{21\,\text{ms}}$ d) $\underline{20\,\text{ms}}$ e) $\underline{19{,}5\,\text{ms}}$ f) $\underline{10\,\text{ms}}$

g) $\underline{1\,\text{ms}}$ h) $\underline{333\,\mu\text{s}}$ i) $\underline{3{,}4\,\mu\text{s}}$

3. Dies ist nach $t = T/4$ der Fall.

a) $T/4 = 3\,\text{s}/50 \cdot 4 = \underline{15\,\text{ms}}$ b) $\underline{12{,}5\,\text{ms}}$

c) $\underline{7{,}1\,\text{ms}}$ d) $\underline{5{,}1\,\text{ms}}$ e) $\underline{5{,}0\,\text{ms}}$ f) $\underline{4{,}8\,\text{ms}}$

g) $\underline{2{,}5\,\text{ms}}$

4. a) $\sin \omega t = 0{,}1;\ \omega t = 5{,}74° = 0{,}100\,2\,\text{rad};$

$t = \underline{319\,\mu\text{s}}$ b) $\underline{640\,\mu\text{s}}$ c) $\underline{800\,\mu\text{s}}$

d) $\underline{1{,}08\,\text{ms}}$ e) $\underline{1{,}67\,\text{ms}}$ f) $\underline{3{,}56\,\text{ms}}$

5. a) $0{,}5 = \sin \omega t;\ \omega t = 30° = 0{,}523\,6\,\text{rad};$

$$f = \frac{\omega t}{2\pi t} = \frac{0{,}523\,6}{2\pi \cdot 10^{-3}\,\text{s}} = \underline{83{,}3\,\text{Hz}}$$

b) $\underline{55{,}55\,\text{Hz}}$ c) $\underline{297{,}6\,\text{Hz}}$ d) $\underline{189{,}4\,\text{Hz}}$

e) $\underline{320{,}5\,\text{Hz}}$

6. a) $u = \hat{u} \sin 2\pi f t = 65\,\text{V} \cdot \sin(314\,\text{s}^{-1} \cdot 0{,}3\,\text{s})$
$= 65\,\text{V} \cdot \sin 94{,}2 = 65\,\text{V} \cdot \sin 5\,400°$
$= 65\,\text{V} \cdot \sin 0° = \underline{0\,\text{V}}$

b) $\underline{0\,\text{V}}$ c) $\underline{52{,}6\,\text{V}}$ d) $\underline{30{,}4\,\text{V}}$ e) $\underline{37{,}6\,\text{V}}$

f) $\underline{39{,}4\,\text{V}}$

7. a) $\sin \omega t = \dfrac{i}{I} = \dfrac{0{,}5\,\text{A}}{15\,\text{A}} = 0{,}033\,3;$

$\sin(628{,}32\,\text{s}^{-1} \cdot t) = 0{,}033\,3;$
$t = 53 \cdot 10^{-6}\,\text{s} = \underline{53\,\mu\text{s}}$

b) $\underline{159\,\mu\text{s}}$ c) $\underline{0{,}71\,\text{ms}}$ d) $\underline{1{,}161\,\text{ms}}$ e) $\underline{2{,}09\,\text{ms}}$

8. a) $\hat{u} = \dfrac{u}{\sin 2\pi f t} = \dfrac{218{,}74\,\text{V}}{\sin(314\,\text{s}^{-1} \cdot 0{,}004\,\text{s})}$

$$= \frac{218{,}74\,\text{V}}{\sin 72°} = \underline{230\,\text{V}}$$

b) $\underline{128\,\text{V}}$ c) $\underline{100\,\text{V}}$ d) $\underline{225\,\text{V}}$

9. a) $u = \hat{u} \sin 2\pi f t$
$= 230\,\text{V} \cdot \sin(157{,}08\,\text{s}^{-1} \cdot 0{,}02\,\text{s})$
$= 230\,\text{V} \cdot \sin 180° = \underline{0\,\text{V}}$

b) $\underline{84{,}7\,\text{V}}$ c) $\underline{0\,\text{V}}$ d) $\underline{110{,}8\,\text{V}}$ e) $\underline{57{,}2\,\text{V}}$

10. a) $\sin \omega t = 0{,}5;\ \omega t = 30°$ bzw. $150°$ oder $150°$ bzw. $210°$;

$\omega \Delta t_1 = 150° - 30° = 120° = 2{,}094\,4\,\text{rad};$
$\Delta t_1 = 0{,}02\,\text{s} = \underline{20\,\text{ms}};$
$\omega \Delta t_2 = 210° - 150° = 60° = 1{,}047\,2\,\text{rad};$
$\Delta t_2 = 0{,}01\,\text{s} = \underline{10\,\text{ms}}$

b) $\underline{6{,}7\,\text{ms}}$ bzw. $\underline{3{,}3\,\text{ms}}$ c) $\underline{3{,}3\,\text{ms}}$ bzw. $\underline{1{,}7\,\text{ms}}$

d) $\underline{0{,}42\,\text{ms}}$ bzw. $\underline{0{,}21\,\text{ms}}$

11. a) $\sin \omega t = 0{,}1;\ \omega t = \underline{5{,}74°}$

b) $\underline{11{,}54°}$ c) $\underline{17{,}46°}$ d) $\underline{30°}$

e) $\underline{44{,}43°}$ f) $\underline{53{,}13°}$ g) $\underline{64{,}16°}$

12. a) $0{,}75\hat{u} = \hat{u} \sin \omega t_1;\ \omega t_1 = 48{,}59°;$

$\omega \Delta t = \omega t_2 - \omega t_1 = 90° - 48{,}59° = 41{,}41°;$
$= 722{,}7\,\text{mrad}$

$$f = \frac{\Delta \omega t}{2\pi \Delta t} = \frac{722{,}7}{6{,}283\,\text{s}} = \underline{115\,\text{Hz}}$$

b) $\underline{88{,}3\,\text{Hz}}$ c) $\underline{50{,}55\,\text{Hz}}$ d) $\underline{31{,}9\,\text{Hz}}$ e) $\underline{22{,}5\,\text{Hz}}$

13. a) $0{,}1 = \sin \omega t_1;\ \omega t_2 = 11{,}5°;$

$\Delta \omega t = 5{,}8° = 0{,}101\,\text{rad};\quad f = \dfrac{\Delta \omega t}{2\pi \Delta t} = \underline{8{,}06\,\text{Hz}}$

b) $\underline{8{,}22\,\text{Hz}}$ c) $\underline{17{,}42\,\text{Hz}}$ d) $\underline{33{,}69\,\text{Hz}}$

e) $\underline{65{,}82\,\text{Hz}}$

14. a) $\omega \Delta t = 12° = 0{,}21\,\text{rad};$

$\Delta t = \dfrac{\omega \Delta t}{2\pi f} = \underline{6{,}7\,\text{ms}}$; bzw. $348°$ und

$\Delta t = \underline{19{,}3\,\text{ms}}$ b) $\underline{2{,}5\,\text{ms}}$ und $\underline{17{,}5\,\text{ms}}$

c) $\underline{4{,}7\,\text{ms}}$ und $\underline{15{,}3\,\text{ms}}$ d) $\underline{0{,}83\,\text{ms}}$ und $\underline{9{,}2\,\text{ms}}$

e) $\underline{1{,}67\,\text{ms}}$ und $\underline{8{,}3\,\text{ms}}$ f) $\underline{0{,}25\,\text{ms}}$ und $\underline{0{,}75\,\text{ms}}$

15. (Bild 183) a) $T = t_1 + t_2 = 20\,\text{ms};$

$f = \dfrac{1}{T} = \dfrac{1}{20\,\text{ms}} = \underline{50\,\text{Hz}};$

$\varphi_1 = \omega t_1 = 314\,\text{s}^{-1} \cdot 15\,\text{ms} = 4{,}71\,\text{rad} = \underline{270°}$

bzw. $\varphi_2 = 314\,\text{s}^{-1} \cdot 5\,\text{ms} = 1{,}57\,\text{rad} = \underline{90°}$

b) $\underline{50\,\text{Hz}}$; $\underline{324°}$ bzw. $\underline{36°}$

c) $\underline{1{,}6667\,\text{kHz}}$; $\underline{336^\circ}$ bzw. $\underline{24^\circ}$

d) $\underline{1{,}25\,\text{kHz}}$; $\underline{211{,}5^\circ}$ bzw. $\underline{148{,}5^\circ}$

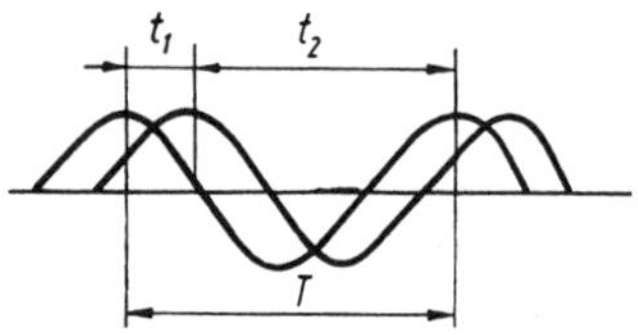

Bild 183: Aufgabe 15

16. $0{,}4 = \sin(\omega t + \varphi)$; $0{,}3333 = \sin \omega t$;
$\omega t = 19{,}47^\circ$; $0{,}4 = \sin(19{,}47^\circ + \varphi)$;
$19{,}47^\circ + \varphi = 23{,}58^\circ$; $\varphi = \underline{4{,}11^\circ}$

17. $i_1 = 6\,\text{A} \sin(\omega t + 25^\circ)$; $1{,}5\,\text{A} = 6\,\text{A} \sin \omega t$;
$\omega t = 14{,}48^\circ$;
$i_1 = 6\,\text{A} \sin 39{,}48^\circ = 6\,\text{A} \cdot 0{,}6358 = 3{,}815\,\text{A}$
oder: $i_2 = 6\,\text{A} \sin \omega t$;
$1{,}5\,\text{A} = 6\,\text{A} \sin(\omega t + 25^\circ)$, wonach
$\omega t = -10{,}52^\circ$ und $i_2 = \underline{-1{,}10\,\text{A}}$ ist.

18. a) $\sin(314\,\text{s}^{-1} \cdot 1\,\text{ms} + \varphi) = 1$;
$0{,}314 + \varphi = \frac{\pi}{2} = 90^\circ$; $\varphi = 90^\circ - 18^\circ = \underline{72^\circ}$
b) $\underline{63^\circ}$ c) $\underline{234^\circ}$

19. a) $\hat{u} = U\sqrt{2} = \underline{325\,\text{V}}$ b) $\underline{321\,\text{V}}$
c) $\underline{308\,\text{V}}$ d) $\underline{2{,}12\,\text{A}}$ e) $\underline{0{,}28\,\text{A}}$

20. a) $U = \frac{\hat{u}}{\sqrt{2}} = \frac{125\,\text{V}}{1{,}414} = \underline{88{,}4\,\text{V}}$
b) $\underline{113{,}1\,\text{V}}$ c) $\underline{176{,}8\,\text{V}}$ d) $\underline{247{,}5\,\text{V}}$
e) $\underline{353{,}6\,\text{V}}$ f) $\underline{495\,\text{V}}$ g) $\underline{707\,\text{V}}$

21. a) $U = \frac{\hat{u}}{3\sqrt{2}} = \frac{250\,\text{V}}{3 \cdot 1{,}414} = \underline{59\,\text{V}}$
b) $\underline{117{,}9\,\text{V}}$ c) $\underline{283\,\text{V}}$ d) $\underline{471\,\text{V}}$

22. a) $U = \frac{\hat{u} \cdot 1{,}5}{3\sqrt{2}} = \frac{160\,\text{V} \cdot 1{,}5}{3\sqrt{2}} = \underline{56{,}6\,\text{V}}$
b) $\underline{88{,}4\,\text{V}}$ c) $\underline{124\,\text{V}}$

23. a) $\hat{i} = \frac{P\sqrt{2}}{U} = \frac{25W \cdot 1{,}414}{230\,\text{V}} = \underline{0{,}154\,\text{A}}$
b) $\underline{0{,}246\,\text{A}}$ c) $\underline{0{,}369\,\text{A}}$ d) $\underline{0{,}461\,\text{A}}$ e) $\underline{0{,}615\,\text{A}}$

24. a) $\hat{P} = P(\sqrt{2})^2 = 25\,\text{W} \cdot 2 = \underline{50\,\text{W}}$
b) $\underline{80\,\text{W}}$ c) $\underline{120\,\text{W}}$ d) $\underline{150\,\text{W}}$ e) $\underline{200\,\text{W}}$

25. a) $|\bar{i}| = \frac{2\hat{i}}{\pi} = 1{,}2\,\text{A} \cdot 0{,}637 = \underline{0{,}76\,\text{A}}$
b) $\underline{1{,}78\,\text{A}}$ c) $\underline{4{,}14\,\text{A}}$

26. a) $|\bar{i}| = \frac{2I\sqrt{2}}{\pi} = \underline{1{,}62\,\text{A}}$
b) $\underline{2{,}25\,\text{A}}$ c) $\underline{3{,}33\,\text{A}}$ d) $\underline{21{,}6\,\text{A}}$

27. a) $\hat{U} = \frac{|\bar{u}|\pi}{2} = \frac{3{,}8\,\text{V}}{0{,}637} = \underline{5{,}97\,\text{V}}$
b) $\underline{6{,}59\,\text{V}}$ c) $\underline{8{,}33\,\text{V}}$

28. $|\bar{u}| = \frac{\hat{U}}{\pi} = \underline{2{,}07\,\text{V}}$ b) $\underline{2{,}71\,\text{V}}$ c) $\underline{5{,}25\,\text{V}}$

29. a) $\hat{U} = |\bar{u}|\pi = \underline{37{,}7\,\text{V}}$ b) $\underline{62{,}8\,\text{V}}$ c) $\underline{116\,\text{V}}$

30. a) Arithmetischer Mittelwert: Die 1. Viertelperiode wird in 6 Teile geteilt. Die Summe der Ordinaten vom 0. bis 5. Teilpunkt ist 7,65 A, diejenige vom 1. bis 6. Teilpunkt ist 10,65 A. Das arithmetische Mittel hieraus ist 9,15 A. Das arithmetische Mittel der Stromwerte ist $|\bar{i}| = 9{,}15\,\text{A}/6 = \underline{1{,}52\,\text{A}}$. Für den Effektivwert verfährt man wie vorhin, summiert aber die Quadrate der Ordinaten und erhält die beiden Summen $16{,}9\,\text{A}^2$ und $25{,}9\,\text{A}^2$. Das arithmetische Mittel hiervon ist $21{,}4\,\text{A}^2$. Das arithmetische Mittel aller Quadrate ist $21{,}4\,\text{A}^2/6 = 3{,}6\,\text{A}^2$. $I = \sqrt{3{,}6\,\text{A}^2} = \underline{1{,}9\,\text{A}}$;

Formfaktor $k_\text{f} = \frac{1{,}9\,\text{A}}{1{,}52\,\text{A}} = \underline{1{,}25}$;

Scheitelfaktor $k_\text{s} = \frac{3\,\text{A}}{1{,}9\,\text{A}} = \underline{1{,}58}$

b) $|\bar{i}| = \underline{1{,}4\,\text{A}}$; $I = \underline{1{,}9\,\text{A}}$;

Formfaktor $k_\text{f} = \underline{1{,}36}$;

Scheitelfaktor $k_\text{s} = \underline{1{,}95}$

31. a) Mit 6 Teilpunkten von 0 bis 90° erhält man die Ordinatensummen 3,25 V und 4,25 V. Arithmetisches Mittel hiervon ist 3,75 V. Dies durch 6 dividiert, ergibt $\underline{U} = 0{,}63\,\text{V}$. Für die Effektivwerte erhält man die entsprechenden Quadratsummen $2{,}412\,\text{V}^2$ und $3{,}412\,\text{V}^2$ mit dem Mittelwert $2{,}912\,\text{V}^2$. Die Quadratwurzel aus dem 6. Teil hiervon ist $U = \underline{0{,}70\,\text{V}}$.

Formfaktor $k_f = \frac{0{,}70\,\text{V}}{63\,\text{V}} = \underline{1{,}11}$;

Scheitelfaktor $k_s = \frac{1\,\text{V}}{0{,}70\,\text{V}} = \underline{1{,}43}$

b) Arithmetischer Mittelwert $\underline{U} = \underline{5\,\text{V}}$; Ober- und Untersumme der Ordinatenquadrate sind $137{,}7\,\text{V}^2$ und $237{,}7\,\text{V}^2$; Mittelwert: $187{,}7\,\text{V}^2$; $U = \sqrt{31{,}3\,\text{V}^2} = \underline{5{,}6\,\text{V}}$;

Formfaktor $k_f = \underline{1{,}26}$; Scheitelfaktor $k_s = \underline{1{,}79}$

32. a) $|\bar{i}| = \underline{4\,\text{A}}$; $I = \underline{4{,}24\,\text{A}}$

b) $|\bar{i}| = \underline{6\,\text{A}}$; $I = \underline{6{,}00\,\text{A}}$

c) $|\bar{i}| = \underline{3\,\text{A}}$; $I = \underline{3{,}67\,\text{A}}$

33. $k_f = \frac{I}{|\bar{i}|} = \frac{I\pi}{2\hat{I}} = \frac{\pi}{2\sqrt{2}} = \underline{1{,}11}$;

$k_s = \frac{\hat{I}}{I} = \frac{I\sqrt{2}}{I} = \underline{1{,}414}$

34. a) $U = \frac{\hat{U}}{k_s} = \frac{175\,\text{V}}{1{,}52} = \underline{115\,\text{V}}$

b) $\underline{16{,}1\,\text{A}}$ c) $\underline{748{,}5\,\text{mWb/m}^2}$

d) $\underline{2\,128\,\text{mWb}}$ e) $\underline{137\,4\,\text{A/m}}$

35. a) 1. Weg:

$U = \sqrt{U_1^2 + U_2^2 + 2U_1U_2\cos\varphi} = \underline{217{,}9\,\text{V}}$

$\tan\varphi_g = \frac{U_2\sin\varphi}{U_1 + U_2\cos\varphi} = 0{,}742$; $\varphi_g = \underline{36{,}6^\circ}$

2. Weg (Bild 184): Man zerlege U_2 in die beiden Komponenten $U_2\cos 60^\circ = 75\,\text{V}$ und $U_2\sin 60^\circ = 129{,}9\,\text{V}$ und erhält U als Resultierende:

a) $U = \sqrt{(U_1 + U_2\cos\varphi)^2 + U_2^2\sin^2\varphi} = \underline{217{,}9\,\text{V}}$

b) $\underline{120{,}7\,\text{V}}$; $\underline{15{,}6^\circ}$ c) $\underline{236{,}5\,\text{V}}$; $\underline{22{,}5^\circ}$

d) $\underline{282{,}5\,\text{V}}$; $\underline{23{,}2^\circ}$ e) $\underline{51{,}9\,\text{V}}$; $\underline{39{,}5^\circ}$

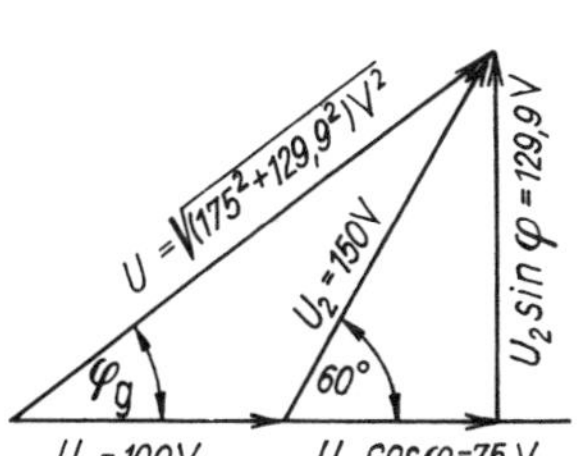

Bild 184: Aufgabe 35a

36. a) $\cos\varphi = \frac{I^2 - I_1^2 - I_2^2}{2I_1I_2}$

$= \frac{(36 - 25 - 12{,}25)\,\text{A}^2}{35\,\text{A}^2}$

$= -0{,}035\,1$; $\varphi = \underline{92{,}0^\circ}$

b) $\underline{67{,}1^\circ}$ c) $\underline{71{,}8^\circ}$ d) $\underline{61{,}3^\circ}$

37. 1. Weg:

$U = \sqrt{U_1^2 + U_2^2 + 2U_1U_2\cos\varphi} = \underline{214{,}8\,\text{V}}$

2. Weg (Bild 185): Man zerlege die Spannung $U_2 = 100\,\text{V}$ wie in Aufgabe 35 in die beiden Komponenten $U_2\cos\varphi = 90{,}6\,\text{V}$ und $U_2\sin\varphi = 42{,}3\,\text{V}$. Die resultierende Spannung ist

$U = \sqrt{(U_1 + U_2\cos\varphi)^2 + U_2^2\sin^2\varphi} = \underline{214{,}8\,\text{V}}$.

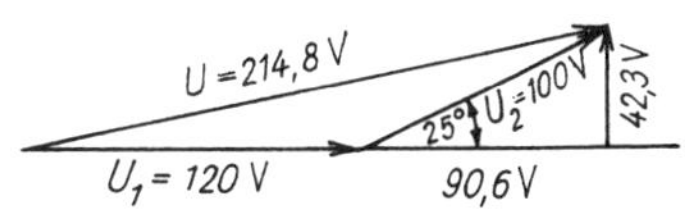

Bild 185: Aufgabe 37

38. a) $U = U_1 + U_2 = \underline{200\,\text{V}}$

b) $U = \sqrt{U_1^2 + U_2^2 + 2U_1U_2\cos\varphi} = \underline{193{,}6\,\text{V}}$

c) $\underline{175\,\text{V}}$ d) $\underline{145{,}8\,\text{V}}$ e) $\underline{109\,\text{V}}$ f) $\underline{50\,\text{V}}$

39. a) $I = \sqrt{I_1^2 + I_2^2} = \underline{32{,}4\,\text{A}}$

b) $\underline{35{,}4\,\text{A}}$ c) $\underline{50{,}3\,\text{A}}$ d) $\underline{136{,}5\,\text{A}}$

40. 1. Weg: $U = U_1\sqrt{2(1+\cos\varphi)}$;

$U_1 = \frac{U}{\sqrt{2(1+\cos\varphi)}}$;

a) $\underline{88{,}4\,\text{V}}$ b) $\underline{72{,}2\,\text{V}}$ c) $\underline{64{,}7\,\text{V}}$

2. Weg: Nach Bild 186 folgt z. B. für Fall b)

$U_1 = \frac{U/2}{\cos 30^\circ} = \frac{62{,}5\,\text{V}}{0{,}866} = \underline{72{,}2\,\text{V}}$

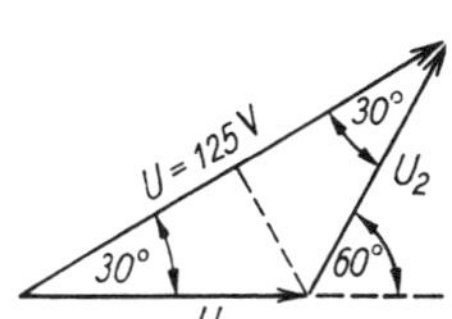

Bild 186: Aufgabe 40b

41. 1. Weg: $I_{1+2} = \sqrt{I_1^2 + I_2^2 + 2I_1I_2\cos\varphi} = 10\sqrt{3}\,\text{A}$; der Phasenwinkel dieses Stromes gegenüber I_3 ist 90° und es folgt

$I = \sqrt{I_3^2 + (I_{1+2})^2} = \underline{20\,\text{A}}$.

2. Weg (Bild 187): Aus den geometrischen Verhältnissen des Stromdiagramms ergibt sich: $I = 20\,\text{A}$.

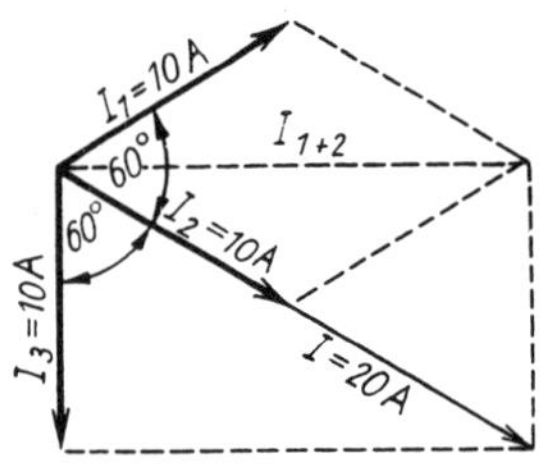

Bild 187: Aufgabe 41

42. Die von U_{q1} und U_{q2} erzeugte Spannung ergibt sich durch geometrische Addition nach Umwendung des Zeigers U_{q2} (Bild 188) mit dem Phasenwinkel $\varphi_{2,1} = 60°$ und $U_{q1+2} = U_q\sqrt{3}$ (Spannung der ersten Gruppe). Der Phasenwinkel zwischen U_{q1+2} und U_{q3} ergibt sich zu 90°, weshalb auch die Stromstärken um 90° verschoben sind. Daraus folgt

$I = \sqrt{I_1^2 + I_2^2} = \underline{21{,}5\,\text{A}}$.

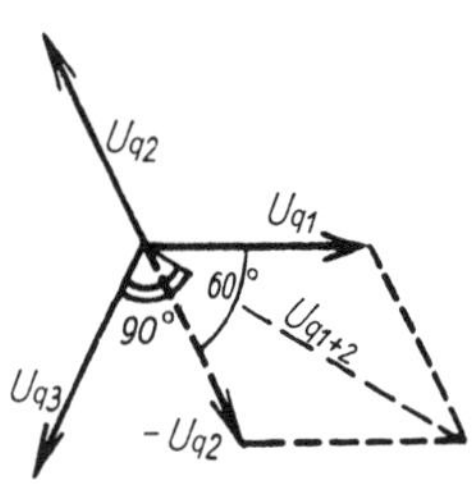

Bild 188: Aufgabe 42

43. a) Reihenschaltung:

$$U_q = \sqrt{U_{q1}^2 + U_{q2}^2 + 2U_{q1}U_{q2}\cos\varphi} = \underline{131{,}7\,\text{V}}$$

Gegenreihenschaltung:

$$U_q = \sqrt{U_{q1}^2 + U_{q2}^2 - 2U_{q1}U_{q2}\cos\varphi} = \underline{51{,}4\,\text{V}}$$

b) $\underline{127{,}2\,\text{V}}$ und $\underline{61{,}9\,\text{V}}$ c) $\underline{121{,}7\,\text{V}}$ und $\underline{72{,}1\,\text{V}}$

44. a) $L = \dfrac{U}{\omega I} = \dfrac{18\,\text{V}}{314\,\text{s}^{-1}\cdot 2\,\text{A}} = \underline{28{,}6\,\text{mH}}$

b) $\underline{63{,}7\,\text{mH}}$ c) $\underline{49{,}7\,\text{mH}}$ d) $\underline{24{,}9\,\text{mH}}$

e) $\underline{61{,}2\,\text{mH}}$

45. a) $X_L' = \omega' L = \dfrac{\omega' X_L}{\omega} = \dfrac{f' X_L}{f} = \underline{11{,}5\,\Omega}$

b) $\underline{14{,}4\,\Omega}$ c) $\underline{24\,\Omega}$ d) $\underline{192\,\Omega}$

46. a) $I = \dfrac{U}{2\pi f L} = \underline{143\,\text{mA}}$ b) $\underline{3{,}45\,\text{mA}}$

c) $\underline{16{,}2\,\text{A}}$ d) $\underline{22{,}9\,\text{A}}$

47. a) $L = \dfrac{\mu_0 N^2 A}{2\delta} = 0{,}212\,\text{H}$;

$I = \dfrac{U}{2\pi f L} = \underline{1{,}88\,\text{A}}$ b) $\underline{0{,}733\,\text{A}}$ c) $\underline{0{,}209\,\text{A}}$

48. a) $f = f_1 \dfrac{X_{L2}}{X_{L1}} = \dfrac{500\cdot 85\,\Omega}{\text{s}\cdot 78\,\Omega} = \underline{545\,\text{Hz}}$

b) $\underline{769\,\text{Hz}}$ c) $\underline{320{,}5\,\text{Hz}}$

49. $X_L = \dfrac{U}{I}$; $L = \dfrac{X_L}{\omega}$;

$$N = \sqrt{\frac{L\,2\delta}{\mu_0 A}} = \sqrt{\frac{U\,2\delta}{I\omega\mu_0 A}} = \underline{662\text{ Windungen}}$$

50. a) $L = \dfrac{X_L}{\omega}$; $N = \underline{548\text{ Windungen}}$

(siehe Aufgabe 49)

b) $\underline{476\text{ Wdg.}}$ c) $\underline{433\text{ Wdg.}}$

51. Die Spulenfeldstärke ist

$$H = \frac{IN}{d_m\pi} = 588\,\text{A/m};$$

die magnetische Flussdichte nach der Magnetisierungskennlinie ist $B = 1{,}25\,\text{T}$;

$U = 2\pi I f L$; mit $L = \dfrac{\Phi N}{I}$ und $\Phi = BA$ ist

$$U = \frac{2\pi I f BAN}{I} = \underline{20{,}8\,\text{V}}.$$

52. Nach Band I ist

$$L = \frac{\mu_0}{\pi} l \left(2{,}3 \lg \frac{20}{0{,}334} + 0{,}25\right) = 43{,}4\,\text{mH};$$

$U = I\,2\pi f L = \underline{614\,\text{V}}$

53. a) $L = \underline{47\,\text{mH}}$; $\underline{U = 671\,\text{V}}$ b) $\underline{743\,\text{V}}$

54. a) $X_C = \dfrac{1}{2\pi f C} = \underline{6366\,\Omega}$ b) $\underline{3979\,\Omega}$

c) $\underline{265\,\Omega}$ d) $\underline{6\,366\,\Omega}$ e) $\underline{758\,\Omega}$ f) $\underline{159\,\Omega}$

55. a) $I = \dfrac{U}{X_C} = \underline{2\pi f U C} = \underline{0{,}145\,\text{A}}$

b) $\underline{0{,}325\,\text{A}}$ c) $\underline{0{,}011\,8\,\text{A}}$ d) $\underline{3{,}016\,\text{A}}$

e) $\underline{0{,}188\,\text{A}}$ f) $\underline{0{,}132\,\text{A}}$

56. a) $\omega = \frac{1}{X_C C} = \frac{10^6}{10\,\Omega \cdot 1\,F} = 10^5\,s^{-1}$;

$f = \frac{10^5\,s^{-1}}{6{,}28} = \underline{15{,}9\,kHz}$

b) $\underline{53\,kHz}$ c) $\underline{0{,}32\,MHz}$ d) $\underline{32\,MHz}$

57. a) $f = \frac{I}{2\pi U C} = \frac{0{,}6\,A \cdot 10^6}{6{,}28 \cdot 218\,V \cdot 5\,F} = \underline{87{,}6\,Hz}$

b) $\underline{116{,}8\,Hz}$ c) $\underline{50\,Hz}$

58. a) $C = \frac{I}{\omega U} = \frac{5{,}89 \cdot 10^{-3}\,A}{314\,s^{-1} \cdot 125\,V} = \underline{0{,}15\,\mu F}$

b) $\underline{0{,}45\,\mu F}$ c) $\underline{0{,}61\,\mu F}$ d) $\underline{1{,}27\,\mu F}$ e) $\underline{5{,}09\,\mu F}$

59. $\hat{U} = \frac{I}{\omega C} = \frac{\sqrt{2} \cdot 0{,}1\,A \cdot 10^6}{314\,s^{-1} \cdot 1{,}2\,F} = \underline{375\,V}$

60. $I = 2\pi f U C \pm 10\,\%$; d. h. zwischen $\underline{0{,}283\,A}$ und $\underline{0{,}346\,A}$

61. a) $C = 1{,}415\,\mu F$; Abweichung:

$-\frac{0{,}085\,\mu F}{1{,}5\,\mu F} = \underline{-5{,}7\,\%}$ b) $\underline{+2{,}8\,\%}$ c) $\underline{+8{,}5\,\%}$

62.

	Z	$\tan\varphi$	φ
a)	1,18 Ω	0,628	32,1°
b)	21,7 Ω	1,047	46,3°
c)	9 545 Ω	6,28	81,0°
d)	587 kΩ	0,8378	40,0°
e)	4,47 MΩ	1,571	57,5°
f)	86,7 kΩ	1,924	62,5°

63. $R = \frac{\omega L}{\tan\varphi}$

a) $R = \underline{785\,\Omega}$ b) $\underline{283\,k\Omega}$ c) $\underline{2{,}89\,k\Omega}$

64. $L = \frac{R \tan 30°}{\omega}$

a) $L = \underline{6{,}4\,mH}$ b) $\underline{44\,\mu H}$ c) $\underline{26\,mH}$

65. $f = \frac{R \tan 8°}{2\pi L}$

a) $f = \underline{5{,}59\,Hz}$ b) $\underline{671\,Hz}$ c) $\underline{13{,}4\,MHz}$

66. $L = \frac{R \tan\varphi}{2\pi f}$ a) $L = \underline{10{,}93\,\mu H}$

b) $\underline{52{,}4\,mH}$ c) $\underline{69{,}3\,mH}$ d) $\underline{0{,}278\,\mu H}$

$Z = \frac{R}{\cos\varphi}$ a) $Z = \underline{34{,}39\,\Omega}$

b) $\underline{15{,}2\,\Omega}$ c) $\underline{154{,}5\,\Omega}$ d) $\underline{0{,}01\,\Omega}$

67. $L = \frac{\sqrt{Z^2 - R^2}}{2\pi f} = \frac{\sqrt{5\,822^2\,\Omega^2 - 4\,000^2\,\Omega^2}}{2\pi \cdot 1\,000\,s^{-1}} = \underline{0{,}67\,H}$

68. $R = Z \cos\varphi$ a) $R = \underline{1\,400\,\Omega}$

b) $\underline{238{,}7\,\Omega}$ c) $\underline{66{,}76\,\Omega}$ d) $\underline{2{,}55\,\Omega}$

$L = \frac{Z \sin\varphi}{2\pi f}$ a) $L = \underline{7\,720\,mH}$

b) $\underline{815\,mH}$ c) $\underline{86\,mH}$ d) $\underline{2{,}80\,mH}$

69. $I = \frac{U}{\sqrt{R^2 + (\omega L)^2}}$ a) $I = \underline{32{,}2\,mA}$

b) $\underline{18{,}2\,mA}$ c) $\underline{7{,}89\,mA}$ d) $\underline{0{,}95\,mA}$

70. $L = \frac{\sqrt{\frac{U^2}{I^2} - R^2}}{2\pi f} = \underline{32{,}7\,mH}$

71. $L = U \frac{\sqrt{1/I_2^2 - 1/I_1^2}}{2\pi f} = \underline{46\,mH}$

72. $R = \frac{U_R}{I} = \underline{6{,}33\,\Omega}$;

$U_L = \sqrt{U^2 - U_R^2} = \underline{4{,}25\,V}$;

$L = \frac{\sqrt{\frac{U^2}{I^2} - R^2}}{2\pi f} = \underline{22{,}5\,mH}$

73. $\cos\varphi = \frac{U_R}{U}$; a) $\varphi = \underline{33{,}6°}$

b) $\underline{84{,}3°}$ c) $\underline{60°}$ d) $\underline{43{,}3°}$

$R = \frac{U_R}{I}$; a) $R = \underline{5\,\Omega}$

b) $\underline{20\,\Omega}$ c) $\underline{68{,}6\,\Omega}$ d) $\underline{0{,}5\,\Omega}$

$L = \frac{\sqrt{Z^2 - R^2}}{2\pi f}$ a) $L = \underline{10{,}57\,mH}$

b) $\underline{638\,mH}$ c) $\underline{378\,mH}$ d) $\underline{1{,}5\,mH}$

74. $\cos\varphi = \frac{U_R}{U} = \frac{RI}{U}$ a) $\cos\varphi = \underline{0{,}566\,7}$

b) $\underline{0{,}75}$ c) $\underline{0{,}648\,6}$ d) $\underline{0{,}646\,8}$

a) $\varphi = \underline{55{,}5°}$ b) $\underline{41{,}4°}$ c) $\underline{49{,}6°}$ d) $\underline{49{,}7°}$

75. $\omega L = R \tan 30°$;

Kombinationswiderstand $R' = \dfrac{RR_x}{R+R_x}$;

$\tan 80° = \dfrac{\omega L}{R'} = \dfrac{R \tan 30°}{R'}$; $\quad R' = 1{,}83\,\Omega$;

$R_x = \underline{2{,}04\,\Omega}$

76. $Z = 36{,}207\,\Omega$; neuer Scheinwiderstand $Z' = 32{,}574\,\Omega$; Kombinationswiderstand $R' = 8{,}665\,\Omega$; $R_x = \underline{16{,}71\,\Omega}$

77. Ursprünglicher Phasenwinkel $\varphi = 63°$; neuer Phasenwinkel $\varphi' = 75{,}6°$; Kombinationswiderstand $R' = 8{,}06\,\Omega$; $R_x = \underline{16{,}24\,\Omega}$

78. Da das Widerstandsdiagramm dem ursprünglichen geometrisch ähnlich ist, muss der Kombinationswiderstand $R \parallel R_x$, ebenfalls um 30 % kleiner als R sein, d. h. $4{,}9\,\Omega$; $R_x = \underline{16{,}33\,\Omega}$.

79. Der Scheinwiderstand Z bleibt unverändert $19{,}76\,\Omega$; $\omega L' = R' \tan 85°$; $19{,}76\,\Omega = \sqrt{R'^2 + (11{,}43R')^2}$; $R' = 1{,}722\,\Omega$; $R_x = 2{,}01\,\Omega$; aus der ersten Gleichung ergibt sich $L' = \underline{62{,}7\,\text{mH}}$.

80. (Bild 189) Im Stromkreis liegen 3 Wirkwiderstände und 3 induktive Widerstände in Reihe.
a) $Z_V = 74{,}57\,\Omega$; der Strom ergibt sich aus der Spannung und dem Scheinwiderstand des Verbrauchers: $I = \dfrac{U}{Z_V} = \dfrac{10\,000\,\text{V}}{74{,}57\,\Omega} = \underline{134{,}1\,\text{A}}$.

b) Die Induktivität der Leitung ergibt sich (nach Band I) zu $L_L = 40\,\text{mH}$;

$$R_L = \frac{0{,}02\,\Omega \cdot \text{mm}^2/\text{m} \cdot 36\,000\,\text{m}}{50{,}27\,\text{mm}^2} = 14{,}32\,\Omega$$

induktiver Widerstand der Leitung
$\omega L_L = 12{,}57\,\Omega$;

Gesamtwiderstand von Leitung und Verbraucher

$Z_{LV} = \sqrt{(R_L + R_V)^2 + (\omega L_L + \omega L_V)^2} = 92{,}0\,\Omega$

$U_g = Z_{LV} I = \underline{12\,337\,\text{V}}$

c) Die geometrische Addition aller Wirk- und Blindwiderstände ergibt $Z = 112{,}84\,\Omega$ und mit dem Strom I die Quellenspannung $\underline{15\,132\,\text{V}}$.

d) $\tan \varphi_V = \dfrac{\omega L_V}{R_V} = \dfrac{69{,}11\,\Omega}{28\,\Omega}$; $\quad \varphi_V = \underline{67{,}9°}$

e) $\tan \varphi_g = \dfrac{\omega L_g}{R_g} = \dfrac{11\,\Omega}{3{,}2\,\Omega}$; $\quad \varphi_g = \underline{73{,}8°}$

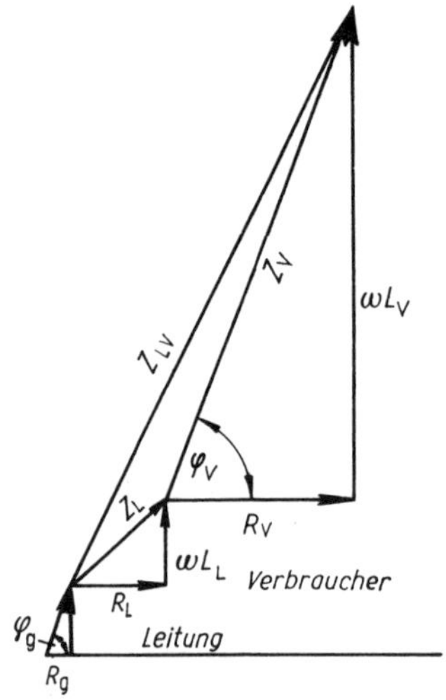

Bild 189: Aufgabe 80

81. $X_L^2 = Z^2 - R^2$;

$R' = \sqrt{Z^2 - X_L^2} = \sqrt{Z'^2 - Z^2 + R^2}$; mit

$Z = \dfrac{U}{I} = 24{,}44\,\Omega$ und $Z' = \dfrac{U}{I'} = 73{,}33\,\Omega$

wird $R' = 69{,}25\,\Omega$ und $R_V = R' - R = \underline{65{,}25\,\Omega}$

82. $R = Z \cos \varphi = \underline{173{,}2\,\Omega}$;

$L = \dfrac{Z \sin \varphi}{2\pi f} = \underline{25\,\text{mH}}$

83. $X_L = \sqrt{Z^2 - R^2} = \underline{812{,}4\,\Omega}$;

$L = \dfrac{X_L}{2\pi f} = \underline{1{,}29\,\text{H}}$

84. (Bild 190) Mit $Z = \dfrac{U_q}{I} = \dfrac{80\,\text{V}}{8\,\text{A}} = 10\,\Omega$ wird

$$L = \frac{\sqrt{Z^2 - \left(R_a + \dfrac{U}{I}\right)^2}}{2\pi f} = \underline{20\,\text{mH}}$$

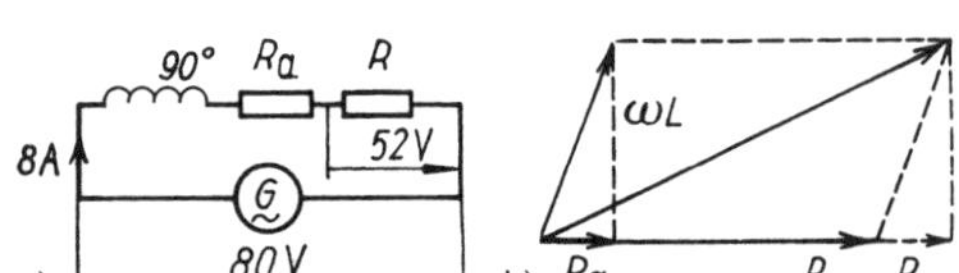

Bild 190: Aufgabe 84

85. a) $Z = \sqrt{R^2 + \dfrac{1}{(\omega C)^2}} = \underline{31{,}821\,\text{k}\Omega}$;

$\tan \varphi = \dfrac{1}{R\omega C} = 0{,}3537$; $\quad \varphi = \underline{19{,}5°}$

b) $Z = \underline{2301\,\Omega}$; $\varphi = \underline{29{,}61^\circ}$

c) $Z = \underline{673{,}9\,\Omega}$; $\varphi = \underline{79{,}74^\circ}$

d) $Z = \underline{64{,}9\,\Omega}$; $\varphi = \underline{76{,}64^\circ}$

e) $Z = \underline{30\,724\,\Omega}$; $\varphi = \underline{12{,}46^\circ}$

f) $Z = \underline{2533\,\Omega}$; $\varphi = \underline{75{,}13^\circ}$

86. $U_C = \sqrt{U^2 - U_R^2} = 193\,\text{V}$;

$C = \dfrac{P}{UU_C\omega} = \underline{1{,}98\,\mu\text{F}}$

87. a) $I = \dfrac{U}{\sqrt{R^2 + \left(\dfrac{1}{\omega C}\right)^2}} = \underline{9{,}9\,\text{mA}}$

b) $I' = 14{,}85\,\text{mA}$; $Z' = \dfrac{U}{I'} = 5\,387\,\Omega$;

$\dfrac{1}{\omega C} = \sqrt{Z'^2 - R^2}$; $C = \dfrac{1}{\omega\sqrt{Z'^2 - R^2}} = \underline{1{,}59\,\mu\text{F}}$

88. a) $Z = \dfrac{80\,\text{V}}{0{,}015\,\text{A}} = 5\,333\,\Omega$;

$f = \dfrac{1}{2\pi C\sqrt{Z^2 - R^2}} = \underline{172\,\text{Hz}}$

b) $\underline{33{,}8\,\text{Hz}}$ c) $\underline{20{,}9\,\text{Hz}}$

89. Der kapazitive Widerstand muss ebenfalls $1\,\text{k}\Omega$ betragen. Damit ergibt sich

$C = \dfrac{1}{2\pi f X_C} = \underline{3{,}18\,\mu\text{F}}.$

90. Es besteht die Gleichung

$$I = \frac{3U}{2\sqrt{R^2 + \left(\dfrac{1}{\omega C}\right)^2}} = \frac{U}{\sqrt{R^2 + \left(\dfrac{1}{2\omega C}\right)^2}}$$

Die Auflösung ergibt $C = \dfrac{1}{\omega R}\sqrt{\dfrac{7}{20}} = \underline{1{,}18\,\mu\text{F}}.$

91. $\dfrac{10U}{\sqrt{R^2 + \left(\dfrac{1}{\omega C}\right)^2}} = \dfrac{U}{R}$;

$C = \dfrac{1}{\omega R\sqrt{99}} = \underline{0{,}46\,\mu\text{F}}$

92. $1{,}2\sqrt{R^2 + \left(\dfrac{1}{\omega C}\right)^2} = \sqrt{(2R)^2 + \left(\dfrac{1}{\omega C}\right)^2}$;

$C = \underline{6{,}6\,\mu\text{F}}$

93. $Z = \sqrt{R^2 + \left(\dfrac{1}{\omega C}\right)^2} = \underline{25{,}6\,\text{k}\Omega}$;

$\tan\varphi = 0{,}795\,8$; $\varphi = \underline{38{,}51^\circ}$

94. a) $R = \dfrac{52\,900\,\text{V}^2}{40\,\text{W}} = 1\,322{,}5\,\Omega$;

$Z = \sqrt{R^2 + \left(\dfrac{1}{\omega C}\right)^2} = \underline{2\,069{,}3\,\Omega}$

b) $I = \dfrac{U}{Z} = \underline{0{,}11\,\text{A}}$

c) $U_R = IR = \underline{145{,}5\,\text{V}}$; $U_C = \dfrac{I}{\omega C} = \underline{175{,}1\,\text{V}}$

d) $\tan\varphi = 1{,}203\,44$; $\varphi = \underline{-50{,}28^\circ}$

95. a) $R = \sqrt{Z^2 - \left(\dfrac{1}{\omega C}\right)^2} = \underline{75\,\text{k}\Omega}$

b) $U = IZ = \underline{30\,\text{V}}$

c) $U_R = IR = \underline{22{,}5\,\text{V}}$; $U_C = \dfrac{I}{\omega C} = \underline{19{,}9\,\text{V}}$

96. (Bild 191) Nach Umzeichnen der Schaltung erhält man das Bild eines Spannungsteilers. Damit ergibt sich

$$\frac{U_1}{U_2} = \frac{\sqrt{R^2 + \left(\dfrac{1}{\omega C}\right)^2}}{\dfrac{1}{\omega C}} = \sqrt{\omega^2 R^2 C^2 + 1}$$

bzw. mit den gegebenen Werten $U_2 = \underline{354\,\text{mV}}$

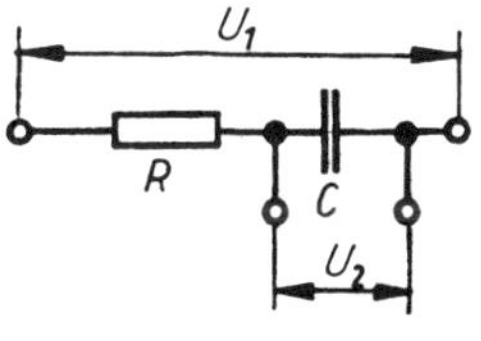

Bild 191: Aufgabe 96

97. a) $X_C' = \dfrac{1}{\omega C} - \omega L = \underline{2\,555\,\Omega}$; $\varphi = \underline{-90^\circ}$

b) $\underline{3803\,\Omega}$; $\underline{+90^\circ}$ c) $\underline{33{,}1\,\text{k}\Omega}$; $\underline{-90^\circ}$

d) $\underline{696\,\text{k}\Omega}$; $\underline{-90^\circ}$ e) $\underline{207\,\Omega}$; $\underline{-90^\circ}$

98. $X_C' = \underline{119\,\Omega}$; $C = \dfrac{1}{\omega X_C'} = \underline{27\,\mu\text{F}}$

b) $X_C' = \underline{2\,870\,\Omega}$; $C = \underline{1{,}11\,\mu\text{F}}$

c) $X_C' = \underline{438{,}2\,\Omega}$; $C = \underline{7{,}26\,\mu\text{F}}$

d) $X_C' = \underline{130{,}3\,\Omega}$; $C = \underline{0{,}415\,\text{H}}$

99. $C = 0{,}25\,\mu\text{F};\quad X_L' = 2497\,\Omega;\quad L = 0{,}795\,\text{H}$

100. $C = \dfrac{C_1 C_1}{2C_1} + C_1 = 2{,}25\,\mu\text{F};$

$X_L' = 1\,525\,\Omega;\quad L = 373\,\text{mH}$

101. $C = \dfrac{C_1 C_2}{C_1 + C_2} + C_3 = 2{,}2\,\mu\text{F};$

$X_L' = 72{,}2\,\Omega;\quad L = 11{,}5\,\text{mH}$

102. $C = \dfrac{C_1 C_2}{C_1 + C_2} = 5{,}65\,\mu\text{F};$

$L = \dfrac{L_1 L_2}{L_1 + L_2} = 228\,\text{mH};$

$X_C - X_L = 492\,\Omega;\quad C = 6{,}47\,\mu\text{F}$

103. a) $\omega L - \dfrac{1}{\omega C} = X_L'$; aus dieser in ω quadratischen Gleichung ergibt sich

$$\omega = \frac{X_L'}{2L} \pm \sqrt{\frac{1}{LC} + \left(\frac{X_L'}{2L}\right)^2} = 558{,}3\,\text{s}^{-1} \text{ und}$$

$f = 88{,}86\,\text{Hz}.$

b) $\dfrac{1}{\omega C} - \omega L = X_C'$; daraus folgt

$\omega = 358{,}3\,\text{s}^{-1}$ und $f = 57\,\text{Hz}.$

104. a) $\dfrac{1}{\omega C} = \omega L - X_L';\quad C = 0{,}077\,5\,\mu\text{F}$

b) $C = 0{,}026\,3\,\mu\text{F}$ c) $C = 12{,}15\,\mu\text{F}$

105. Bei 50 Hz ergibt sich $X_L' = 3\,875\,\Omega$ und $I = 59\,\text{mA}$;

bei 45 Hz ist der Strom $I = 83\,\text{mA}$, d. h. Zunahme um 47 %;

bei 55 Hz ist $I = 46\,\text{mA}$ und die Abnahme 22 %.

106. Bei induktivem Charakter der Schaltung ist $\omega L - \dfrac{1}{\omega C} = \dfrac{U}{I}$; hiernach ist

$\omega = 300{,}8\,\text{s}^{-1}$ und $f = 48\,\text{Hz}$;

bei kapazitivem Charakter ist $\dfrac{1}{\omega C} - \omega L = \dfrac{U}{I}$ und

$\omega = 178{,}8\,\text{s}^{-1};\quad f = 28\,\text{Hz}.$

107. $\omega L = 2\pi \cdot 800\,\text{s}^{-1} \cdot 40 \cdot 10^{-3}\,\text{H} = 201{,}06\,\Omega;$

$\tan 45° = 1 = \dfrac{\omega L - X_{C1}}{R};$

$X_{C1} = 191{,}06\,\Omega;\quad C_1 = 1{,}041\,\mu\text{F};$

$\tan(-45°) = -1 = \dfrac{\omega L - X_{C2}}{R};$

$X_{C2} = 211{,}06\,\Omega;\ C_2 = 0{,}943\,\mu\text{F}$

Da sich parallel geschaltete Kapazitäten addieren, muss der Kondensator zwischen

$(0{,}943 - 0{,}8)\,\mu\text{F} = 0{,}143\,\mu\text{F}$ und

$(1{,}041 - 0{,}8)\,\mu\text{F} = 0{,}241\,\mu\text{F}$

veränderbar sein.

108. (Bild 192)

a) $Z = 747\,\Omega;\quad I = \dfrac{U}{Z} = \dfrac{125\,\text{V}}{747\,\Omega} = 167\,\text{mA};$

$\tan\varphi = 1{,}110\,1;\quad \varphi = 48{,}0°;$

$U_R = 83{,}5\,\text{V};\quad U_L = 126{,}2\,\text{V};\quad U_C = 33{,}2\,\text{V}$

b) $Z = 1\,077{,}0\,\Omega;\quad I = 0{,}214\,\text{A};$

$\tan\varphi = -3{,}005\,6;\quad \varphi = -71{,}6°$

$U_R = 72{,}6\,\text{V};\quad U_L = 53{,}8\,\text{V};\quad U_C = 272{,}6\,\text{V}$

c) $Z = 770\,\Omega;\quad I = 299\,\text{mA};$

$\tan\varphi = 0{,}872\,5;\quad \varphi = -41{,}1°$

$U_R = 173{,}4\,\text{V};\quad U_L = 46{,}9\,\text{V};\quad U_C = 198{,}4\,\text{V}$

d) $Z = 6{,}52\,\Omega;\quad I = 920\,\text{mA};$

$\tan\varphi = 0{,}423\,3;\quad \varphi = +22{,}9°;$

$U_R = 5{,}52\,\text{V};\quad U_L = 4{,}62\,\text{V};\quad U_C = 2{,}29\,\text{V}$

e) $Z = 75{,}93\,\Omega;\quad I = 132\,\text{mA};$

$\tan\varphi = -0{,}158\,1;\quad \varphi = -9{,}0°;$

$U_R = 9{,}9\,\text{V};\quad U_L = 12{,}44\,\text{V};\quad U_C = 14{,}0\,\text{V}$

f) $Z = 15{,}20\,\Omega;\quad I = 790\,\text{A};$

$\tan\varphi = 4{,}966;\quad \varphi = +78{,}6°;$

$U_R = 2{,}37\,\text{V};\quad U_L = 40{,}1\,\text{V};\quad U_C = 27{,}9\,\text{V}$

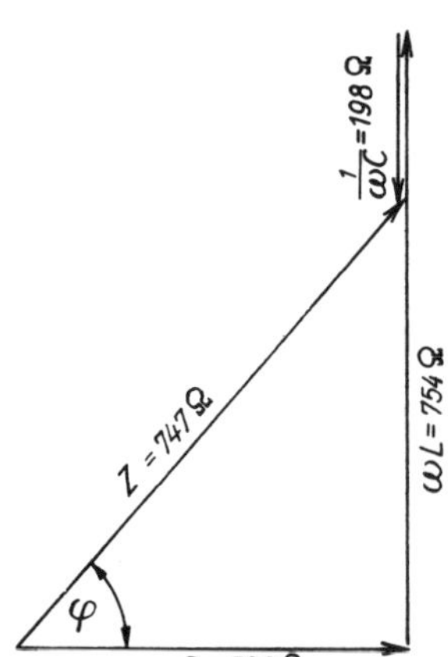

Bild 192: Aufgabe 108a

109. a) $\dfrac{\omega L - \dfrac{1}{\omega C}}{R} = \tan\varphi; \quad C = 65\,\text{nF}$

b) $C = 55\,\text{nF}$ c) $C = 52\,\text{nF}$

110. a) $Z = \dfrac{U}{I} = 66{,}67\,\Omega;$

$$\omega L - \frac{1}{\omega C} = \pm\sqrt{Z^2 - R^2};$$

$$\frac{1}{\omega C} = \omega L \pm \sqrt{Z^2 - R^2};$$

$C_1 = 5{,}45\,\mu\text{F}; \quad C_2 = 4{,}73\,\mu\text{F}$

b) $C_1 = 5{,}67\,\mu\text{F}; \quad C_2 = 4{,}58\,\mu\text{F}$

c) $C_1 = 0{,}344\,\mu\text{F}; \quad C_2 = 0{,}078\,\mu\text{F}$

d) $L = 0{,}138\,\text{H}$

e) $L_1 = 1{,}90\,\text{H}; \quad L_2 = 1{,}72\,\text{H}$

111. Aus $\left(\dfrac{U}{I}\right)^2 = R^2 + \left(\omega L - \dfrac{U_C}{I}\right)^2$

wird mit $(\omega L)^2 + R^2 = \left(\dfrac{U_L}{I}\right)^2$

$$L = \frac{U_L^2 + U_C^2 - U^2}{2I\omega U_C} = 33\,\text{mH und}$$

$$R = \sqrt{\left(\frac{U_L}{I}\right)^2 - (\omega L)^2} = 17{,}3\,\Omega$$

112. Mit $Z_1^2 = R^2 + (\omega L)^2$ und

$Z_2^2 = R^2 + (\omega L - X_C)^2$ wird

$$L = \frac{Z_1^2 - Z_2^2 + X_C^2}{2\omega X_C} = 60\,\text{mH};$$

$$R = \sqrt{Z_1^2 - (\omega L)^2} = 16{,}4\,\Omega$$

113. $\tan\varphi_1 = \dfrac{\omega L}{R};$

$$\tan\varphi_1 - \tan\varphi_2 = \frac{\omega L}{R} - \frac{\omega L - \dfrac{1}{\omega C}}{R};$$

$$R = \frac{1}{\omega C(\tan\varphi_1 - \tan\varphi_2)} = 325\,\Omega;$$

$$L = \frac{R\tan\varphi_1}{\omega} = 60\,\text{mH}$$

114. $L = \dfrac{\sqrt{\left(\dfrac{U}{I_1}\right)^2 - R^2}}{\omega} = 112\,\text{mH};$

$$\frac{1}{\omega C} = \omega L \pm \sqrt{\left(\frac{U}{I_2}\right)^2 - R^2}; \quad C = 7{,}04\,\mu\text{F}$$

115. Aus $Z_1^2 = R^2 + \left(\omega L - \dfrac{1}{\omega C}\right)^2$ und

$Z_2^2 = R^2 + \left(\omega L - \dfrac{1}{2\omega C}\right)^2$ wird durch Subtraktion

$L = C(Z_2^2 - Z_1^2) + \dfrac{3}{4\omega^2 C} = 3{,}48\,\text{H}$ und

$R = 38{,}6\,\Omega$.

116. $\omega L - \dfrac{1}{\omega C} = \sqrt{Z^2 - R^2};$

$$\omega = \frac{\sqrt{Z^2 - R^2}}{2L} + \sqrt{\frac{1}{LC} + \frac{Z^2 - R^2}{(2L)^2}};$$

$f = 115\,\text{Hz}$

117. $R = \sqrt{Z^2 - \left(\omega L - \dfrac{1}{\omega C}\right)^2} = 18{,}2\,\text{k}\Omega$

118. Nach Umzeichnen der Schaltung (Bild 193) sieht man, dass ein Spannungsteiler vorliegt:

$$S = \frac{U_1}{U_2} = \frac{\omega L - \dfrac{1}{\omega C}}{\dfrac{1}{\omega C}} = \omega^2 LC - 1$$

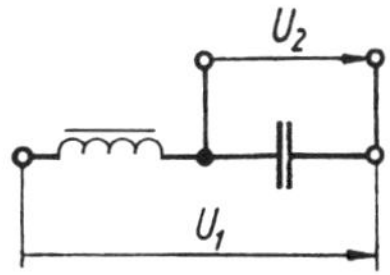

Bild 193: Aufgabe 118

119. Nach dem Ergebnis von Aufgabe 118 ist

$S = 314^2\,1/\text{s}^2 \cdot 35\,\text{H} \cdot 10^{-6}\,\text{F} - 1 = 50{,}8;$

$$U = \frac{U_1}{S} = \frac{24\,\text{V}}{50{,}8} = 0{,}47\,\text{V}$$

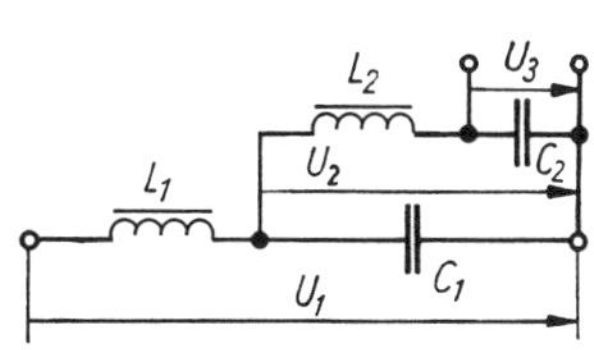

Bild 194: Aufgabe 120

120. (Bild 194) Hier liegt zunächst der Spannungsteiler L_1, C_1 vor, an dem die Spannung U_2 abgegriffen wird, wobei $S_1 = U_1/U_2$ ist. U_2 liegt am zweiten Spannungsteiler L_2, C_2, von dem U_3 abgegriffen wird, wobei $S_2 = U_2/U_3$ ist. Schließlich ist

$$S = S_1 S_2 = \frac{U_1}{U_3} = (\omega^2 L_1 C_1 - 1)(\omega^2 L_2 C_2 - 1).$$

121. Nach den Aufgaben 118 und 120 ergibt sich $S = (\omega^2 LC - 1)^2$, daraus folgt

$$L = \frac{\sqrt{S}+1}{\omega^2 C} = \underline{41{,}32\,\text{H}}.$$

122. a) $I_R = \dfrac{U}{R} = \underline{0{,}23\,\text{A}}$;

$I_C = U\omega C = \underline{0{,}144\,\text{A}}$; $I = \sqrt{I_R^2 + I_C^2} = \underline{0{,}27\,\text{A}}$

$\tan\varphi = R\omega C = 0{,}628\,3$; $\varphi = \underline{32{,}1°}$;

$Z = \dfrac{U}{I} = \underline{852\,\Omega}$

	b)	c)	d)
$I_R =$	0,55 A	1,042 A	0,267 A
$I_C =$	0,138 A	0,003 9 A	0,302 A
$I =$	0,532 A	1,042 A	0,403 A
$\varphi =$	14,1°	0,22°	48,52°
$Z =$	207 Ω	120 Ω	198,5 Ω

123. a) $R = \dfrac{\tan\varphi}{\omega C} = \dfrac{0{,}0875 \cdot 10^6}{6{,}28\,\text{s}^{-1} \cdot 16{,}67 \cdot 0{,}6\,\text{F}} = \underline{1{,}392\,\text{k}\Omega}$

b) $\underline{4\,265\,\Omega}$ c) $\underline{7\,422\,\Omega}$ d) $\underline{11\,145\,\Omega}$ e) $\underline{15\,916\,\Omega}$

124. a) Durch den Kondensator fließt der Strom

$I_C = U\omega C = 230\,\text{V} \cdot 314{,}16\,\text{s}^{-1} \cdot 0{,}5 \cdot 10^{-6}\,\text{F} = 36{,}13\,\text{mA}$; dann ist

$I_R = \sqrt{I^2 - I_C^2} = \sqrt{(1\,406 - 1\,305)\,\text{mA}^2} = \underline{10{,}05\,\text{mA}}$;

$R = \dfrac{U}{I_R} = \dfrac{230\,\text{V}}{0{,}010\,05\,\text{A}} = \underline{22{,}9\,\text{k}\Omega}$.

b) $I_R = \underline{17{,}18\,\text{mA}}$; $R = \underline{13{,}4\,\text{k}\Omega}$

c) $I_R = \underline{47{,}91\,\text{mA}}$; $R = \underline{4{,}80\,\text{k}\Omega}$

d) $I_R = \underline{71{,}38\,\text{mA}}$; $R = \underline{3{,}22\,\text{k}\Omega}$

125. a) $\sqrt{1 + (\omega RC)^2} = \dfrac{R}{Z}$;

$\omega = \dfrac{1}{RC}\sqrt{\dfrac{R^2}{Z^2} - 1}$; $f = \underline{68{,}9\,\text{kHz}}$

b) $\underline{53{,}1\,\text{kHz}}$ c) $\underline{35{,}1\,\text{kHz}}$

126. a) Ersatzkapazität

$C = \dfrac{C_1 C_2}{C_1 + C_2} = \dfrac{2\,\mu\text{F} \cdot 3\,\mu\text{F}}{5\,\mu\text{F}} = 1{,}2\,\mu\text{F}$;

$\tan\varphi = \omega RC = 314\,\text{s}^{-1} \cdot 800\,\Omega \cdot 1{,}2 \cdot 10^{-6}\,\text{F} = 0{,}301\,59$; $\varphi = \underline{16{,}78°}$;

$Z = \dfrac{R}{\sqrt{1 + (R\omega C)^2}} = \dfrac{800\,\Omega}{\sqrt{1 + 0{,}090\,96}} = \underline{766\,\Omega}$

b) $C = 0{,}375\,\mu\text{F}$; $\varphi = \underline{54{,}7°}$; $Z = \underline{400\,\Omega}$

c) $C = 0{,}75\,\mu\text{F}$; $\varphi = \underline{81{,}9°}$; $Z = \underline{210\,\Omega}$

127. a) $\omega R(C_1 + C_2) = 1$;

$C_1 = \dfrac{1}{\omega R} - C_2 = \underline{1{,}183\,\mu\text{F}}$;

b) $C_1 = \underline{1{,}12\,\mu\text{F}}$ c) $C_1 = \underline{3{,}37\,\mu\text{F}}$

128. $I_R = \dfrac{U}{R} = 0{,}2\,\text{A}$; $I_C = \sqrt{I^2 - I_R^2}$;

$C = \dfrac{I_C}{\omega U} = \underline{16{,}55\,\mu\text{F}}$

129. $I = \sqrt{I_R^2 + I_C^2} = \sqrt{I_R^2 + U^2\omega^2 C^2}$

a) $I = \underline{0{,}683\,\text{A}}$ b) $\underline{1{,}000\,\text{A}}$ c) $\underline{0{,}239\,\text{A}}$

130. Mithilfe der Widerstände:

$Z_1 = \sqrt{R_1^2 + (\omega L)^2} = 21{,}7\,\Omega$;

$Z_2 = 32{,}97\,\Omega$;

$Z = \dfrac{Z_1 Z_2}{\sqrt{(R_1 + R_2)^2 + (\omega L_1 + \omega L_2)^2}} = \underline{13{,}41\,\Omega}$;

$I = \dfrac{U}{Z} = \underline{4{,}47\,\text{A}}$; $I_1 = \dfrac{U}{Z_1} = \underline{2{,}76\,\text{A}}$;

$I_2 = \underline{1{,}82\,\text{A}}$; $\cos\varphi_1 = \dfrac{R_1}{Z_1} = 0{,}691\,2$;

$\varphi_1 = 46{,}3°$; $\cos\varphi_2 = \dfrac{R_2}{Z_2} = 0{,}303\,3$;

$\varphi_2 = 72{,}3°$; $I_{w1} = 1{,}91\,\text{A}$; $I_{w2} = 0{,}55\,\text{A}$;

$I_{b1} = 2{,}0\,\text{A}$; $I_{b2} = 1{,}73\,\text{A}$;

$\tan\varphi = \dfrac{I_{b1} + I_{b2}}{I_{w1} + I_{w2}} = 1{,}516\,3$; $\varphi = \underline{56{,}6°}$

Mithilfe der Leitwerte:

$G_1 = \dfrac{R_1}{Z_1^2} = \dfrac{15\,\Omega}{471{,}7\,\Omega^2} = 32\,\text{mS}$; $G_2 = 9\,\text{mS}$;

$B_1 = 33\,\text{mS}$; $B_2 = 29\,\text{mS}$;

$Y_1 = 46\,\text{mS}$; $Y_2 = 30{,}4\,\text{mS}$;

$Y = 74{,}3\,\text{mS}$; $I = UY = \underline{4{,}46\,\text{A}}$

Im Übrigen dieselben Werte wie in der ersten Lösung.

131. $\omega L_1 = 31{,}42\,\Omega$; $\omega L_2 = 18{,}85\,\Omega$;

$Z_1^2 = 3\,487\,\Omega^2$; $Z_2^2 = 980{,}3\,\Omega^2$

$G_1 = 14{,}3\,\text{mS}$; $G_2 = 25{,}5\,\text{mS}$;

$B_1 = 9{,}01\,\text{mS}$; $B_2 = 19{,}2\,\text{mS}$;

$Y_1 = 16{,}90\,\text{mS}$; $Y_2 = 31{,}92\,\text{mS}$;

$I_1 = \underline{1{,}35\,\text{A}}$; $I_2 = \underline{2{,}55\,\text{A}}$;

$I = \underline{3{,}90\,\text{A}}$; $\tan\varphi = 0{,}708\,8$; $\varphi = \underline{35{,}3°}$

132. Aus der quadratischen Gleichung

$$Z = \frac{\sqrt{R_1^2 + (\omega L_1)^2}\sqrt{R_2^2 + (\omega L_2)^2}}{\sqrt{(R_1 + R_2)^2 + [\omega(L_1 + L_2)]^2}}$$ ergibt sich

$\omega = 659{,}54\,\text{s}^{-1}$ und $f = \underline{105\,\text{Hz}}$.

133. (Bild 195) $G_1 = 36\,\text{mS}$; $G_2 = 50\,\text{mS}$;

$B_1 = 56{,}6\,\text{mS}$; $Y_1 = 67\,\text{mS}$; $Y_2 = 50\,\text{mS}$;

$I = \underline{11{,}33\,\text{A}}$; $I_1 = \underline{7{,}37\,\text{A}}$; $I_2 = \underline{5{,}5\,\text{A}}$;

$Y = 103\,\text{mS}$; $\tan\varphi = 0{,}658\,1$; $\varphi = \underline{33{,}4°}$

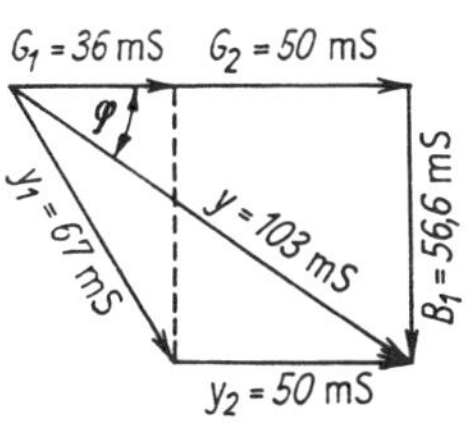

Bild 195: Aufgabe 133

134. $G_1 = 36\,\text{mS}$; $B_1 = 150{,}6\,\text{mS}$;

$G_2 = 2\,\text{S}$;

$Y_1 = 0{,}155\,\text{S}$; $Y_2 = 2\,\text{S}$; $Y = 2{,}042\,\text{S}$;

$I_1 = \underline{1{,}24\,\text{A}}$; $I_2 = \underline{16\,\text{A}}$; $I = \underline{16{,}34\,\text{A}}$;

$\tan\varphi = 0{,}074\,0$; $\varphi = 4{,}2°$

135. $Z_1 = \sqrt{R_1^2 + (\omega L)^2} = 15{,}26\,\Omega$; da die Stromstärke vom Scheinwiderstand abhängt, muss auch $R_2 = \underline{15{,}26\,\Omega}$ sein; $\cos\varphi_1 = 0{,}786\,4$; $\sin\varphi_1 = 0{,}617\,7$;

$$\tan\varphi = \frac{I_1 \sin\varphi_1}{I_1(\cos\varphi_1 + 1)} = \frac{0{,}617\,7}{1{,}786\,4} = 0{,}345\,8;$$

$\varphi = \underline{19{,}1°}$

136. (Bild 196) $Z = \dfrac{R_2\sqrt{2R_1^2}}{\sqrt{(R_1 + R_2)^2 + R_1^2}}$;

Einzelwerte

R_2 in Ω	0	1	2	3	4	…
Z in Ω	0	0,63	0,89	1,03	1,11	…

Für $R_2 \to \infty$ wird $Z = \underline{\sqrt{2}\,\Omega}$

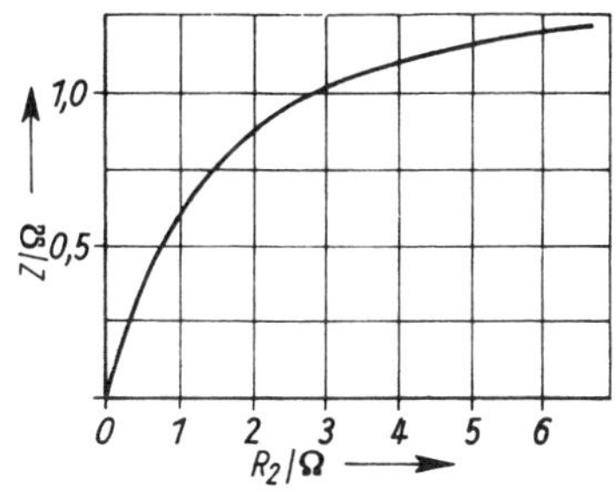

Bild 196: Aufgabe 136

137. (Bild 197) $Z = \dfrac{R_2\sqrt{R_1^2 + R_2^2}}{\sqrt{(R_1 + R_2)^2 + R_2^2}}$;

Einzelwerte

R_1 in Ω	0	1	2	3	4
Z in Ω	0,71	0,63	0,71	0,77	0,81

Wenn $R_1 \to \infty$ strebt, ist $Z = \underline{1\,\Omega}$. Durch Differenzieren der Gleichung $Z^2 = \dfrac{R_2^2(R_1^2 + R_2^2)}{(R_1 + R_2)^2 + R_2^2}$ nach R_1 und Nullsetzen erhält man den Extremwert

$$R_1 = -\frac{R_2}{2} \pm \frac{R_2}{2}\sqrt{5};\quad R_1 = \underline{0{,}618\,\Omega}.$$

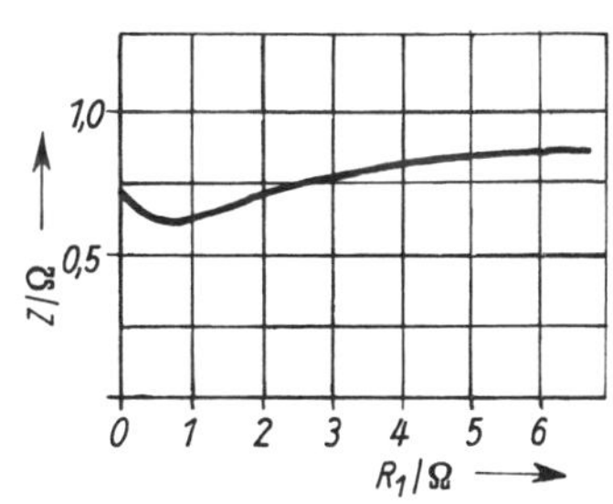

Bild 197: Aufgabe 137

138. (Bild 198) $Z_1^2 = 58{,}207\,\Omega^2$, $G_1 = 103\,\text{mS}$;

$B_1 = 81\,\text{mS}$; $B_2 = 21\,\text{mS}$; $Y_1 = 131\,\text{mS}$;

$Y_2 = 21\,\text{mS}$; $I_1 = \underline{3{,}14\,\text{A}}$; $I_2 = \underline{0{,}50\,\text{A}}$;

$I = \underline{3{,}48\,\text{A}}$; $\varphi = \underline{44{,}7°}$

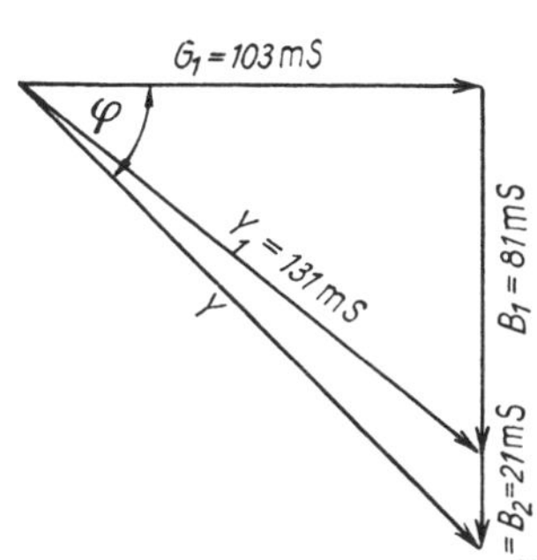

Bild 198: Aufgabe 138

139. $B_1 = \dfrac{\omega L_1}{R^2 + (\omega L_1)^2}$; $G_1 = \dfrac{R}{R^2 + (\omega L_1)^2}$;

$B_2 = \dfrac{1}{(\omega L_2)^2}$;

wegen $\tan\varphi = 1$ gilt $B = G$ und daher die Gleichung

$$\frac{L_1}{R^2 + (\omega L_1)^2} + \frac{1}{(\omega L_2)^2} = \frac{R}{R^2 + (\omega L_1)^2};$$

aus dieser quadratischen Gleichung folgt $R_1 = \underline{27{,}5\,\Omega}$ und $R_2 = \underline{3{,}95\,\Omega}$.

140. (Bild 199) $Z_1^2 = R_1^2 + X_{C1}^2 = 13\,758\,\Omega^2$;

$Z_1 = 117{,}3\,\Omega$; $Z_2 = 66{,}7\,\Omega$;

$G_1 = 3{,}63\,\text{mS}$; $G_2 = 4{,}49\,\text{mS}$;

$B_1 = 7{,}71\,\text{mS}$; $B_2 = 14{,}30\,\text{mS}$;

$Y_1 = 8{,}52\,\text{mS}$; $Y_2 = 14{,}98\,\text{mS}$; $Y = 23{,}46\,\text{mS}$;

$I_1 = \underline{1{,}92\,\text{A}}$; $I_2 = \underline{3{,}37\,\text{A}}$; $I = \underline{5{,}28\,\text{A}}$;

$\tan\varphi = 2{,}71$; $\varphi = \underline{69{,}7^\circ}$

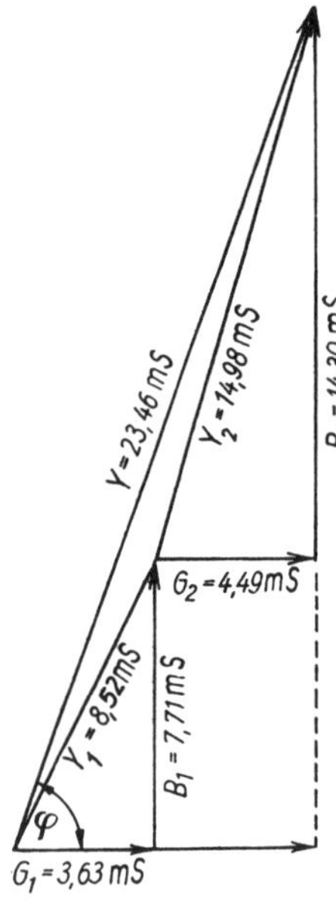

Bild 199: Aufgabe 140

141. $Z_1 = 869{,}3\,\Omega$; $Z_2 = 895{,}7\,\Omega$;

$G_1 = 0{,}463\,\text{mS}$; $G_2 = 0{,}935\,\text{mS}$;

$B_1 = 1{,}053\,\text{mS}$; $B_2 = 0{,}610\,\text{mS}$;

$Y_1 = 1{,}15\,\text{mS}$; $Y_2 = 1{,}12\,\text{mS}$; $Y = 2{,}17\,\text{mS}$;

$I_1 = \underline{0{,}251\,\text{A}}$; $I_2 = \underline{0{,}244\,\text{A}}$; $I = \underline{0{,}473\,\text{A}}$;

$\tan\varphi = 1{,}896$; $\varphi = \underline{49{,}9^\circ}$

142. $Z_1^2 = 2\,878{,}5\,\Omega^2$; $G_1 = 2{,}78\,\text{mS}$;

$B_1 = 18{,}43\,\text{mS}$; $G_2 = 166{,}67\,\text{mS}$;

$Y_1 = 18{,}64\,\text{mS}$; $Y_2 = 166{,}67\,\text{mS}$;

$Y = 170{,}4\,\text{mS}$; $I = 1{,}704\,\text{A}$;

$I_1 = \underline{0{,}186\,\text{A}}$; $I_2 = \underline{1{,}67\,\text{A}}$;

$\tan\varphi = 0{,}108\,8$; $\varphi = \underline{6{,}2^\circ}$

143. $Z_1^2 = 4\,783\,000\,\Omega^2$; $G_1 = 0{,}314\,\text{mS}$;

$B_1 = 0{,}333\,\text{mS}$; $G_2 = 6{,}67\,\text{mS}$;

$Y_1 = 0{,}458\,\text{mS}$; $Y_2 = 6{,}67\,\text{mS}$;

$Y = 6{,}99\,\text{mS}$; $I = \underline{0{,}42\,\text{A}}$;

$I_1 = \underline{0{,}0275\,\text{A}}$; $I_2 = \underline{0{,}4\,\text{A}}$;

$\tan\varphi = 0{,}047\,7$; $\varphi = \underline{2{,}7^\circ}$

144. (Bild 200) $Z = \dfrac{R\sqrt{R^2 + X_C^2}}{\sqrt{(2R)^2 + X_C^2}}$

Es ergeben sich für

X_C in Ω	0	1	2	3	...
Z in Ω	0,5	0,632	0,791	0,877	...

Für $X_C \to \infty$ wird $Z = \underline{1\,\Omega}$.

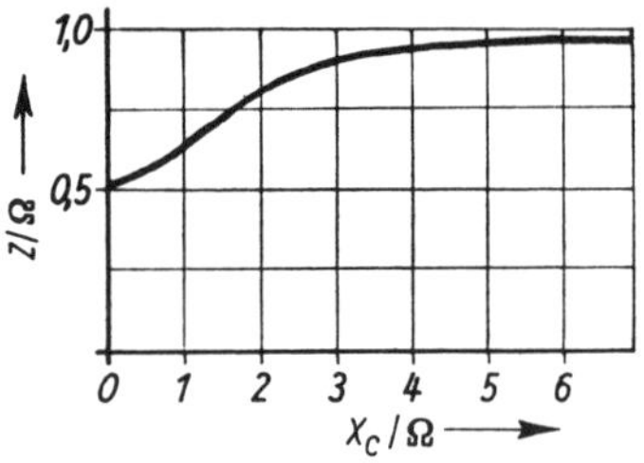

Bild 200: Aufgabe 144

145. $\dfrac{U}{I} = \dfrac{R_2\sqrt{R_1^2 + X_C^2}}{\sqrt{(R_1 + R_2)^2 + X_C^2}}$; mit $X_C = \dfrac{1}{\omega C}$

ergibt sich $\omega = 756\,\text{s}^{-1}$; $f = \underline{120{,}3\,\text{Hz}}$.

146. (Bild 201) $I_1 = \sqrt{I^2 + I_2^2} = 2{,}69\,\text{A}$;

$Z_1 = \sqrt{R_1^2 + (\omega L)^2} = 55{,}86\,\Omega$;

$U = I_1 Z_1 = \underline{150{,}26\,\text{V}}$; $Z_2 = 150{,}41\,\Omega$;

$\tan\varphi = \dfrac{I_2}{I} = 0{,}4$; $\varphi = 21{,}8^\circ$;

$\cos\varphi_1 = \dfrac{R_1}{Z_1} = 0{,}537\,1$;

$\varphi_1 = 57{,}5^\circ$; $\varphi_2 = 90^\circ - (\varphi_1 - \varphi) = 54{,}3^\circ$;

$R_2 = Z_2 \cos\varphi_2 = \underline{87{,}77\,\Omega}$;

$X_C = Z_2 \sin \varphi_2 = 122{,}15\,\Omega$;

$C = \dfrac{1}{\omega X_C} = \underline{26\,\mu\text{F}}$

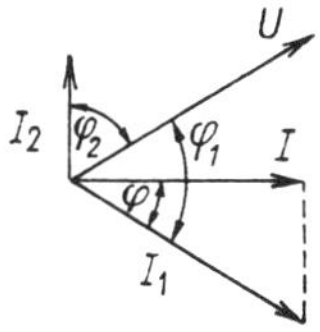

Bild 201: Aufgabe 146

147. $I = 1{,}73\,\text{A}$; $Z_1 = 37{,}24\,\Omega$;

$U = IZ_1 = \underline{64{,}5\,\text{V}}$; $Z_2 = 64{,}5\,\Omega$;

$\tan \varphi = 0{,}577\,4$; $\varphi = 30{,}0°$;

$\cos \varphi_1 = 0{,}537\,1$; $\varphi_1 = 57{,}5°$; $\varphi_2 = 62{,}5°$;

$R_2 = \underline{29{,}78\,\Omega}$; $X_C = 64{,}5\,\Omega$; $C = \underline{49{,}4\,\mu\text{F}}$

148. (Bild 202) $\omega L = 62{,}83\,\Omega$;

$(\omega L)^2 = 3\,948\,\Omega^2$;

$Z_1^2 = 5\,548\,\Omega^2$; $Z_2 = Z_1 = 74{,}5\,\Omega$;

$\varphi = 45{,}0°$; $\cos \varphi_1 = \dfrac{R_1}{Z_1} = 0{,}537\,0$;

$\varphi_1 = 57{,}5°$; $\varphi_2 = 90° - 57{,}5° = 32{,}5°$;

$R_2 = Z_2 \cos \varphi_2 = \underline{62{,}8\,\Omega}$;

$X_C = Z_1 \sin \varphi_2 = 40\,\Omega$; $C = \underline{79{,}6\,\mu\text{F}}$

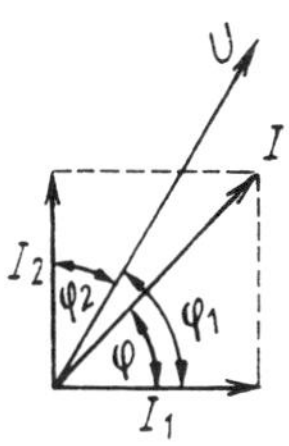

Bild 202: Aufgabe 148

149. a) Bei $R = 10\,\Omega$ ist $X_L^2 = 986{,}96\,\Omega^2$;

$Z_1^2 = 1\,086{,}96\,\Omega^2$; $G = 9{,}2\,\text{mS}$; $B_1 = 28{,}9\,\text{mS}$;

$B_2 = -0{,}314\,\text{mS}$; $B = +28{,}59\,\text{mS}$;

$\tan \varphi = \dfrac{B}{G} = +3{,}107\,6$; $\varphi = \underline{+72{,}2°}$;

bei $R = 100\,\Omega$ ist $\varphi = \underline{+15{,}6°}$

b) Bei $R = 10\,\Omega$ ist $\varphi = \underline{+88{,}0°}$;

bei $R = 100\,\Omega$ ist $\varphi = \underline{+70{,}4°}$

c) Bei $R = 5\,\Omega$ ist $\varphi = \underline{+84{,}3°}$;

bei $R = 50\,\Omega$ ist $\varphi = \underline{+40{,}5°}$

150. Siehe Bild 203

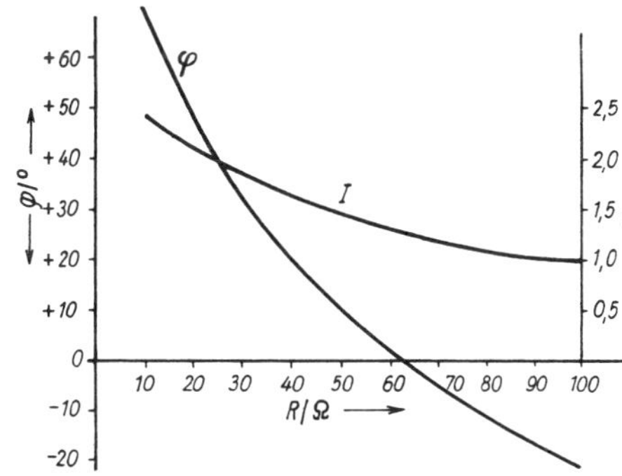

Bild 203: Aufgabe 150

151. $\tan \varphi = \dfrac{\left(\dfrac{\omega L}{R^2 + (\omega L)^2} - \omega C\right)(R^2 + (\omega L)^2)}{R}$

$= \dfrac{\omega L - \omega C(R + (\omega L)^2)}{R}$;

mit $\tan \varphi = 5{,}671\,3$ wird daraus $R = 6{,}7\,\Omega$ bzw.

mit $\tan \varphi = \underline{-5{,}671\,3}$ ist $R = \underline{909{,}3\,\Omega}$.

152. $\omega L_1 = 251{,}33\,\Omega$; $\omega L_2 = 377\,\Omega$;

$\omega L_3 = 502{,}65\,\Omega$; $Z_1^2 = 64\,067\,\Omega^2$;

$Z_2^2 = 145729\,\Omega^2$; $Z_3^2 = 259\,057\,\Omega^2$;

$G_1 = 0{,}468\,\text{mS}$; $G_2 = 0{,}412\,\text{mS}$;

$G_3 = 0{,}309\,\text{mS}$; $G = 1{,}189\,\text{mS}$;

$B_1 = 3{,}923\,\text{mS}$; $B_2 = 2{,}587\,\text{mS}$;

$B_3 = 1{,}940\,\text{mS}$; $B = 8{,}450\,\text{mS}$;

$Y = \sqrt{G^2 + B^2} = 8{,}538\,\text{mS}$;

$I = UY = \underline{1{,}025\,\text{A}}$; $I_1 = \dfrac{U}{Z_1} = \underline{0{,}474\,\text{A}}$;

$I_2 = \dfrac{U}{Z_2} = \underline{0{,}314\,\text{A}}$; $I_3 = \dfrac{U}{Z_3} = \underline{0{,}236\,\text{A}}$;

$\tan \varphi = \dfrac{B}{G} = 7{,}106\,8$; $\varphi = \underline{82{,}0°}$

153. Die Leitwerte sind $G_1 = 4{,}6\,\text{mS}$, $G_2 = 3{,}82\,\text{mS}$; $B_1 = 14{,}45\,\text{mS}$ und $B_2 = 8{,}99\,\text{mS}$; daraus ergibt sich der Ansatz

$$Y = \frac{I}{U} = \frac{3\,\text{A}}{80\,\text{V}} = 37{,}5\,\text{mS}$$
$$= \sqrt{(8{,}42\,\text{mS} + G_3)^2 + (23{,}44\,\text{mS} + B_3)^2}.$$

Wegen $\tan \varphi 3 = 1$ ist $B_3 = G_3$, sodass der Ausdruck nur noch eine Unbekannte enthält und

$B_3 = G_3 = 9{,}50\,\text{mS}$ ergibt. Für den 3. Zweig ist daher

$$\frac{R_3}{R_3^2+(\omega L_3)^2} = \frac{\omega L_3}{R_3^2+(\omega L_3)^2} = 9{,}501\,\text{mS};$$

das ist gleichbedeutend mit $R_3 = \omega L_3$, sodass $\frac{R_3}{2R_3^2} = 9{,}501\,\text{mS}$ und $R_3 = \underline{52{,}63\,\Omega}$ ist; entsprechend ergibt sich $L_3 = \underline{0{,}17\,\text{H}}$.

154. (Bild 204) $Z_1^2 = 1\,012\,\Omega^2$; $Z_2^2 = 2\,270\,\Omega^2$,

$B_1 = 31{,}0\,\text{mS}$; $B_2 = 20{,}8\,\text{mS}$;

$$C = \frac{1}{\omega X_L} = \frac{B_1+B_2}{\omega} = \underline{165\,\mu\text{F}}$$

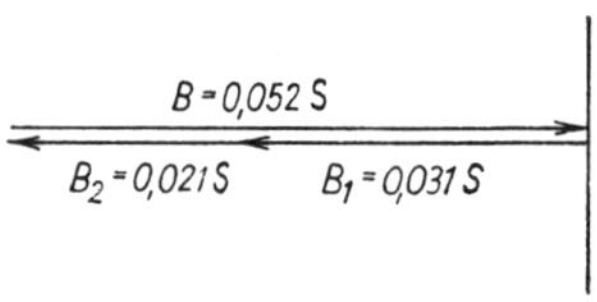

Bild 204: Aufgabe 154

155. $Z_1^2 = 98\,721\,\Omega^2$; $Z_2^2 = 222\,115\,\Omega^2$;

$B_1 = 3{,}18\,\text{mS}$; $B_2 = 2{,}12\,\text{mS}$;

$C = \underline{1{,}69\,\mu\text{F}}$

156. 1. a) $f_0 = \frac{1}{2\pi}\sqrt{\frac{1}{LC}} = \frac{1}{2\pi}\frac{1}{\sqrt{0{,}25\,\text{H}\cdot 25\cdot 10^{-6}\,\text{F}}} = \underline{63{,}7\,\text{Hz}}$

b) $I_0 = \frac{U}{R} = \frac{125\,\text{V}}{12\,\Omega} = \underline{10{,}4\,\text{A}}$

c) $U_0 = I_0\omega_0 L = 10{,}4\,\text{A}\cdot 2\pi\cdot 63{,}7\,\text{s}^{-1}\cdot 0{,}25\,\text{H} = \underline{1\,040{,}6\,\text{V}}$

2. a) $f_0 = \underline{64{,}97\,\text{Hz}}$ b) $I_0 = \underline{6{,}67\,\text{A}}$

c) $U_0 = \underline{817\,\text{V}}$

3. a) $f_0 = \underline{58{,}12\,\text{Hz}}$ b) $I_0 = \underline{23\,\text{A}}$

c) $U_0 = \underline{4\,120\,\text{V}}$

4. a) $f_0 = \underline{71{,}53\,\text{Hz}}$ b) $I_0 = \underline{10\,\text{A}}$

c) $U_0 = \underline{4944\,\text{V}}$

5. a) $f_0 = \underline{150{,}4\,\text{Hz}}$ b) $I_0 = \underline{1{,}917\,\text{A}}$

c) $U_0 = \underline{1449{,}2\,\text{V}}$

157.

1. $R = \underline{12{,}5\,\Omega}$; $L = \underline{0{,}39\,\text{H}}$; $U_0 = \underline{8822\,\text{V}}$
2. $R = \underline{46\,\Omega}$; $L = \underline{0{,}64\,\text{H}}$; $C = \underline{15{,}8\,\mu\text{F}}$
3. $R = \underline{51{,}1\,\Omega}$; $C = \underline{16{,}2\,\mu\text{F}}$; $f_0 = \underline{88{,}4\,\text{Hz}}$
4. $L = \underline{8{,}44\,\text{H}}$; $U = \underline{24{,}5\,\text{V}}$; $I_0 = \underline{0{,}377\,\text{A}}$
5. $C = \underline{7{,}68\,\text{nF}}$; $f_0 = \underline{33{,}16\,\text{kHz}}$; $I_0 = \underline{0{,}24\,\text{A}}$

158. $I_0 = \frac{U}{R} = 4{,}17\,\text{A}$; $U_C = \frac{I_0}{\omega C}$;

$$C = \frac{I_0}{\omega U_C} = \underline{53{,}1\,\mu\text{F}};$$

$$U' = \sqrt{(I_0R)^2 + (U_0 - U_C)^2} = \sqrt{125^2\,\text{V}^2 + (800-250)^2\,\text{V}^2} = \underline{564\,\text{V}}$$

159. $U_0 = \frac{I_0}{\omega C} = 2I_0R$;

$$R = \frac{1}{2\omega C} = \underline{159{,}15\,\Omega}; \quad L = \frac{1}{\omega^2 C} = \underline{1{,}01\,\text{H}}$$

160. a) $L = \frac{1}{\omega^2 C} = \frac{10^6}{314^2\,\text{s}^{-2}\cdot 1\,\text{F}} = \underline{10{,}1\,\text{H}}$

b) $\underline{41{,}9\,\text{H}}$ c) $\underline{1\,\text{mH}}$ d) $\underline{3{,}53\,\text{mH}}$ e) $\underline{2{,}44\,\text{H}}$

161. a) $C = \frac{1}{\omega^2 L} = \frac{1}{98\,700\,\text{s}^{-2}\cdot 5\,\text{H}} = \underline{2{,}03\,\mu\text{F}}$

b) $\underline{6{,}7\,\mu\text{F}}$ c) $\underline{101{,}3\,\mu\text{F}}$ d) $\underline{3{,}17\,\mu\text{F}}$ e) $\underline{7{,}9\,\text{pF}}$

162. a) $\underline{65\,\text{Hz}}$ b) $\underline{74\,\text{Hz}}$ c) $\underline{30{,}3\,\text{Hz}}$

d) $\underline{51{,}6\,\text{Hz}}$ e) $\underline{28\,\text{kHz}}$

163. Bild 205

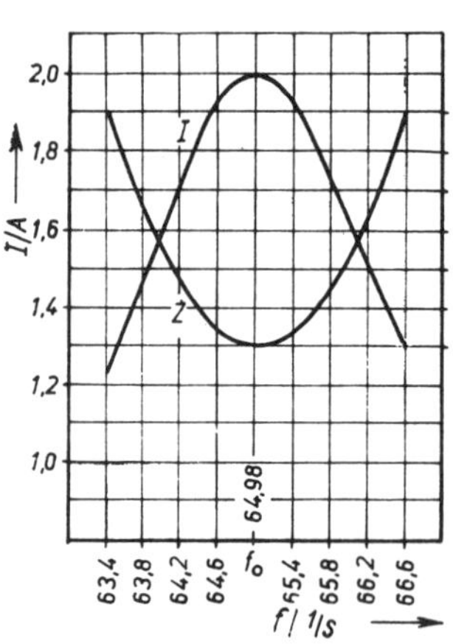

Bild 205: Aufgabe 163

164. Bild 206

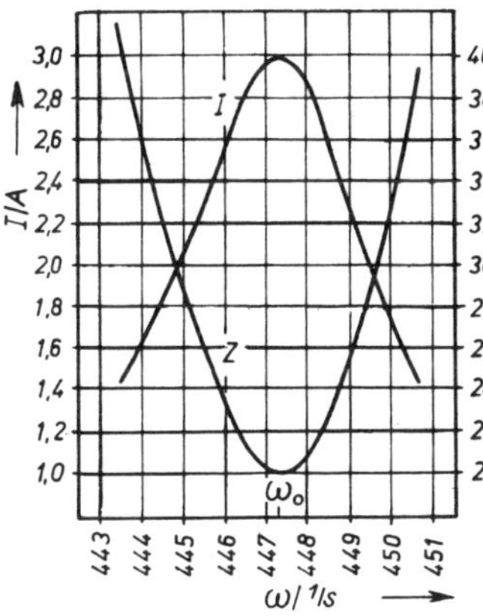

Bild 206: Aufgabe 164

165. Aus der Stromstärke von 8 A im Resonanzfall ergibt sich unmittelbar der Wirkwiderstand von $R = \dfrac{120\,\text{V}}{8\,\text{A}} = 15\,\Omega$; den Kurvenpunkten für 4 A entsprechen die Frequenzen $f_1 = 56\,\text{Hz}$ und $f_2 = 76\,\text{Hz}$. Wegen der Gleichheit der Stromstärken bildet man die Gleichung

$$\frac{U}{\sqrt{R^2 + \left(\dfrac{1}{2\pi f_1 C} - 2\pi f_1 L\right)^2}} = \frac{U}{\sqrt{R^2 + \left(2\pi f_2 L - \dfrac{1}{2\pi f_2 C}\right)^2}}$$

Daraus ergibt sich $L = \dfrac{1\,\text{s}^2}{168\,020\,C}$; bei 4 A ist der Scheinwiderstand $\dfrac{120\,\text{V}}{4\,\text{A}} = 30\,\Omega$, sodass die Gleichung gilt

$$R^2 + \left(\frac{1}{2\pi f_1 C} - 2\pi f_1 L\right)^2 = 900\,\Omega^2;$$

diese wird vereinfacht und der für L gefundene Ausdruck eingesetzt. Daraus folgen $C = \underline{28{,}8\,\mu\text{F}}$ und $L = \underline{0{,}2\,\text{H}}$.

166. (Bild 207) Die Höchstwerte der Teilspannungen U_L und U_C fallen nicht mit der Resonanzfrequenz zusammen, was bei kleineren Werten von R praktisch (aber nicht theoretisch) der Fall ist. Diese Teilspannungen ergeben sich als Produkt aus der Stromstärke I und dem induktiven bzw. kapazitiven Widerstand für die betreffende Kreisfrequenz.

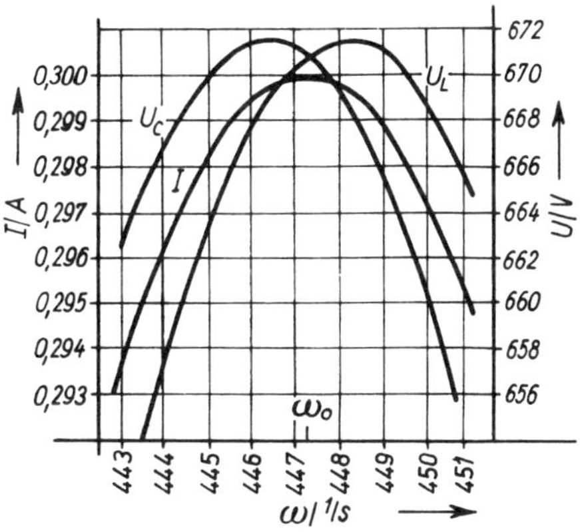

Bild 207: Aufgabe 166

167. Einsetzen von $I = 0{,}8 I_0$ und $\omega = 1{,}1\omega_0$ in die allgemeine Gleichung

$$I = \frac{U}{\sqrt{R^2 + \left(\omega L - \dfrac{1}{\omega C}\right)^2}}$$ führt mit $\omega_0 = \sqrt{\dfrac{1}{LC}}$

auf $0{,}8^2\left(R^2 + 0{,}191^2\dfrac{L}{C}\right) = R^2$, woraus sich

$Q = \dfrac{1}{R}\sqrt{\dfrac{L}{C}} = 3{,}9$ ergibt.

168. $\omega_0 = \dfrac{1}{\sqrt{LC}} = 5 \cdot 10^6\,\text{s}^{-1}$; aus der allgemeinen Gleichung

$$I' = \frac{U}{\sqrt{R^2 + \left(\omega L - \dfrac{1}{\omega C'}\right)^2}}$$

folgt mit eingesetzten Beträgen und $\omega = \sqrt{\dfrac{1}{LC}}$

$I' = \dfrac{U}{\sqrt{R^2 + 96{,}1\,\Omega^2}}$; mit $I_0 = \dfrac{U}{R}$ folgt

$\dfrac{I_0}{I'} = \dfrac{\sqrt{R^2 + 96{,}1\,\Omega^2}}{R}$ und

$R = \underline{7{,}85\,\Omega}$; $\quad Q = \dfrac{\omega_0 L}{R} = \underline{64}$;

$B = \dfrac{f_0}{Q} = \dfrac{\omega_0}{2\pi\varrho} = \underline{1{,}24 \cdot 10^4\,\text{s}^{-1}}$.

169. a) $Q = \dfrac{U_L}{U} = \dfrac{1}{R}\sqrt{\dfrac{L}{C}} = \underline{24{,}5}$;

$$f_0 = \frac{RQ}{2\pi L} = \frac{50\,\Omega \cdot 24{,}5}{6{,}28 \cdot 15\,\text{H}} = \underline{13\,\text{Hz}}$$

b) $Q = \underline{34{,}16}$; $f_0 = \underline{7{,}77\,\text{Hz}}$ c) $Q = \underline{272{,}2}$; $f_0 = \underline{65\,\text{kHz}}$ d) $Q = \underline{47{,}14}$; $f_0 = \underline{562{,}7\,\text{kHz}}$

170. a) $I = \dfrac{U_{\text{eff}}}{\sqrt{R^2 + \left(\omega L - \dfrac{1}{\omega C}\right)^2}} = \underline{1{,}97\,\text{A}}$

b) $f_0 = \underline{159{,}2\,\text{Hz}}$ c) $I_{0\,\text{max}} = \dfrac{U_{\text{max}}}{R} = \underline{1\,333\,\text{A}}$

d) $U_L = U_C = \underline{667\,000\,\text{V (max)}}$ (Zerstörung des Kabels!)

171. a) $f_0 = \underline{2653\,\text{kHz}}$

b) Die gesamte Induktivität ist $(L_x + L)$; dies in die Resonanzformel eingesetzt ergibt

$f_0 = \dfrac{1}{2\pi}\sqrt{\dfrac{1}{(L_x + L)C}}$ und damit $L_x = \underline{161\,\mu\text{H}}$.

172. $f_0 = \dfrac{1}{2\pi}\sqrt{\dfrac{1}{LC}} = \dfrac{1}{6{,}28}\sqrt{\dfrac{10^6 \cdot 10^{12}}{90\,\text{H} \cdot 400\,\text{F}}}$

a) $f_0 = \underline{838{,}8\,\text{kHz}}$ b) $\underline{919\,\text{kHz}}$ c) $\underline{1453\,\text{kHz}}$ d) $\underline{1\,794\,\text{kHz}}$ e) $\underline{4\,653\,\text{kHz}}$

173. a) $f_0 = \dfrac{1}{6{,}28}\dfrac{10^9}{\sqrt{10^6\,\text{H} \cdot 10^{12}\,\text{F}}} = \dfrac{1{,}592 \cdot 10^8}{\sqrt{(L/\mu\text{H})(C/\text{pF})}}$ usw.

174. $C = \dfrac{L}{R^2 + (\omega L)^2} = \underline{0{,}02\,\mu\text{F}}$;

$R_0 = \dfrac{L}{RC} = \underline{7{,}5\,\text{k}\Omega}$

175. a) $L = \dfrac{1}{(2\pi f_0)^2 C} = \underline{0{,}9\,\text{mH}}$

b) $R = d\omega_0 L = \underline{51\,\Omega}$ c) $R_{\text{p}} = \dfrac{L}{RC} = \underline{353\,\text{k}\Omega}$

d) $\omega_0 L = \underline{4{,}241\,\text{k}\Omega}$ e) $B = \underline{9\,\text{kHz}}$

176. a) Die Verluste von 6 mW werden vom Effektivwert des Stromes verursacht, sodass

$I^2 R = \dfrac{I_{\text{max}}^2}{2} R = 6\,\text{mW}$, daraus folgt

$I_{\text{max}} = \underline{15{,}35\,\text{mA}}$.

b) $U_{\text{max}} = \dfrac{I_{\text{max}}}{\omega C} = \underline{65{,}15\,\text{V}}$

177.

	1.	2.	3.	4.	5.
a) f_0 in kHz	1300	796	531	503	291
b) R_{p} in kΩ	133,3	125	100	69,4	100
c) d in %	0,6	0,8	1	1,14	1,1
d) I_0 in mA	0,75	0,8	1	1,44	1
e) B in kHz	7,8	6,37	5,3	5,7	3,20

178. a) Aus dem gesamten Gütefaktor $Q' = \dfrac{R'_{\text{p}}}{\omega_0 L}$ folgt der gesamte Dämpfungswiderstand

$R'_{\text{p}} = Q\sqrt{\dfrac{L}{C}} = 354\,\text{k}\Omega$; der ursprüngliche Parallelwiderstand ist $R_{\text{p}} = Q\sqrt{\dfrac{L}{C}} = 1\,273\,\text{k}\Omega$; parallel zu schalten und es folgt

$R' = \dfrac{R'_{\text{p}} R_{\text{p}}}{R'_{\text{p}} - R_{\text{p}}} = \underline{490\,\text{k}\Omega}$

b) $B = \dfrac{f_0}{Q} = \dfrac{1}{2\pi\sqrt{LC}Q} = \underline{417\,\text{Hz}}$; $B' = \underline{1\,500\,\text{Hz}}$

179. Aus $Q = R_{\text{p}}\omega_0 C$ wird

$C = \dfrac{Q}{R_{\text{p}}\omega_0} = 119\,\text{pF}$; $L = \dfrac{CR_{\text{p}}^2}{Q^2} = \underline{0{,}33\,\text{mH}}$

180. $R = \dfrac{\omega_0 LB}{f_0} = 2\pi LB = \underline{7{,}85\,\Omega}$

181. a) $R_{\text{p}} = Q\sqrt{\dfrac{L}{C}} = \underline{284{,}6\,\text{k}\Omega}$

b) $f_0 = \underline{839\,\text{kHz}}$ c) $Z = R_{\text{r}} = \underline{284{,}6\,\text{k}\Omega}$

182. a) Verlustfaktor der Spule $d_L = R\sqrt{\dfrac{C}{L}} = 0{,}002\,8$; gesamter Verlustfaktor $d = d_L + d_C = 0{,}004\,8$;

$U_0 = IR_{\text{p}} = \dfrac{I}{d}\sqrt{\dfrac{L}{C}}$;

Scheitelwert $U_{0\,max} = U_0\sqrt{2} = \dfrac{I}{d}\sqrt{\dfrac{2L}{C}} = \underline{500\,\text{V}}$

b) $I_0 = \omega_0 C U_0 = \underline{5\,\text{A}}$

183. $f_1 = 1\,500\,\text{kHz}$; $f_2 = 500\,\text{kHz}$;

$C_{\text{e}} = C_{\text{a}}\left(\dfrac{f_1}{f_2}\right)^2 = \underline{225\,\text{pF}}$;

$L = \dfrac{1}{(2\pi f_1)^2 C_{\text{a}}} = \underline{450\,\mu\text{H}}$

184. a) $f_1 = 150\,\text{kHz}$; $f_2 = 50\,\text{kHz}$;

$$\frac{f_2}{f_1} = \frac{1}{3} = \sqrt{\frac{LC_1}{LC_2}} = \sqrt{\frac{C_a + C_p}{C_e + C_p}};$$

$$C_p = \frac{C_e - 9C_a}{8} = \underline{47{,}5\,\text{pF}}$$

Damit wird die gesamte Anfangskapazität $C'_a = C_a + C_p = 77{,}5\,\text{pF}$, was zusammen mit L die Frequenz f_1 ergeben soll.

Daher ist $f_1 = \dfrac{1}{2\pi}\dfrac{1}{\sqrt{LC'_a}}$ und damit $L = \underline{14{,}5\,\text{mH}}$.

b) $R_{p1} = \dfrac{L}{RC'_a} = \underline{12{,}5\,\text{M}\Omega}$; $C_2 = \underline{697{,}5\,\text{pF}}$;

$$R_{p2} = \frac{L}{RC'_e} = \underline{1{,}4\,\text{M}\Omega};$$

$$d_1 = R\sqrt{\frac{C'_a}{L}} = \underline{0{,}11\,\%}; \quad d_2 = \underline{0{,}33\,\%}$$

185. a) $P = S\cos\varphi = 18\,\text{kVA} \cdot 0{,}819\,2 = \underline{14{,}74\,\text{kW}}$;

$Q = S\sin\varphi = 18\,\text{kVA} \cdot 0{,}573\,6 = \underline{10{,}32\,\text{kvar}}$

b) $\underline{13{,}79\,\text{kW}}$; $\underline{11{,}57\,\text{kvar}}$

c) $\underline{10{,}32\,\text{kW}}$; $\underline{14{,}74\,\text{kvar}}$

d) $\underline{4{,}66\,\text{kW}}$; $\underline{17{,}39\,\text{kvar}}$

186. a) $I = \dfrac{P}{U\cos\varphi} = \dfrac{1\,500\,\text{W}}{230\,\text{V} \cdot 0{,}89} = \underline{7{,}33\,\text{A}}$

b) $\underline{7{,}50\,\text{A}}$ c) $\underline{7{,}67\,\text{A}}$ d) $\underline{7{,}95\,\text{A}}$ e) $\underline{8{,}69\,\text{A}}$

187. a) $\cos\varphi = \dfrac{P}{UI} = \underline{0{,}65}$

b) $\underline{0{,}75}$ c) $\underline{0{,}78}$ d) $\underline{0{,}58}$ e) $\underline{0{,}60}$

188. $P = P' - \left(\dfrac{U^2}{R_1} + \dfrac{U^2}{R_2}\right) = 41{,}36\,\text{W}$;

$I_M = 0{,}216\,\text{A}$; $I_S = \sqrt{I_M^2 + I^2 - 2I_M I \cdot P'/(UI)}$;

$$\cos\varphi = \frac{P}{UI_S} = \underline{0{,}59}$$

189. Bild 208

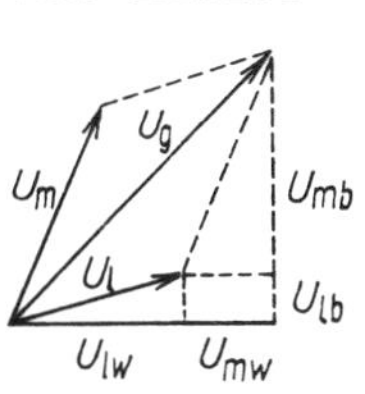

Bild 208: Aufgabe 189

a) $R = \dfrac{2\varrho l}{A} = 14{,}16\,\Omega$; $U_{lw} = IR = \underline{495{,}6\,\text{V}}$;

$$L = \frac{\mu_0 l}{\pi}\left(\ln\frac{500}{4} + 0{,}25\right) = 0{,}040\,63\,\text{H};$$

$U_{lb} = I\omega L = \underline{447\,\text{V}}$

b) Wirkspannung $U_{mw} = U\cos\varphi = \underline{1\,600\,\text{V}}$;

Blindspannung $U_{mb} = U\sin\varphi = \underline{1\,200\,\text{V}}$

c) $U_g = \sqrt{(U_{mw} + U_{lw})^2 + (U_{mb} + U_{lb})^2} = \underline{2\,665\,\text{V}}$

d) Wirkleistung des Generators

$P_g = U_g I = 2\,095{,}6\,\text{V} \cdot 35\,\text{A} = \underline{73{,}3\,\text{kW}}$;

Leistungsverlust

$P_l = U_{lw} I = 495{,}6\,\text{V} \cdot 35\,\text{A} = \underline{17{,}3\,\text{kW}}$

190.

a) $P = U(I_1\cos\varphi_1 + I_2\cos\varphi_2 + I_3\cos\varphi_3) = \underline{2{,}25\,\text{kW}}$

b) $Q = U(I_1\sin\varphi_1 + I_2\sin\varphi_2 + I_3\sin\varphi_3) = \underline{1{,}73\,\text{kvar}}$

c) $S = \sqrt{P^2 + Q^2} = \underline{2{,}84\,\text{kV} \cdot \text{A}}$

d) $\cos\varphi_g = \dfrac{P}{S} = \underline{0{,}79}$ e) $I = \dfrac{S}{U} = \underline{12{,}35\,\text{A}}$

191. $S_g = \dfrac{P}{\cos\varphi} = 5{,}85\,\text{kV} \cdot \text{A}$;

$Q_g = S_g \sin\varphi = 3{,}35\,\text{kvar}$;

$Q_1 = P_1\tan\varphi_1 = 1{,}5\,\text{kV} \cdot \text{A} \cdot 0{,}882\,0 = 1{,}32\,\text{kvar}$;

$$\tan\varphi_2 = \frac{Q_2}{P_2} = \frac{Q_g - Q_1}{P_g - P_1} = 0{,}615;$$

$\cos\varphi_2 = \underline{0{,}85}$

192. Es liegen 2 Gleichungen vor:

$P = 2{,}5\,\text{kW} = 0{,}75 S_1 + 0{,}84 S_2$.

$Q = 2{,}006\,\text{kvar} = 0{,}6614 S_1 + 0{,}5426 S_2$

Hieraus erhält man z. B. $S_2 = 1{,}00\,\text{kV} \cdot \text{A}$ und

$P_2 = S_2\cos\varphi_2 = \underline{0{,}84\,\text{kW}}$

$P_1 = P - P_2 = \underline{1{,}66\,\text{kW}}$

193. a) $Z = \sqrt{R^2 + (\omega L)^2} = 15{,}26\,\Omega$;

$$I = \frac{U}{Z} = 15{,}07\,\text{A};$$

$P = I^2 R = \underline{2{,}73\,\text{kW}}$; $Q = I^2\omega L = \underline{2{,}14\,\text{kvar}}$;

$S = \sqrt{P^2 + Q^2} = \underline{3{,}47\,\text{kV} \cdot \text{A}}$

b) $\underline{2{,}31\,\text{kW}}$; $\underline{1{,}20\,\text{kvar}}$; $\underline{2{,}60\,\text{kV} \cdot \text{A}}$

c) $\underline{1{,}80\,\text{kW}}$; $\underline{0{,}66\,\text{kvar}}$; $\underline{1{,}92\,\text{kV} \cdot \text{A}}$

194. a) $\tan\varphi = \frac{1}{\omega RC}$; $\quad C = \frac{1}{\omega R \tan\varphi} = \underline{8\,\mu\text{F}}$

b) $\underline{4{,}95\,\mu\text{F}}$ c) $\underline{2{,}84\,\mu\text{F}}$ d) $\underline{1{,}68\,\mu\text{F}}$

195. a) $\cos\varphi = \frac{R}{Z} = \frac{R}{\sqrt{R^2 + (\omega L)^2}} = \underline{0{,}73}$

b) $\underline{0{,}62}$ c) $\underline{0{,}47}$

196. (Bild 209)

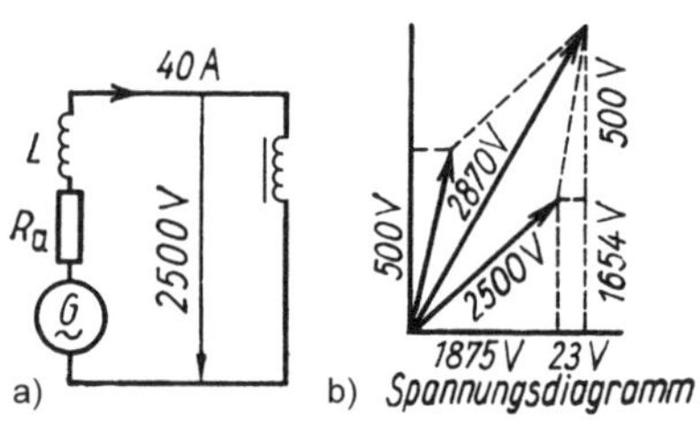

Bild 209: Aufgabe 196

$P = U_k I \cdot 0{,}012 \cos\varphi$;

$R_a = \frac{P}{I^2} = \frac{U_k \cdot 0{,}012 \cos\varphi}{I} = 0{,}563\,\Omega$;

die Quellenspannung der Selbstinduktion ist

$U_L = 0{,}2\,U_k$,

$L = \frac{U_L}{\omega I} = \frac{0{,}2\,U_k}{\omega I} = \underline{0{,}332\,\text{H}}$

Die Wirkspannungen betragen

$U_w = IR_a + U_k \cos\varphi$

$\quad = 40\,\text{A} \cdot 0{,}563\,\Omega + 2\,500\,\text{V} \cdot 0{,}75 = 1\,898\,\text{V}$;

die Blindspannungen sind

$U_b = U_L + U_k \sin\varphi = 2\,154\,\text{V}$;

die Quellenspannung ist daher

$U_q = \sqrt{U_w^2 + U_b^2} = \underline{2\,871\,\text{V}}$;

$P = IU_w = \underline{76\,\text{kW}}$

197. $S = Q = \frac{U^2}{X_C} = U^2 \omega C = \underline{1{,}66\,\text{V}\cdot\text{A}}$

198. $P = IU \cos\varphi = \underline{74{,}5\,\text{W}}$;

$W = Pt = 0{,}884\,\text{kWh}$; Kosten: $\underline{21{,}5\,\text{ct}}$

199. Aus dem Spannungsdiagramm (Bild 210) ergibt sich $U^2 = U_1^2 + U_2^2 + 2U_1U_2 \cdot \cos\varphi$. Ferner ist $P = U_2 I \cos\varphi$ und $I = U_1/R_1$. Setzt man den sich aus der 1. Gleichung ergebenden Wert von $\cos\varphi$ in die 2. Gleichung ein, so ergibt sich $P = U_2 I \frac{U^2 - U_1^2 - U_2^2}{2U_1U_2}$. Ersetzt man I nach der 3. Gleichung, so entsteht die genannte Formel.

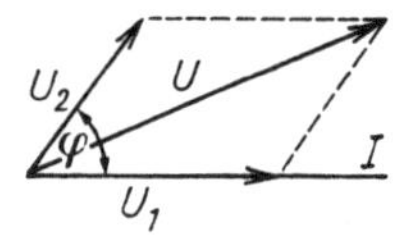

Bild 210: Aufgabe 199

200. $P = \frac{50\,625\,\text{V}^2 - 12\,544\,\text{V}^2 - 13\,924\,\text{V}^2}{13\,\Omega}$

$\quad = \underline{1{,}86\,\text{kW}}$;

$\cos\varphi = \frac{P}{S} = \frac{U_2 I (U^2 - U_1^2 - U_2^2)}{2U_1U_2 \cdot U_2 I}$

$\quad = \frac{U^2 - U_1^2 - U_2^2}{2U_1U_2} = \underline{0{,}914}$;

$S = \frac{P}{\cos\varphi} = \underline{2{,}04\,\text{kV}\cdot\text{A}}$

201. a) $P = \frac{U^2 - U_1^2 - U_2^2}{2R_1} = \underline{52{,}16\,\text{W}}$;

$\cos\varphi = \frac{U^2 - U_1^2 - U_2^2}{2U_1U_2} = \underline{0{,}853}$

b) $P = \underline{36{,}1\,\text{W}}$; $\quad \cos\varphi = \underline{0{,}55}$

c) $P = \underline{16{,}6\,\text{W}}$; $\quad \cos\varphi = \underline{0{,}26}$

202. a) Lampe allein: $P_1 = IU_1 = \underline{118{,}8\,\text{W}}$;

Widerstand der Lampe: $R_1 = \frac{U_1}{I} = 98{,}18\,\Omega$;

Drossel: $P_2 = \frac{U^2 - U_1^2 - U_2^2}{2R_1} = \underline{31{,}9\,\text{W}}$;

zusammen $\underline{150{,}7\,\text{W}}$;

b) $\underline{451{,}4\,\text{W}}$ bzw. $\underline{547{,}4\,\text{W}}$

c) $\underline{1000\,\text{W}}$ bzw. $\underline{1202\,\text{W}}$

203. Es ist nach Bild 211

$I_2 = I_1 + I_2^2 + 2I_1I_2 \cos\varphi$ sowie $P = UI_2 \cos\varphi$ und $U = I_1R_1$. Die erste Gleichung liefert

$\cos\varphi = \frac{I^2 - I_1^2 - I_2^2}{2I_1I_2}$.

Dies in die 2. Gleichung eingesetzt, ergibt zusammen mit der 3. Gleichung die genannte Formel.

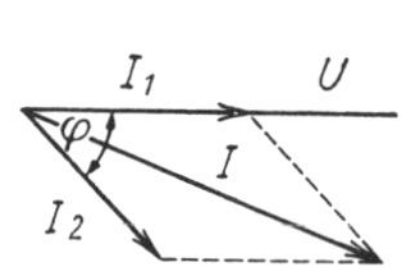

Bild 211: Aufgabe 203

204. Lösungsweg nach Aufgabe 203:

$R_1 = \dfrac{U}{I_1} = 17{,}9\,\Omega;$

Motor: $P_2 = \dfrac{R_1(I^2 - I_1^2 - I_2^2)}{2} = \underline{1{,}69\,\text{kW}};$

$\cos\varphi = \dfrac{P_2}{S_2} = \dfrac{U(I^2 - I_1^2 - I_2^2)}{2I_1 U I_2} = \underline{0{,}85};$

Lampen: $P_1 = UI_1 = \underline{2{,}8\,\text{kW}}$

205. a) Drossel allein: $\cos\varphi_2 = \dfrac{P_2}{U_2 I} = \underline{0{,}04};$

Lampe mit Drossel: $\cos\varphi = \dfrac{P}{UI} = \underline{0{,}53}$

b) $\underline{0{,}04}$ bzw. $\underline{0{,}59}$ c) $\underline{0{,}04}$ bzw. $\underline{0{,}60}$

206. a) $S = 230\,\text{V} \cdot 0{,}15\,\text{A} = 34{,}5\,\text{V}\cdot\text{A};$

$Q = \sqrt{S^2 - P^2} = 31{,}96\,\text{var};$

Lampe mit Drossel:

$\cos\varphi_1 = \dfrac{P}{S} = \dfrac{13\,\text{W}}{34{,}5\,\text{V}\cdot\text{A}} = \underline{0{,}38}$

$\tan\varphi_2 = \dfrac{Q}{P - P_1} = 10{,}65;$

$\varphi_2 = 84{,}6^\circ;\quad \cos\varphi_2 = \underline{0{,}09}$

b) $\underline{0{,}1}$ bzw. $\underline{0{,}43}$ c) $\underline{0{,}1}$ bzw. $\underline{0{,}46}$

d) $\underline{0{,}09}$ bzw. $\underline{0{,}43}$

207. (Der Index 1 bezieht sich auf den Generator, der Index 2 auf den Motor).

a) $P_1 = P_2 + 0{,}1P_1;\quad P_1 = \dfrac{P_2}{1 - 0{,}01} = \underline{200\,\text{kW}}$

b) $U_L = \dfrac{P_1 - P_2}{I} = \underline{227{,}3\,\text{V}}$

c) $Q_1 = Q_2 = P_2 \tan\varphi_2 = 180\,\text{kW} \cdot 0{,}62$
$= 111{,}6\,\text{kvar};$

$\tan\varphi_1 = \dfrac{Q_1}{P_1} = 0{,}558;\quad \cos\varphi_1 = \underline{0{,}873}$

d) $U_1 = \dfrac{S_1}{I} = \dfrac{P_1}{I\cos\varphi_1} = \underline{2{,}603\,\text{kV}}$

e) $\dfrac{U_1 - U_k}{U_1} = 0{,}078 = \underline{7{,}8\,\%}$

208. a) $U_w = U_1\cos\varphi_1 + U_2\cos\varphi_2 = \underline{384\,\text{V}};$

$U_b - U_1\sin\varphi_1 + U_2\sin\varphi_2 = \underline{428\,\text{V}};$

$U = \sqrt{U_w^2 + U_b^2} = \underline{575\,\text{V}}$

b) $\tan\varphi = \dfrac{U_b}{U_w} = 1{,}115;\quad \cos\varphi = 0{,}67$

c) $I_w = I\cos\varphi = \underline{20\,\text{A}};\quad I_b = I\sin\varphi = \underline{22{,}3\,\text{A}}$

209. $\cos\varphi = \dfrac{P}{UI} = 0{,}701\,8;\quad \tan\varphi = 1{,}015\,3;$

es ergeben sich die Gleichungen:

$\tan\varphi = \dfrac{0{,}6U_1 + 0{,}8U_2}{0{,}8U_1 + 0{,}6U_2}$ sowie

$P = I(0{,}8U_1 + 0{,}6U_2)$; hieraus folgt

$U_1 = \underline{181{,}8\,\text{V}}$ und $U_2 = \underline{202{,}1\,\text{V}}.$

210. a) $P_{ges} = P_1 + P_2 = \dfrac{P_1'}{\eta_1} + \dfrac{P_2'}{\eta_2}$
$= 40{,}2\,\text{kW} + 33{,}3\,\text{kW} = 73{,}5\,\text{kW};$

$I_1 = \dfrac{P_1}{U_m\cos\varphi_1} = \underline{123{,}7\,\text{A}}$

$I = \dfrac{P_{ges}}{U_m\cos\varphi} = 294\,\text{A}$; wegen $\cos\varphi_1 = 0{,}65$ ist $\varphi_1 = 49{,}46^\circ$; nach Stromdiagramm (Bild 212) ist $\varphi' = 60^\circ - 49{,}46^\circ = 10{,}54^\circ$; $\cos\varphi' = 0{,}983\,1;$

$I_2 = \sqrt{I^2 + I_1^2 - 2I\,I_1\cos\varphi'} = \underline{173{,}9\,\text{A}}$

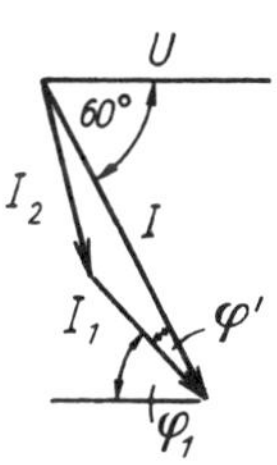

Bild 212: Aufgabe 210a

b) $\cos\varphi_2 = \dfrac{P_2}{U_m I_2} = \underline{0{,}30}$

c) (Bild 213) $R_L = 2\varrho l/A$; Wirkspannung der Leitung $U_{wL} = IR_L = 2I\varrho l/A = 125{,}3\,\text{V}$; Wirkspannung der Motoren $U_{wm} = U_m\cos\varphi = 250\,\text{V}$; gesamte Wirkspannung $U_w = U_{wL} + U_{wm} = 375{,}3\,\text{V}$; Blindspannung der Motoren $U_b = U_m\sin\varphi = 433\,\text{V}$; Gesamtspannung

$U = \sqrt{U_w^2 + U_b^2} = \underline{573\,\text{V}}$

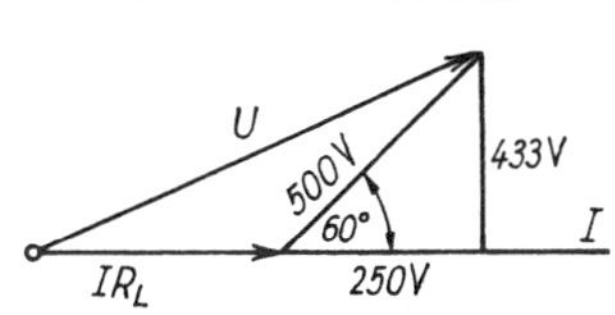

Bild 213: Aufgabe 210c

d) (Bild 214) Blindstrom durch den Kondensator:

$I_C = U_m\omega C = 125{,}7\,\text{A};$

$I_{\text{ges}} = \sqrt{I^2 + I_C^2 - 2I\,I_C \cos 30°} = \underline{195{,}5\,\text{A}}$;

$\cos\varphi_{\text{ges}} = \dfrac{P_{\text{ges}}}{I_{\text{ges}} U_{\text{m}}} = \underline{0{,}752}$

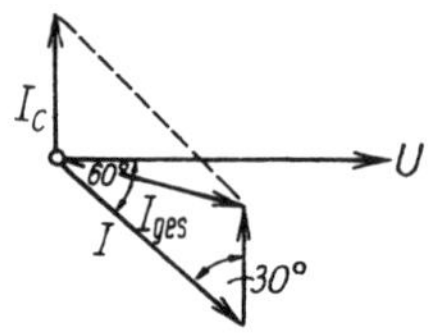

Bild 214: Aufgabe 210d

211. a) Bei $\varphi = 45°$ sind Wirk- und Blindspannung gleich groß, sodass $U_{\text{w}} = U_{\text{b}} = U \sin 45° = 162{,}6\,\text{V}$ ist.

Lampenstrom: $I_{\text{L}} = \dfrac{P_{\text{L}}}{U_{\text{L}}} = 0{,}32\,\text{A}$;

Lampenwiderstand: $R_{\text{L}} = \dfrac{U_{\text{L}}^2}{P_{\text{L}}} = 390{,}6\,\Omega$;

$R_1 = R_2 = \dfrac{U_{\text{w}} - U_{\text{L}}}{I_{\text{L}}} = \underline{117{,}5\,\Omega}$;

$U_{\text{b}} = 162{,}6\,\text{V} = I_{\text{L}}\omega L$; $\quad L = \underline{4{,}85\,\text{H}}$;

$U_C = 162{,}6\,\text{V} = \dfrac{I_{\text{L}}}{\omega C}$; $\quad C = \underline{18{,}8\,\mu\text{F}}$

b) Wirkleistung wird nur in den beiden Lampen und den Widerständen R_1 und R_2 verbraucht, sodass $P = 2(P_{\text{L}} + I_{\text{L}}^2 R_1) = \underline{104{,}1\,\text{W}}$ ist.

c) Die beiden Ströme $I_1 = I_2 = 0{,}32\,\text{A}$ stehen rechtwinklig zueinander; ihre Summe ist daher $0{,}32\sqrt{2}\,\text{A} = \underline{0{,}45\,\text{A}}$.

212. $Q_C = P(\tan 53{,}1° - \tan 36{,}9°) = \underline{2\,789\,\text{kvar}}$

213. $\tan\varphi_1 = \dfrac{Q_C}{P} + \tan 34{,}9° = 1{,}356$;

$\varphi_1 = 53{,}5°$; $\quad \cos\varphi_1 = \underline{0{,}59}$

214. $P = \dfrac{Q_C}{\tan 49{,}5° - \tan 31{,}8°} = \underline{7\,625\,\text{kW}}$

215. $\tan\varphi_1 = \dfrac{W_{\text{b}}}{W_{\text{w}}} = 1{,}479$; $\quad \cos\varphi_1 = 0{,}56$;

$Q_1 = \dfrac{W_{\text{b}}}{t} = 276{,}32\,\text{kvar}$; $\quad P = \dfrac{W_{\text{w}}}{t} = 186{,}84\,\text{kW}$;

$\tan\varphi_2 = 0{,}426$; $\quad Q_2 = P\tan\varphi_2 = 79{,}6\,\text{kvar}$;

zu kompensieren sind $Q_1 - Q_2 = \underline{196{,}7\,\text{kvar}}$

216. Da die geforderte Wirkleistung gleich der zulässigen Scheinleistung ist, ist die gesamte Blindleistung zu kompensieren.

$Q = P_1 \tan\varphi_1 + P_2 \tan\varphi_2 = \underline{190{,}6\,\text{kvar}}$

217. a) $P = S\cos\varphi_1 = \underline{72\,\text{kW}}$

b) $\sin\varphi_1 = 0{,}89$; $\quad Q = S\sin\varphi_1 = 142{,}4\,\text{kvar}$;

verbleibende Blindleistung: $Q_1 - Q_2 = 82{,}4\,\text{kvar}$;

$\sin\varphi_2 = \dfrac{Q_1 - Q_2}{S} = 0{,}515$; $\quad \cos\varphi_2 = \underline{0{,}86}$;

$Q = S\cos\varphi_2 = \underline{137\,\text{kW}}$

c) $\sin\varphi_3 = \dfrac{Q_1 - Q_2}{S} = 0{,}14$; $\quad \cos\varphi_3 = \underline{0{,}99}$;

$P = S\cos\varphi_3 = \underline{158\,\text{kW}}$

218. Maßgebend für die Belastung ist der Gesamtstrom I. Setzt man den Wärmeverlust bei $\cos\varphi = 1$ mit $P_{\text{v}} = I_{\text{w}}^2$ an, so ist dieser bei zusätzlichem Blindstrom

$$xI_{\text{w}}^2 R = (I_{\text{w}}^2 + I_{\text{b}}^2)R = (I_{\text{w}}^2 + I_{\text{w}}^2 \tan^2\varphi)R = I_{\text{w}}^2 R(1 + \tan^2\varphi);$$

a) $x = 1 + \tan^2\varphi = \dfrac{1}{\cos^2\varphi} = \underline{1{,}23}$

b) $\underline{1{,}77}$ c) $\underline{2{,}37}$ d) $\underline{4}$

219. Die zu kompensierende Blindleistung muss vom Kondensator aufgenommen werden, wofür die oben angeführte Formel gilt und daher $C = Q_C/(U^2\omega)$ ist. Für $\omega = 314\,\text{s}^{-1}$ und die angegebenen Spannungen erhält man die genannten Faktoren für C in µF und Q in kvar.

220. $Q_C = UI\cos\varphi_1(\tan\varphi_1 - \tan\varphi_2) = 143{,}8\,\text{var}$;

$C = \dfrac{Q_C}{U^2\omega} = \underline{8{,}6\,\mu\text{F}}$

221. a) Mit $I_{\text{w}} = \dfrac{P}{U}$ wird

$\cos\varphi_1 = \dfrac{I_{\text{w}}}{I} = \dfrac{P}{UI} = 0{,}369$

mit $\tan\varphi_1 = 3{,}302$ und $\tan\varphi_2 = 0{,}75$ wird $Q_C = P(\tan\varphi_1 - \tan\varphi_2) = 24{,}77\,\text{var}$; $C = \underline{1{,}49\,\mu\text{F}}$;

bei $\cos\varphi_2 = 1{,}0$ ergibt sich $C = \dfrac{P\tan\varphi_1}{U^2\omega} = 2{,}1\,\mu\text{F}$

b) 0,38 µF bzw. 1,64 µF

c) 2,08 µF bzw. 3,84 µF

d) 2,96 µF bzw. 5,39 µF

e) 1,93 µF bzw. 5,53 µF

222. $Q_C = U^2 \omega C$;

$$P = \frac{Q_C}{\tan\varphi} = \frac{U^2\omega C}{\tan\varphi} = \underline{753{,}6\,\mathrm{W}}$$

223. a) $\tan\varphi_2 = \tan\varphi_1 - \dfrac{Q_C}{P} = \underline{0{,}932}$;

$\cos\varphi_2 = \underline{0{,}732}$; $S_1 = \dfrac{P}{\cos\varphi_1} = \underline{300\,\mathrm{kV\cdot A}}$;

$$S_2 = \frac{P}{\cos\varphi_2} = \underline{205\,\mathrm{kV\cdot A}}$$

b) $\cos\varphi_2 = \underline{0{,}756}$; $S_2 = \underline{198\,\mathrm{kV\cdot A}}$

c) $\cos\varphi_2 = \underline{0{,}807}$; $S_2 = \underline{186\,\mathrm{kV\cdot A}}$

d) $\cos\varphi_2 = \underline{0{,}883}$; $S_2 = \underline{170\,\mathrm{kV\cdot A}}$

224. a) $Q_1 = S_1 \sin\varphi_1 = 85\,\mathrm{kV\cdot A}\cdot 0{,}8 = 68\,\mathrm{kvar}$;

$S_2 = 76{,}5\,\mathrm{kV\cdot A}$;

$P = S_1\cos\varphi_1 = 51\,\mathrm{kW}$;

$Q_2 = \sqrt{S_2^2 - P^2} = S_1\sqrt{0{,}9^2 - \cos^2\varphi_1} = 57\,\mathrm{kvar}$;

$$C = \frac{Q_C}{\omega U^2} = \frac{Q_1 - Q_2}{\omega U^2} = \underline{662\,\mu\mathrm{F}};$$

$$\tan\varphi_2 = \frac{Q_2}{P} = 1{,}12;$$

$\cos\varphi_2 = \underline{0{,}67}$

b) $C = \underline{1\,384\,\mu\mathrm{F}}$; $\cos\varphi_2 = \underline{0{,}75}$

c) $C = \underline{2\,250\,\mu\mathrm{F}}$; $\cos\varphi_2 = \underline{0{,}857}$

225. $S = UI = 690\,\mathrm{V\cdot A}$;

$Q_1 = 0{,}64\,S = 441{,}6\,\mathrm{var}$;

$P = \sqrt{S^2 - Q_1^2} = 530\,\mathrm{W}$;

$Q_C = Q_1 - Q_2 = Q_1 - P\tan\varphi_2 = 185\,\mathrm{var}$;

$$C = \frac{Q_C}{\omega U^2} = \underline{11{,}1\,\mu\mathrm{F}}$$

226. a) $Q = U^2\omega C = \underline{6{,}6\,\mathrm{kvar}}$ b) $\underline{11{,}6\,\mathrm{kvar}}$

c) $\underline{2{,}2\,\mathrm{kvar}}$ d) $\underline{3{,}8\,\mathrm{kvar}}$ e) $\underline{0{,}83\,\mathrm{kvar}}$

227. a) Wirkleistung des Motors

$$P = \frac{P_{\mathrm{ab}}}{\eta} = 1\,333\,\mathrm{W};$$

Scheinleistung des Motors

$$S_{\mathrm{m}} = \frac{P}{\cos\varphi} = 1\,905\,\mathrm{V\cdot A};$$

Blindleistung des Motors

$Q = S_{\mathrm{m}}\sin\varphi = 1\,360\,\mathrm{var}$;

gesamte Scheinleistung

$S = \sqrt{(P + PL)^2 + Q^2} = 2\,530\,\mathrm{V\cdot A}$;

Gesamtstrom

$$I = \frac{S}{U} = \underline{11\,\mathrm{A}}$$

b) $\cos\varphi_2 = \dfrac{P + P_{\mathrm{L}}}{S} = \underline{0{,}84}$

c) $I = \dfrac{P + P_{\mathrm{L}}}{U} = \underline{9{,}7A}$ d) $C = \dfrac{Q}{\omega U^2} = \underline{81{,}9\,\mu\mathrm{F}}$

228. a) $R = \dfrac{1}{\omega C\tan\delta} = \underline{124\,\mathrm{M\Omega}}$

b) $\underline{0{,}199\,\mathrm{M\Omega}}$ c) $\underline{0{,}53\,\mathrm{M\Omega}}$ d) $\underline{5{,}53\,\mathrm{k\Omega}}$

229. a) $\tan 0{,}3^\circ = 0{,}005\,236$;

$$R = \frac{1}{\omega C\tan\delta} = \frac{10^{12}}{2\pi\cdot 500\cdot 10^3\,\mathrm{s}^{-1}\cdot 600\,\mathrm{F}\cdot 0{,}005\,236} = \underline{101\,\mathrm{k\Omega}}$$

b) $\underline{152\,\mathrm{k\Omega}}$ c) $\underline{50{,}7\,\mathrm{k\Omega}}$

230. a) $\tan\delta = 0{,}039\,79$; $\delta = \underline{2{,}28^\circ}$

b) $\underline{0{,}15^\circ}$ c) $\underline{0{,}46^\circ}$

231. a) $90^\circ - 1{,}3^\circ = \underline{88{,}7^\circ}$ b) $\underline{88{,}4^\circ}$ c) $\underline{88{,}0^\circ}$

d) $\underline{85{,}9^\circ}$ e) $\underline{84{,}3^\circ}$

232. $I = \dfrac{U}{R} = U\omega C\tan\delta = \underline{1{,}4\,\mathrm{mA}}$

233. a) $P_{\mathrm{V}} = U^2\omega C\tan\delta = \underline{26{,}5\,\mathrm{W}}$

b) $\underline{69{,}3\,\mathrm{W}}$ c) $\underline{13{,}2\,\mathrm{W}}$ d) $\underline{15{,}3\,\mathrm{W}}$

a) $R = \dfrac{1}{\omega C\tan\delta} = \underline{6{,}03\,\mathrm{k\Omega}}$

b) $\underline{2{,}31\,\mathrm{k\Omega}}$ c) $\underline{4{,}02\,\mathrm{k\Omega}}$ d) $\underline{3{,}46\,\mathrm{k\Omega}}$

234. $\tan\delta = \dfrac{P_{\mathrm{V}}}{U^2\omega C} = \underline{4{,}80\cdot 10^{-3}}$

b) $\underline{7{,}52\cdot 10^{-3}}$ c) $\underline{12{,}03\cdot 10^{-3}}$

235. $p = \dfrac{200\,lP}{\varkappa A U_{\mathrm{k}}^2\cos^2\varphi} = \underline{3{,}9\,\%}$;

$$P_{\mathrm{V}} = \frac{pP}{100} = \underline{0{,}975\,\mathrm{kW}}$$

236. $A = \dfrac{200lP}{\varkappa p U_{\mathrm{k}}^2\cos^2\varphi} = \underline{17{,}3\,\mathrm{mm}^2}$

(gewählt 25 mm²)

237. $P = \dfrac{p\varkappa A U_k^2 \cos^2\varphi}{200\,l} = \underline{2{,}07\,\text{kW}}$

238. $U_V = \dfrac{pU_k}{100} = 5{,}375\,\text{V}$;

$P = \dfrac{\varkappa A U_V U_k}{2\,l} = \underline{3{,}24\,\text{kW}}$

239. $l = \dfrac{p\varkappa A U_k^2 \cos^2\varphi}{200\,S\cos\varphi} = \underline{245\,\text{m}}$

240. $\tan\varphi_1 = 1{,}020\,2$; $\quad Q = P_1 \tan\varphi_1$;

$\tan\varphi = \dfrac{P_1\tan\varphi_1}{P_1 + P} = 0{,}583$;

$\cos\varphi = 0{,}854$; $\quad p = \dfrac{200\,lP}{\varkappa A U_k^2 \cos^2\varphi} = \underline{13{,}7\,\%}$;

$P_V = Pp = \underline{4{,}79\,\text{kW}}$

241. a) $\dfrac{P_1}{P_2} = \dfrac{\cos^2\varphi_2}{\cos^2\varphi_1}$; $\quad P_2 = \dfrac{4\cdot 0{,}36}{0{,}81} = \underline{1{,}78\,\%}$

b) $\dfrac{P_1}{P_2} = \dfrac{\cos^2\varphi_1}{\cos^2\varphi_2}$; $\quad P_2 = \underline{2{,}25 P_1}$

242. $p_1 = \dfrac{200\,lP}{\varkappa A_1 U_k^2 \cos^2\varphi} = 11{,}5\,\%$;

$p_2 = 7{,}0\,\%$; $\quad \Delta p = \underline{4{,}5\,\%}$

$\Delta P = \dfrac{P\,\Delta p}{100} = \underline{0{,}68\,\text{kW}}$

243. Da der prozentuale Spannungsverlust

$p_U = \dfrac{U_V 100}{U_k} = \dfrac{200\,lP}{\varkappa A U_k^2}$ ist, ergibt sich

$\dfrac{p_U}{p} = \dfrac{2}{3{,}6} = \cos^2\varphi$ und daraus $\cos\varphi = \underline{0{,}75}$.

244. Wenn nicht reine Wirklast vorliegt, liegen Verbraucherspannung und Spannungsverlust nicht in gleicher Phase, sodass geometrisch addiert werden muss.

245. $I = \dfrac{P}{U_k\cos\varphi} = 111\,\text{A}$;

$U_a = \sqrt{U_k^2 + (2IR_L)^2 + 4U_k I R_L \cos\varphi} = \underline{231\,\text{V}}$

246. Aus $U_a = \sqrt{U_k^2 + (2IR_L)^2 + 4U_k I R_L \cos\varphi}$ wird $2IR_L = 61{,}8\,\text{V}$;

$I = \dfrac{P}{U_k\cos\varphi} = 526{,}3\,\text{A}$; $\quad l = \dfrac{2IR_L xA}{2I} = \underline{82\,\text{m}}$

247. Mit $I = \dfrac{P}{U_k\cos\varphi}$ wird

$U_a = \sqrt{U_k^2 + \left(\dfrac{2PR_L}{U_k\cos\varphi}\right)^2 + 4PR_L}$

und hieraus $U_k = \underline{388{,}9\,\text{V}}$.

248. Mit $2IR_L = 30\,\text{V}$ ergibt sich aus

$U_a = \sqrt{U_k^2 + (2IR_L)^2 + 4U_k I R_L \cos\varphi}$ die Klemmenspannung $U_k = 424\,\text{V}$;

$P = U_k I \cos\varphi = \underline{36\,\text{kW}}$.

249. a) $Q_1 = P_1\tan\varphi_1 = 1\,859\,\text{var}$;

$Q_2 = P_2\tan\varphi_2 = 9\,870\,\text{var}$;

gesamte Scheinleistung

$S = \sqrt{(P_1 + P_2)^2 + (Q_1 + Q2)^2} = 15\,094\,\text{V}\cdot\text{A}$;

$I = \dfrac{S}{U} = \underline{30{,}2\,\text{A}}$

b) $U_V = \dfrac{2\varrho l I}{A} = \underline{18{,}5\,\text{V}}$ $\quad$ c) $P_V = I^2 R = \underline{558\,\text{W}}$

d) (Bild 214) $\cos\varphi = \dfrac{P}{S} = 0{,}629$;

$U_a = \sqrt{U_V^2 + U_k^2 + 2U_V U_k \cos\varphi} = \underline{511{,}8\,\text{V}}$

250. a) $U_{12} = \underline{370\,\text{V}}$

b) $U_{2N} = \dfrac{U_{St}}{\sqrt{3}} = \dfrac{370\,\text{V}}{\sqrt{3}} = \underline{213{,}6\,\text{V}}$

c) $U_{1N} = \underline{213{,}6\,\text{V}}$

251. a) $U = \underline{125\,\text{V}}$ $\quad$ b) $U_L = U_{St}\sqrt{3} = \underline{216{,}5\,\text{V}}$

252. a) $I_{St} = \dfrac{400\,\text{V}}{25\,\Omega} = 16\,\text{A}$;

$I_L = 16\,\text{A}\,\sqrt{3} = \underline{27{,}7\,\text{A}}$

b) $I_L = I_{St} = \dfrac{230\,\text{V}}{25\,\Omega} = \underline{9{,}2\,\text{A}}$

253. $I_1 = 2\dfrac{U_{St}}{R}$; $\quad I_2 = \dfrac{U_{St}}{R} + \dfrac{U_L\sqrt{3}}{R} = \dfrac{4U_{St}}{R}$;

der Strom verdoppelt sich.

254. a) $U_L = U_{St}\sqrt{3} = \underline{389{,}7\,\text{V}}$ $\quad$ b) $U_{St} = \underline{225\,\text{V}}$

255. $\dfrac{230\,\text{V}}{2R} + 1\,\text{A} = \dfrac{230\,\text{V}}{R\sqrt{3}}$; $\quad R = \underline{17{,}8\,\Omega}$

256. $I_{St} = \dfrac{I_L}{\sqrt{3}} = 26{,}67\,\text{A}$;

$U_L = U_{St} = I_{St}R = \underline{400\,\text{V}}$

Bei Sternschaltung ist $U_{\mathrm{St}} = \dfrac{U_{\mathrm{L}}}{\sqrt{3}} = 230{,}9\,\mathrm{V}$

und $I_{\mathrm{L}} = I_{\mathrm{St}} = \dfrac{U_{\mathrm{St}}}{R} = \underline{15{,}4\,\mathrm{A}}$

257. a) $I_{\mathrm{St}} = \dfrac{U_{\mathrm{L}}}{R} = \dfrac{230\,\mathrm{V}}{35\,\Omega} = \underline{6{,}57\,\mathrm{A}};$

$I_{\mathrm{L}} = I_{\mathrm{St}} \cdot \sqrt{3} = \underline{11{,}38\,\mathrm{A}}$

b) $R_{\mathrm{ges}} = \dfrac{R \cdot 2R}{R + 2R} = 23{,}33\,\Omega;$

$I_{\mathrm{L}} = \dfrac{U_{\mathrm{L}}}{R_{\mathrm{ges}}} = \underline{9{,}86\,\mathrm{A}}$

258. $I = \dfrac{133\,\mathrm{V}}{R} + 20\,\mathrm{A} = \dfrac{230\,\mathrm{V}\sqrt{3}}{R};$

$R = \underline{13{,}3\,\Omega}$

259. Strangwiderstand $R = \dfrac{U_{\mathrm{L}}}{2I_1} = 12{,}42\,\Omega;$

$I_{\mathrm{L}} = I_{\mathrm{St}} = \dfrac{U_{\mathrm{L}}}{R\sqrt{3}} = \underline{17{,}9\,\mathrm{A}}$

260. a) $I_{\mathrm{St}} = U_{\mathrm{L}}\omega C$
$= 400\,\mathrm{V} \cdot 314\,\mathrm{s}^{-1} \cdot 8 \cdot 10^{-6}\,\mathrm{F}$
$= 1{,}00\,\mathrm{A}$

b) $I_{\mathrm{L}} = I_{\mathrm{St}}\sqrt{3} = \underline{1{,}73\,\mathrm{A}}$

261. $\omega C U_{\mathrm{St}}\sqrt{3} = \omega C U_{\mathrm{St}} + \Delta I$; hieraus folgt
$U_{\mathrm{St}} = \underline{230\,\mathrm{V}}$ und $U_{\mathrm{L}} = \underline{398\,\mathrm{V}}$

262. $P = U_{\mathrm{L}} I_{\mathrm{L}} \sqrt{3}\cos\varphi = \underline{9{,}42\,\mathrm{kW}};$

$Q = U_{\mathrm{L}} I_{\mathrm{L}} \sqrt{3}\sin\varphi = \underline{5{,}84\,\mathrm{kvar}};$

$S = U_{\mathrm{L}} I_{\mathrm{L}} \sqrt{3} = \underline{11{,}08\,\mathrm{kV \cdot A}}$

263. $I_{\mathrm{St}} = I_{\mathrm{L}} = \dfrac{P}{3U_{\mathrm{St}}\cos\varphi} = \dfrac{17\,000\,\mathrm{W}}{3 \cdot 125\,\mathrm{V} \cdot 0{,}65}$
$= \underline{69{,}74\,\mathrm{A}}$

264. $P = 3U_{\mathrm{St}} I_{\mathrm{St}} = 3 \cdot 230\,\mathrm{V} \cdot 12{,}5\,\mathrm{A}$
$= \underline{8{,}62\,\mathrm{kW}}$

265. $I_{\mathrm{L}} = I_{\mathrm{St}} = \dfrac{P}{3U_{\mathrm{St}}\cos\varphi} = \underline{11{,}5\,\mathrm{A}}$

266. a) In Sternschaltung ist die Leiterspannung 400 V und die Leistung $P = U_{\mathrm{L}} I_{\mathrm{L}} \sqrt{3}\cos\varphi = 400\,\mathrm{V} \cdot 37{,}6\,\mathrm{A} \cdot \sqrt{3} \cdot 0{,}87 = \underline{22{,}7\,\mathrm{kW}}$; oder in Dreieckschaltung mit der Leiterspannung 230 V und dem Strom $P = 230\,\mathrm{V} \cdot 65{,}0\,\mathrm{A} \cdot \sqrt{3} \cdot 0{,}87 = \underline{22{,}5\,\mathrm{kW}}$

b) $\eta = \dfrac{P_{\mathrm{ab}}}{P_{\mathrm{zu}}} = \dfrac{19{,}5\,\mathrm{kW}}{22{,}6\,\mathrm{kW}} = \underline{0{,}86}$

267. a) Für den einzelnen Strang gilt $I_{\mathrm{St}} = \dfrac{U_{\mathrm{L}}}{R}$ und den Leiterstrom $I_{\mathrm{L}} = \dfrac{U_{\mathrm{L}}}{R}\sqrt{3}$. Einsetzen in $P = \sqrt{3}U_{\mathrm{L}} I_{\mathrm{L}} \cos\varphi$ ergibt mit $\cos\varphi = 1$:

$\underline{P = \dfrac{3U_{\mathrm{L}}^2}{R}}$

b) Hier gilt $I_{\mathrm{L}} = I_{\mathrm{St}} = \dfrac{U_{\mathrm{St}}}{R} = \dfrac{U_{\mathrm{L}}}{R\sqrt{3}};$

dies ergibt $P = \underline{\dfrac{U_{\mathrm{L}}^2}{R}}$.

268. a) $U_{\mathrm{L}} = I_{\mathrm{St}} R = \dfrac{I_{\mathrm{L}} R}{\sqrt{3}}$. Einsetzen in $P = \sqrt{3}U_{\mathrm{L}} I_{\mathrm{L}} \cos\varphi$ ergibt mit $\cos\varphi = 1$: $\underline{P = I_{\mathrm{L}}^2 R}$

b) $U_{\mathrm{L}} = \sqrt{3} I_{\mathrm{L}} R;\quad \underline{P = 3I_{\mathrm{L}}^2 R}$

269. Der Motor läuft als Einphasenmotor weiter; wegen $P = U_{\mathrm{L}} I_{\mathrm{L}}$ wird die Stromstärke auf das $\underline{1{,}73\text{fache}}$ vergrößert.

270. a) Nach Aufg. 267a ist $P = \dfrac{3U_{\mathrm{L}}^2}{R} = \underline{16\,\mathrm{kW}}$

b) Nach Aufgabe 267b ist $P = \dfrac{U_{\mathrm{L}}^2}{R} = \underline{5{,}33\,\mathrm{kW}}$

271. $\dfrac{U_{\mathrm{L}}^2}{R} + \Delta P = \dfrac{3U^2}{R};\quad R = \underline{17{,}63\,\Omega}$

272. $t = \dfrac{W}{U_{\mathrm{L}} I_{\mathrm{L}} \sqrt{3}\cos\varphi} = \underline{8{,}6\,\mathrm{h}}$

273. $\dfrac{U_{\mathrm{L}}^2}{2R} + \Delta P = \dfrac{U_{\mathrm{L}}^2}{R};\quad U_{\mathrm{L}} = \underline{300\,\mathrm{V}}$

274. a) $P = \dfrac{W}{\eta t} = \dfrac{200\,\mathrm{kg} \cdot 4{,}19 \cdot 10^3\,\mathrm{J} \cdot 75\,\mathrm{K}}{\mathrm{kg \cdot K} \cdot 0{,}95 \cdot 6 \cdot 3\,600\,\mathrm{s}}$
$= 3{,}06\,\mathrm{kW};$

$R = \dfrac{3U_{\mathrm{L}}^2}{P} = \underline{51{,}86\,\Omega}$

b) Es werden nur noch 2 Widerstände mit der Leiterspannung gespeist, sodass die Leistung um 1/3 abnimmt. Da das Produkt Pt unverändert bleiben muss, besteht die Gleichung $\dfrac{2Pt}{3} = P \cdot 6\,\mathrm{h}$, wonach $t = \underline{9\,\mathrm{h}}$ beträgt.

275. $P = \dfrac{U_L I_L \sqrt{3}}{\eta} = \underline{21{,}2\,\text{kW}}$

276. a) $p = \dfrac{100 \varrho l P}{A U_k^2} = \underline{15{,}5\,\%}$;

$P_V = \dfrac{pP}{100} = \underline{0{,}71\,\text{kW}}$

b) $\underline{8{,}79\,\%}$; $\underline{0{,}69\,\text{kW}}$ c) $\underline{4{,}17\,\%}$; $\underline{0{,}97\,\text{kW}}$

d) $\underline{4{,}47\,\%}$; $\underline{1{,}12\,\text{kW}}$ e) $\underline{5{,}07\,\%}$; $\underline{1{,}66\,\text{kW}}$

277. $P = \dfrac{P_{ab}}{\eta} = 4{,}93\,\text{kW}$;

$p = \dfrac{100 \varrho l P}{A U_k^2 \cos^2 \varphi} = 27{,}23\,\%$;

$P_V = \dfrac{pP}{100} = \underline{1{,}34\,\text{kW}}$

278. $\varrho = \dfrac{pAU_k^2 \cos^2 \varphi}{100\, lP} = \underline{0{,}136\,\Omega \cdot \text{mm}^2/\text{m}}$

279. Da der prozentuale Verlust der Leistung proportional ist, gilt $p_1 : p_2 = P_1 : P_2$;

$p_2 = \dfrac{p_1 P_2}{P_1} = \underline{6{,}73\,\%}$;

$P_{V1} = p_1 P_1 = \underline{3{,}23\,\text{kW}}$ bzw.

$P_{V2} = p_2 P_2 = \underline{1{,}21\,\text{kW}}$

280. $l = \dfrac{pAU_k^2}{100 \varrho P} = \underline{150\,\text{m}}$

281. a) $P_{V2} = \dfrac{P_1}{\cos^2 \varphi} = \underline{18\,\text{kW}}$ b) $\underline{32\,\text{kW}}$

c) $P_{V2} = \dfrac{P_1 U_{k1}^2}{U_2^2 \cos^2 \varphi} = \underline{54{,}3\,\text{kW}}$ d) $\underline{96{,}6\,\text{kW}}$

282. a) $A = \dfrac{100\, lP}{x p U_k^2 \cos^2 \varphi} = \underline{3{,}21\,\text{mm}^2}$

b) $\underline{5{,}01\,\text{mm}^2}$ c) $\underline{8{,}92\,\text{mm}^2}$

(Nennquerschnitt: $4\,\text{mm}^2$; $6\,\text{mm}^2$; $10\,\text{mm}^2$)

283. Leitungsquerschnitt für den Motor

$A_1 = \dfrac{100\, lP_1}{\varkappa p U_k^2 \varphi} = \underline{35\,\text{mm}^2}$;

zusätzlicher Querschnitt für die Lampen

$A_2 = \dfrac{100\, lP}{\varkappa p U_k^2} = \underline{7{,}5\,\text{mm}^2}$

Gesamtquerschnitt: $42{,}5\,\text{mm}^2$; Querschnitt des Nullleiters: $7{,}5\,\text{mm}^2$ (Nennquerschnitte: $50\,\text{mm}^2$ bzw. $10\,\text{mm}^2$)

284. a) $P = UI\sqrt{3} = \underline{9{,}96\,\text{kW}}$

b) $R_L = \dfrac{\varrho l}{A} = 0{,}315\,\Omega$; $U_V = R_L I \sqrt{3} = \underline{13{,}6\,\text{V}}$

c) $U_k = U - U_V = \underline{216{,}4\,\text{V}}$

d) $P_L = U_k I \sqrt{3} = 9{,}37\,\text{kW}$; $P_V = P - P_L = \underline{590\,\text{W}}$ oder auch $P_V = U_V I \sqrt{3} = 590\,\text{W}$

285. a) $A = \dfrac{200 \varrho l P}{p U_k^2} = 40{,}38\,\text{mm}^2$;

für beide Leitungen zusammen $\underline{80{,}76\,\text{mm}^2}$

b) $A = \dfrac{100 \varrho l P}{p U_k^2} = 20{,}19\,\text{mm}^2$;

Gesamtquerschnitt $3 \cdot 20{,}19\,\text{mm}^2 = \underline{60{,}57\,\text{mm}^2}$

c) Spannung zwischen 2 Leitern $U' = U\sqrt{3} = 398{,}4\,\text{V}$;

$A = \dfrac{100 \varrho l P}{p U_k'^2} = 6{,}73\,\text{mm}^2$;

Gesamtquerschnitt $3 \cdot 6{,}73\,\text{mm}^2 = \underline{20{,}19\,\text{mm}^2}$

286. $I = \dfrac{P}{U_k \sqrt{3} \cos \varphi} = 30{,}4\,\text{A}$;

$R_L = 0{,}568\,\Omega$;

$U_a = \sqrt{U_k^2 + 3(IR_L)^2 + 2U_k IR_L \sqrt{3} \cos \varphi}$

$= \underline{403\,\text{V}}$

287. a) Näherungsweise gilt

$A = \dfrac{lP}{\varkappa U_V U_k} = \underline{12{,}2\,\text{mm}^2}$;

nächster Nennquerschnitt $A = 16\,\text{mm}^2$;

$R_L = 0{,}279\,\Omega$; $I = \dfrac{P}{Uk\sqrt{3} \cos \varphi} = 42{,}04\,\text{A}$;

$U_a = \sqrt{U_k^2 + 3(IR_L)^2 + 2U_k IR_L \sqrt{3} \cos \varphi}$

$= \underline{238\,\text{V}}$

b) $A = \underline{8{,}1\,\text{mm}^2}$ bzw. $10\,\text{mm}^2$; $U_a = \underline{242\,\text{V}}$

c) $A = \underline{6{,}1\,\text{mm}^2}$ bzw. $10\,\text{mm}^2$; $U_a = \underline{242\,\text{V}}$

288. a) 1) $I_1 = \dfrac{P}{\eta U_k \cos \varphi \sqrt{3}} = \underline{31{,}4\,\text{A}}$;

2) $I_2 = \underline{34{,}8\,\text{A}}$; 3) $I_3 = \underline{30{,}1\,\text{A}}$

b) $I_{w1} = 31{,}4\,\text{A} \cdot 0{,}8 = 25{,}12\,\text{A}$;

$I_{b1} = 31{,}4\,\text{A} \cdot 0{,}6 = 18{,}84\,\text{A}$;

$I_{w2} = 34{,}8\,\text{A} \cdot 0{,}6 = 20{,}88\,\text{A}$;

$I_{b2} = 34{,}8\,\text{A} \cdot 0{,}8 = 27{,}84\,\text{A}$; $I_{w3} = \underline{30{,}10\,\text{A}}$

gesamt: $I_w = 76{,}10\,\text{A}$ und $I_b = 46{,}68\,\text{A}$

$I = \sqrt{I_w^2 + I_b^2} = 89{,}28\,\text{A}$;

$\cos\varphi_{ges} = \dfrac{I_w}{I} = 0{,}852$;

$P_{ges} = I_w U_k \sqrt{3} = 30{,}32\,\text{kW}$;

$A = \dfrac{100\,\varrho l P}{p U_k^2 \cos^2\varphi} = \underline{56{,}2\,\text{mm}^2}$

(Nennquerschnitt $60\,\text{mm}^2$)

289. a) $I_1 = \dfrac{P_1}{\eta U \cos\varphi \sqrt{3}} = \underline{12{,}0\,\text{A}}$;

$I_2 = \underline{7{,}0\,\text{A}}$; $I_3 = \underline{11{,}81\,\text{A}}$

b)

$I_{w1} =$	$12\,\text{A} \cdot 0{,}80 =$	$9{,}60\,\text{A}$;
$I_{w2} =$	$7\,\text{A} \cdot 0{,}75 =$	$5{,}25\,\text{A}$;
$I_{w3} =$	$=$	$11{,}81\,\text{A}$;
$I_{w\,ges}$	$=$	$26{,}66\,\text{A}$;
$I_{b1} =$	$12\,\text{A} \cdot 0{,}60 =$	$7{,}20\,\text{A}$
$I_{b2} =$	$7\,\text{A} \cdot 0{,}66 =$	$4{,}62\,\text{A}$
$I_{b\,ges}$	$=$	$11{,}82\,\text{A}$

$I = \sqrt{I_w^2 + I_b^2} = \underline{29{,}16\,\text{A}}$

c) $\cos\varphi = \dfrac{I_w}{I} = \underline{0{,}914}$

d) $R_L = 0{,}178\,\Omega$;

$U_a = \sqrt{U_k^2 + 3(IR_L)^2 + 2U_k I R_L \sqrt{3}\cos\varphi}$

$= \underline{228\,\text{V}}$

290. E 48: Kernvolumen

$V = (48 \cdot 40 - 2 \cdot 24 \cdot 8)\,16\,\text{cm}^3 \cdot 0{,}85 = 20{,}9\,\text{cm}^3$;

$m_{Fe} = \varrho V = 158{,}8\,\text{g}$; $P_{Fe} = v_1 m_{Fe} = \underline{0{,}75\,\text{W}}$;

E 84: $P_{Fe} = \underline{4{,}28\,\text{W}}$; E 150: $P_{Fe} = \underline{21{,}27\,\text{W}}$

291. a) $v = 3{,}1\,\text{W/kg} \cdot 0{,}64 = \underline{1{,}98\,\text{W/kg}}$

b) $\underline{4{,}46\,\text{W/kg}}$ c) $\underline{6{,}08\,\text{W/kg}}$

292. a) $B_{max} = B_1 \sqrt{\dfrac{P}{m v_1}} = \underline{1{,}2\,\text{T}}$

b) $\underline{1\,\text{T}}$ c) $\underline{1{,}2\,\text{T}}$ d) $\underline{1{,}3\,\text{T}}$

293. a) $P_{Cu} = I^2 R_{Cu} = 4\,\text{A}^2 \cdot 3\,\Omega = 12\,\text{W}$;

$P = UI\cos\varphi = 17{,}6\,\text{W}$;

$P_{Fe} = P - P_{Cu} = \underline{5{,}6\,\text{W}}$

b) $\underline{7{,}2\,\text{W}}$ c) $\underline{9{,}8\,\text{W}}$ d) $\underline{12\,\text{W}}$

294. a) $P_{Cu} = I^2 R_{Cu} = 11{,}25\,\text{W}$;

$P = P_{Cu} + P_{Fe} = 19{,}75\,\text{W}$;

$\cos\varphi = \dfrac{P}{UI} = \underline{0{,}66}$ b) $\underline{0{,}70}$ c) $\underline{0{,}77}$ d) $\underline{0{,}98}$

295. a) $P_{Cu} = I^2 R_{Cu} = 10{,}8\,\text{W}$;

$P = UI\cos\varphi = 12\,\text{W}$; $P_{Fe} = P - P_{Cu} = 1{,}2\,\text{W}$;

$m_{Fe} = 0{,}159\,\text{kg}$; $v = \dfrac{P_{Fe}}{m} = 7{,}5\,\text{W/kg}$;

$B_{max} = B_1 \sqrt{\dfrac{v}{v_1}} = \underline{1{,}46\,\text{T}}$

b) $\underline{159\,\text{T}}$ c) $\underline{0{,}78\,\text{T}}$

296. A: a) $\cos\varphi = \dfrac{P}{UI} = 0{,}381$

b) $R = \dfrac{P}{I^2} = 4{,}44\,\Omega$; $Z = \dfrac{U}{I} = \underline{11{,}7\,\Omega}$

c) $U_{Cu} = IR_{Cu} = \underline{1{,}95\,\text{V}}$

d) $U_L = \sqrt{U^2 + U_{Cu}^2 - 2UU_{Cu}\cos\varphi} = \underline{34{,}3\,\text{V}}$

e) $P_{Cu} = I^2 R_{Cu} = \underline{5{,}85\,\text{W}}$

f) $P_{Fe} = P - P_{Cu} = \underline{34{,}15\,\text{W}}$

g) $I_w = I\cos\varphi = \underline{1{,}14\,\text{A}}$;

$I_b = I\sin\varphi = I\sqrt{1 - \cos^2\varphi} = \underline{2{,}77\,\text{A}}$

B: a) $\cos\varphi = \underline{0{,}273}$

b) $R = \underline{3{,}125\,\Omega}$; $Z = \underline{11{,}46\,\Omega}$

c) $U_{Cu} = \underline{5{,}28\,\text{V}}$ d) $U_L = \underline{53{,}8\,\text{V}}$

e) $P_{Cu} = \underline{25{,}34\,\text{W}}$ f) $P_{Fe} = \underline{46{,}66\,\text{W}}$

g) $I_w = \underline{1{,}31\,\text{A}}$; $I_b = \underline{4{,}62\,\text{A}}$

C: a) $\cos\varphi = \underline{0{,}467}$

b) $R = \underline{7{,}78\,\Omega}$; $Z = \underline{16{,}67\,\Omega}$

c) $U_{Cu} = \underline{16{,}8\,\text{V}}$ d) $U_L = \underline{93{,}34\,\text{V}}$

e) $P_{Cu} = \underline{\sqrt{100{,}8\,\text{W}}}$ f) $P_{Fe} = \underline{179{,}2\,\text{W}}$

g) $I_w = \underline{2{,}8\,\text{A}}$; $I_b = \underline{5{,}31\,\text{A}}$

297. $I_\mu = \sqrt{\dfrac{Q}{\omega L}} = 0{,}30\,\text{A}$; $U_L = I_\mu \omega L$;

$I_V^2 = \dfrac{P_{Fe}^2}{U_L^2} = \dfrac{P_{Fe}^2}{Q\omega L} = 0{,}0227\,\text{A}^2$;

$I = \sqrt{I_V^2 + I_\mu^2} = \underline{336\,\text{mA}}$; $IR_{Cu} = 33{,}6\,\text{V}$;

$P = I^2 R_{Cu} + P_{Fe} = 31{,}29\,\text{V} \cdot \text{A}$;

$S = \sqrt{Q^2 + P^2} = \underline{50{,}78\,\text{V} \cdot \text{A}}$; $U = \dfrac{S}{I} = \underline{151{,}1\,\text{V}}$

298. $S = UI = \underline{300\,\text{V}\cdot\text{A}}$;

$I_\mu = \sqrt{\dfrac{S-P}{\omega L}} = 1{,}29\,\text{A}$; $U_\text{L} = I_\mu \omega L = 202\,\text{V}$;

$\cos\varphi = \dfrac{P}{S} = \underline{0{,}133}$;

aus $(IR_\text{Cu})^2 + U^2 - 2U(IR_\text{Cu})\cos\varphi = U_\text{L}^2$ ergibt sich $IR_\text{Cu} = 65{,}5\,\text{V}$; $R_\text{Cu} = \underline{43{,}7\,\Omega}$

299. Volumen des Kerns

$V = (2\cdot 20 + 2\cdot 10)\cdot 25\,\text{cm}^3$;

$m_\text{Fe} = \varrho V\cdot 0{,}9 = 10{,}26\,\text{kg}$;

$P_\text{Fe} = v_1 m\cdot 1{,}96 = 66{,}4\,\text{W}$;

$H_\text{max} = 1200\,\text{A/m}$ (lt. Magnetisierungskennlinie);

$H_\text{eff} = \dfrac{H_\text{max}}{\xi_\text{s}} = 545\,\text{A/m}$;

$\Phi_\text{max} = B_\text{max}A\cdot 0{,}9 = 3{,}15\cdot 10^{-3}\,\text{Wb}$;

$U_\text{L} \approx 230\,\text{V}$;

$N = \dfrac{U_\text{L}\xi_\text{s}}{\omega\Phi_\text{max}} = 511$; $I_\text{V} = \dfrac{P_\text{Fe}}{U} = 0{,}3\,\text{A}$;

mittlere Länge der Feldlinien $l_\text{Fe} = 0{,}6\,\text{m}$;

$I_\mu = \dfrac{H_\text{eff}l_\text{Fe}}{N} = 0{,}64\,\text{A}$; $I = \sqrt{I_\text{V}^2 + I_\mu^2} = \underline{0{,}71\,\text{A}}$

300. a) $N = \dfrac{U_\text{L}\xi_\text{s}}{\omega\Phi_\text{max}} = \underline{89}$; $I_\text{V} = \dfrac{P_\text{Fe}}{U} = 1{,}66\,\text{A}$;

$I_\mu = \dfrac{H_\text{Fe}l_\text{Fe}}{N} = 3{,}67\,\text{A}$; $I = \sqrt{I_\text{V}^2 + I_\mu^2} = \underline{4{,}03\,\text{A}}$

b) $N = \underline{178}$; $I = \underline{2{,}02\,\text{A}}$

c) $N = \underline{356}$; $I = \underline{1{,}01\,\text{A}}$

301. a) $P_\text{Fe} = v_1 m\cdot 1{,}44 = 48{,}8\,\text{W}$;

$\Phi_\text{max} = B_\text{max}\cdot 25\cdot 10^{-4}\cdot 0{,}9 = 2{,}7\cdot 10^{-3}\,\text{Wb}$;

$H_\text{max} = 500\,\text{A/m}$ (lt. Magnetisierungskennlinie);

$H_\text{eff} = 250\,\text{A/m}$; $U \approx U_\text{L} = \pi f N\Phi_\text{max} = \underline{106\,\text{V}}$;

$I_\text{V} = \dfrac{P_\text{Fe}}{U} = 0{,}46\,\text{A}$; $I_\mu = \dfrac{H_\text{eff}l_\text{Fe}}{N} = 0{,}6\,\text{A}$;

$I = \sqrt{I_\text{V}^2 + I_\mu^2} + \underline{0{,}76\,\text{A}}$

b) $\Phi_\text{max} = 2{,}7\cdot 10^{-3}\,\text{Wb}$; $U = \underline{212\,\text{V}}$;

$I_\text{V} = 0{,}23\,\text{A}$; $I_\mu = 0{,}3\,\text{A}$; $I = \underline{0{,}38\,\text{A}}$

302. Eisenquerschnitt $A = \dfrac{m}{4\varrho l} = 7{,}42\,\text{cm}^2$;

$\cos\varphi = \dfrac{P_\text{ges}}{U_\text{k}I} = 0{,}211$; $U_\text{Cu} = IR_\text{Cu} = 0{,}874\,\text{V}$;

$U_\text{L} = \sqrt{U_\text{k}^2 + U_\text{Cu}^2 - 2U_\text{k}U_\text{Cu}\cos\varphi} = 47{,}8\,\text{V}$;

$B_\text{max} = \dfrac{U_\text{L}\sqrt{2}}{2\pi f A N} = \underline{119\,\text{T}}$;

$v = \dfrac{P_\text{Fe}}{m} = \dfrac{P_\text{ges} - I^2R_\text{Cu}}{m} = \underline{5{,}02\,\text{W/kg}}$

303. $U \approx U_\text{L} = \dfrac{2\pi}{\sqrt{2}} f N B_\text{max} A = \underline{41{,}8\,\text{V}}$

304. (Bild 215) $U_\text{L} = \sqrt{U^2 - U_\text{k}^2} = 121{,}6\,\text{V}$;

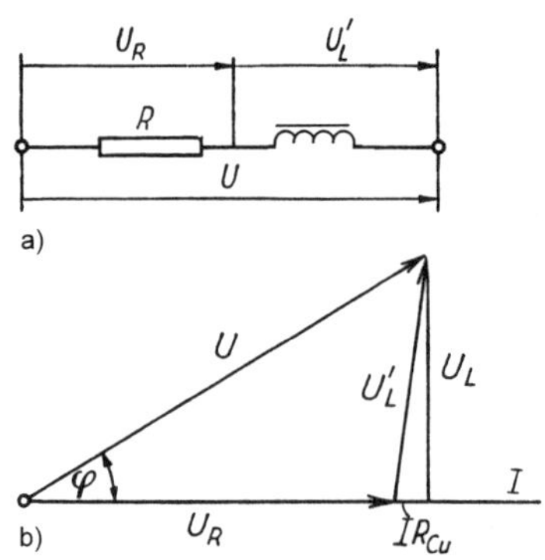

Bild 215: Aufgabe 304

$N = \dfrac{U_\text{L}\sqrt{2}}{2\pi B_\text{max} A f\, 0{,}9} = \underline{346\text{ Windungen}}$;

Drahtquerschnitt $A' = \dfrac{I}{S} = 4\,\text{mm}^2$;

$d = \underline{2{,}26\,\text{mm}}$ (zu wählen ist der nächste Nenndurchmesser 2,3 mm); Wicklungsquerschnitt $A'' = \dfrac{346\cdot 0{,}042\,\text{cm}^2}{0{,}6} = 24{,}2\,\text{cm}^2$. Da die Fensterfläche $(10\times 12)\,\text{cm}^2 = 120\,\text{cm}^2$ beträgt, reicht der Wickelraum aus.

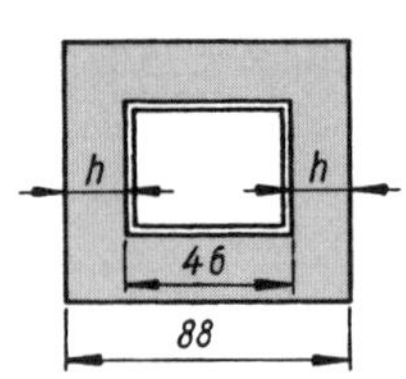

Bild 216: Aufgabe 304 Wicklungsquerschnitt (Maße in mm)

Wicklungsbreite $b = 11{,}4\,\text{cm}$;

Wicklungshöhe $h = \dfrac{24{,}2\,\text{cm}^2}{11{,}4\,\text{cm}} = 2{,}12\,\text{cm}$;

mittlere Windungslänge (Bild 216)

$l_\text{m} = \dfrac{(4{,}6\cdot 4 + 8{,}8\cdot 4)\,\text{cm}}{2} = 26{,}8\,\text{cm}$;

$R_\text{Cu} = \dfrac{N l_\text{m}\varrho}{A'}$; $P_\text{Cu} = I^2R_\text{Cu} = \dfrac{I^2 N l_\text{m}\varrho}{A'} = 41\,\text{W}$;

$m_{Fe} = (2 \cdot 18 + 2 \cdot 12) \cdot 16\,cm^3 \cdot 0{,}9 \cdot 7{,}6\,g/cm^3$
$= 6{,}57\,kg;$

$P_{Fe} = v_1 \cdot 1{,}1^2 \cdot 6{,}57\,kg = 27\,W;$

$P_{ges} = 68\,W; \quad I_V = \frac{P_{Fe}}{U_L} = 0{,}22\,A;$

$I_\mu = \sqrt{I^2 - I_V^2} = 10\,A; \quad I_{\mu\,max} = I\sqrt{2} = 14{,}14\,A;$

$H_{Fe} = 380\,A/m$ (nach Magnetisierungskennlinie); Länge der Feldlinien im Kern
$l_{Fe} = (2 \cdot 14 + 2 \cdot 16)\,cm = 60\,cm;$
$\Theta_{Fe} = H_{Fe} l_{Fe} = 228\,A;$

$\Theta_L = I_{\mu\,max} N - \Theta_{Fe} = 4\,664\,A;$

$H_L = \frac{B_{max}}{\mu_0} = 8{,}75 \cdot 10^5\,A/m;$

$l_L = \frac{\Theta_L}{H_L} = 5{,}3\,mm; \quad \delta = \underline{2{,}7\,mm}$

305. Wicklungsbreite $b = 5{,}4\,cm$;

Wicklungshöhe $h = \frac{23\,cm^2}{5{,}4\,cm} = 4{,}3\,cm;$

mittlere Windungslänge

$l_m = \frac{(4{,}6 \cdot 4 + 13{,}2 \cdot 4)\,cm}{2 = 35{,}6\,cm};$

$R_{Cu} = \frac{N l_m \varrho}{A'} = 0{,}55\,\Omega; \quad P_{Cu} = \underline{55\,W};$

$m_{Fe} = (2 \cdot 13 + 2 \cdot 6) \cdot 16\,cm^3 \cdot 0{,}9 \cdot 7{,}6\,g/cm^3$
$= 4{,}16\,kg;$

$P_{Fe} = \underline{17{,}11\,W}; \quad P_{ges} = 72\,W;$

$I_V = 0{,}141\,A; \quad I_\mu = 10\,A; \quad I_{\mu\,max} = 14{,}14\,A;$

$H_{Fe} = 380\,A/m$ (nach Magnetisierungskennlinie); $l_{Fe} = 38\,cm$;

$\Theta_{Fe} = 144{,}4\,A; \quad \Theta_L = 4\,748\,A;$

$H_L = 8{,}75 \cdot 105\,A/m; \quad l_L = 0{,}54\,cm;$

$\delta = \underline{2{,}7\,mm}$

306. Brennspannung $U_k = \frac{P_L}{I} = 200\,V;$

$U_L = \sqrt{U^2 - U_k^2} = 113{,}5\,V$; mit dem wirksamen Eisenquerschnitt ergeben sich

$N = \frac{\sqrt{2}}{2\pi} \frac{U_L}{B_{max} A \cdot 0{,}9 f} = \underline{604\ \text{Windungen}};$

Drahtquerschnitt $A' = \frac{I}{J} = 0{,}25\,mm^2;$

nächster Nenndurchmesser $\underline{0{,}6\,mm}$;

Wicklungsquerschnitt $A'' = \frac{NA}{k_{Cu}} = 3{,}103\,4\,cm^2;$

der Wickelraum reicht aus, da $(1{,}1 \cdot 3{,}6)\,cm^2 = 3{,}96\,cm^2$ Fensterfläche zur Verfügung stehen;

Wickelbreite $b = 3{,}6\,cm$;

Wickelhöhe $h = 0{,}86\,cm$;

mittlere Windungslänge $l_m = 14{,}65\,cm$;

mit $\varrho = 0{,}017\,8 \cdot 10^{-6}\,\Omega \cdot m$ folgt

$R_{Cu} = \frac{N l_m \varrho}{A'} = 5{,}57\,\Omega; \quad P_{Cu} = I^2 R_{Cu} = 0{,}89\,W;$

$P_{Fe} = v_1 \cdot 1{,}2^2 m = 2{,}98\,W;$

$P'_{ges} = 3{,}87\,W; \quad I_V = \frac{P_{Fe}}{U_L} = 26{,}2\,mA;$

$I_\mu = \sqrt{I^2 - I_V^2} = 0{,}4\,A; \quad I_{\mu\,max} = I\sqrt{2} = 0{,}57\,A;$

$H_{Fe} = 500\,A/m$ (Magnetisierungskennlinie) (nach Bd. I, Bild 167);

$l_{Fe} = 16{,}8\,cm; \quad \Theta_{Fe} = 84\,A;$

$\Theta_L = I_{\mu\,max} N - \Theta_{Fe} = 258\,A;$

$H_L = \frac{B_{max}}{\mu_0} = 9{,}55 \cdot 10^5\,A/m;$

$l_L = \frac{\Theta_L}{H_L} = 0{,}27\,mm; \quad \delta = \underline{0{,}135\,mm};$

$I_w = \frac{P_{Cu} + P_{Fe}}{U_L} = 0{,}034\,A; \quad \cos\varphi_1 = \frac{I_w}{I} = \underline{0{,}09};$

$P_{ges} = P_L + P_{Cu} + P_{Fe} = \underline{73{,}3\,W};$

$S_{ges} = UI = 92\,V \cdot A; \quad \cos\varphi_2 = \frac{P_{ges}}{S_{ges}} = \underline{0{,}80}$

307. Nutzbarer Wickelraum

$A_w = (41 \cdot 8{,}5)\,mm^2 = 348{,}5\,mm^2;$

$I = \frac{J A k_{Cu}}{N} = 0{,}418\,A; \quad I_{max} = \underline{0{,}591\,A};$

$\Theta_{max} = I_{max} N = 887\,A;$

Ermittlung der maximalen Induktion nach dem in Bd. I (6.1.2) beschriebenen Verfahren liefert

$B_0 = 1{,}114\,T$ und $H_0 = 5\,720\,A/m$, wonach

$B_{Fe\,max} = 1{,}06\,T$ und $H_{Fe\,max} = 350\,A/m$ betragen;

$U_L = \frac{2\pi}{\sqrt{2}} f N B_{max} A \cdot 0{,}85 = \underline{162\,V}$

308. $H_{Fe\,max} = 200\,A/m$ (nach Magnetisierungskennlinie):

$l_{Fe} = 19{,}7\,cm; \quad \Theta_{Fe\,max} = H_{Fe\,max} l_{Fe} = 39{,}4\,A;$

$H_{L\,max} = 6{,}37 \cdot 10^5\,A/m;$

$\Theta_L = H_{L\,max} l_L = 1\,274\,A; \quad \Theta_{max} = 1\,313\,A;$

$\Theta_{\text{eff}} = \dfrac{\Theta_{\max}}{\sqrt{2}} = 928{,}4\,\text{A};$

Wickelraum $(9{,}5 \cdot 52)\,\text{mm}^2 = 494\,\text{mm}^2$;

notwendiger Wickelraum $\dfrac{\Theta_{\text{eff}}}{Jk_{\text{Cu}}} = 442\,\text{mm}^2$

(Raum ist ausreichend);

$N = \dfrac{EL\sqrt{2}}{2\pi f B_{\max} A \cdot 0{,}85} = \underline{1\,224 \text{ Windungen}};$

$I_{\text{eff}} = \dfrac{\Theta_{\text{eff}}}{N} = \underline{0{,}76\,\text{A}}$

309. $E_{\text{L}} = \sqrt{U^2 - U_{\text{k}}^2} = \underline{229{,}6\,\text{V}};$

Nettokupferquerschnitt

$A' = (2{,}5 \cdot 5)\,\text{cm}^2 \cdot 0{,}5 \cdot 0{,}6 = 375\,\text{mm}^2;$

mit Wicklungsquerschnitt

$A'' = (2{,}5 \cdot 4{,}4)\,\text{cm}^2 = 11\,\text{cm}^2$

$N = \dfrac{E_{\text{L}}\sqrt{2}}{2\pi f B_{\max} A'' \cdot 0{,}9} = \underline{870 \text{ Windungen}};$

mittlere Windungslänge $l_{\text{m}} = 22{,}6\,\text{cm}$;

Drahtquerschnitt $A = \dfrac{A'}{N} = 0{,}431\,\text{mm}^2$;

nächster Drahtdurchmesser $d = \underline{0{,}8\,\text{mm}}$;

eff. Drahtquerschnitt $0{,}503\,\text{mm}^2$;

$S = \dfrac{I}{0{,}503\,\text{mm}^2} = \underline{2{,}4\,\text{A/mm}^2};$

mit $\varrho = 0{,}017\,2\,\Omega \cdot \text{mm}^2/\text{m}$ ist

$P_{\text{Cu}} = \dfrac{I^2 \varrho N l_{\text{m}}}{A_{\text{eff}}} = \underline{10{,}20\,\text{W}};$

$m_{\text{Fe}} = 1{,}93\,\text{kg}$ (Dichte $7{,}8\,\text{g/cm}^3$);

$P_{\text{Fe}} = v_1 m \cdot 1{,}2^2 = \underline{9{,}73\,\text{W}}; \quad P_{\text{ges}} = \underline{19{,}1\,\text{W}};$

$I_{\mu\max} = 1{,}7\,\text{A}; \quad H_{\text{Fe}} = 500\,\text{A/m}$

(nach Magnetisierungskennlinie, Bild 176, Bd. I);

$l_{\text{Fe}} = 25\,\text{cm}; \quad \Theta_{\text{L}} = I_{\max} N - H_{\text{Fe}} l_{\text{Fe}} = 1\,354\,\text{A};$

$H_{\text{L}} = 9{,}55 \cdot 105\,\text{A/m};$

$l_{\text{L}} = \dfrac{\Theta_{\text{L}}}{H_{\text{L}}} = 1{,}42\,\text{mm}; \quad \delta = \underline{0{,}71\,\text{mm}}$

310. Bei Vernachlässigung des Wirkwiderstandes ist $B_{\max} = \dfrac{U_{\text{L}}\sqrt{2}}{2\pi f N A} = 1{,}35\,\text{T};$

bei Vernachlässigung des Eisenweges ist

$H_{\text{eff}} = \dfrac{B_{\max}}{\mu_0\sqrt{2}} = 7{,}6 \cdot 10^5\,\text{A/m}$, sodass

$\delta = \dfrac{IN}{H_{\text{eff}}} = \underline{2{,}6\,\text{mm}}$

311. a) $A_{\text{Fe}} = \dfrac{U_{\text{L}}\sqrt{2}}{2\pi f N_1 B_{\max}} = \underline{14{,}4\,\text{cm}^2}$

b) $\underline{7{,}8\,\text{cm}^2}$

312. a) $N_2 = \dfrac{N_1 N_2}{U_1} = \underline{24}; \quad \ddot{u} = \dfrac{N_1}{N_2} = \underline{35};$

$A_{\text{Fe}} = \dfrac{U_1\sqrt{2}}{2\pi f N_1 B_{\max}} = \underline{15{,}4\,\text{cm}^2}$

b) $U_2 = \underline{41{,}6\,\text{V}}; \quad \ddot{u} = \underline{5{,}3}; \quad A_{\text{Fe}} = \underline{24{,}4\,\text{cm}^2}$

c) $U_2 = \underline{5\,\text{V}}; \quad N_2 = \underline{48}; \quad B_{\max} = \underline{0{,}782\,\text{T}}$

d) $U_1 = \underline{216\,\text{V}}; \quad N_1 = \underline{1\,800}; \quad B_{\max} = \underline{1{,}2\,\text{T}}$

e) $U_1 = \underline{227{,}5\,\text{V}}; \quad N_2 = \underline{429}; \quad A_{\text{Fe}} = \underline{6{,}8\,\text{cm}^2}$

313. a) $N_2 = \underline{13}$ b) $I_1 = \underline{34{,}7\,\text{mA}}$

c) $\ddot{u} = \underline{57{,}7}$ d) $S_1 = S_2 = \underline{8{,}0\,\text{V} \cdot \text{A}}$

314. a) $N_1 = \dfrac{U_1\sqrt{2}}{2\pi f A_{\text{Fe}} B_{\max}} = \underline{1\,608};$

$N_2 = \dfrac{N_1 U_2}{U_1} = \underline{124}$

b) $N_1 = \underline{1\,262}; \quad N_2 = \underline{79}$

c) $N_1 = \underline{993}; \quad N_2 = \underline{40}$

315. a) $I_1 = \dfrac{I_2 N_2}{N_1} = \underline{140\,\text{A}}$ b) $I_1 = \underline{117\,\text{A}}$

c) $I_1 = \underline{1\,800\,\text{A}}$ d) $I_1 = \underline{450\,\text{A}}$

316. A. a) $A_{\text{Fe}} = 1{,}6^2\,\text{cm}^2 \cdot 0{,}85 = 2{,}176\,\text{cm}^2;$

$N_1 = \dfrac{U_1 \xi_{\text{s}}}{2\pi f A_{\text{Fe}} B_{\max}} = \underline{4\,768}$

b) $v_{1,2} = 1{,}2^2 \quad v_1 = 3{,}31\,\text{W/kg};$

$m_{\text{Fe}} = 160\,\text{g}; \quad P_{\text{Fe}} = v_{1,2} m = \underline{530\,\text{mW}}$

c) $I_{\text{V}} = \dfrac{P_{\text{Fe}}}{U} = \dfrac{0{,}530\,\text{W}}{230\,\text{V}} = 2{,}3\,\text{mA};$

$H_{\max} = 500\,\text{A/m}$ (lt. Magnetisierungskennlinie);

$H_{\text{L}} = \dfrac{B_{\max}}{\mu_0} = 9{,}55 \cdot 10^5\,\text{A/m};$

$l_{\text{Fe}} = 9{,}6\,\text{cm}; \quad l_{\text{L}} = 0{,}01\,\text{cm};$

$I_{\mu\max} = \dfrac{H_{\max} l_{\text{Fe}} + H_{\text{L}} l_{\text{L}}}{N_1} = 31{,}5\,\text{mA};$

$I_{\mu\,\text{eff}} = \dfrac{I_{\mu\max}}{\xi_{\text{s}}} = 18{,}5\,\text{mA};$

$I_0 = \sqrt{I_{\text{V}}^2 + I_{\mu\,\text{eff}}^2} = \underline{18{,}6\,\text{mA}}$

B. a) $A_{Fe} = 7{,}06\,\text{cm}^2$; $N_1 = \underline{1\,469}$

b) $m_{Fe} = 0{,}901\,\text{kg}$; $P_{Fe} = \underline{2{,}984\,\text{W}}$

c) $I_V = 13{,}0\,\text{mA}$; $I_{\mu\,max} = 128\,\text{mA}$;

$I_0 = \underline{76{,}4\,\text{mA}}$

C. a) $A_{Fe} = 19{,}00\,\text{cm}^2$; $N_1 = \underline{546}$

b) $m_{Fe} = 4{,}48\,\text{kg}$; $P_{Fe} = \underline{14{,}83\,\text{W}}$

c) $I_V = 64{,}5\,\text{mA}$; $I_{\mu\,max} = 480\,\text{mA}$;

$I_0 = \underline{290\,\text{mA}}$

317. A. Mit $N_1' = \dfrac{4\,768 \cdot 2}{1{,}7} = 5\,610$ Windungen wird $I_{\mu\,max} = \dfrac{H_{max} l_{Fe}}{N_1} = 8{,}5\,\text{mA}$;

$I_{\mu\,eff} = 4{,}2\,\text{A}$; $I_0 = \underline{4{,}8\,\text{mA}}$

B. $I_{\mu\,max} = \dfrac{84\,\text{A}}{1\,729} = 48{,}6\,\text{mA}$; $I_0 = \underline{27{,}6\,\text{mA}}$

C. $I_0 = \underline{143\,\text{mA}}$

318. a) $N_2 = \dfrac{I_1 N_1}{I_2} = 60$; $U_2 = I_2 R_2 = 3\,\text{V}$;

$U_{L2} = 3{,}6\,\text{V}$;

$\Phi_{max} = \dfrac{U_{L2}\sqrt{2}}{2\pi f N_2} = 2{,}7 \cdot 10^{-4}\,\text{Wb}$;

$B_{max} = \underline{0{,}5\,\text{T}}$; $H_{max} = \underline{120\,\text{A/m}}$ (lt. Kennlinie)

b) Hier beträgt die Durchflutung $I_1 N_1 = 300\,\text{A}$, sodass $H_{Fe} l_{Fe} = 300\,\text{A}$ und bei Annahme eines Eisenweges von $l_{Fe} = 20\,\text{cm}$; $H_{Fe} = \underline{1\,500\,\text{A/m}}$ lt. Kennlinie (Dyn.-Blech) $B = \underline{1{,}45\,\text{T}}$. Da jedoch die Scheitelwerte anzunehmen sind, ergeben sich höhere Werte.

319. a) $P_{Fe} = P_e\left(\dfrac{1}{\eta} - 1\right) - P_{Cu} = \underline{12\,\text{W}}$;

$v = \dfrac{P_{Fe}}{m} = \underline{5{,}0\,\text{W/kg}}$

b) $P_{Fe} = \underline{22{,}5\,\text{W}}$; $v = \underline{5{,}11\,\text{W/kg}}$

c) $P_{Fe} = \underline{39{,}4\,\text{W}}$; $v = \underline{4{,}7\,\text{W/kg}}$

320. a) $I_1 = \dfrac{S_1}{U_1} = \dfrac{S_2}{\eta U_1} = \underline{1{,}10\,\text{A}}$;

$I_2 = I_1 \ddot{u} = \underline{3{,}85\,\text{A}}$

b) $I_1 = \underline{1{,}98\,\text{A}}$; $I_2 = \underline{6{,}9\,\text{A}}$

c) $I_1 = \underline{4{,}16\,\text{A}}$; $I_2 = \underline{14{,}6\,\text{A}}$

321. a) $P_2 = \left(\dfrac{1}{\eta} - 1\right) = P_{Fe} + P_{Cu}$;

$P_2 = \dfrac{P_{Fe} + P_{Cu}}{\dfrac{1}{\eta} - 1} = \underline{196\,\text{W}}$

b) $\underline{621\,\text{W}}$ c) $\underline{1{,}38\,\text{kW}}$

322. a) $\eta = 100\,\% - (3{,}5 + 1{,}5)\,\% = \underline{95\,\%}$

b) $P_1 = \dfrac{P_2}{\eta} = 8{,}421\,\text{kW}$;

$I_1 = \dfrac{P_1}{U_1} = 1{,}68\,\text{A}$; $I_2 = \dfrac{P_2}{U_2} = 34{,}78\,\text{A}$;

$P_{Cu1} = \dfrac{S_1 \cdot 3{,}5}{2 \cdot 100} = 147{,}4\,\text{W}$;

$R_1 = \dfrac{P_{Cu1}}{I_1^2} = \underline{52\,\Omega}$; $R_2 = 0{,}12\,\Omega$;

$A_1 = \dfrac{I_1}{J} = 1{,}2\,\text{mm}^2$; $A_2 = \dfrac{I_2}{J} = 25\,\text{mm}^2$;

$d_1 = \underline{1{,}24\,\text{mm}}$; $d_2 = \underline{5{,}64\,\text{mm}}$

c) $U_{L1} = U_1 - I_1 R_1 = \underline{4\,913\,\text{V}}$;

$U_{L2} = U_2 + I_2 R_2 = \underline{234\,\text{V}}$

d) $N_1 = \dfrac{U_{L1}\sqrt{2}}{2\pi f A_{Fe} B_{max}} = \underline{3\,510}$; $N_2 = \underline{167}$

323. Es ist $U_1 = U_{L1} + I_1 R_1$; ferner $R_1 = \dfrac{\varrho l_m N_1}{A}$ und $A = \dfrac{I}{J}$. Einsetzen von 3. Gl. in die 2., so entsteht $R_1 = \dfrac{\varrho l_m N_1 J}{I} = \dfrac{0{,}05 l_m N_1}{I}$. Ferner ist $N_1 = N_0 U_{L1}$, sodass die 1. Gl. $U_1 = \dfrac{N_1}{N_0} + 0{,}05 l_m N_1$ lautet und damit $N_0 U_1 = N_1 + 0{,}05 l_m N_1 N_0$ wird. Hieraus ergibt sich die angegebene Gl. und entsprechend auch die zweite.

324. a) $P_2 = 300\,\text{V} \cdot 0{,}1\,\text{A} + 6{,}3\,\text{V} \cdot 2{,}4\,\text{A} + 4\,\text{V} \cdot 1{,}1\,\text{A} = 49{,}52\,\text{V} \cdot \text{A}$;

$P_1 = \dfrac{P_2}{\eta} = \underline{57{,}6\,\text{V} \cdot \text{A}}$ b) $I_1 = \dfrac{P_1}{U_1} = \underline{0{,}25\,\text{A}}$

c) $N_0 = \dfrac{\sqrt{2}}{2\pi f B_{max} A_{Fe} \cdot 0{,}85} = \underline{4{,}35\,\text{V}^{-1}}$

d) $l_1 = \underline{0{,}155\,\text{m}}$; $l_{2;300} = \underline{0{,}21\,\text{m}}$;

$l_{2;6,3} = \underline{0{,}24\,\text{m}}$; $l_{2;4} = \underline{0{,}24\,\text{m}}$

e) $N_1 = \dfrac{4{,}35\,\text{V}^{-1} \cdot 220\,\text{V}}{1 + 0{,}05 \cdot 0{,}155 \cdot 4{,}35} = \underline{926}$;

$N_{2;300} = \dfrac{4{,}35\,\text{V}^{-1} \cdot 300\,\text{V}}{1 - 0{,}05 \cdot 0{,}21 \cdot 4{,}35} = \underline{1\,367}$;

$N_{2;6,3} = \underline{29}$; $N_{2;4} = \underline{18}$

f) $A_1 = \frac{0{,}25}{2{,}5\,\mathrm{A/mm^2}} = 0{,}100\,\mathrm{mm^2}$;

$d_1 = \underline{0{,}36\,\mathrm{mm}}$; $d_{2;300} = \underline{0{,}23\,\mathrm{mm}}$;

$d_{2;6,3} = \underline{1{,}15\,\mathrm{mm}}$; $d_{2;4} = \underline{0{,}75\,\mathrm{mm}}$

g) Der beanspruchte Wickelraum beträgt etwa $280\,\mathrm{mm^2}$, während $(56 \cdot 13{,}5)\,\mathrm{mm^2} = 756\,\mathrm{mm^2}$ zur Verfügung stehen, also bequem ausreichen.

325. Es ist $I_1 = JA_1$ und $A_1 = \frac{A_L \cdot 0{,}43k_{Cu}}{N_1}$ sowie $U_1 = 1{,}05U_{L1}$. Damit wird

$$S_1 = U_1 I_1 = \frac{1{,}05 \cdot 2\pi B_{max} A_{Fe} A L \cdot 0{,}43 k_{Cu} \cdot 10^{-4} J f}{\sqrt{2} \cdot 10^{-2}},$$

wenn A_L in $\mathrm{cm^2}$ eingesetzt wird.

326. a) $S_1 = (2 \cdot 1{,}2 \cdot 32 \cdot 26 \cdot 0{,}9 \cdot 3{,}5 \cdot 0{,}3 \cdot 50 \cdot 10^{-2})\,\mathrm{V \cdot A} = \underline{943{,}5\,\mathrm{V \cdot A}}$

b) $N_1 = \frac{U_{L1}\sqrt{2}}{2\pi B_{max} f A_{Fe} \cdot 0{,}9} = \underline{286}$;

$N_2 = \frac{N_1 U_{L2}}{U_{L1}} = \underline{52}$

c) $I_1 = \frac{S_1}{U_1} = 4{,}1\,\mathrm{A}$; $A_1 = \frac{I_1}{J} = 1{,}18\,\mathrm{mm^2}$;

$d_1 = \underline{1{,}22\,\mathrm{mm}}$

Kupferquerschnitt primär

$A_{Cu1} = A_1 N_1 = 352\,\mathrm{mm^2}$;

desgl. sekundär

$A_{Cu2} = A_L k_{Cu} - A_{Cu1} = 428\,\mathrm{mm^2}$;

$A_2 = \frac{A_{Cu2}}{N_2} = 8{,}23\,\mathrm{mm^2}$; $d_2 = \underline{3{,}2\,\mathrm{mm}}$

d) $H_{max} = 500\,\mathrm{A/m}$ (lt. Kennlinie für Dyn.-Blech);

$H_L = \frac{B_{max}}{\mu_0} = 9{,}55 \cdot 10^5\,\mathrm{A/m}$;

$\Theta = H_{max} l_{Fe} + H_L d = 366\,\mathrm{A}$;

$I_{\mu\,\mathrm{eff}} = \frac{\Theta}{N_1\sqrt{2}} = 0{,}90\,\mathrm{A}$;

$m = 35\,\mathrm{cm} \cdot 32\,\mathrm{cm^2} \cdot 0{,}9 \cdot 7{,}6\,\mathrm{g/cm^3} = 7{,}66\,\mathrm{kg}$;

$P_{Fe} = m v_1 \cdot 1{,}2^2 = 38{,}6\,\mathrm{W}$;

$I_V = \frac{P_{Fe}}{U_1} = 0{,}168\,\mathrm{A}$;

$I_0 = \sqrt{I_{\mu\,\mathrm{eff}}^2 + I_V^2} = 0{,}92\,\mathrm{A}$;

$\cos\varphi_0 = \frac{I_V}{I_0} = \underline{0{,}19}$

327. $P_{Cu} = I^2 R = \frac{I^2 \varrho' l}{A} = J^2 \varrho' l A = J^2 \varrho' V$

(V Kupfervolumen in $\mathrm{cm^3}$). Da $V = \frac{m}{\varrho}$ ist, folgt $P_{Cu} = \frac{J^2 \varrho' m}{\varrho}$ (m Masse des Kupfers in g). Für 1 kg ergibt sich der Ausdruck $P_{Cu} = \frac{J^2 \varrho' \cdot 1\,000\,\mathrm{g}}{\varrho}$. Mit den eingesetzten Zahlenwerten für ϱ' und ϱ ergibt sich die geforderte Formel.

328. a) $P_{Fe} = v_1 m_{Fe} \cdot 1{,}18^2 = \underline{2\,034\,\mathrm{W}}$

b) $P_{Cu} = (2{,}25J^2)\,\mathrm{W/kg} \cdot m_{Cu} = \underline{1\,826\,\mathrm{W}}$

c) $\eta = \frac{S_1 - (P_{Fe} + P_{Cu})}{S_1} = \underline{98\,\%}$

d) $I_1 = \frac{S_1}{U_1} = \underline{30{,}2\,\mathrm{A}}$ e) $I_2 = \frac{I_1 N_1 \eta}{N_2} = \underline{166\,\mathrm{A}}$

f) $U_{02} = \frac{U_1 N_2}{N_1} = \underline{1\,031\,\mathrm{V}}$

329. $P_1 = \frac{P_2}{\eta} = \frac{6{,}3\,\mathrm{V} \cdot 2\,\mathrm{A}}{0{,}65} = 19{,}4\,\mathrm{W}$;

$A_{Fe} = 0{,}8\sqrt{P_1} = 3{,}52\,\mathrm{cm^2}$;

$N_1 = \frac{U_1\sqrt{2}}{2\pi f B_{max} A_{Fe}} = \underline{2\,354\text{ Windungen}}$;

$N_2 = \frac{U_2 N_1 \cdot 1{,}1}{U_1} = \underline{71\text{ Windungen}}$;

$d_2 = \sqrt{\frac{4I_2}{\pi J}} = \underline{1\,\mathrm{mm}}$

330. Gesamtleistung

$P_1 = \frac{(6{,}3 \cdot 2 + 4 \cdot 0{,}5)\,\mathrm{W}}{\eta} = 22{,}46\,\mathrm{W}$;

$A_{Fe} = 3{,}79\,\mathrm{cm^2}$;

$N_1 = \underline{2\,186\text{ Windungen}}$; $N_2 = \underline{66\text{ Windungen}}$;

$N_3 = \underline{42\text{ Windungen}}$;

d_2 wie vorher $\underline{1\,\mathrm{mm}}$; $d_3 = \underline{0{,}5\,\mathrm{mm}}$

331. Es ist $I_1 = JA_1$ und $A_1 = \frac{A_{Cu} \cdot 10^2}{N_1}$

(da A_{Cu} in $\mathrm{cm^2}$), wobei $A_{Cu} = \frac{V_{Cu}}{l_{Cu}}$

(GULDIN'sche Regel) $= \frac{0{,}5 m_{Cu}}{\varrho_{Cu} l_{Cu}}$, sodass

$I_1 = \dfrac{Jm_{Cu}10^2 \cdot 0{,}5}{N_1 \varrho_{Cu} l_{Cu}}$ ist; ferner ist

$A_{Fe} = \dfrac{m_{Fe}}{\varrho_{Fe} l_{Fe}}$ und $S_1 \approx U_{L1} I_1$.

Damit wird

$$S_1 = \frac{2\pi B A_{Fe} N_1 f \cdot 10^{-4} J m_{Cu} \cdot 0{,}5 A_{Fe} \varrho_{Fe} l_{Fe}}{\sqrt{2} N_1 \varrho_{Cu} l_{Cu} m_{Fe}}$$

und daraus durch Umstellung nach A_{Fe} die angegebene Formel.

332. $S_1 = \dfrac{S_2}{\eta} = 341\,\mathrm{V \cdot A}$; nach Einsetzen der gegebenen Zahlenwerte in die Formel von Aufgabe 331 ist $A_{Fe} = 14{,}45\,\mathrm{cm}^2$.

b) $U_{L1} = 0{,}93 U_1 = 120\,\mathrm{V}$;

$N_1 = \dfrac{U_{L1}\sqrt{2}}{2\pi f B_{max} A_{Fe}} = \underline{312 \text{ Windungen}}$;

$U_{L2} = 1{,}04 U_2$;

$N_2 = \dfrac{N_1 U_{L2}}{U_{L1}} = \dfrac{N_1 \cdot 1{,}04 \cdot U_2}{0{,}96 U_1} = \underline{81 \text{ Windungen}}$

c) $l_{Fe} = \dfrac{l_{Cu}}{0{,}65} = 46{,}15\,\mathrm{cm}$;

$m_{Fe} = A_{Fe} l_{Fe} \varrho_{Fe} = 5{,}20\,\mathrm{kg}$;

Eisenverluste $P_{Fe} = v_1 m_{Fe} 1{,}2^2 = \underline{22{,}46\,\mathrm{W}}$

d) $I_1 = \dfrac{S_1}{U_1}$; $A_1 = \dfrac{I_1}{J}$; $R_1 = \dfrac{\varrho' l_{Cu} N_1}{A_1}$;

Verluste in der Primärwicklung

$P_{Cu1} = I_1^2 R_1 = \dfrac{P_{s1} \varrho' l_{Cu} N_1 J}{U_1} = 15{,}4\,\mathrm{W}$;

$I_2 = \dfrac{S_2}{U_2}$; $A_2 = \dfrac{I_2}{J} = 3{,}33\,\mathrm{mm}^2$;

Verluste in der Sekundärwicklung

$P_{Cu2} = \dfrac{P_{s2} \varrho' l_{Cu} N_2 J}{U_2} = 14{,}6\,\mathrm{W}$;

der gesamte Kupferverlust beträgt $\underline{30{,}0\,\mathrm{W}}$.

333. $7 + \mathrm{j}\,4$

334. $10 + \mathrm{j}\,14$

335. $1 + \mathrm{j}$

336. $3 + \mathrm{j}\,10$

337. $10{,}4 + \mathrm{j}\,4{,}6$

338. $2{,}43 + \mathrm{j}\,6{,}06$

339. $12 - \mathrm{j}\,14$

340. $10 - \mathrm{j}\,10$

341. 0

342. 1

343. $2 + \mathrm{j}\,10$

344. j

345. $3 + \mathrm{j}\,4$

346. $3 + \mathrm{j}$

347. 1

348. $3 + \mathrm{j}$

349. $2 - \mathrm{j}\,2$

350. $0{,}1 + \mathrm{j}$

351. $-4{,}7 + \mathrm{j}\,10{,}4$

352. $6{,}5 - \mathrm{j}$

353. 3,70

354. $-4 + \mathrm{j}\,7$

355. $1 + \mathrm{j}\,2$

356. $70 + \mathrm{j}\,40$

357. $1 + \mathrm{j}\,3$

358. $Z = \sqrt{9 + 16} = \underline{5}$;

$\tan\varphi = \dfrac{+4}{+3} = 1{,}333$; $\varphi = \underline{53{,}1^\circ}$

359. $Z = 1{,}41$; $\varphi = 45^\circ$

360. $Z = 5$; $\varphi = 36{,}9^\circ$

361. $Z = 6{,}18$; $\varphi = 14^\circ$

362. $Z = 6{,}18$; $\varphi = 76^\circ$

363. $Z = 7{,}54$; $\varphi = 21{,}8^\circ$

364. $Z = 16{,}3$; $\varphi = 42{,}5^\circ$

365. $Z = 0{,}81$; $\varphi = 7{,}1^\circ$

366. $Z = 2{,}79$; $\varphi = 62{,}9^\circ$

367. $Z = 98{,}1$; $\varphi = 50{,}3^\circ$

368. $Z = 5$; $\varphi = -53{,}1°$

369. $Z = 7{,}07$; $\varphi = -45°$

370. $Z = 21{,}3$; $\varphi = -41{,}2°$

371. $Z = 3{,}76$; $\varphi = 180° - 28{,}6° = 151{,}4°$

372. $Z = 11{,}5$; $\varphi = 124{,}4°$

373. $Z = 15{,}3$; $\varphi = 180° + 58{,}4° = 238{,}4°$

374. $Z = 13{,}9$; $\varphi = 210{,}2°$

375. $Z = 316{,}2$; $\varphi = 251{,}6°$

376. $Z = 144{,}3$; $\varphi = 150{,}1°$

377. $Z = 936{,}2$; $\varphi = 250{,}6°$

378. (333) $Z = 8{,}1$; $\varphi = 29{,}7°$

379. (334) $Z = 17{,}2$; $\varphi = 54{,}5°$

380. (335) $Z = 1{,}41$; $\varphi = 45°$

381. (336) $Z = 10{,}4$; $\varphi = 73{,}3°$

382. (337) $Z = 11{,}4$; $\varphi = 23{,}9°$

383. (338) $Z = 6{,}53$; $\varphi = 68{,}1°$

384. (339) $Z = 18{,}4$; $\varphi = -49{,}4°$

385. (340) $Z = 14{,}1$; $\varphi = -45°$

386. (341) $Z = 0$;

387. (342) $Z = 1$; $\varphi = 0°$

388. (343) $Z = 10{,}2$; $\varphi = 78{,}7°$

389. (344) $Z = 1$; $\varphi = 90°$

390. (345) $Z = 5$; $\varphi = 53{,}1°$

391. (346) $Z = 3{,}16$; $\varphi = 18{,}4°$

392. (347) $Z = 1$; $\varphi = 0°$

393. (348) $Z = 3{,}16$; $\varphi = 18{,}4°$

394. (349) $Z = 2{,}83$; $\varphi = -45°$

395. (350) $Z = 1{,}04$; $\varphi = 84{,}3°$

396. (351) $Z = 11{,}4$; $\varphi = 114{,}3°$

397. (352) $Z = 6{,}58$; $\varphi = -8{,}8°$

398. (353) $Z = 3{,}7$; $\varphi = 0°$

399. (354) $Z = 8{,}1$; $\varphi = 119{,}7°$

400. (355) $Z = 2{,}24$; $\varphi = 63{,}4°$

401. (356) $Z = 80{,}6$; $\varphi = 29{,}7°$

402. (357) $Z = 3{,}16$; $\varphi = 71{,}6°$

403. $Z = \dfrac{b}{\sin\varphi} = 4{,}95$;

$a = \dfrac{b}{\tan\varphi} = \dfrac{3{,}5}{1} = 3{,}5$; $\underline{Z} = 3{,}5 + \mathrm{j}\,3{,}5$

404. $Z = 242{,}5$; $\underline{Z} = 121{,}3 + \mathrm{j}\,210$

405. $Z = 334{,}1$; $\underline{Z} = 329{,}0 + \mathrm{j}\,58$

406. $Z = 1{,}81$; $\underline{Z} = 0{,}19 + \mathrm{j}\,1{,}8$

407. $Z = 30{,}9$; $\underline{Z} = 8 + \mathrm{j}\,29{,}8$

408. $Z = 0{,}55$; $\underline{Z} = 0{,}3 + \mathrm{j}\,0{,}46$

409. $Z = 0{,}83$; $\underline{Z} = 0{,}75 + \mathrm{j}\,0{,}35$

410. $Z = 80{,}9$; $\underline{Z} = 25 + \mathrm{j}\,77$

411. $Z = 150{,}6$; $\underline{Z} = 13{,}1 + \mathrm{j}\,150$

412. $Z = 11{,}4$; $\underline{Z} = 10{,}3 + \mathrm{j}\,4{,}8$

413. $Z = 10{,}0$; $\underline{Z} = 5 + \mathrm{j}\,8{,}66$

414. $Z = 6{,}3$; $\underline{Z} = 1{,}2 + \mathrm{j}\,6{,}2$

415. $Z = 17{,}9$; $\underline{Z} = 10{,}5 + 14{,}5$

416. $Z = 2{,}2$; $\underline{Z} = 2{,}1 + \mathrm{j}\,0{,}75$

417. $Z = 287{,}8$; $\underline{Z} = 220{,}5 + \mathrm{j}\,185$

418. $\underline{Z} = -1 + \mathrm{j}\,5$; $Z = 5{,}1$; $\varphi = 101{,}3°$

419. $\underline{Z} = 204 - \mathrm{j}\,36$; $Z = 207{,}2$; $\varphi = -10°$

420. $\underline{Z} = 2 - \mathrm{j}\,8$; $Z = 8{,}25$; $\varphi = -76°$

421. $\underline{Z} = 15 + \mathrm{j}$; $Z = 15{,}03$; $\varphi = 3{,}8°$

422. $\underline{Z} = 1 - \mathrm{j}$; $Z = 1{,}41$; $\varphi = -45°$

423. $\underline{Z} = 16 - \mathrm{j}\,12$; $Z = 20$; $\varphi = -36{,}9°$

424. $\underline{Z} = 26 - \mathrm{j}\,32$; $Z = 41{,}2$; $\varphi = -50{,}9°$

425. $\underline{Z} = 1{,}54 + \mathrm{j}\,0{,}72$; $Z = 1{,}7$; $\varphi = 25{,}1°$

426. $\underline{Z} = 337{,}5$; $Z = 337{,}5$; $\varphi = 0°$

427. $\underline{Z} = 6 + \mathrm{j}\,330$; $Z = 330{,}1$; $\varphi = 89°$

428. $\underline{Z} = 980 - \mathrm{j}\,160$; $Z = 993$; $\varphi = -9{,}3°$

429. $\underline{Z} = 92 + \mathrm{j}\,40$; $Z = 100{,}3$; $\varphi = 23{,}5°$

430. $\underline{Z} = 40 + \mathrm{j}\,40$; $Z = 56{,}6$; $\varphi = 45°$

431. $\underline{Z} = 675 + \mathrm{j}\,52$; $Z = 677{,}3$; $\varphi = 4{,}4°$

432. $\underline{Z} = 6{,}72 - \mathrm{j}\,7{,}54$; $Z = 10{,}1$; $\varphi = -48{,}3°$

433. $\underline{Z} = -48\,100 + \mathrm{j}\,60\,000$; $Z = 76\,900$; $\varphi = 128{,}7°$

434. $\underline{Z} = 2$; $Z = 2$; $\varphi = 0°$

435. $\underline{Z} = 0{,}14$; $Z = 0{,}34$; $\varphi = 0°$

436. $\underline{Z} = 371{,}7$; $Z = 371{,}7$; $\varphi = 0°$

437. $\underline{Z} = 20\,241$; $Z = 20\,241$; $\varphi = 0°$

438. $\underline{Z} = \dfrac{(3+\mathrm{j}\,2)\mathrm{j}}{\mathrm{j}^2} = \dfrac{\mathrm{j}\,3 - 2}{-1} = 2 - \mathrm{j}\,3$;
$Z = 3{,}61$; $\varphi = -56{,}3°$

439. $\underline{Z} = -6 + \mathrm{j}\,5$; $Z = 7{,}81$; $\varphi = 140{,}2°$

440. $\underline{Z} = \dfrac{1+\mathrm{j}}{(1-\mathrm{j})(1+\mathrm{j})} = \dfrac{1+\mathrm{j}}{2} = 0{,}5 + \mathrm{j}\,0{,}5$;
$Z = 0{,}707$; $\varphi = 45°$

441. $\underline{Z} = \dfrac{3(3-\mathrm{j}\,2)}{(3+\mathrm{j}\,2)(3-\mathrm{j}\,2)} = \dfrac{9-\mathrm{j}\,6}{9+4}$
$= 0{,}692 - \mathrm{j}\,0{,}462$;
$Z = 0{,}83$; $\varphi = -33{,}7°$

442. $\underline{Z} = -0{,}093 + \mathrm{j}\,0{,}041$; $Z = 0{,}102$; $\varphi = 156{,}2°$

443. $\underline{Z} = 0{,}0385 - \mathrm{j}\,0{,}192$; $Z = 0{,}196$; $\varphi = -78{,}7°$

444. $\underline{Z} = j$; $Z = 1$; $\varphi = 90°$

445. $\underline{Z} = 1{,}5 - \mathrm{j}\,0{,}5$; $Z = 1{,}58$; $\varphi = -18{,}4°$

446. $\underline{Z} = 0{,}98 + \mathrm{j}\,0{,}22$; $Z = 1$; $\varphi = 12{,}7°$

447. $\underline{Z} = 0{,}93 - \mathrm{j}\,0{,}83$; $Z = 1{,}25$; $\varphi = -41{,}7°$

448. $\underline{Z} = -0{,}56 - \mathrm{j}\,1{,}05$; $Z = 1{,}19$; $\varphi = 241{,}9°$

449. $\underline{Z} = 1{,}12 + \mathrm{j}\,0{,}14$; $Z = 1{,}13$; $\varphi = 7{,}2°$

450. $\underline{Z} = 0{,}146 - \mathrm{j}\,0{,}683$; $Z = 0{,}698$; $\varphi = -77{,}9°$

451. $\underline{Z} = -0{,}244 + \mathrm{j}\,1{,}195$; $Z = 1{,}22$; $\varphi = 101{,}5°$

452. $\underline{Z} = 0{,}566 - \mathrm{j}\,0{,}019$; $Z = 0{,}566$; $\varphi = -1{,}9°$

453. $\underline{Z} = -0{,}069 + \mathrm{j}\,1{,}172$; $Z = 1{,}174$; $\varphi = 93{,}4°$

454. $\underline{Z} = 0{,}268 + \mathrm{j}\,0{,}441$; $Z = 0{,}516$; $\varphi = 58{,}7°$

455. $\underline{Z} = 4{,}14 - \mathrm{j}\,1{,}01$; $Z = 4{,}26$; $\varphi = -13{,}7°$

456. $\underline{Z} = 9{,}42 + \mathrm{j}\,3{,}88$; $Z = 10{,}19$; $\varphi = 22{,}4°$

457. Es ergibt sich der Quotient aus dem Betrag des Zählers und dem des Nenners, d. h.,

$$Z = \sqrt{\frac{(a^2+b^2)(c^2+d^2)}{e^2+f^2}}.$$

Nach Reellmachen des Nenners folgt

$$\underline{Z} = \frac{(a+\mathrm{j}\,b)(c+\mathrm{j}\,d)(e-\mathrm{j}\,f)}{e^2+f^2}.$$

Für den Zähler ergibt sich $ace + adf + bcf - bde + \mathrm{j}\,(ade - acf + bce + bdf)$, sodass

$$\tan\varphi = \frac{a(de-cf) - b(ce+df)}{a(ce+df) + b(cf-de)} \quad \text{ist.}$$

458. $Z = \sqrt{\dfrac{(9+25)(36+49)}{64+81}} = \underline{4{,}46}$;

$$\tan\varphi = \frac{3(-56+54)+5(48+63)}{3(48+63)+5(-54+56)} = 1{,}601;$$

$\varphi = \underline{58{,}0°}$

459. $Z = 6{,}02$; $\varphi = -20{,}9°$

460. $Z = 1{,}96$; $\varphi = 101{,}3°$

461. $Z = 10{,}73$; $\varphi = 143{,}2°$

462. $\underline{Z} = -0{,}12 - \mathrm{j}\,3{,}16$; $Z = 3{,}16$; $\varphi = 267{,}8°$

463. $Z = \sqrt{4^2 + 2{,}6^2} = 4{,}77$; $\tan\varphi = \frac{2{,}6}{4}$; $\varphi = 33°$; $\underline{Z} = \underline{4{,}77\,\mathrm{e}^{\mathrm{j}\,33°}}$; $4{,}77\angle 33°$

464. $12{,}51\,\mathrm{e}^{\mathrm{j}\,2{,}7°}$; $12{,}51\angle 2{,}7°$

465. $38{,}9\,\mathrm{e}^{\mathrm{j}\,89{,}2°}$; $38{,}9\angle 89{,}2°$

466. $4{,}81\,\mathrm{e}^{-\mathrm{j}\,79°}$; $4{,}81\angle -79°$

467. $392{,}8\,\mathrm{e}^{-\mathrm{j}\,10{,}7°}$; $392{,}8\angle -10{,}7°$

468. $17{,}24\,\mathrm{e}^{\mathrm{j}\,53{,}1°}$; $17{,}24\angle 53{,}1°$

469. $0{,}0181\,\mathrm{e}^{-\mathrm{j}\,5{,}1°}$; $0{,}0181\angle -5{,}1°$

470. $458\,\mathrm{e}^{-\mathrm{j}\,87{,}5°}$; $458\angle -87{,}5°$

471. $\underline{Z} = 19{,}5(\cos 67° + \mathrm{j}\,\sin 67°) = \underline{7{,}62 + \mathrm{j}\,17{,}95}$

472. $\underline{Z} = 0{,}012 - \mathrm{j}\,0{,}85$

473. $\underline{Z} = 5{,}43 + \mathrm{j}\,0{,}17$

474. $\underline{Z} = 10{,}42 - \mathrm{j}\,4{,}86$

475. $\underline{Z} = 69{,}46 + \mathrm{j}\,393{,}9$

476. $\underline{Z} = 0{,}3 + \mathrm{j}\,0{,}27$

477. $30\,\mathrm{e}^{\mathrm{j}\,89°}$

478. 3,6

479. $4\,505\,\mathrm{e}^{\mathrm{j}\,103°}$

480. $6{,}75\,\mathrm{e}^{\mathrm{j}\,67{,}2°}$

481. $319{,}7\,\mathrm{e}^{\mathrm{j}\,76°}$

482. $89{,}8\,\mathrm{e}^{-\mathrm{j}\,50°}$

483. $32\,130\,\mathrm{e}^{-\mathrm{j}\,1°}$

484. $73\,700\,\mathrm{e}^{-\mathrm{j}\,4°}$

485. $150\,\mathrm{e}^{\mathrm{j}\,15°}$

486. $0{,}67\,\mathrm{e}^{-\mathrm{j}\,29°}$

487. $1{,}625\,\mathrm{e}^{\mathrm{j}\,85°}$

488. $0{,}005\,6\,\mathrm{e}^{-\mathrm{j}\,45°}$

489. $0{,}127\,\mathrm{e}^{-\mathrm{j}\,60°}$

490. $169{,}1\,\mathrm{e}^{\mathrm{j}\,85°}$

491. $9\,\mathrm{e}^{-\mathrm{j}\,53°}$

492. $140{,}4\,\mathrm{e}^{\mathrm{j}\,37°}$

493. $\underline{Z} = \frac{\underline{Z}_1\underline{Z}_2}{\underline{Z}_3\underline{Z}_4} = \frac{5\,\mathrm{e}^{\mathrm{j}\,53{,}1°}\cdot 9{,}06\,\mathrm{e}^{-\mathrm{j}\,6{,}3°}}{9{,}22\,\mathrm{e}^{\mathrm{j}\,49{,}4°}\cdot 2{,}24\,\mathrm{e}^{-\mathrm{j}\,26{,}6°}} = \underline{2{,}19\,\mathrm{e}^{\mathrm{j}\,24°}}$

494. $2{,}32\,\mathrm{e}^{\mathrm{j}\,79{,}4°}$

495. $0{,}019\,7\,\mathrm{e}^{\mathrm{j}\,24{,}2°}$

496. $0{,}007\,33\,\mathrm{e}^{\mathrm{j}\,86{,}4°}$

497. $872\,\mathrm{e}^{-\mathrm{j}\,78{,}6°}$

498. $328\,\mathrm{e}^{-\mathrm{j}\,12{,}9°}$

499. a) $\underline{U} = \underline{65\,\mathrm{e}^{\mathrm{j}\,35°}\,\mathrm{V}}$;

$\underline{U} = 65\,\mathrm{V}(\cos 35° + \mathrm{j}\,\sin 35°) = \underline{(53{,}2 + \mathrm{j}\,37{,}3)\,\mathrm{V}}$

b) $\underline{U} = \underline{18\,\mathrm{e}^{\mathrm{j}\,75°}\,\mathrm{V}}$; $\underline{U} = \underline{(4{,}66 + \mathrm{j}\,17{,}39)\,\mathrm{V}}$

c) $\underline{I} = \underline{2{,}5\,\mathrm{e}^{\mathrm{j}\,40°}\,\mathrm{A}}$; $\underline{I} = \underline{(1{,}92 + \mathrm{j}\,1{,}61)\,\mathrm{A}}$

d) $\underline{I} = \underline{6{,}5\,\mathrm{e}^{\mathrm{j}\,85°}\,\mathrm{A}}$; $\underline{I} = \underline{(0{,}57 + \mathrm{j}\,6{,}48)\,\mathrm{A}}$

e) $\underline{Z} = \underline{(200 + \mathrm{j}\,68)\,\Omega}$;

$Z = \sqrt{(200^2 + 68^2)\Omega^2} = 211{,}2\,\Omega$;

$\tan\varphi = \frac{68}{200} = 0{,}34$; $\underline{Z} = \underline{211{,}2\,\mathrm{e}^{\mathrm{j}\,18{,}8°}\,\Omega}$

f) $\underline{Z} = \underline{(80 - \mathrm{j}\,86)\,\Omega}$ $\underline{Z} = \underline{117{,}5\,\mathrm{e}^{-\mathrm{j}\,47{,}1°}\,\Omega}$

500. a) $P = 26\,\mathrm{V}\cdot\mathrm{A}\cdot\cos 30° = \underline{22{,}5\,\mathrm{W}}$;

$Q = 26\,\mathrm{V}\cdot\mathrm{A}\cdot\sin 30° = \underline{13\,\mathrm{var}}$;

$\cos\varphi = \underline{0{,}866}$

b) $P = \underline{26{,}15\,\mathrm{W}}$; $Q = \underline{298{,}86\,\mathrm{var}}$;

$\cos\varphi = \underline{0{,}09}$

c) $P = \underline{4{,}84\,\mathrm{W}}$; $Q = \underline{184{,}94\,\mathrm{var}}$;

$\cos\varphi = \underline{0{,}03}$

501. a) $\underline{I}_1 = 3\,\text{A}$;

$\underline{I}_2 = 4(\cos 90° + \text{j}\,\sin 90°)\,\text{A} = \text{j}\,4\,\text{A}$;

$\underline{I} = (3 + \text{j}\,4)\,\text{A}$;

$\tan\varphi = \frac{4}{3} = 1{,}333; \quad \varphi = \underline{53{,}1°}$

$I = \sqrt{(3^2 + 4^2)\,\text{A}^2} = \underline{5\,\text{A}}$

b) $I = \underline{4{,}96\,\text{A}}; \quad \varphi = \underline{22{,}5°}$

c) $I = \underline{16{,}52\,\text{A}}; \quad \varphi = \underline{-3{,}4°}$

d) $I = \underline{13{,}53\,\text{A}}; \quad \varphi = \underline{17{,}2°}$

e) $I = \underline{3{,}29\,\text{A}}; \quad \varphi = \underline{50{,}1°}$

f) $I = \underline{3{,}38\,\text{A}}; \quad \varphi = \underline{7{,}2°}$

g) $I = \underline{2\,\text{A}}; \quad \varphi = \underline{90°}$

h) $I = \underline{11{,}54\,\text{A}}; \quad \varphi = \underline{9{,}8°}$

502. a) $\underline{I}_1 = I(\cos\varphi - \text{j}\,\sin\varphi)$
$= 5(0{,}5 - \text{j}\,0{,}866)\,\text{A}$
$= (2{,}5 - \text{j}\,4{,}33\,\text{A})$;

$\underline{I}_2 = \underline{I} - \underline{I}_1 = (4 + \text{j}\,3)\,\text{A} - (2{,}5 - \text{j}\,4{,}33)\,\text{A}$
$= (1{,}5 + \text{j}\,7{,}33)\,\text{A}$;

$I_2 = \sqrt{(1{,}5^2 + 7{,}33^2)\,\text{A}^2} = \underline{7{,}48\,\text{A}}$;

$\tan\varphi = 4{,}887; \quad \varphi = \underline{78{,}4°}$

b) $\underline{I}_1 = \text{j}\,2\,\text{A}; \quad I_2 = (4 + \text{j}\,)\,\text{A}$;

$I_2 = \underline{4{,}12\,\text{A}}; \quad \varphi = \underline{14{,}0°}$

c) $\underline{I}_1 = (0{,}52 + \text{j}\,5{,}98)\,\text{A}; \quad I_2 = \underline{4{,}58\,\text{A}}$;

$\varphi = \underline{-40{,}6°}$

d) $\underline{I}_1 = (0{,}34 + \text{j}\,6{,}49)\,\text{A}; \quad I_2 = \underline{5{,}06\,\text{A}}$;

$\varphi = \underline{-43{,}6°}$

503. (Bild 217)

a) $\underline{Z} = [(120 + 75 + 18{,}5) + \text{j}\,(52 - 61 - 40)]\,\Omega$
$= \underline{(213{,}5 - \text{j}\,49)\,\Omega}$;

$\underline{Z} = \underline{219{,}1\,\text{e}^{-\text{j}\,12{,}9°}\,\Omega}$

b) $\underline{Z} = \underline{(5{,}7 + \text{j}\,3{,}4)\,\Omega}; \quad \underline{Z} = \underline{6{,}64\,\text{e}^{\text{j}\,30{,}8°}\,\Omega}$

c) $\underline{Z} = \underline{(4000 + \text{j}\,1450)\,\Omega}; \quad Z = \underline{4\,255\,\text{e}^{\text{j}\,19{,}9°}\,\Omega}$

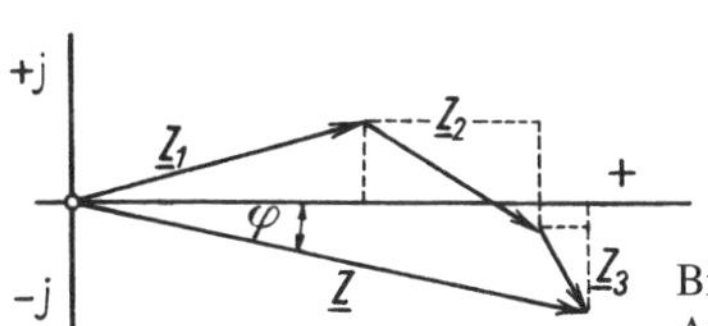

Bild 217: Aufgabe 503a

504. (Bild 218) Wenn die Spannung vorauseilt, haben die Widerstände induktiven Charakter, der imaginäre Anteil ist positiv.

$\underline{Z}_1 = 50(\cos 15° + \text{j}\,\sin 15°)$
$= 50(0{,}9659 + \text{j}\,0{,}258\,8)\,\Omega$

$\underline{Z}_2 = 50(\cos 30° + \text{j}\,\sin 30°)$
$= 50(0{,}8660 + \text{j}\,0{,}500\,0)\,\Omega$

$\underline{Z}_3 = 50(\cos 45° + \text{j}\,\sin 45°)$
$= 50(0{,}7071 + \text{j}\,0{,}707\,1)\,\Omega$

$\underline{Z}_4 = 50(\cos 60° + \text{j}\,\sin 60°)$
$= \underline{50(0{,}500\,0 + \text{j}\,0{,}8660)\,\Omega}$

Daraus folgt die Summe

$\underline{Z} = \underline{50(3{,}039\,0 + \text{j}\,2{,}331\,9)\,\Omega}$;

$\underline{Z} = 191{,}5 \cdot \text{e}^{\text{j}\,37{,}5°}\,\Omega$;

Den Phasenwinkel erhält man auch als arithmetisches Mittel aus den einzelnen Winkeln, d. h.,

$\frac{15° + 30° + 45° + 60°}{4} = 37{,}5°$, was wegen der gleichen Beträge erlaubt ist.

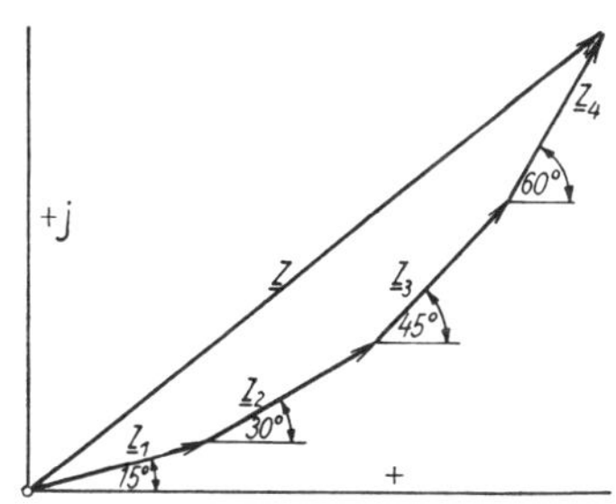

Bild 218: Aufgabe 504

505. (Bild 219) Ähnlich wie in Aufgabe 504 bildet man den Ansatz:

$\underline{U}_{\text{L}1} = x(\cos 0° - \text{j}\,\sin 0°) = x(1 - \text{j}\,0)\,\text{V}$

$\underline{U}_{\text{L}2} = x(\cos 20° - \text{j}\,\sin 20°)$
$= x(0{,}939\,7 - \text{j}\,0{,}342\,0)\,\text{V}$

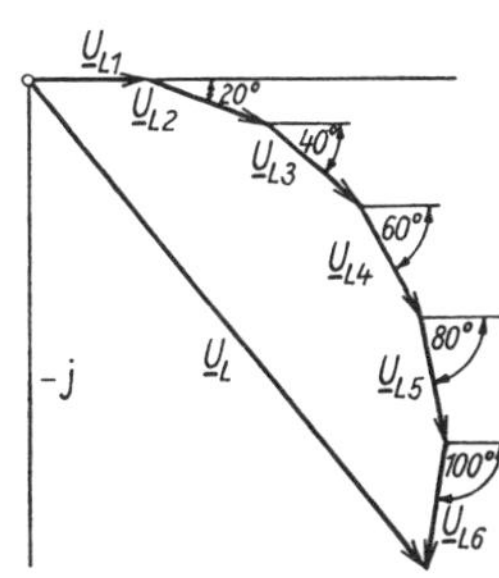

Bild 219: Aufgabe 505

$\underline{U}_{L3} = x(\cos 40° - j\ \sin 40°)$
$= x(0{,}766\,0 - j\,0{,}642\,8)\,V$

$\underline{U}_{L4} = x(\cos 60° - j\ \sin 60°)$
$= x(0{,}500\,0 - j\,0{,}8660)\,V$

$\underline{U}_{L5} = x(\cos 80° - j\ \sin 80°)$
$= x(0{,}173\,6 - j\,0{,}984\,8)\,V$

$\underline{U}_{L6} = x(\cos 100° - j\ \sin 100°)$
$= \underline{x(-0{,}173\,7 - j\,0{,}984\,8)\,V}$

Die Summe hiervon ist

$\underline{U}_L = x(3{,}205\,7 - 3{,}820\,4)\,V$, wonach

$U_L = |\underline{U}_L| = x \cdot 4{,}987 = 240\,V$ ist;

$x = \dfrac{240}{4{,}987} = 48{,}123\,V; \quad \tan\varphi = -1{,}192$

$\varphi = -50°; \quad \underline{U}_{L1} = \underline{48{,}125\,e^{-j50°}\,V};$

der Phasenwinkel ergibt sich auch hier einfacher als arithmetisches Mittel

$$\frac{0° - 20° - 40° - 60° - 80° - 100°}{6} = -50°$$

506. a) $\underline{S} = \underline{U} \cdot \underline{I} = 230(16 - j\,15)\,V \cdot A = (3\,680 - j\,3\,450)\,V \cdot A$; der Strom $\underline{I}$ ist hier mit dem konjugiert komplexen Wert einzusetzen, damit die ihm zugeordnete Blindleistung negatives Vorzeichen erhält; die Wirkleistung ist der reelle Anteil von $\underline{S}$, mithin $P = 3{,}68\,kW$; die Blindleistung ist der imaginäre Anteil von $\underline{S}$, mithin

$Q = \underline{3{,}45\,kvar}; \quad S = \underline{5{,}004\,kV \cdot A}$

b) $P = \underline{27{,}60\,kW}; \quad Q = \underline{19{,}55\,kvar};$

$S = \underline{33{,}82\,kV \cdot A}$

c) $P = \underline{11{,}50\,kW}; \quad Q = \underline{3{,}45\,kvar};$

$S = \underline{12{,}00\,kV \cdot A}$

507. a) $\underline{I} = \dfrac{\underline{U}}{\underline{R}} = \dfrac{210\,V}{(20 + j\,30)\,\Omega}$

$= \dfrac{210(20 - j\,30)}{1\,300}\,A$

$= (3{,}231 - j\,4{,}846)\,A;$

$\underline{S} = \underline{U} \cdot \underline{I} = 210\,V(3{,}231 + j\,4{,}846)\,A$
$= (678{,}5 + j\,1017{,}7)\,V \cdot A$

Der Strom $\underline{I}$ ist hier mit dem konjugiert komplexen Wert einzusetzen, damit die ihm zugeordnete Blindleistung negatives Vorzeichen erhält.

$P = \underline{678{,}5\,W}; \quad Q = \underline{1\,017{,}7\,var};$

$S = \underline{1\,223{,}1\,V \cdot A}$

b) $\underline{I} = (2{,}05 - j\,2{,}56)\,A; \quad P = \underline{430{,}5\,W};$

$Q = \underline{537{,}8\,var}; \quad S = \underline{688{,}9\,V \cdot A}$

c) $P = \underline{882\,W}; \quad Q = \underline{882\,var}; \quad S = \underline{1247\,V \cdot A}$

508. a) $\tan\varphi = \dfrac{42}{18{,}4} = 2{,}282\,6; \quad \cos\varphi = \underline{0{,}40}$

b) $\cos\varphi = \underline{0{,}29}$ c) $\cos\varphi = \underline{0{,}27}$

509. a) $\underline{Z} = [(5 + 6) + j\,(2 + 1)]\,\Omega$
$= (11 + j\,3)\,\Omega;$

$\tan\varphi = \dfrac{3}{11} = 0{,}272\,7; \quad \cos\varphi = \underline{0{,}96}$

b) $\cos\varphi = \underline{0{,}94}$ c) $\cos\varphi = \underline{0{,}96}$

510. a) $\underline{Z} = R + j\,\omega L = \underline{(200 + j\,125{,}6)\,\Omega};$

$Z = \sqrt{200^2 + 125{,}6^2}\,\Omega = 236{,}2\,\Omega;$

$\tan\varphi = \dfrac{125{,}6}{200} = 0{,}628; \ \varphi = 32{,}1°;$

$\underline{Z} = \underline{236{,}2\,e^{j\,32{,}1°}\,\Omega}$

b) $\underline{(150 + j\,188{,}5)\,\Omega}$ bzw. $\underline{240{,}9\,e^{j\,51{,}5°}\,\Omega}$

c) $\underline{(300 + j\,942)\,\Omega}$ bzw. $\underline{988{,}6\,e^{j\,72{,}3°}\,\Omega}$

d) $\underline{(5000 + j\,2765)\,\Omega}$ bzw. $\underline{5714\,e^{j\,28{,}9°}\,\Omega}$

e) $\underline{(500 - j\,1061)\,\Omega}$ bzw. $\underline{1173\,e^{-j\,64{,}7°}\,\Omega}$

f) $\underline{(250 - j\,489{,}7)\,\Omega}$ bzw. $\underline{550\,e^{-j\,62{,}9°}\,\Omega}$

g) $\underline{(120 - j\,795{,}8)\,\Omega}$ bzw. $\underline{804{,}8\,e^{-j\,81{,}4°}\,\Omega}$

h) $\underline{(80 - j\,454{,}7)\,\Omega}$ bzw. $\underline{461{,}7\,e^{-j\,80°}\,\Omega}$

511. a) Nach Reellmachen des Nenners wird

$\underline{Z} = \dfrac{2(1 + j\,)}{2} = 1 + j; \quad R = \underline{1\,\Omega};$

$\omega L = 1\,\Omega; \quad L = \dfrac{1\,\Omega}{\omega} = \dfrac{1\,\Omega \cdot s}{31\,400} = \underline{3{,}18\,\mu H};$

$\varphi = 45°$

b)	$R = 3\,\Omega;$	$L = 15{,}92\,\mu H;$	$\varphi = 59°$
c)	$R = 6\,\Omega;$	$L = 9{,}55\,\mu H;$	$\varphi = 26{,}6°$
d)	$R = 4\,\Omega;$	$C = 0{,}64\,\mu F;$	$\varphi = -51{,}3°$
e)	$R = 0{,}8\,\Omega;$	$L = 7{,}64\,\mu H;$	$\varphi = 71{,}6°$
f)	$R = 1{,}62\,\Omega;$	$L = 3{,}43\,\mu H;$	$\varphi = 33{,}6°$
g)	$R = 0{,}8\,\Omega;$	$C = 2{,}27\,\mu F;$	$\varphi = -60{,}3°$
h)	$R = 0{,}69\,\Omega;$	$C = 1{,}85\,\mu F;$	$\varphi = -68{,}2°$
i)	$R = 0\,\Omega;$	$L = 3{,}18\,\mu H;$	$\varphi = +90°$

k) $R = 0{,}034\,\Omega$; $C = 8{,}26\,\mu F$; $\varphi = -84{,}9°$

l) $R = 0{,}1\,\Omega$; $L = 0{,}159\,\mu H$; $\varphi = 26{,}6°$

m) $R = 0{,}36\,\Omega$; $L = 0{,}43\,\mu H$; $\varphi = 20{,}7°$

n) $R = 0{,}255\,\Omega$; $C = 162{,}4\,\mu F$; $\varphi = -4{,}4°$

o) $R = 0{,}308\,\Omega$; $C = 5{,}91\,\mu F$; $\varphi = -60{,}3°$

p) $R = 0{,}33\,\Omega$; $L = 0{,}038\,\mu H$; $\varphi = 2{,}1°$

q) $R = 1\,\Omega$; $L = 3{,}18\,\mu H$; $\varphi = 45°$

r) $R = 4\,\Omega$; $L = 0{,}398\,\mu H$; $\varphi = 1{,}8°$

s) $R = 40\,\Omega$; $C = 0{,}076\,\mu F$; $\varphi = -46{,}4°$

t) $R = \frac{b}{a}\,\Omega$; $C = \frac{a}{\omega c}\,F$; $\tan\varphi = -\frac{c}{b}$

u) $R = 0{,}33\,\Omega$; $C = 5{,}68\,\mu F$; $\varphi = -59{,}5°$

512. a) $\underline{Z} = 8{,}5(\cos 30° + j\,\sin 30°)\,\Omega$
$= (7{,}36 + j\,4{,}25)\,\Omega$;

$R = \underline{7{,}36\,\Omega}$;

$L = \frac{4{,}25\,\Omega}{\omega} = \frac{4{,}25\,\Omega}{628\,s^{-1}} = \underline{6{,}8\,mH}$

b) $R = 12{,}26\,\Omega$; $L = 0{,}038\,H$

c) $R = 0{,}097\,\Omega$; $L = 0{,}018\,H$

d) $R = 30{,}49\,\Omega$; $L = 0{,}93\,mH$

e) $R = 10{,}3\,\Omega$; $C = 3{,}25\,\mu F$

f) $R = 37{,}0\,\Omega$; $C = 2{,}0\,\mu F$

g) $R = 0{,}884\,\Omega$; $C = 305\,\mu F$

h) $R = 12{,}23\,\Omega$; $C = 612\,\mu F$

i) $R = 0{,}0037\,\Omega$; $L = 0{,}167\,mH$

k) $R = 0{,}302\,\Omega$; $L = 1\,mH$

513. a) $R = 300\,\Omega \cdot \cos 60° = \underline{150\,\Omega}$;

$\omega L = 300\,\Omega \cdot \sin 60° = 259{,}8\,\Omega$;

$f = \frac{\omega L}{2\pi L} = \frac{259{,}8\,\Omega}{2\pi \cdot 0{,}5\,H} = 82{,}7\,Hz$

b) $R = 33{,}1\,\Omega$; $f = 87{,}5\,Hz$

c) $R = 83{,}7\,\Omega$; $f = 254\,Hz$

d) $R = 463\,\Omega$; $f = 324\,Hz$

e) $R = 141{,}4\,\Omega$; $f = 563\,Hz$

f) $R = 160\,\Omega$; $f = 2924\,Hz$

g) $R = 2{,}8\,\Omega$; $f = 3381\,Hz$

h) $R = 6{,}96\,\Omega$; $f = 338{,}4\,Hz$

514. a) $\underline{Z} = R + j\left(\omega L - \frac{1}{\omega C}\right)$
$= \underline{(1\,000 + j\,293{,}4)\,\Omega}$;

$Z = \sqrt{(1\,000^2 + 293{,}4^2)}\,\Omega = 1\,042{,}2\,\Omega$;

$\tan\varphi = \frac{293{,}4}{1\,000} = 0{,}2934$;

$\varphi = 16{,}4°$; $\underline{Z} = \underline{1\,042{,}2\,e^{j\,16{,}4°}\,\Omega}$

b) $\underline{(1\,500 - j\,327{,}4)\,\Omega}$; $\underline{1\,535{,}3\,e^{-j\,12{,}3°}\,\Omega}$

c) $\underline{(2\,000 + j\,1\,247{,}5)\,\Omega}$; $\underline{2\,357\,e^{j\,32°}\,\Omega}$

d) $\underline{(1\,800 - j\,32{,}55)\,\Omega}$; $\underline{1800{,}3\,e^{-j\,1°}\,\Omega}$

515. Dies ist der Fall, wenn der imaginäre Anteil verschwindet, sodass

$\omega L = \frac{1}{\omega C}$ und $f = \frac{1}{2\pi}\sqrt{\frac{1}{LC}}$ betragen.

a) $\underline{23\,Hz}$ b) $\underline{76\,Hz}$ c) $\underline{46\,Hz}$ d) $\underline{650\,Hz}$

516. a) Der Betrag ist zunächst $Z = \sqrt{(1\,000^2 + 2\,000^2)\,\Omega^2} = 2\,236\,\Omega$ und nach der Verdopplung $4\,472\,\Omega$. Der Blindanteil ergibt sich aus

$X_L = \sqrt{(4\,472^2 - 1\,000^2)\,\Omega^2} = 4\,359\,\Omega$;

$L = \frac{4\,359\,\Omega}{314\,s^{-1}} = \underline{13{,}9\,H}$.

b) $\underline{1{,}27\,H}$ c) $\underline{0{,}47\,H}$ d) $\underline{0{,}126\,H}$

517. Der Betrag ist zunächst $79{,}06\,\Omega$ und nach der Halbierung $39{,}53\,\Omega$, sodass der Wirkwiderstand $R = \sqrt{(39{,}53^2 - 25^2)\,\Omega^2} = \underline{30{,}6\,\Omega}$ ist.

b) $\underline{2{,}45\,\Omega}$ c) $\underline{16{,}2\,\Omega}$ d) $\underline{0\,\Omega}$

518. a) $\tan\varphi = \frac{6}{4} = 1{,}5$;

$\varphi = 56{,}3°$ und nachher $46{,}3°$;

$R = \frac{6\,\Omega}{1{,}046} = \underline{5{,}74\,\Omega}$

b) $\underline{6{,}74\,\Omega}$ c) $\underline{90{,}6\,\Omega}$ d) $\underline{\infty}$

519. a) $I = \frac{P}{U\cos\varphi}$;

$Z = \frac{U}{I} = \frac{U^2\cos\varphi}{P} = 27{,}51\,\Omega$;

$R = Z\cos\varphi = 27{,}51\,\Omega \cdot 0{,}78 = 21{,}45\,\Omega$;

$\omega L = Z\sin\varphi = 27{,}51\,\Omega \cdot 0{,}6255 = 17{,}21\,\Omega$;

$\underline{Z} = \underline{(21{,}45 + j\,17{,}21)\,\Omega}$

b) $\underline{(11{,}29 + j\,8{,}46)\,\Omega}$ c) $\underline{(8{,}08 + j\,4{,}58)\,\Omega}$

520. a) $Z = \sqrt{(64 + 30{,}25)\,\Omega^2} = 9{,}708\,\Omega$;

$I = \frac{U}{Z} = 23{,}69\,\text{A};$

$\tan\varphi = \frac{5{,}5}{8}; \quad \varphi = 34{,}5°; \quad \cos\varphi = \underline{0{,}824};$

$P = UI\cos\varphi = \underline{4{,}49\,\text{kW}}$

b) $\cos\varphi = \underline{0{,}800}; \quad P = \underline{2{,}82\,\text{kW}}$

c) $\cos\varphi = \underline{0{,}796}; \quad P = \underline{20{,}28\,\text{kW}}$

521. Der Widerstand einer Leitung beträgt $\underline{Z} = R + \text{j}\,\omega L = 2{,}312\,\text{e}^{\text{j}\,49{,}5°}\,\Omega$. Der $\cos\varphi = 0{,}72$ entspricht einer Nacheilung des Stromes von $\varphi = 43{,}9°$, womit der Strom $\underline{I} = 240\,\text{e}^{-\text{j}\,43{,}9°}$ A beträgt. Damit ist die Gesamtspannung

$$U_\text{k} = (3\,000 + \sqrt{3}\cdot 240\,\text{e}^{-\text{j}\,43{,}9°\cdot 2{,}312\,\text{e}^{\text{j}49{,}6°}}\,\text{V})$$
$$= (3\,000 + 961{,}1\,\text{e}^{\text{j}\,5{,}7°})\,\text{V}$$
$$= [3\,000 + 961{,}1\cdot(0{,}995\,1 + \text{j}\,0{,}099\,3)]\,\text{V}$$
$$= \underline{3\,957{,}5\,\text{e}^{\text{j}\,1{,}4°}\,\text{V}}.$$

Im Kraftwerk ist $\varphi = 43{,}9° + 1{,}4° = 45{,}3°$ und $\cos\varphi = \underline{0{,}73}$.

522. Dem Netz wird jetzt nur noch Wirkstrom entnommen: $\underline{I} = (240\cdot 0{,}72)\,\text{A} = 172{,}8\,\text{A}$. Das Kraftwerk hat die Spannung zu liefern:

$$U_\text{k} = (3\,000 + \sqrt{3}\cdot 172{,}8\,\text{e}^{\text{j}\,0°}\cdot 2{,}312\,\text{e}^{\text{j}\,49{,}6°})\,\text{V}$$
$$= \underline{3\,488{,}5\,\text{e}^{\text{j}\,8{,}7°}\,\text{V}};$$

$\cos\varphi = 0{,}989$; jeder Kondensator muss den Strom $240\,\text{A}\cdot\sin 43{,}9° = 166{,}4\,\text{A}$ aufnehmen.

Wegen $I = U\omega C$ ist $C = \frac{I}{\omega U\sqrt{3}} = \underline{102\,\mu\text{F}}.$

523. (Bild 220) Die Klemmenspannung je Strang beträgt $U_\text{k} = \frac{400\,\text{V}}{\sqrt{3}} = 230{,}9\,\text{V}$.

Die von der Maschine erzeugte Spannung ergibt zusammen mit dem Spannungsabfall in der Wicklung die Klemmenspannung $\underline{U} + \underline{I}\,\underline{Z} = \underline{U}_\text{k}$.

Hierbei eilt der Strom wegen $\cos\varphi = 0{,}82$ der Spannung um den Winkel $34{,}9°$ nach. Der Wicklungswiderstand ist $\underline{Z} = 0{,}384\,\text{e}^{\text{j}\,55°}\,\Omega$. Dann ist $\underline{U} = 230{,}9\,\text{V} - 42\,\text{e}^{-\text{j}\,34{,}9°}\,\text{A}\cdot 0{,}384\,\text{e}^{\text{j}\,55°}\,\Omega = \underline{215{,}7\,\text{e}^{-\text{j}\,1{,}5°}\,\text{V}}$. Die Verschiebung beträgt also $\underline{-1{,}5°}$.

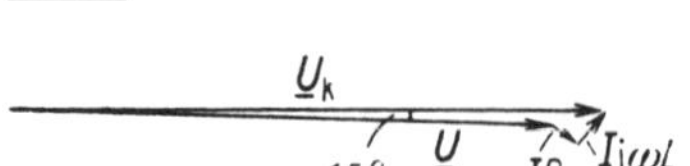

Bild 220: Aufgabe 523

524. a) Der reziproke Wert von $\underline{Z}$ ist der Leitwert der Schaltung $\underline{Y} = \frac{1-\text{j}}{2}$, woraus $G = 0{,}5\,\text{S}$ und $B = 0{,}5\,\text{S}$ folgen;

$R = \frac{1}{G} = 2\,\Omega; \quad B = \frac{1}{\omega L},$ woraus

$L = \frac{1}{\omega B} = 6{,}37\,\mu\text{H}$ folgt

b)	$R = 11{,}3\,\Omega;$	$L = 21{,}7\,\mu\text{H}$
c)	$R = 7{,}5\,\Omega;$	$L = 47{,}8\,\mu\text{H}$
d)	$R = 10{,}25\,\Omega;$	$C = 0{,}39\,\mu\text{F}$
e)	$R = 8\,\Omega;$	$L = 8{,}5\,\mu\text{H}$
f)	$R = 2{,}33\,\Omega;$	$L = 11{,}14\,\mu\text{H}$
g)	$R = 3{,}25\,\Omega;$	$C = 1{,}71\,\mu\text{F}$
h)	$R = 5\,\Omega;$	$C = 1{,}59\,\mu\text{F}$
i)	$R = \infty;$	$L = 3{,}18\,\mu\text{H}$
k)	$R = 4{,}35\,\Omega;$	$C = 8{,}2\,\mu\text{F}$
l)	$R = 0{,}125\,\Omega;$	$L = 0{,}796\,\mu\text{H}$
m)	$R = 0{,}41\,\Omega;$	$L = 3{,}46\,\mu\text{H}$
n)	$R = 0{,}256\,\Omega;$	$C = 0{,}955\,\mu\text{F}$
o)	$R = 1{,}25\,\Omega;$	$C = 4{,}46\,\mu\text{F}$
p)	$R = 0{,}33\,\Omega;$	$L = 29{,}01\,\mu\text{H}$
q)	$R = 2\,\Omega;$	$L = 6{,}37\,\mu\text{H}$
r)	$R = 4\,\Omega;$	$L = 0{,}41\,\text{mH}$
s)	$R = 84{,}1\,\Omega;$	$C = 0{,}04\,\mu\text{F}$
t)	$R = \frac{b^2+c^2}{ab}\,\Omega;$	$C = \frac{ac}{\omega(b^2+c^2)}\,\text{F}$
u)	$R = 1{,}28\,\Omega;$	$C = 4{,}22\,\mu\text{F}$

525. a) $\underline{Y} = 0{,}118\,\text{e}^{-\text{j}\,30°}\,\text{S}$
$= 0{,}118(0{,}886 - \text{j}\,0{,}5)\,\text{S}$
$= (0{,}102 - \text{j}\,0{,}059)\,\text{S};$

$R = \frac{1}{0{,}102}\,\text{S} = \underline{9{,}8\,\Omega};$

$\omega L = \frac{1}{0{,}059}\,\text{S}; \quad L = \underline{0{,}027\,\text{H}}$

b)	$R = 59{,}47\,\Omega;$	$L = 48{,}2\,\text{mH}$
c)	$R = 1272\,\Omega;$	$L = 17{,}67\,\text{mH}$
d)	$R = 30{,}51\,\Omega;$	$L = 2{,}53\,\text{H}$
e)	$R = 23\,398\,\Omega;$	$C = 3{,}25\,\mu\text{F}$
f)	$R = 16\,666\,\Omega;$	$C = 2{,}0\,\mu\text{F}$

g) $R = 31{,}8\,\Omega$; $C = 296\,\mu\text{F}$

h) $R = 12{,}8\,\Omega$; $C = 26{,}5\,\mu\text{F}$

i) $R = 3{,}016\,\Omega$; $L = 0{,}168\,\text{mH}$

k) $R = 1{,}69\,\Omega$; $L = 1{,}25\,\text{mH}$

526. Aus $\underline{Z} = \dfrac{\underline{Z}_1\underline{Z}_2}{\underline{Z}_1 + \underline{Z}_2}$ ergibt sich

$$\underline{Z} = \frac{R\text{j}\,\omega L}{R + \text{j}\,\omega L}$$

und nach Reellmachen des Nenners

$$\underline{Z} = \underline{\frac{\omega^2 RL^2 + \text{j}\,\omega R^2 L}{R^2 + \omega^2 L^2}}$$

527. a) 1. *Normalform*

1. Weg (über die Leitwerte):

$$G = \frac{1}{R} = 0{,}004\,\text{S}; \quad B = \frac{1}{\omega L} = 0{,}005\,3\,\text{S};$$

$$\underline{Y} = (0{,}004 - \text{j}\,0{,}005\,3)\,\text{S};$$

$$\underline{Z} = \frac{1}{(0{,}004 - \text{j}\,0{,}005\,3)}\,\text{S}$$

und nach Reellmachen des Nenners

$$\underline{Z} = \underline{(90{,}7 + \text{j}\,120{,}2)\,\Omega}.$$

2. Weg (Zusammenfassung der Widerstände):

$$\underline{Z} = \frac{R\text{j}\,\omega L}{R + \text{j}\,\omega L} = \frac{\text{j}\,47\,124(250 - \text{j}\,188{,}5)}{62\,500 + 35\,532}\,\Omega$$

$$= (90{,}6 + \text{j}\,120{,}2)\,\Omega$$

3. Weg: Einsetzen der Zahlenwerte in die Endformel von Aufgabe 526.

2. *Exponentialform*

$$Z = \sqrt{(90{,}6^2 + 120{,}2^2)\,\Omega^2} = 150{,}5\,\Omega;$$

$$\tan\varphi = \frac{120{,}2}{90{,}6}; \quad \varphi = 53°;$$

$$\underline{Z} = \underline{150{,}5\,\text{e}^{\text{j}\,53°}\,\Omega}$$

b) $\underline{(0{,}129 + \text{j}\,1{,}56)\,\Omega}$; $\underline{1{,}565\,\text{e}^{\text{j}\,85{,}3°}\,\Omega}$

c) $\underline{(305{,}2 + \text{j}\,388{,}6)\,\Omega}$; $\underline{494{,}1\,\text{e}^{\text{j}\,51{,}9°}\,\Omega}$

d) $\underline{(618{,}8 + \text{j}\,417{,}1)\,\Omega}$; $\underline{746{,}2\,\text{e}^{\text{j}\,34°}\,\Omega}$

528. Aus $\underline{Y} = \dfrac{1}{R} + \text{j}\,\omega C$ folgt

$$\underline{Z} = \frac{1}{(1/R) + \text{j}\,\omega C}$$

und nach Reellmachen des Nenners

$$\underline{Z} = \underline{\frac{R - \text{j}\,\omega R^2 C}{1 + \omega^2 C^2 R^2}}.$$

529. a) 1. *Normalform*

1. Weg (mit Hilfe der Leitworte):

$$G = \frac{1}{R} = 0{,}001\,\text{S}; \quad B = \omega C = 0{,}000\,314\,\text{S};$$

$$Y = (0{,}001 + \text{j}\,0{,}000\,314)\,\text{S};$$

$$Z = \frac{1}{Y} = \frac{0{,}001 - \text{j}\,0{,}000\,314}{(1 + 0{,}098\,7)\cdot 10^{-6}}\,\Omega$$

$$= \underline{(910{,}2 - \text{j}\,285{,}9)\,\Omega}$$

2. Weg (Zusammenfassung der Widerstände):

$$Z = \frac{\dfrac{-\text{j}\,R}{\omega C}}{R - \text{j}\,\dfrac{1}{\omega L}} = \frac{(-\text{j}\,3\,183 + 10\,130)\cdot 10^6}{11{,}13\cdot 10^6}\,\Omega$$

$$= (910{,}2 - \text{j}\,285{,}2)\,\Omega$$

3. Weg: Einsetzen der Zahlenwerte in die aus Aufgabe 528 gewonnene Endformel.

2. *Exponentialform*

$$Z = \sqrt{(910{,}2^2 + 285{,}9^2)\,\Omega^2} = 954\,\Omega;$$

$$\tan\varphi = -0{,}314\,1;$$

$$\underline{Z = 954\,\text{e}^{-\text{j}\,17{,}4°}\,\Omega}$$

b) $\underline{(741 - \text{j}\,87{,}3)\,\Omega}$; $\underline{746\,\text{e}^{-\text{j}\,6{,}7°}\,\Omega}$

c) $\underline{(23{,}7 - \text{j}\,5{,}58)\,\Omega}$; $\underline{24{,}3\,\text{e}^{-\text{j}\,13{,}2°}\,\Omega}$

d) $\underline{(9{,}84 - \text{j}\,1{,}24)\,\Omega}$; $\underline{9{,}92\,\text{e}^{-\text{j}\,7{,}2°}\,\Omega}$

530. a) $\underline{Y} = \dfrac{1}{R} - \dfrac{\text{j}}{\omega L} + \text{j}\,\omega C$

$$= (0{,}001\,25 - \text{j}\,0{,}001\,612)\,\text{S};$$

$$\frac{1}{\underline{Y}} = \frac{(1{,}25 + \text{j}\,1{,}612)\cdot 10^3}{1{,}562\,5 + 2{,}599\,5}\,\Omega$$

$$= \underline{(300{,}4 + \text{j}\,387{,}4)\,\Omega};$$

$$\underline{Z} = \underline{490\,\text{e}^{\text{j}\,52{,}2°}\,\Omega}$$

b) $\underline{(158{,}3 + \text{j}\,81{,}2)\,\Omega}$; $\underline{178\,\text{e}^{\text{j}\,27{,}2°}\,\Omega}$

c) $\underline{(11{,}98 - \text{j}\,0{,}046)\,\Omega}$; $\underline{11{,}98\,\text{e}^{-\text{j}\,0{,}2°}\,\Omega}$

d) $\underline{(7{,}19 - \text{j}\,2{,}41)\,\Omega}$; $\underline{7{,}58\,\text{e}^{\text{j}\,18{,}6°}\,\Omega}$

531. Aus dem in Aufgabe 528 gewonnenen Ausdruck ergibt sich für die Wirkkomponente

a) $\text{Re}(\underline{Z}) = \dfrac{R}{1 + \omega^2 R^2 C^2}$, woraus sich C errechnen lässt: $C = \underline{38{,}7\,\mu\text{F}}$

b) $\underline{6{,}12\,\mu\text{F}}$

532. Nach Aufgabe 528 lautet die Blindkomponente

a) $\text{Im}(\underline{Z}) = \dfrac{\omega R^2 C}{1+\omega^2 R^2 C^2}$, woraus sich

$R = \underline{25\,770\,\Omega}$ berechnet.

b) $\underline{8\,280\,\Omega}$

533. a) $\underline{I} = \dfrac{\underline{U}}{\underline{Z}} = \dfrac{60(12-\text{j}\,9)}{144+81}\,\text{A}$
$= (3{,}2 - \text{j}\,2{,}4)\,\text{A}$,

folglich ist $I_R = \underline{3{,}2\,\text{A}}$;

$I_L = \underline{2{,}4\,\text{A}}$ und $I = \sqrt{(3{,}2^2+2{,}4^2)\,\text{A}^2} = \underline{4\,\text{A}}$

b) $I_R = \underline{2{,}47\,\text{A}}$; $I_L = \underline{6{,}58\,\text{A}}$; $I = \underline{7{,}03\,\text{A}}$

c) $I_R = \underline{2{,}65\,\text{A}}$; $I_C = \underline{2{,}082\,\text{A}}$; $I = \underline{3{,}37\,\text{A}}$

534. a) $\underline{Y} = \dfrac{I_R}{U} - \text{j}\,\dfrac{I_L}{U} = (0{,}009\,6 - \text{j}\,0{,}019\,2)\,\text{S}$;

$\underline{Z} = \dfrac{1}{\underline{Y}} = (20{,}83 + \text{j}\,41{,}67)\,\Omega$

b) $\underline{(62{,}49 + \text{j}\,135{,}69)\,\Omega}$

c) $\underline{(5\,588 + \text{j}\,2\,353)\,\Omega}$

535. a) $Y = \sqrt{(35^2+14^2)\,\text{S}^2} = 37{,}70\,\text{S}$;

$S = U^2 Y$; $U = \sqrt{\dfrac{S}{Y}} = \underline{2{,}3\,\text{V}}$

b) $Y = 1{,}53\,\text{S}$; $U = \underline{11{,}43\,\text{V}}$

c) $Y = 0{,}065\,\text{S}$; $U = \underline{55{,}5\,\text{V}}$

536. a) $\underline{Y} = \underline{Y}_1 + \underline{Y}_2 = \dfrac{R_1 - \text{j}\,\omega L}{R_1^2+\omega^2 L^2} + \dfrac{1}{R_2}$

$$= \underline{\left(\frac{R_1}{R_1^2+\omega^2L^2} + \frac{1}{R_2}\right) - \text{j}\left(\frac{\omega L}{R_1^2+\omega^2L^2}\right)};$$

$\tan\varphi = \dfrac{\omega R_2 L}{R_1^2 + R_1R_2 + \omega^2L^2}$ (Nacheilung des Stromes).

b) Es muss $\tan\varphi = 1$ sein, d. h.

$\omega R_2 L = R_1^2 + R_1 R_2 + \omega^2 L^2$, wonach

$\underline{R_2 = \dfrac{R_1^2+\omega^2L^2}{\omega L - R_1}}$ ist.

537. Aus der Gleichung

$\tan\varphi = \dfrac{\omega R_2 L}{R_1^2 + R_1R_2 + \omega^2L^2}$ ergibt sich

$R_2 = \underline{163{,}4\,\Omega}$.

538. $\underline{Z}_1 + \underline{Z}_2 = R_1$; $\dfrac{\underline{Z}_1\underline{Z}_2}{\underline{Z}_1+\underline{Z}_2} = R_2$; aus diesen beiden Gleichungen ergibt sich durch Zusammenfassen

$\underline{\underline{Z}_1 = (25 + \text{j}\,19{,}36)\,\Omega}$ und $\underline{\underline{Z}_2 = (25 - \text{j}\,19{,}36)\,\Omega}$.

539. $\underline{Y} = \underline{Y}_1 + \underline{Y}_2 = \dfrac{1}{R+\text{j}\,\omega L_1} + \dfrac{1}{\text{j}\,\omega L_2}$

$$= \frac{R - \text{j}\,\omega L_1}{R^2+\omega^2L_1^2} - \frac{\text{j}}{\omega L_2}$$

$$= \underline{\frac{R}{R^2+\omega^2L_1^2} - \text{j}\left(\frac{\omega L_1}{R^2+\omega^2L_1^2} + \frac{1}{\omega L_2}\right)};$$

$\tan\varphi = \underline{\dfrac{R^2+\omega^2L_1(L_1+L_2)}{\omega R L_2}}$

(Nacheilung des Stromes)

540. (siehe Aufgabe 438)

$$Z = \sqrt{\frac{(R_1^2+\omega^2L_1^2)(R_2^2+\omega^2L_2^2)}{(R_1+R_2)^2+\omega^2(L_1+L_2)^2}}$$

Zur Berechnung der Phase bildet man zunächst

$$\underline{Z} = \frac{(R_1+\text{j}\,\omega L_1)(R_2+\text{j}\,\omega L_2)}{R_1+R_2+\text{j}\,\omega(L_1+L_2)}$$

$$= \underline{\frac{R_1R_2 - \omega^2L_1L_2 + \text{j}\,\omega(R_1L_2+R_2L_1)}{R_1+R_2+\text{j}\,\omega(L_1+L_2)}}$$

und erhält dann nach der eingangs von Abschnitt 8.4 angegebenen Formel

$$\tan\varphi = \underline{\frac{\omega(R_1^2L_2+R_2^2L_1)+\omega^3L_1L_2(L_1+L_2)}{R_1R_2(R_1+R_2)+\omega^2(R_1L_2+R_2L_1^2)}}.$$

541. $Z = \underline{\dfrac{2}{3}\sqrt{R^2+\omega^2L^2}}$; $\tan\varphi = \underline{\dfrac{\omega L}{R}}$

542. Nach der eingangs von Abschnitt 8.4 angegebenen Formel ergibt sich die Gleichung

$$\sqrt{\frac{(R_1^2+\omega^2L^2)R_2^2}{(R_1+R_2)^2+\omega^2L^2}} = \frac{1}{2}\sqrt{R_1^2+\omega^2L^2}$$

und damit

$$\underline{R_2 = \frac{1}{3}(R_1 + \sqrt{4R_1^2+3\omega^2L^2})}.$$

543. $\underline{Y} = \underline{\dfrac{R + \text{j}\,\omega(R^2C+\omega^2L^2C-L)}{R^2+\omega^2L^2}}$;

$$\underline{Z} = \underline{\frac{R - \text{j}\,\omega(\omega^2L^2C+R^2C-L)}{\omega^2R^2C^2+\omega 4L^2C^2-2\omega^2LC+1}}$$

544. Der imaginäre Teil des komplexen Leitwertes bzw. Widerstandes muss gleich null sein, womit $\omega_0^2 L^2 C = L - R^2 C$ und

$$\omega_0 = \sqrt{\frac{1}{LC}\frac{L - R^2 C}{L}} \text{ ist.}$$

545. $$\underline{Z} = \frac{R_2[1 + \omega^2 R_1 C^2 (R_1 + R_2) - \mathrm{j}\,\omega C R_2]}{1 + \omega^2 C^2 (R_1 + R_2)^2};$$

$$\tan\varphi = \frac{-\omega C R_2}{1 + \omega^2 R_1 C^2 (R_1 + R_2)}$$

546. $$Z = \frac{\omega RC - \mathrm{j}\,(n\omega^2 R^2 C^2 + n + 1)}{n^2 \omega^3 R^2 C^3 + \omega C (n+1)^2};$$

$$\tan\varphi = \frac{-(n\omega^2 R^2 C^2 + n + 1)}{\omega RC}$$

547. $$\underline{Y}_1 = \frac{1}{R_1 + \mathrm{j}\,\omega L}; \quad \underline{Y}_2 = \frac{1}{R_2 + \dfrac{1}{j\omega C}};$$

nach Reellmachen der Nenner und Addition folgt

$$Y = \left(\frac{R_1}{R_1^2 + \omega^2 L^2} + \frac{\omega^2 R_2 C^2}{1 + \omega^2 R_2^2 C^2}\right) + \mathrm{j}\left(\frac{\omega C}{1 + \omega^2 R_2^2 C^2} - \frac{\omega L}{R_1^2 + \omega^2 L^2}\right).$$

Im Resonanzfall ist der imaginäre Teil gleich null, sodass

$$\frac{\omega_0 C}{1 + \omega^2 R_2^2 C^2} = \frac{\omega_0 L}{R_1^2 + \omega^2 L^2}, \text{ woraus}$$

$$\omega_0 = \frac{1}{\sqrt{LC}}\sqrt{\frac{L - CR_1^2}{L - CR_2^2}} \text{ folgt.}$$

548. Im ersten Fall muss der Zähler in der Wurzel gleich 0 sein, sodass $R_1 = \sqrt{\dfrac{L}{C}}$.

Im zweiten Fall muss der Nenner gleich 0 sein, sodass $R_2 = \sqrt{\dfrac{L}{C}}$ ist.

549. a) Wie in der vorigen Aufgabe muss

$$R_1 = R_2 = \sqrt{\frac{L}{C}} \text{ sein.}$$

b) Setzt man dies in den nach Aufgabe 547 erhaltenen Wirkleitwert ein, so ergibt sich

$$G = \frac{\sqrt{L/C}}{L/C + \omega^2 L^2} + \frac{\omega^2 C^2 \sqrt{L/C}}{1 + \omega^2 LC} = \sqrt{\frac{C}{L}};$$

$$R = \sqrt{\frac{L}{C}}$$

550. a) 1. Weg:

$$\underline{Z} = \frac{(R_1 + \mathrm{j}\,\omega L)R_2}{R_1 + R_2 + \mathrm{j}\,\omega L} = \frac{(10\,000 + \mathrm{j}\,15\,708)\,\Omega}{200 + \mathrm{j}\,157} = (69{,}1 + \mathrm{j}\,24{,}3)\,\Omega;$$

$$Z = \sqrt{(69{,}1^2 + 24{,}3^2)\Omega^2} = 73{,}2\,\Omega;$$

$$I = \frac{U}{Z} = 3{,}14\,\text{A}; \quad \tan\varphi = \frac{24{,}3}{69{,}1} = 0{,}351\,7;$$

$$\varphi = 19{,}4°$$

Wegen $\omega L' = 24{,}3\,\Omega$ ergibt sich für die gesuchte Induktivität

$$L' = \frac{24{,}3\,\Omega}{\omega} = 77{,}3\,\text{mH}$$

2. Weg:

$$Z = \frac{10\,000 + \mathrm{j}\,15\,708}{200 + \mathrm{j}\,157\,\Omega} = \frac{18\,621\,\mathrm{e}^{\mathrm{j}\,57{,}5°}}{254\,\mathrm{e}^{\mathrm{j}\,38{,}1°}\,\Omega};$$

$$\underline{Z} = 73{,}3\,\mathrm{e}^{\mathrm{j}\,19{,}4°}\,\Omega;$$

$$\underline{I} = \frac{230\,\text{V}}{73{,}3\,\mathrm{e}^{\mathrm{j}\,19{,}4°}\,\Omega} = 3{,}14\,\mathrm{e}^{-\mathrm{j}\,19{,}4°}\,\text{A}$$

Zur Bestimmung von $\omega L'$ dient die Beziehung $\omega L' = 73{,}3 \sin 19{,}4°\,\Omega$, wonach $\omega L' = 24{,}3\,\Omega$ ist.

b) $\underline{Z} = (68{,}4 + \mathrm{j}\,32{,}4)\,\Omega$; $Z = 75{,}7\,\Omega$;

$I = 1{,}32\,\text{A}$; $\varphi = 25{,}3°$; $L' = 103{,}1\,\text{mH}$

c) $Z = (134 + \mathrm{j}\,41{,}7)\,\Omega$; $Z = 140{,}3\,\Omega$;

$I = 0{,}43\,\text{A}$; $\varphi = 17{,}3°$; $L' = 133\,\text{mH}$

551. a) 1. Weg:

$$\underline{Z} = \frac{\left(R_1 - \mathrm{j}\,\dfrac{1}{\omega C}\right)R_2}{R_1 + R_2 - \mathrm{j}\,\dfrac{1}{\omega C}} = \frac{(1\,000 - \mathrm{j}\,796)2\,500}{3\,500 - \mathrm{j}\,796}\,\Omega = (802{,}1 - \mathrm{j}\,386{,}1)\,\Omega;$$

$$Z = 890{,}2\,\Omega; \quad I = \frac{U}{Z} = 0{,}26\,\text{A};$$

$$\tan\varphi = \frac{386{,}1}{802{,}1} = -0{,}481\,4;$$

$$\varphi = -25{,}7°; \quad \frac{1}{\omega C'} = 386{,}1\,\Omega; \quad C' = 8{,}24\,\mu\text{F}$$

2. Weg:

$$\underline{Z} = \frac{(2{,}5 - \mathrm{j}\,1{,}99)10^6}{3\,500 - \mathrm{j}\,79{,}6}\,\Omega = \frac{3{,}195 \cdot 10^6\,\mathrm{e}^{-\mathrm{j}\,38{,}5°}}{3\,589\,\mathrm{e}^{-\mathrm{j}\,12{,}8°}}\,\Omega;$$

$\underline{Z} = 890{,}2\,\mathrm{e}^{-\mathrm{j}\,25{,}7^\circ}\,\Omega$

b) $\underline{Z} = \underline{(69{,}4 - \mathrm{j}\,24{,}4)\,\Omega}$; $Z = 73{,}56\,\Omega$;

$I = \underline{3{,}13\,\mathrm{A}}$; $\varphi = \underline{-19{,}4^\circ}$; $C' = \underline{130{,}45\,\mu\mathrm{F}}$

c) $\underline{Z} = \underline{(933{,}3 - \mathrm{j}\,221{,}1)\,\Omega}$; $Z = 959{,}1\,\Omega$;

$I = \underline{0{,}261\,\mathrm{A}}$; $\varphi = \underline{-13{,}3^\circ}$; $C' = \underline{2{,}4\,\mathrm{nF}}$

552. a) $\underline{Z} = \underline{(204 - \mathrm{j}\,32{,}7)\,\Omega}$; $Z = 206{,}6\,\Omega$;

$I = \underline{1{,}113\,\mathrm{A}}$; $\varphi = \underline{-1{,}1^\circ}$

Der negative Phasenwinkel gibt an, dass die Reihenersatzschaltung eine Kapazität enthalten muss. Sie beträgt $C' = \dfrac{1}{\omega X_C} = \underline{97{,}3\,\mu\mathrm{F}}$.

b) $\underline{Z} = \underline{(162{,}6 - \mathrm{j}\,488{,}5)\,\Omega}$; $Z = 514{,}9\,\Omega$;

$I = \underline{0{,}446\,\mathrm{A}}$; $\varphi = \underline{-71{,}6^\circ}$; $C' = \underline{6{,}52\,\mu\mathrm{F}}$

c) $\underline{Z} = \underline{(158{,}9 + \mathrm{j}\,89{,}4)\,\Omega}$; $Z = 182{,}3\,\Omega$;

$I = \underline{1{,}262\,\mathrm{A}}$; $\varphi = \underline{+29{,}4^\circ}$; $L' = \underline{0{,}285\,\mathrm{H}}$

553. a) $\underline{Z} = \underline{(25{,}8 + \mathrm{j}\,123{,}6)\,\Omega}$; $Z = 126{,}3\,\Omega$;

$I = \underline{1{,}82\,\mathrm{A}}$; $\varphi = \underline{+78{,}2^\circ}$; $L' = \underline{0{,}393\,\mathrm{H}}$

b) $\underline{Z} = \underline{(513 - \mathrm{j}\,233{,}3)\,\Omega}$; $Z = 563{,}6\,\Omega$;

$I = \underline{0{,}41\,\mathrm{A}}$; $\varphi = \underline{-24{,}5^\circ}$; $C' = \underline{13{,}64\,\mu\mathrm{F}}$

c) $\underline{Z} = \underline{(0{,}139 + \mathrm{j}\,97{,}12)\,\Omega}$; $Z = 97{,}12\,\Omega$;

$I = \underline{2{,}37\,\mathrm{A}}$; $\varphi = \underline{+89{,}9^\circ}$; $L' = \underline{0{,}309\,\mathrm{H}}$

554. Nach dem Ansatz

$$\underline{Z} = \frac{\left(R - \dfrac{\mathrm{j}}{\omega C}\right)\mathrm{j}\,x}{R - \mathrm{j}\left(\dfrac{1}{\omega C} - x\right)}$$

folgt für den Zähler nach Reellmachen des Nenners

$$\mathrm{j}\,R^2 x - \frac{Rx}{\omega C} + Rx^2 + \frac{Rx}{\omega C} + \frac{\mathrm{j}\,x}{\omega^2 C^2} - \frac{\mathrm{j}\,x^2}{\omega C};$$

Gleichsetzen der reellen und imaginären Teile dieses Ausdrucks ergibt

$$x = \frac{R^2 + \dfrac{1}{\omega^2 C^2}}{R + \dfrac{1}{\omega C}} = 223{,}6\,\Omega;$$

$$L = \frac{x}{\omega} = \underline{0{,}71\,\mathrm{H}}$$

555. Wenn eine Kapazität angenommen wird, nutzt man den Ansatz

$\underline{Z} = \dfrac{(R - \mathrm{j}\,x)\mathrm{j}\,\omega L}{R + \mathrm{j}\,(\omega L - x)}$; nach Reellmachen des Nenners wird der Zähler

$(\mathrm{j}\,114\,137 + 94{,}25x)[150 - \mathrm{j}\,(94{,}25 - x)]$.

Nach Ausrechnen ergibt sich der $\tan\varphi$ als Quotient aus den imaginären und reellen Teilen

$$\frac{2\,120\,550 - 8\,883x + 94{,}25x^2}{1\,332\,400} = 1{,}732\,1.$$

Diese quadratische Gleichung liefert $x_1 = +112$ und $x_2 = -17{,}75$. Aus x_1 ergibt sich wegen des positiven Vorzeichens die Kapazität von $C' = \dfrac{1}{314 \cdot 112}\,\mathrm{F} = \underline{28{,}4\,\mu\mathrm{F}}$; aus x_2 wegen des negativen Vorzeichens die Induktivität $L' = \dfrac{17{,}75}{314}\,\mathrm{H} = \underline{57\,\mathrm{mH}}$

556. (Bild 221)

$\underline{Z}_1 = 186{,}2\,\mathrm{e}^{\mathrm{j}\,57{,}5^\circ}\,\Omega$;

$$\underline{I}_1 = \frac{\underline{U}}{\underline{Z}_1} = \frac{230\,\mathrm{V}}{186{,}2\,\mathrm{e}^{\mathrm{j}\,57{,}5^\circ}\,\Omega} = \underline{1{,}23\,\mathrm{e}^{-\mathrm{j}\,57{,}5^\circ}\,\mathrm{A}};$$

$$\underline{I}_2 = \frac{230\,\mathrm{V}}{100\,\mathrm{e}^{\mathrm{j}\,0^\circ}\,\Omega} = \underline{2{,}3\,\mathrm{A}};$$

$$\underline{U}_1 = \underline{I}_1 R_1 = 1{,}23\,\mathrm{e}^{-\mathrm{j}\,57{,}5^\circ}\,\mathrm{A} \cdot 100\,\Omega = \underline{123\,\mathrm{e}^{-\mathrm{j}\,57{,}5^\circ}\,\mathrm{V}};$$

$$\underline{U}_2 = \underline{I}_1 j\omega L = 1{,}23\,\mathrm{e}^{-\mathrm{j}\,57{,}5^\circ}\,\mathrm{A} \cdot 157\,\mathrm{e}^{\mathrm{j}\,90^\circ}\,\Omega = \underline{193\,\mathrm{e}^{\mathrm{j}\,32{,}5^\circ}\,\mathrm{V}}$$

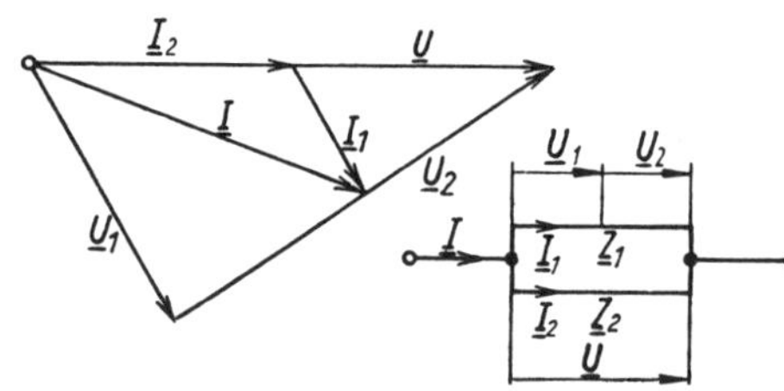

Bild 221: Aufgabe 556

557. (Bild 222)

$\underline{I} = 0{,}26\,\mathrm{e}^{\mathrm{j}\,25{,}7^\circ}\,\mathrm{A}$; $\underline{Z}_1 = 1278\,\mathrm{e}^{-\mathrm{j}\,38{,}5^\circ}\,\Omega$;

$\underline{I}_1 = 0{,}18\,\mathrm{e}^{\mathrm{j}\,38{,}5^\circ}\,\mathrm{A}$; $\underline{I}_2 = 0{,}018\,\mathrm{e}^{\mathrm{j}\,0^\circ}\,\mathrm{A}$;

$\underline{U}_1 = 180\,\mathrm{e}^{\mathrm{j}\,38{,}5^\circ}\,\mathrm{V}$; $\underline{U}_2 = 143\,\mathrm{e}^{-\mathrm{j}\,51{,}5^\circ}\,\mathrm{V}$

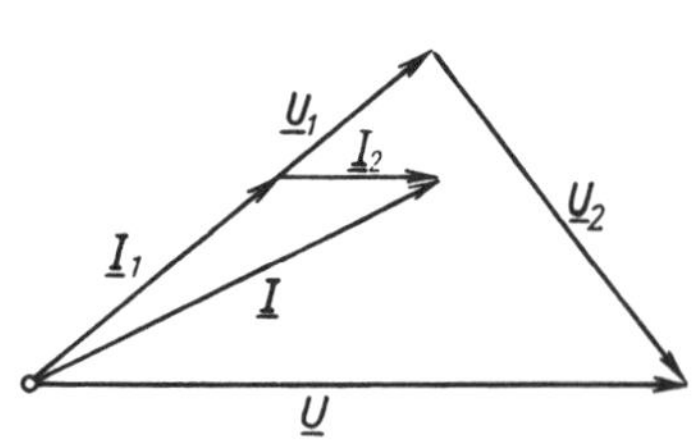

Bild 222: Aufgabe 557

558. (Bild 223)

$\underline{Z}_1 = 177{,}2\,\mathrm{e}^{\mathrm{j}\,32{,}1^\circ}\,\Omega$; $\underline{I} = 1{,}19\,\mathrm{e}^{\mathrm{j}\,9{,}1^\circ}$ A;

$\underline{I}_1 = 1{,}30\,\mathrm{e}^{-\mathrm{j}\,32{,}1^\circ}$ A; $\underline{I}_2 = 0{,}87\,\mathrm{e}^{\mathrm{j}\,90^\circ}$ A;

$\underline{U}_1 = 194\,\mathrm{e}^{-\mathrm{j}\,32{,}1^\circ}$ V; $\underline{U}_2 = 122{,}2\,\mathrm{e}^{\mathrm{j}\,57{,}9^\circ}$ V

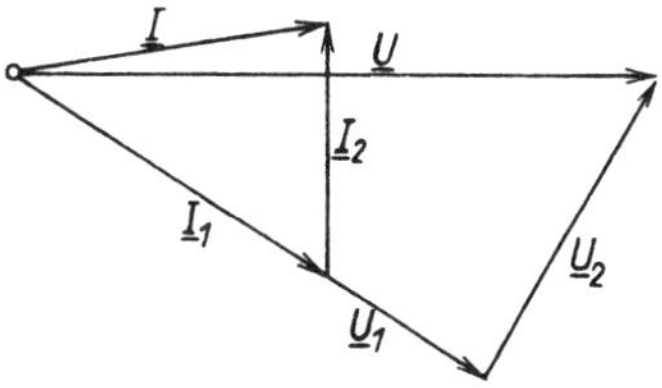

Bild 223: Aufgabe 558

559. (Bild 224)

$\underline{Z}_1 = 304{,}7\,\mathrm{e}^{-\mathrm{j}\,60{,}5^\circ}\,\Omega$; $\underline{I} = 1{,}82\,\mathrm{e}^{-\mathrm{j}\,78{,}2^\circ}$ A;

$\underline{I}_1 = 0{,}755\,\mathrm{e}^{\mathrm{j}\,60{,}5^\circ}$ A; $\underline{I}_2 = 2{,}46\,\mathrm{e}^{-\mathrm{j}\,90^\circ}$ A;

$\underline{U}_1 = 113{,}2\,\mathrm{e}^{\mathrm{j}\,60{,}5^\circ}$ V; $\underline{U}_2 = 200{,}2\,\mathrm{e}^{-\mathrm{j}\,29{,}5^\circ}$ V

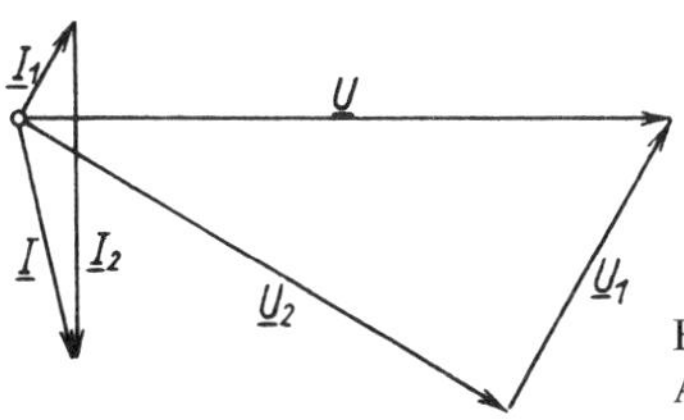

Bild 224: Aufgabe 559

560. a) (Bild 225)

$\underline{Z}_1 = 6{,}40\,\mathrm{e}^{\mathrm{j}\,38{,}7^\circ}\,\Omega$; $\underline{Z}_2 = 8{,}54\,\mathrm{e}^{-\mathrm{j}\,69{,}4^\circ}\,\Omega$;

$\underline{Z}_3 = 30\,\Omega$; $\underline{I}_1 = 9{,}4\,\mathrm{e}^{-\mathrm{j}\,38{,}7^\circ}$ A;

$\underline{I}_2 = \underline{7{,}03\,\mathrm{e}^{\mathrm{j}\,69{,}4^\circ}\text{ A}}$; $\underline{I}_3 = \underline{2\text{ A}}$;

$\underline{I} = 9{,}4(\cos 38{,}7^\circ - \mathrm{j}\,\sin 38{,}7^\circ)$ A
$\quad +7{,}03 \cdot (\cos 69{,}4^\circ + \mathrm{j}\,\sin 69{,}4^\circ)$ A $+ 2$ A;

$\underline{I} = \underline{11{,}8\,\mathrm{e}^{\mathrm{j}\,3{,}4^\circ}\text{ A}}$

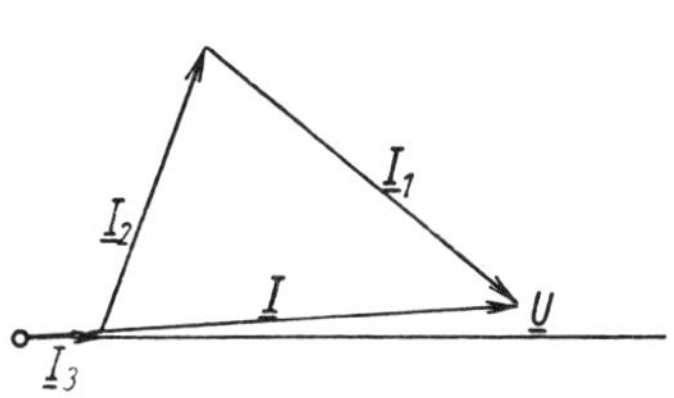

Bild 225: Aufgabe 560a

b) (Bild 226)

$\underline{Z}_1 = 4{,}47\,\mathrm{e}^{\mathrm{j}\,63{,}4^\circ}\,\Omega$; $\underline{Z}_2 = 11{,}66\,\mathrm{e}^{-\mathrm{j}\,31^\circ}\,\Omega$;

$\underline{Z}_3 = 10\,\Omega$; $\underline{I}_1 = \underline{13{,}42\,\mathrm{e}^{-\mathrm{j}\,63{,}4^\circ}\text{ A}}$;

$\underline{I}_2 = \underline{5{,}15\,\mathrm{e}^{\mathrm{j}\,31^\circ}\text{ A}}$; $\underline{I}_3 = \underline{6\text{ A}}$;

$\underline{I} = \underline{18{,}9\,\mathrm{e}^{-\mathrm{j}\,29{,}4^\circ}\text{ A}}$

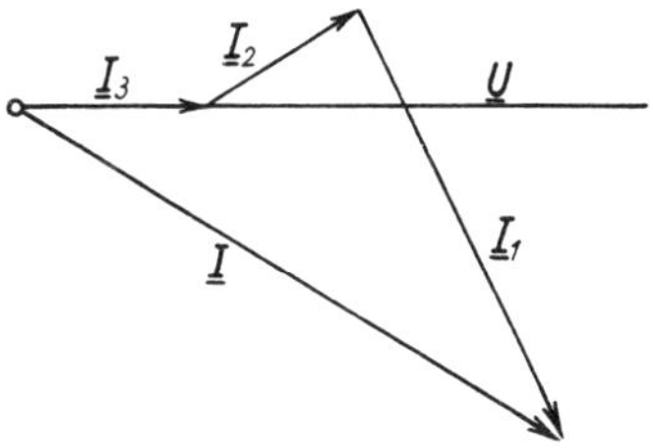

Bild 226: Aufgabe 560b

561. $\underline{Z} = 1\,200\,\Omega + \dfrac{(-\mathrm{j}\,1\,000)(+\mathrm{j}\,400)}{-\mathrm{j}\,1\,000 + \mathrm{j}\,400}\,\Omega$
$\quad = \underline{(1\,200 + \mathrm{j}\,666{,}7)\,\Omega}$;

$Z = \sqrt{(1\,200^2 + 666{,}7^2)\,\Omega^2} = \underline{1\,372{,}8\,\Omega}$;

$\tan\varphi = \dfrac{666{,}7}{1\,200} = 0{,}555\,6$; $\varphi = \underline{29{,}1^\circ}$

562. $\underline{Z} = \underline{(160 - \mathrm{j}\,420)\,\Omega}$; $Z = \underline{449{,}4\,\Omega}$;
$\varphi = \underline{-69{,}1^\circ}$

563. $\underline{Z} = \underline{(172{,}4 + \mathrm{j}\,331{,}0)\,\Omega}$; $Z = \underline{373{,}2\,\Omega}$;
$\varphi = 62{,}5^\circ$

564. $\underline{Z} = \dfrac{200(\mathrm{j}\,200)}{200 + \mathrm{j}\,200}\,\Omega + \dfrac{400(-\mathrm{j}\,400)}{400 - \mathrm{j}\,400}\,\Omega$
$\quad = \underline{(300 - \mathrm{j}\,100)\,\Omega}$;

$Z = \underline{316{,}2\,\Omega}$; $\varphi = \underline{-18{,}4^\circ}$

565. $\underline{Z} = (200 - \mathrm{j}\,200)\,\Omega + \dfrac{200(\mathrm{j}\,250)}{200 + \mathrm{j}\,250}\,\Omega$
$\quad = \underline{(322 - \mathrm{j}\,102{,}4)\,\Omega}$;

$Z = \underline{337{,}9\,\Omega}$; $\varphi = \underline{-17{,}6^\circ}$

566. $\underline{Z} = \dfrac{100(\mathrm{j}\,200)}{100 + \mathrm{j}\,200}\,\Omega - \mathrm{j}\,125\,\Omega$
$\quad + \dfrac{200(-\mathrm{j}\,250)}{200 - \mathrm{j}\,250}\,\Omega = \underline{(202 - \mathrm{j}\,183)\,\Omega}$;

$Z = \underline{272{,}6\,\Omega}$; $\varphi = \underline{-42{,}2^\circ}$

567. $\underline{Z} = \dfrac{-\mathrm{j}\,33\,333}{100 - \mathrm{j}\,333}\,\Omega + \mathrm{j}\,200\,\Omega + 20\,\Omega$
$\quad = \underline{(111{,}7 - \mathrm{j}\,172{,}5)\,\Omega}$;

$Z = \underline{205{,}5\,\Omega}$; $\varphi = \underline{57{,}1^\circ}$

568. $\underline{Z} = \dfrac{(100 + \mathrm{j}\,100)200}{300 + \mathrm{j}\,100}\,\Omega$
$\quad + \dfrac{(200 + \mathrm{j}\,100)100}{300 + \mathrm{j}\,100}\,\Omega$
$\quad = \underline{(150 + \mathrm{j}\,50)\,\Omega}$;

$Z = \underline{158\,\Omega}$; $\varphi = \underline{18{,}4°}$

569. $\underline{Z} = \dfrac{(100 + \text{j}\,200)(-\text{j}\,500)}{100 - \text{j}\,300}\,\Omega - \text{j}\,100\,\Omega + \dfrac{(200)(-\text{j}\,500)}{200 - \text{j}\,500}\,\Omega = \underline{(422{,}4 + \text{j}\,81)\,\Omega}$;

$Z = \underline{430{,}0\,\Omega}$; $\varphi = \underline{10{,}9°}$

570. $\underline{Z} = \dfrac{(100 + \text{j}\,300)\cdot 100}{200 + \text{j}\,300}\,\Omega + (10 + \text{j}\,100)\,\Omega + \dfrac{200(-\text{j}\,200)}{200 - \text{j}\,200}\,\Omega = \underline{(194{,}6 + \text{j}\,23{,}1)\,\Omega}$;

$Z = \underline{196\,\Omega}$; $\varphi = \underline{6{,}8°}$

571. Oberer Zweig:

$\underline{Z}_1 = 100\,\Omega + \dfrac{200(-\text{j}\,500)}{200 - \text{j}\,500}\,\Omega = (272{,}5 - \text{j}\,69{,}0)\,\Omega$

Unterer Zweig: $\underline{Z}_2 = -100\,\Omega$

Gesamt:

$Z = \dfrac{(272{,}4 - \text{j}\,69)(-\text{j}\,100)}{272{,}4 - \text{j}\,169}\,\Omega = \underline{(26{,}51 - \text{j}\,83{,}55)\,\Omega}$;

$Z = \underline{87{,}7\,\Omega}$; $\varphi = \underline{-72{,}4°}$

572. Oberer Zweig:

$\underline{Z}_1 = 4\,\Omega + \dfrac{(5 + \text{j}\,6{,}283)}{13 + \text{j}\,6{,}283}\,\Omega = (8{,}01 + \text{j}\,1{,}93)\,\Omega$

Unterer Zweig: $\underline{Z}_2 = 10\,\Omega$

Gesamt:

$\underline{Z} = \dfrac{(8{,}01 + \text{j}\,1{,}93)\cdot 10}{18{,}01 + \text{j}\,1{,}93}\,\Omega = \underline{(4{,}56 + \text{j}\,0{,}60)\,\Omega}$;

$Z = \underline{4{,}55\,\Omega}$; $\varphi = \underline{7{,}4°}$

573. (Bild 227) Nach Aufgabe 561 ist $Z = 1372{,}8\,\text{e}^{\text{j}\,29{,}1°}\,\Omega$;

$\underline{I} = \dfrac{1\,000\,\text{V}}{1\,372{,}8\,\text{e}^{\text{j}\,29{,}1°}}\,\Omega = \underline{0{,}728\,4\,\text{e}^{-\text{j}\,29{,}1°}\,\text{A}}$

$\underline{U}_\text{I} = 0{,}73\,\text{e}^{-\text{j}\,29{,}1°}\,\text{A}\cdot 1\,200\,\Omega = \underline{874{,}1\,\text{e}^{-\text{j}\,29{,}1°}\,\text{V}}$;

$\underline{U}_\text{II} = \underline{U} - \underline{U}_\text{I} = 1\,000\,\text{V} - 874{,}1(\cos 29{,}1° - \text{j}\,\sin 29{,}1°)\,\text{V} = (1\,000 - 763{,}8 + \text{j}\,425{,}1)\,\text{V} = (236{,}2 + \text{j}\,425{,}1)\,\text{V} = \underline{486{,}3\,\text{e}^{\text{j}\,61°}\,\text{V}}$;

$\underline{I}_2 = \dfrac{486{,}3\,\text{e}^{\text{j}\,61°}\,\text{V}}{1\,000\,\text{e}^{-\text{j}\,90°}}\,\Omega = \underline{0{,}49\,\text{e}^{\text{j}\,151°}\,\text{A}}$;

$\underline{I}_3 = \dfrac{486{,}3\,\text{e}^{\text{j}\,61°}\,\text{V}}{400\,\text{e}^{\text{j}\,90°}}\,\Omega = \underline{1{,}22\,\text{e}^{-\text{j}\,29°}\,\text{A}}$

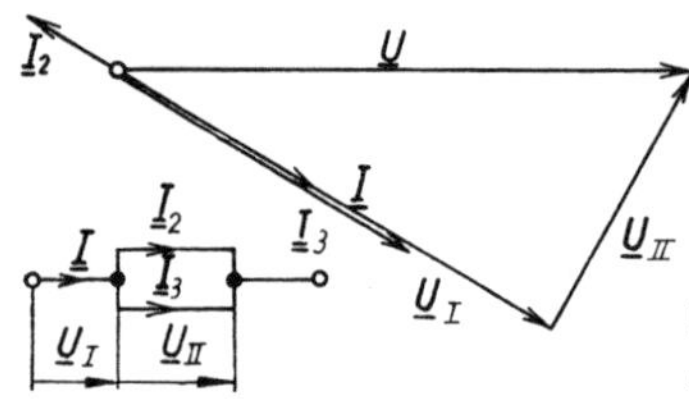

Bild 227: Aufgabe 573

574. (Bild 228) Nach Aufgabe 562 ist

$\underline{Z} = 449{,}4\,\text{e}^{-\text{j}\,69{,}1°}\,\Omega$; $\underline{I} = \underline{2{,}23\,\text{e}^{\text{j}\,69{,}1°}\,\text{A}}$;

$\underline{U}_\text{I} = \underline{1115\,\text{e}^{-\text{j}\,20{,}8°}\,\text{V}}$;

$\underline{U}_\text{II} = \underline{U} - \underline{U}_\text{I} = 1\,000\,\text{V} - 1\,115(0{,}934\,2 - \text{j}\,0{,}356\,7)\,\text{V} = (-41{,}6 + \text{j}\,397{,}8)\,\text{V} = \underline{400{,}0\,\text{e}^{\text{j}\,96°}\,\text{V}}$;

$\underline{I}_2 = \underline{2\,\text{e}^{\text{j}\,96°}\,\text{A}}$; $\underline{I}_3 = \underline{1\,\text{e}^{\text{j}\,6°}\,\text{A}}$

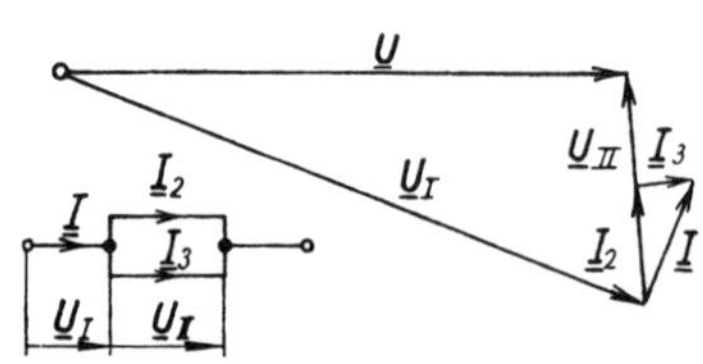

Bild 228: Aufgabe 574

575. (Bild 229) Nach Aufgabe 563 ist

$\underline{Z} = 373{,}2\,\text{e}^{\text{j}\,62{,}5°}\,\Omega$; $\underline{I} = \underline{2{,}68\,\text{e}^{-\text{j}\,62{,}5°}\,\text{A}}$;

$\underline{U}_\text{I} = \underline{1072\,\text{e}^{\text{j}\,27{,}5°}\,\text{V}}$; $\underline{U}_\text{II} = \underline{497\,\text{e}^{-\text{j}\,84{,}3°}\,\text{V}}$;

$\underline{I}_2 = \underline{2{,}49\,\text{e}^{-\text{j}\,84{,}3°}\,\text{A}}$; $\underline{I}_3 = \underline{1\,\text{e}^{\text{j}\,5{,}7°}\,\text{A}}$

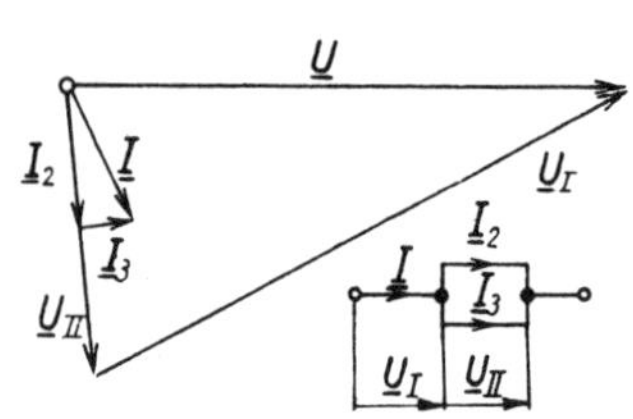

Bild 229: Aufgabe 575

576. (Bild 230) Nach Aufgabe 564 ist

$\underline{Z} = 316{,}2\,\text{e}^{-\text{j}\,18{,}4°}\,\Omega$; $\underline{Z}_\text{I} = 141{,}4\,\text{e}^{\text{j}\,45°}\,\Omega$;

$\underline{Z}_\text{II} = 282{,}8\,\text{e}^{-\text{j}\,45°}\,\Omega$; $\underline{I} = \underline{3{,}162\,\text{e}^{\text{j}\,18{,}4°}\,\text{A}}$

$\underline{U}_\text{I} = \underline{I}\,\underline{Z}_\text{I} = \underline{447{,}1\,\text{e}^{\text{j}\,63{,}4°}\,\text{V}}$;

$\underline{U}_\text{II} = \underline{I}\,\underline{Z}_\text{II} = 3{,}162\,\text{e}^{\text{j}\,18{,}4°}\,\text{A}\cdot 282{,}8\,\text{e}^{\text{j}\,45°}\,\Omega = \underline{894{,}2\,\text{e}^{-\text{j}\,26{,}6°}\,\text{V}}$;

$I_1 = \underline{2{,}236\,\mathrm{e}^{\mathrm{j}\,63{,}4^\circ}\ \mathrm{A}}$; $I_2 = \underline{2{,}236\,\mathrm{e}^{-\mathrm{j}\,26{,}6^\circ}\ \mathrm{A}}$;

$I_3 = \underline{2{,}236\,\mathrm{e}^{-\mathrm{j}\,26{,}6^\circ}\ \mathrm{A}}$; $I_4 = \underline{2{,}236\,\mathrm{e}^{\mathrm{j}\,63{,}4^\circ}\ \mathrm{A}}$

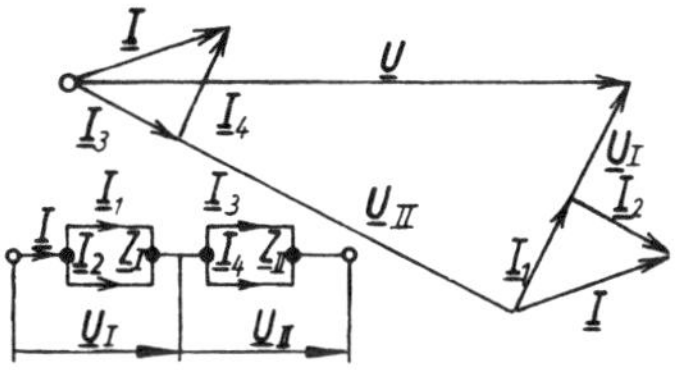

Bild 230: Aufgabe 576

577. (Bild 231) Nach Aufgabe 565 ist

$\underline{Z} = 337{,}9\,\mathrm{e}^{-\mathrm{j}\,17{,}6^\circ}\ \Omega$; $\underline{I} = 2{,}96\,\mathrm{e}^{\mathrm{j}\,17{,}6^\circ}\ \mathrm{A}$;

$\underline{U}_\mathrm{I} = \underline{837{,}2\,\mathrm{e}^{-\mathrm{j}\,27{,}4^\circ}\ \mathrm{V}}$; $\underline{U}_\mathrm{II} = \underline{463{,}0\,\mathrm{e}^{\mathrm{j}\,56{,}4^\circ}\ \mathrm{A}}$;

$\underline{I}_2 = \underline{2{,}315\,\mathrm{e}^{\mathrm{j}\,56{,}4^\circ}\ \mathrm{A}}$; $\underline{I}_3 = \underline{1{,}852\,\mathrm{e}^{-\mathrm{j}\,33{,}6^\circ}\ \mathrm{A}}$

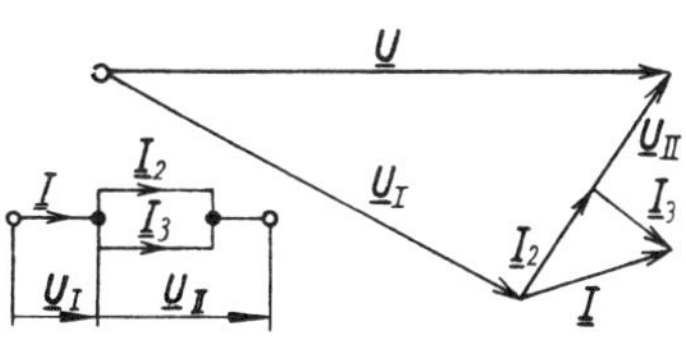

Bild 231: Aufgabe 577

578. (Bild 232) Nach Aufgabe 566 ist

$\underline{Z} = 272{,}6\,\mathrm{e}^{-\mathrm{j}\,42{,}2^\circ}\ \Omega$; $\underline{Z}_1 = 89{,}4\,\mathrm{e}^{\mathrm{j}\,26{,}6^\circ}\ \Omega$;

$\underline{Z}_\mathrm{II} = 156{,}2\,\mathrm{e}^{-\mathrm{j}\,38{,}7^\circ}\ \Omega$; $\underline{I} = \underline{3{,}67\,\mathrm{e}^{\mathrm{j}\,42{,}2^\circ}\ \mathrm{A}}$;

$\underline{U}_\mathrm{I} = \underline{328\,\mathrm{e}^{\mathrm{j}\,68{,}8^\circ}\ \Omega}$; $\underline{U}_\mathrm{II} = \underline{573{,}3\,\mathrm{e}^{\mathrm{j}\,3{,}5^\circ}\ \mathrm{V}}$;

$\underline{U}_\mathrm{III} = \underline{459\,\mathrm{e}^{-\mathrm{j}\,47{,}9^\circ}\ \mathrm{V}}$; $\underline{I}_1 = \underline{3{,}28\,\mathrm{e}^{\mathrm{j}\,68{,}8^\circ}\ \mathrm{A}}$;

$\underline{I}_2 = \underline{1{,}64\,\mathrm{e}^{-\mathrm{j}\,21{,}2^\circ}\ \mathrm{A}}$; $\underline{I}_3 = \underline{2{,}87\,\mathrm{e}^{\mathrm{j}\,3{,}5^\circ}\ \mathrm{A}}$;

$\underline{I}_4 = \underline{2{,}29\,\mathrm{e}^{\mathrm{j}\,93{,}5^\circ}\ \mathrm{A}}$

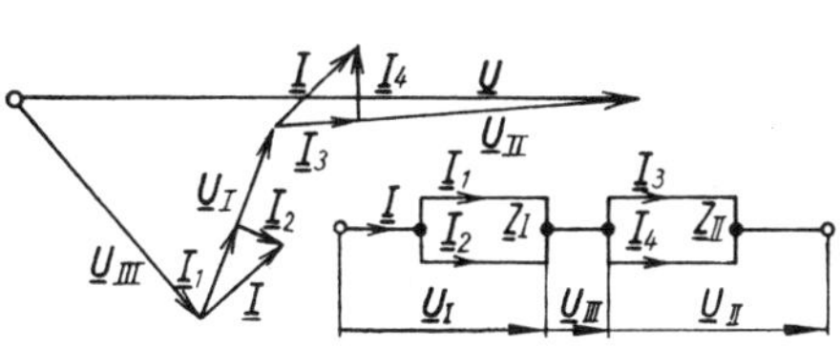

Bild 232: Aufgabe 578

579. (Bild 233) Nach Aufgabe 567 ist

$\underline{Z} = 205{,}5\,\mathrm{e}^{\mathrm{j}\,57{,}1^\circ}\ \Omega$; $\underline{I} = 4{,}87\,\mathrm{e}^{-\mathrm{j}\,57{,}1^\circ}\ \mathrm{A}$;

$\underline{U}_\mathrm{I} = 979\,\mathrm{e}^{\mathrm{j}\,27{,}2^\circ}\ \mathrm{V}$; $\underline{U}_\mathrm{II} = 466\,\mathrm{e}^{-\mathrm{j}\,73{,}9^\circ}\ \mathrm{V}$;

$\underline{I}_2 = 4{,}66\,\mathrm{e}^{-\mathrm{j}\,73{,}9^\circ}\ \mathrm{A}$; $\underline{I}_3 = 1{,}40\,\mathrm{e}^{\mathrm{j}\,16{,}1^\circ}\ \mathrm{A}$

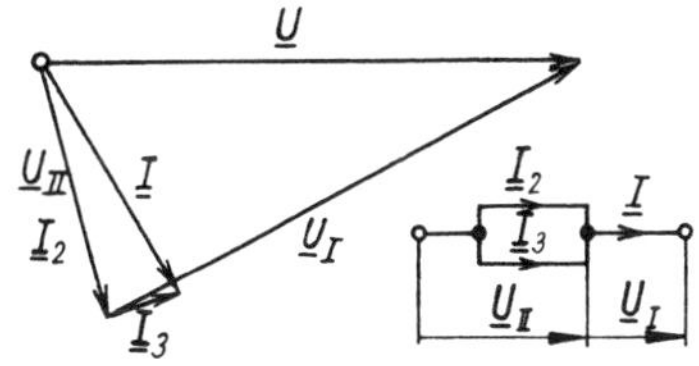

Bild 233: Aufgabe 579

580. (Bild 225) Nach Aufgabe 568 ist

$\underline{Z} = 87{,}7\,\mathrm{e}^{-\mathrm{j}\,72{,}4^\circ}\ \Omega$; $\underline{I} = \underline{11{,}40\,\mathrm{e}^{\mathrm{j}\,72{,}4^\circ}\ \mathrm{A}}$;

$\underline{I}_\mathrm{I} = \underline{3{,}559\,\mathrm{e}^{\mathrm{j}\,14{,}2^\circ}\ \mathrm{A}}$; $\underline{I}_\mathrm{II} = \underline{10\,\mathrm{e}^{\mathrm{j}\,90^\circ}\ \mathrm{A}}$;

$\underline{U}_\mathrm{I} = \underline{355{,}9\,\mathrm{e}^{\mathrm{j}\,14{,}2^\circ}\ \mathrm{V}}$; $\underline{U}_\mathrm{II} = \underline{661{,}2\,\mathrm{e}^{-\mathrm{j}\,7{,}6^\circ}\ \mathrm{V}}$;

$\underline{I}_3 = \underline{3{,}30\,\mathrm{e}^{-\mathrm{j}\,7{,}6^\circ}\ \mathrm{A}}$; $\underline{I}_4 = \underline{1{,}32\,\mathrm{e}^{\mathrm{j}\,82{,}4^\circ}\ \mathrm{A}}$

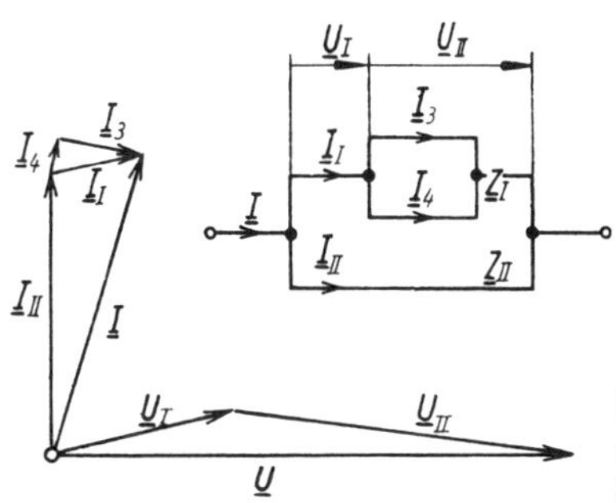

Bild 234: Aufgabe 580

581. In beiden Fällen muss der Scheinwiderstand gleich groß sein. Wenn R_2 abgeschaltet ist, gilt $Z = \sqrt{R_1^2 + \omega^2 L^2}$. Im zweiten Fall ist

$$\underline{Z} = R_1 + \frac{R_2 j\omega L}{R_2 + \mathrm{j}\,\omega L}, \text{ wonach}$$

$$Z = \sqrt{\frac{(R_1 R_2)^2 + \omega^2 L^2 (R_1 + R_2)^2}{R_2^2 + \omega^2 L^2}}$$

Nach Gleichsetzen dieser beiden Scheinwiderstände erhält man $R_2 = \underline{\dfrac{\omega^2 L^2}{2R_1}}$.

582. $R_2 = \dfrac{\omega^2 L^2}{2R_1} = \dfrac{(100\pi)^2 0{,}01}{100}\ \Omega = \underline{9{,}87\ \Omega}$

583. Ohne R_2 ergibt sich $\tan\varphi = 0{,}628\,3$ und $\varphi = 32{,}14^\circ$, sodass $\varphi/2 = 16{,}07^\circ$ und $\tan 16{,}07^\circ = 0{,}288\,0$ wird. Für den Phasenwinkel der vollständigen Schaltung ergibt sich

$$\tan\frac{\varphi}{2} = \frac{\omega L R_2^2}{R_1 R_2^2 + \omega^2 L^2 (R_1 + R_2)} = 0{,}288\,1$$

und nach Einsetzen der Zahlenwerte

$R_2 = \underline{38{,}45\ \Omega}$.

584. Nach Gleichsetzen der beiden Scheinwiderstände erhält man

$$\frac{(R_1+R_2)^2+\omega^2C^2R_1^2R_2^2}{1+\omega^2C^2R_2^2}=R_1^2+\frac{1}{\omega^2C^2}$$

und hieraus

$$\underline{R_2=\frac{1}{2\omega^2C^2R_1}}\text{ (siehe Aufgabe 581).}$$

585. Die Gesamtspannung $\underline{U}$ setzt sich wie folgt zusammen:

$$\underline{U}=(\underline{I}_2+\underline{I}_3)(R_1+\mathrm{j}\,\omega L_1)+\underline{I}_3(R_3+\mathrm{j}\,\omega L_3).$$

Damit folgt $\underline{I}_2R_2=\underline{I}_3(R_3+\mathrm{j}\,\omega L_3)$, ergibt sich

$$\underline{U}=\left[\frac{\underline{I}_3(R_3+\mathrm{j}\,\omega L_3)}{R_2}+\underline{I}_3\right](R_1+\mathrm{j}\,\omega L_1)$$
$$+\underline{I}_3(R_3+\mathrm{j}\,\omega L_3)\quad\text{oder}$$

$$\underline{U}=\underline{I}_3\left(\frac{R_1R_3}{R_2}+\frac{\mathrm{j}\,\omega R_1L_3}{R_2}+\frac{\mathrm{j}\,\omega R_3L_1}{R_2}\right.$$
$$\left.-\frac{\omega^2L_1L_3}{R_2}+R_1+\mathrm{j}\,\omega L_1+R_3+\mathrm{j}\,\omega L_3\right).$$

Wenn der Strom um 90° gedreht sein soll, müssen die reellen Teile in der Klammer verschwinden, wonach $R_1R_3-\omega^2L_1L_3+R_1R_2+R_2R_3=0$ und

$$\underline{R_2=\frac{\omega^2L_1L_3-R_1R_3}{R_1+R_3}}\text{ wird.}$$

586. In diesem Falle muss in der Klammer der imaginäre Teil gleich dem reellen Teil sein. Hieraus folgt

$$\underline{R_2=\frac{\omega L_1(\omega L_3+R_3)+R_1(\omega L_3-R_3)}{R_1+R_3-\omega L_1-\omega L_3}}.$$

587. Der Widerstand der Ersatzschaltung ist

$$\underline{Z}=R_2+\frac{\mathrm{j}\,R_1\omega L}{R_1+\mathrm{j}\,\omega L}=R_2+\frac{R_1(\omega L)^2+\mathrm{j}\,R_1^2\omega L}{R_1^2+\omega^2L^2}$$

Der Wirkwiderstand ist der reelle Teil hiervon und andererseits $R=\dfrac{P}{I^2}=20\,\Omega$; aus der Gleichung $10+\dfrac{R_1\cdot 30^2}{R_1^2+900}=20$ erhält man

$R_1=\underline{78{,}54\,\Omega}$ bzw. $\underline{11{,}46\,\Omega}$;

$$\tan\varphi=\frac{R_1^2\omega L}{R_1^2R_2+(R_1+R_2)(\omega L)^2};\quad \varphi=52{,}6^\circ$$

bzw. 10,8°; nach Berechnung der Blindleistung

$Q=\dfrac{9\cdot R_1^2\omega L}{R_1^2+(\omega L)^2}=235{,}62$ var bzw. 34,24 var findet man die Scheinleistung

$$S=\sqrt{P^2+Q^2}=296{,}51\text{ V}\cdot\text{A bzw. }183{,}23\text{ V}\cdot\text{A}$$

und daraus die Spannung

$$U=\frac{S}{I}=\underline{98{,}8\text{ V}}\quad\text{bzw.}\quad\underline{61{,}1\text{ V}}.$$

588. Der Gesamtwiderstand ist

$$\underline{Z}=R_2+\frac{R_1(-\mathrm{j}\,/\omega C)}{R_1-\mathrm{j}\,/\omega C}$$
$$=R_2+\frac{R_1}{1+(\omega C)^2R_1^2}-\frac{\mathrm{j}\,\omega CR_1^2}{1+(\omega C)^2R_1^2}.$$

Wegen $\varphi=90^\circ-1^\circ=89^\circ$ und $\tan 89^\circ=57{,}29$

folgt $\dfrac{\omega CR_1^2}{R_2+(\omega C)^2R_1^2R_2+R_1}=57{,}29$ und

nach Einsetzen der Zahlenwerte $R_1=\underline{26{,}43\text{ k}\Omega}$;

$$\tan\delta=\frac{1}{R_1\omega C}=\underline{0{,}008};\quad \delta=\underline{0{,}5^\circ}.$$

589. a) Widerstand des ersten Kreises:

$$\underline{Z}_1=\frac{(100+\mathrm{j}\,31{,}4)200}{300+\mathrm{j}\,31{,}4}\,\Omega=(68{,}11+\mathrm{j}\,13{,}81)\,\Omega;$$

Widerstand des zweiten Kreises mit $\dfrac{1}{\omega C}=x$

$$\underline{Z}_2=\frac{(200-\mathrm{j}\,x)100}{300-\mathrm{j}\,x}\,\Omega$$
$$=\frac{6\,000\,000+100x^2-\mathrm{j}\,10\,000x}{90\,000+x^2}$$

Der Imaginärteil der Summe beider Widerstände muss gleich null sein, sodass

$$-13{,}81=\frac{-10\,000x}{90\,000+x^2};\quad x_1=564\,\Omega;$$

$C_1=\underline{5{,}64\,\mu\text{F}}$.

b) $\underline{Z}=\underline{160{,}8\,\Omega}$:

zweite Lösung:

a) $x_2=159\,\Omega$; $C_2=\underline{20\,\mu\text{F}}$ b) $\underline{Z}=\underline{142{,}0\,\Omega}$

590. a) 1. Kreis:

$$\underline{Z}_1=\frac{(100+\mathrm{j}\,31{,}4)(-\mathrm{j}\,318{,}3)}{100-\mathrm{j}\,286{,}9}\,\Omega$$

$$\underline{Z}_1=(109{,}76-\mathrm{j}\,3{,}40)\,\Omega$$

2. Kreis:

$$\underline{Z}_2=\frac{(100-\mathrm{j}\,159{,}2)\cdot\mathrm{j}\,x}{100-\mathrm{j}\,159{,}2+\mathrm{j}\,x}\,\Omega$$
$$=\frac{\mathrm{j}\,10\,000x-15\,916x+100x^2}{10\,000+25\,332-318{,}32x+x^2}\,\Omega$$
$$+\frac{15\,916x+\mathrm{j}\,25\,332x-\mathrm{j}\,159{,}16x^2}{10\,000+25\,332-318{,}32x+x^2}\,\Omega$$

Der Imaginärteil der Summe beider Widerstände muss gleich null sein, sodass

$$\frac{10\,000x + 25\,332x - 159{,}16x^2}{35\,332 - 318{,}32x + x^2} = 3{,}40;$$

$x_1 = 220{,}65\,\Omega$; $L_1 = \underline{0{,}702\,\text{H}}$.

b) $\underline{Z} = \underline{463\,\Omega}$

zweite Lösung:

a) $x_2 = 3{,}34\,\Omega$; $L_2 = \underline{0{,}0107\,\text{H}}$

b) $\underline{Z} = \underline{109{,}78\,\Omega}$

591. 1. Masche:

$\underline{I}_1 x - \underline{I}_2 \left(\frac{-\text{j}}{\omega C}\right) = 0$; danach ist $\underline{I}_2 = \underline{I}_1 jx\omega C$.

2. Masche:

$\underline{I}_1 x + (\underline{I}_1 + \underline{I}_2)\,\text{j}\,\omega L = \underline{U}$; ersetzt man $\underline{I}_2$, so ergibt sich $\underline{I}_1[x(1 - \omega^2 CL) + \text{j}\,\omega L] = \underline{U}$; $\underline{I}_1$ wird von x unabhängig, wenn der Faktor von x gleich 0 wird, d. h., wenn $\omega^2 LC = 1$ ist.

592. (Bild 235) $\underline{Z}_1 = (10 + \text{j}\,6{,}28)\,\Omega$; $\underline{Z}_2 = (15 + \text{j}\,12{,}57)\,\Omega$; $\underline{Z}_{\text{par}} = (6{,}04 + \text{j}\,4{,}24)\,\Omega$. Damit der Gesamtwiderstand reell wird, muss $\frac{1}{\omega C} = 4{,}24\,\Omega$ sein und damit $C = \underline{750\,\mu\text{F}}$ betragen. Der Strom ist dann ebenfalls reell $\underline{I} = \frac{230\,\text{V}}{6{,}04\,\Omega} = \underline{38{,}1\,\text{A}}$; am Parallelglied liegt die Spannung $\underline{U}_\text{p} = 38{,}1\,\text{A} \cdot (6{,}04 + \text{j}\,4{,}24)\,\Omega = (229{,}8 + \text{j}\,161{,}4)\,\text{V}$, sodass

$\underline{I}_1 = \frac{\underline{U}_\text{p}}{\underline{Z}_1} = \underline{(23{,}8 + \text{j}\,1{,}22)\,\text{A}}$ und

$\underline{I}_2 = \frac{\underline{U}_\text{p}}{\underline{Z}_2} = \underline{(14{,}3 - \text{j}\,1{,}22)\,\text{A}}$ betragen.

Probe: $\underline{I}_1 + \underline{I}_2 = \underline{I}$.

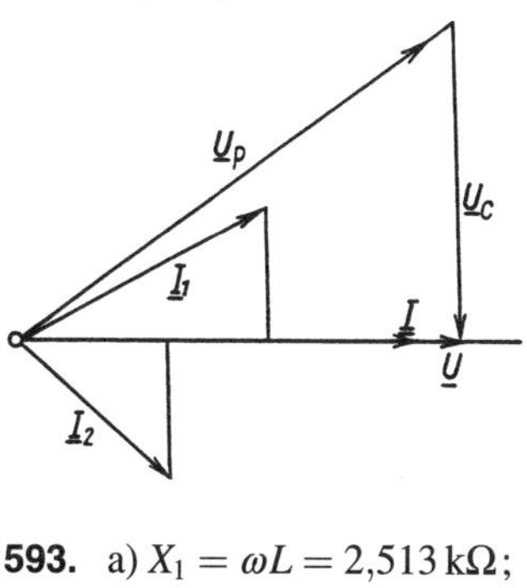

Bild 235: Aufgabe 592

593. a) $X_1 = \omega L = 2{,}513\,\text{k}\Omega$;

$R_2 = \frac{R_1^2 + X_1^2}{R_1} = \underline{5{,}2\,\text{k}\Omega}$;

$X_2 = \frac{R_1^2 + X_1^2}{X_1} = 4{,}1\,\text{k}\Omega$;

$L_2 = \frac{X_2}{\omega} = \underline{0{,}82\,\text{H}}$

b) $R_2 = \underline{5{,}6\,\text{k}\Omega}$; $C_2 = \underline{1{,}8\,\mu\text{F}}$

c) $R_2 = \underline{0{,}36\,\text{M}\Omega}$; $C_2 = \underline{197\,\text{pF}}$

d) $R_2 = \underline{5{,}7\,\text{k}\Omega}$; $L_2 = \underline{241\,\text{mH}}$

594. a) $X_2 = \omega L = 62{,}83\,\Omega$;

$R_1 = \frac{R_2 X_2^2}{R_2^2 + X_2^2} = \underline{7{,}77\,\Omega}$;

$X_1 = \frac{R_2^2 X_2}{R_2^2 + X_2^2} = 61{,}85\,\Omega$;

$L_1 = \frac{X_2}{\omega} = \underline{197\,\text{mH}}$

b) $R_1 = \underline{4{,}89\,\Omega}$; $L_1 = \underline{2{,}23\,\text{mH}}$

c) $R_1 = \underline{3901\,\Omega}$; $C_1 = \underline{601\,\text{pF}}$

d) $R_1 = \underline{79{,}2\,\Omega}$; $C_1 = \underline{41\,\text{pF}}$

595. Aus dem Ansatz

$$\frac{1}{\omega C_2} = \frac{R_1^2 + \frac{1}{(\omega C_1)^2}}{\frac{1}{(\omega C_1)}} \text{ folgt}$$

$$C_2 = \underline{\frac{C_1}{1 + (\omega R_1 C_1)^2}}.$$

596. $R_2 = \underline{R_1 + \frac{1}{\omega^2 R_1 C_1^2}}$

597. $R_1 = \underline{\frac{R_2}{1 + (R_2 \omega C_2)^2}}$; $C_1 = \underline{C_2 + \frac{1}{\omega^2 R_2^2 C^2}}$

598. (Bild 236) Nach Umwandlung erhält man eine äquivalente Reihenschaltung, aus der man erkennt, dass der induktive Widerstand $\underline{5{,}93\,\Omega}$ beträgt.

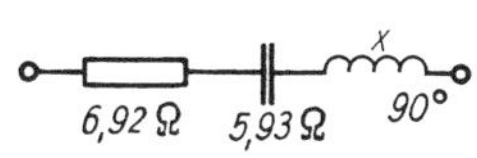

Bild 236: Aufgabe 598

599. Nach Umwandlung erhält man die Schaltung nach Bild 237 und ersieht unmittelbar, dass $y = \underline{3{,}2\,\Omega}$ und $x = \underline{1{,}6\,\Omega}$.

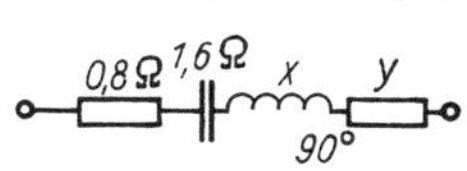

Bild 237: Aufgabe 599

600. Nach Umwandlung ergibt sich zunächst Bild 238. Es muss daher $y' = \dfrac{yx^2}{x^2+y^2} = 3{,}2\,\Omega$ sein und $x' = \dfrac{xy^2}{x^2+y^2} = 1{,}6\,\Omega$. Hieraus folgen $x = \underline{8\,\Omega}$ und $y = \underline{4\,\Omega}$.

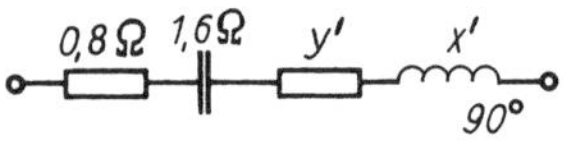

Bild 238: Aufgabe 600

601. Nach Umwandlung des Parallelgliedes ergibt sich die Schaltung auf Bild 239, für die der Widerstand $\dfrac{(0{,}8\,\Omega + y - \mathrm{j}\,1{,}6\,\Omega)\mathrm{j}\,x}{0{,}8\,\Omega + y - \mathrm{j}\,1{,}6\,\Omega + \mathrm{j}\,x} = 4\,\Omega$ ist.

Nach Ausrechnen ergeben die Realteile die Gleichung $1{,}6\,\Omega x - 4\,\Omega y = 3{,}2\,\Omega^2$ und die Imaginärteile die Gleichung $-3{,}2\,\Omega x + xy + 6{,}4\,\Omega^2 = 0$. Die beiden Gleichungen liefern $x_1 = \underline{8\,\Omega}$ und $y_1 = \underline{2{,}4\,\Omega}$ oder auch $x_2 = \underline{2\,\Omega}$ und $y_2 = \underline{0}$.

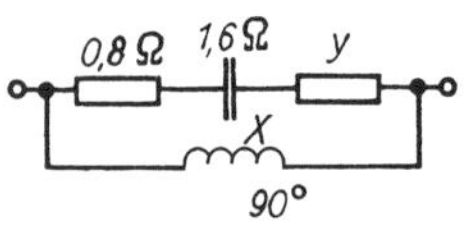

Bild 239: Aufgabe 601

602. Man erhält zunächst die Parallelersatzschaltung nach Bild 240, deren Leitwert ohne y zunächst $\underline{Y} = \left(\dfrac{1}{7{,}5} + \dfrac{1}{\mathrm{j}\,15} - \dfrac{1}{\mathrm{j}\,x}\right)$ S und deren Widerstand mit y $\underline{Z} = \left(\dfrac{\mathrm{j}\,15x}{\mathrm{j}\,2x + x - 15} + \mathrm{j}\,y\right)\,\Omega$ beträgt. Dieser Ausdruck muss gleich $6\,\Omega$ sein und liefert die Gleichung

$$\mathrm{j}\,3\,\Omega x - 2xy - 6\,\Omega x + \mathrm{j}\,xy - 15\,\Omega y = -90\,\Omega^2.$$

Die Realteile ergeben $2xy + 6\,\Omega x = 90\,\Omega^2$, die Imaginärteile $3\,\Omega x + xy - 15\,\Omega y = 0$. Diese beiden Gleichungen liefern $x = \underline{7{,}5\,\Omega}$ und $y = \underline{3\,\Omega}$.

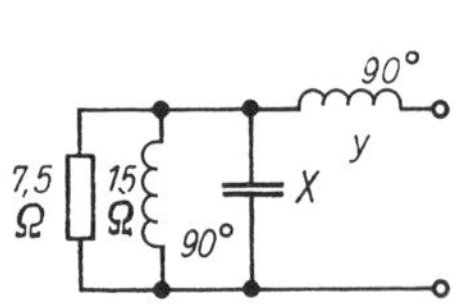

Bild 240: Aufgabe 602

603. Es folgt zunächst die Parallelersatzschaltung nach Bild 241, deren Leitwert ohne y

$\underline{Y} = \left(\dfrac{1}{25} + \dfrac{1}{\mathrm{j}\,50} + \dfrac{1}{\mathrm{j}\,x}\right)$ S und deren Widerstand mit y $\underline{Z} = \left(\dfrac{\mathrm{j}\,50x}{\mathrm{j}\,2x + x + 50} - \mathrm{j}\,y\right)\,\Omega = 12{,}5\,\Omega$.

Die Realteile ergeben $2xy - 12{,}5\,\Omega x = 625\,\Omega^2$ und die Imaginärteile $25\,\Omega x - xy - 50\,\Omega y = 0$. Beide Gleichungen führen zu

$x = \underline{50\,\Omega}$ und $y = \underline{12{,}5\,\Omega}$.

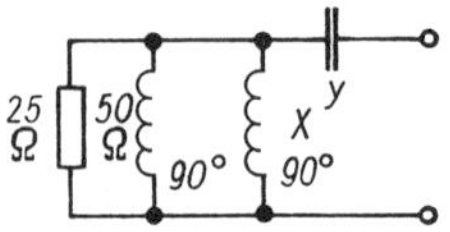

Bild 241: Aufgabe 603

604. (Bild 242) Nach dem in Aufgabe 603 angegebenen Verfahren erhält man

$x = \underline{13{,}3\,\Omega}$ und $y = \underline{10\,\Omega}$.

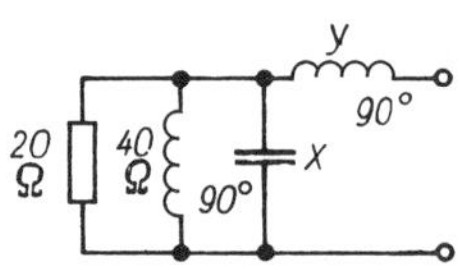

Bild 242: Aufgabe 604

605. a) Reihe: Nach Reellmachen des Nenners wird $\underline{Z} = \dfrac{2(1+\mathrm{j})}{2}\,\Omega = (1+\mathrm{j})\,\Omega$;

$R = \underline{1\,\Omega}$; $\omega L = 1\,\Omega$; $L = \dfrac{1\,\Omega}{\omega} = \underline{3{,}18\,\mu\mathrm{H}}$;

$\varphi = \underline{45^\circ}$

b) parallel: Der reziproke Wert von $\underline{Z}$ ist der Leitwert $\underline{Y} = \left(\dfrac{1-\mathrm{j}}{2}\right)$ S; $G = 0{,}5$ S;

$B = 0{,}5$ S; $R = \dfrac{1}{G} = \underline{2\,\Omega}$; $B = \dfrac{1}{\omega L}$;

$L = \dfrac{2\,\Omega}{\omega} = \underline{6{,}37\,\mu\mathrm{H}}$

606. a) Reihe: $R = \underline{3\,\Omega}$; $L = \underline{15{,}92\,\mu\mathrm{H}}$; $\varphi = \underline{59^\circ}$

b) parallel: $R = \underline{11{,}3\,\Omega}$; $L = \underline{21{,}6\,\mu\mathrm{H}}$;

607. a) Reihe: $R = \underline{6\,\Omega}$; $L = \underline{9{,}55\,\mu\mathrm{H}}$; $\varphi = \underline{26{,}6^\circ}$

b) parallel: $R = \underline{7{,}5\,\Omega}$; $L = \underline{47{,}7\,\mu\mathrm{H}}$

608. a) Reihe: $R = \underline{4\,\Omega}$; $C = \underline{0{,}64\,\mu\mathrm{F}}$; $\varphi = \underline{-51{,}3^\circ}$

b) parallel: $R = \underline{10{,}25\,\Omega}$; $C = \underline{0{,}39\,\mu\mathrm{F}}$

609. a) Reihe: $R = \underline{0{,}8\,\Omega}$; $L = \underline{7{,}64\,\mu\text{H}}$; $\varphi = \underline{71{,}6^\circ}$
b) parallel: $R = \underline{8\,\Omega}$; $L = \underline{8{,}5\,\mu\text{H}}$

610. a) Reihe: $R = \underline{1{,}62\,\Omega}$; $L = \underline{3{,}43\,\mu\text{H}}$; $\varphi = \underline{33{,}7^\circ}$
b) parallel: $R = \underline{2{,}33\,\Omega}$; $L = \underline{11{,}14\,\mu\text{H}}$

611. a) Reihe: $R = \underline{0{,}8\,\Omega}$; $C = \underline{2{,}27\,\mu\text{F}}$; $\varphi = \underline{-60{,}3^\circ}$
b) parallel: $R = \underline{3{,}25\,\Omega}$; $C = \underline{1{,}71\,\mu\text{F}}$

612. a) Reihe: $R = \underline{0{,}69\,\Omega}$; $C = \underline{1{,}72\,\mu\text{F}}$; $\varphi = \underline{-68{,}2^\circ}$
b) parallel: $R = \underline{5\,\Omega}$; $C = \underline{1{,}59\,\mu\text{F}}$

613. a) Reihe: $R = \underline{0}$; $L = \underline{3{,}18\,\mu\text{H}}$; $\varphi = \underline{+90^\circ}$
b) parallel: $R = \underline{\infty}$; $L = \underline{3{,}18\,\mu\text{H}}$

614. a) Reihe: $R = \underline{0{,}034\,\Omega}$; $C = \underline{8{,}26\,\mu\text{F}}$; $\varphi = \underline{-84{,}9^\circ}$
b) parallel: $R = \underline{4{,}42\,\Omega}$; $C = \underline{8{,}1\,\mu\text{F}}$

615. a) Reihe: $R = \underline{0{,}1\,\Omega}$; $L = \underline{0{,}159\,\mu\text{H}}$; $\varphi = \underline{26{,}6^\circ}$
b) parallel: $R = \underline{0{,}125\,\Omega}$; $L = \underline{0{,}796\,\mu\text{H}}$

616. a) Reihe: $R = \underline{0{,}36\,\Omega}$; $L = \underline{0{,}43\,\mu\text{H}}$; $\varphi = \underline{20{,}7^\circ}$
b) parallel: $R = \underline{0{,}41\,\Omega}$; $L = \underline{3{,}46\,\mu\text{H}}$

617. a) Reihe: $R = \underline{0{,}255\,\Omega}$; $C = \underline{162{,}3\,\mu\text{F}}$; $\varphi = \underline{-4{,}4^\circ}$
b) parallel: $R = \underline{0{,}257\,\Omega}$; $C = \underline{9{,}54\,\mu\text{F}}$

618. a) Reihe: $R = \underline{0{,}308\,\Omega}$; $C = \underline{5{,}91\,\mu\text{F}}$; $\varphi = \underline{-60{,}3^\circ}$
b) parallel: $R = \underline{1{,}25\,\Omega}$; $C = \underline{4{,}46\,\mu\text{F}}$

619. a) Reihe: $R = \underline{0{,}33\,\Omega}$; $L = \underline{0{,}038\,\mu\text{H}}$; $\varphi = \underline{2{,}1^\circ}$
b) parallel: $R = \underline{0{,}33\,\Omega}$; $L = \underline{28{,}73\,\mu\text{H}}$

620. a) Reihe: $R = \underline{1\,\Omega}$; $L = \underline{3{,}18\,\mu\text{H}}$; $\varphi = \underline{45^\circ}$
b) parallel: $R = \underline{2\,\Omega}$; $L = \underline{6{,}37\,\mu\text{H}}$

621. a) Reihe: $R = \underline{4\,\Omega}$; $L = \underline{0{,}398\,\mu\text{H}}$; $\varphi = \underline{1{,}8^\circ}$
b) parallel: $R = \underline{4\,\Omega}$; $L = \underline{0{,}41\,\text{mH}}$

622. a) Reihe: $R = \underline{40\,\Omega}$; $C = \underline{0{,}076\,\mu\text{F}}$; $\varphi = \underline{-46{,}4^\circ}$
b) parallel: $R = \underline{84{,}1\,\Omega}$; $C = \underline{0{,}04\,\mu\text{F}}$

623. a) Reihe: $R = \underline{\frac{b}{a}\,\Omega}$; $C = \underline{\frac{a}{\omega c}\,\text{F}}$; $\tan\varphi = \underline{-\frac{c}{b}}$
b) parallel: $R = \underline{\frac{b^2+c^2}{ab}\,\Omega}$

$C = \underline{\frac{ac}{\omega(b^2+c^2)}\,\text{F}}$

624. a) Reihe: $R = \underline{0{,}33\,\Omega}$; $C = \underline{5{,}68\,\mu\text{F}}$; $\varphi = \underline{-59{,}2^\circ}$
b) parallel: $R = \underline{1{,}28\,\Omega}$; $C = \underline{4{,}22\,\mu\text{F}}$

625. a) Reihe: $\underline{Z} = 8{,}5(\cos 30^\circ + \text{j}\,\sin 30^\circ)\,\Omega$
$= (7{,}36 + \text{j}\,4{,}25)\,\Omega$;
$R = \underline{7{,}36\,\Omega}$;
$L = \frac{4{,}25\,\Omega}{628\,\text{s}^{-1}} = \underline{6{,}8\,\text{mH}}$

b) parallel: $\underline{Y} = 0{,}118(0{,}866 - \text{j}\,0{,}5)\,\text{S}$
$= (0{,}102 - \text{j}\,0{,}059)\,\text{S}$;
$R = \underline{9{,}80\,\Omega}$; $L = \underline{27\,\text{mH}}$

626. a) Reihe: $R = \underline{12{,}26\,\Omega}$; $L = \underline{38\,\text{mH}}$
b) parallel: $R = \underline{59{,}48\,\Omega}$; $L = \underline{48{,}2\,\text{mH}}$

627. a) Reihe: $R = \underline{0{,}097\,\Omega}$; $L = \underline{18\,\text{mH}}$
b) parallel: $R = \underline{1272\,\Omega}$; $L = \underline{18\,\text{mH}}$

628. a) Reihe: $R = \underline{30{,}49\,\Omega}$; $L = \underline{0{,}93\,\text{mH}}$
b) parallel: $R = \underline{30{,}54\,\Omega}$; $L = \underline{2{,}53\,\text{H}}$

629. a) Reihe: $R = \underline{10{,}3\,\Omega}$; $C = \underline{3{,}32\,\mu\text{F}}$
b) parallel: $R = \underline{22450\,\Omega}$; $C = \underline{3{,}32\,\mu\text{F}}$

630. a) Reihe: $R = \underline{35{,}7\,\Omega}$; $C = \underline{2{,}1\,\mu\text{F}}$
b) parallel: $R = \underline{16091\,\Omega}$; $C = \underline{2{,}1\,\mu\text{F}}$

631. a) Reihe: $R = \underline{884\,\Omega}$; $C = \underline{0{,}305\,\mu\text{F}}$
b) parallel: $R = \underline{31781\,\Omega}$; $C = \underline{0{,}296\,\mu\text{F}}$

632. a) Reihe: $R = \underline{12{,}23\,\Omega}$; $C = \underline{612\,\mu\text{F}}$
b) parallel: $R = \underline{12{,}8\,\Omega}$; $C = \underline{26{,}5\,\mu\text{F}}$

633. a) Reihe: $R = \underline{0{,}0037\,\Omega}$; $L = \underline{0{,}167\,\text{mH}}$
b) parallel: $R = \underline{3{,}019\,\Omega}$; $L = \underline{0{,}166\,\text{mH}}$

634. a) Reihe: $R = \underline{0{,}302\,\Omega}$; $L = \underline{1{,}03\,\text{mH}}$
b) parallel: $R = \underline{1{,}690\,\Omega}$; $L = \underline{1{,}26\,\text{mH}}$

635. $$\underline{Z}_a = (5+\text{j})\,\Omega + \frac{(3+\text{j}\,2)(2-\text{j})}{1-\text{j}\,6}\,\Omega = \underline{(5{,}05+\text{j}\,2{,}32)\,\Omega};$$

$$\underline{Z}_b = (3-\text{j}\,7)\,\Omega + \frac{(1-\text{j}\,6)(2-\text{j})}{3+\text{j}\,2}\,\Omega = \underline{(0{,}08-\text{j}\,9{,}38)\,\Omega};$$

$$\underline{Z}_c = (4-\text{j}\,4)\,\Omega + \frac{(1-\text{j}\,6)(3+\text{j}\,2)}{2-\text{j}}\,\Omega = \underline{(13{,}20-\text{j}\,7{,}40)\,\Omega}$$

636. $\underline{Z}_a = (6+\text{j}\,12)\,\Omega$;
$\underline{Z}_b = (6+\text{j}\,12)\,\Omega$;
$\underline{Z}_c = (12-\text{j}\,6)\,\Omega$

637. $\underline{Z}_a = (-2{,}67-\text{j}\,5)\,\Omega$;
$\underline{Z}_b = (1{,}6+\text{j}\,3)\,\Omega$;
$\underline{Z}_c = (3{,}75-\text{j}\,2)\,\Omega$

638. $\underline{Z}_a = (2+\text{j}\,2)\,\Omega$;
$\underline{Z}_b = (2-\text{j}\,2)\,\Omega$;
$\underline{Z}_c = 4\,\Omega$

639. $\underline{Z}_a = 3\,\Omega$;
$\underline{Z}_b = \text{j}\,3\,\Omega$;
$\underline{Z}_c = -\text{j}\,3\,\Omega$

640. $\underline{Z}_a = (9+\text{j}\,6)\,\Omega$;
$\underline{Z}_b = (1{,}5+\text{j}\,7{,}5)\,\Omega$;
$\underline{Z}_c = (5{,}6-\text{j}\,1{,}6)\,\Omega$

641. $\underline{Z}_a$: $R = 1111\,\Omega$; $C = 4{,}3\,\mu\text{F}$;
$\underline{Z}_b$: $R = -714\,\Omega$; $C = 3\,\mu\text{F}$;
$\underline{Z}_c$: $R = 211\,\Omega$; $L = 1\,\text{H}$

642. $\underline{Z}_a$: $R = 133{,}3\,\Omega$; $C = 3{,}7\,\mu\text{F}$;
$\underline{Z}_b$: $R = -34{,}4\,\Omega$; $C = 1{,}5\,\mu\text{F}$;
$\underline{Z}_c$: $R = 20{,}4\,\Omega$; $L = 0{,}01\,\text{H}$

643. $\underline{Z}_a = \text{j}\,44\,\Omega$;
$\underline{Z}_b = -\text{j}\,129\,\Omega$;
$\underline{Z}_c = \text{j}\,62\,\Omega$

644. $\underline{Z}_a = (25-\text{j}\,12{,}5)\,\Omega$;
$\underline{Z}_b = (15-\text{j}\,20)\,\Omega$;
$\underline{Z}_c = (20+\text{j}\,15)\,\Omega$

645. $\underline{Z}_a = (1{,}1+\text{j}\,0{,}39)\,\Omega$;
$\underline{Z}_b = (0{,}19-\text{j}\,2{,}66)\,\Omega$;
$\underline{Z}_c = (1{,}09+\text{j}\,0{,}17)\,\Omega$

646. $\underline{Z}_a = (0{,}92-\text{j}\,0{,}38)\,\Omega$;
$\underline{Z}_b = 1\,\Omega$;
$\underline{Z}_c = (0{,}8+\text{j}\,1{,}4)\,\Omega$

647. $\underline{Z}_a = (-0{,}25-\text{j}\,1{,}14)\,\Omega$;
$\underline{Z}_b = (4{,}94-\text{j}\,4{,}70)\,\Omega$;
$\underline{Z}_c = (1{,}77+\text{j}\,2{,}21)\,\Omega$

648. $\underline{Z}_a = (0{,}84-\text{j}\,1{,}14)\,\Omega$;
$\underline{Z}_b = (0{,}71-\text{j}\,0{,}82)\,\Omega$;
$\underline{Z}_c = (0{,}82+\text{j}\,2{,}71)\,\Omega$

649. $\underline{Z}_a = (0{,}59-\text{j}\,0{,}35)\,\Omega$;
$\underline{Z}_b = (1{,}53-\text{j}\,0{,}12)\,\Omega$;
$\underline{Z}_c = (0{,}75+\text{j}\,1{,}79)\,\Omega$

650. $\underline{Z}_a$: $R = 34{,}6\,\Omega$; $L = 0{,}1\,\text{H}$;
$\underline{Z}_b$: $R = 32{,}4\,\Omega$; $L = 0{,}52\,\text{H}$;
$\underline{Z}_c$: $R = -2{,}1\,\Omega$; $C = 10{,}88\,\text{mF}$

651. $\underline{Z}_a$: $L = 3{,}08\,\text{H}$;
$\underline{Z}_b$: $C = 4{,}77\,\mu\text{F}$;
$\underline{Z}_c$: $C = 2{,}27\,\mu\text{F}$

652. $\underline{Z}_a$: $R = 13{,}8\,\Omega$; $C = 1{,}33\,\mu F$;
$\underline{Z}_b$: $R = -9{,}15\,\Omega$; $C = 603\,\mu F$;
$\underline{Z}_c$: $R = 27{,}1\,\Omega$; $L = 0{,}5\,mH$

653. $\underline{Z}_a$: $R = 463{,}6\,\Omega$; $C = 99\,nF$;
$\underline{Z}_b$: $R = 386{,}3\,\Omega$; $C = 0{,}12\,\mu F$;
$\underline{Z}_c$: $R = 2517\,\Omega$; $L = 0{,}12\,H$

654. $\underline{Z}_a$: $R = -261{,}2\,\Omega$; $C = 0{,}51\,\mu F$;
$\underline{Z}_b$: $R = 392\,\Omega$; $C = 0{,}48\,\mu F$;
$\underline{Z}_c$: $R = 783\,\Omega$; $C = 0{,}24\,\mu F$

655. (Bild 243) $\omega = 5000\,s^{-1}$;

$\underline{Z}_1 = j\,\omega L = j\,100\,\Omega$;

$\underline{Z}_2 = \underline{Z}_3 = (j\,50 - j\,133)\,\Omega = -j\,83\,\Omega$;

$$\underline{Z}_a = \frac{(-j\,83)^2}{-j\,66{,}7}\,\Omega = -103{,}3\,\Omega;$$

$C = 1{,}94\,\mu F$;

$$\underline{Z}_b = \underline{Z}_c = \frac{(-j\,83)(j\,100)}{-j\,66{,}7}\,\Omega = j\,124{,}4\,\Omega;$$

$L = 0{,}025\,H$

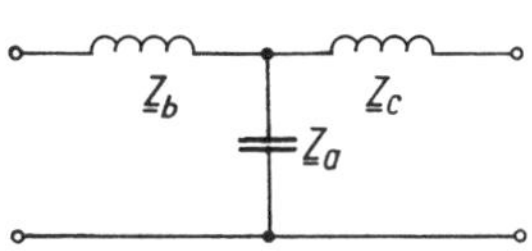

Bild 243: Aufgabe 655

656. (Bild 244)

$$a)\ \underline{Z}_a = \frac{2}{3+j}\,\Omega = (0{,}6 - j\,0{,}2)\,\Omega;$$

$$\underline{Z}_b = \frac{j\,6}{3+j}\,\Omega = (0{,}6 + j\,1{,}8)\,\Omega;$$

$$\underline{Z}_c = \frac{-j\,3}{3+j}\,\Omega = (-0{,}3 - j\,0{,}9)\,\Omega;$$

$$\underline{Z}_{par} = \frac{(3{,}6 + j\,0{,}8)(1{,}6 + j\,0{,}8)}{3{,}6 + j\,0{,}8 + 1{,}6 + j\,0{,}8}\,\Omega$$

$$= (1{,}124 + j\,0{,}454)\,\Omega;$$

dazu ist der in Reihe liegende Widerstand Z_C zu addieren, sodass $\underline{Z} = (0{,}824 - j\,0{,}446)\,\Omega$ ist.

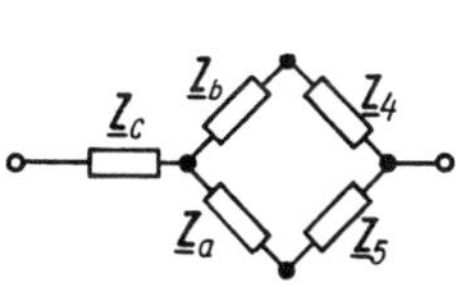

Bild 244: Aufgabe 656

b) $\underline{Z}_a = (-0{,}3 + j\,0{,}6)\,\Omega$;
$\underline{Z}_b = (1{,}2 + j\,0{,}6)\,\Omega$;
$\underline{Z}_c = (0{,}4 + j\,0{,}2)\,\Omega$;
$\underline{Z}_{par} = (-0{,}382 - j\,0{,}465)\,\Omega$;
$\underline{Z} = (0{,}018 - j\,0{,}265)\,\Omega$

c) $\underline{Z}_a = (0{,}2 + j\,0{,}6)\,\Omega$;
$\underline{Z}_b = (0{,}1 + j\,0{,}3)\,\Omega$;
$\underline{Z}_c = (0{,}6 - j\,0{,}2)\,\Omega$;
$\underline{Z}_{par} = (0{,}4 - j\,1{,}13)\,\Omega$;
$\underline{Z} = (1{,}0 - j\,1{,}33)\,\Omega$

d) $\underline{Z}_a = (0{,}06 + j\,0{,}42)\,\Omega$;
$\underline{Z}_b = (0{,}08 + j\,0{,}56)\,\Omega$;
$\underline{Z}_c = (1{,}68 - j\,0{,}24)\,\Omega$;
$\underline{Z}_{par} = (1{,}54 + j\,0{,}24)\,\Omega$;
$\underline{Z} = 3{,}22\,\Omega$

657. a) Nach Umzeichnen ergibt sich ein Spannungsteiler (Bild 245), dem man

$$\frac{\underline{U}_2}{\underline{U}_1} = \frac{R}{R + \dfrac{1}{\omega j C}} = \frac{50\,000}{50\,000 - j\,15\,915}$$

$$= 0{,}908 + j\,0{,}289 = 0{,}953\,e^{j\,18^\circ}$$

entnimmt.

b) $(1 - 0{,}953) \cdot 100\,\% = \underline{4{,}7\,\%}$

$$c)\ f_g = \frac{1}{2\pi RC} = \underline{15{,}9\,Hz}$$

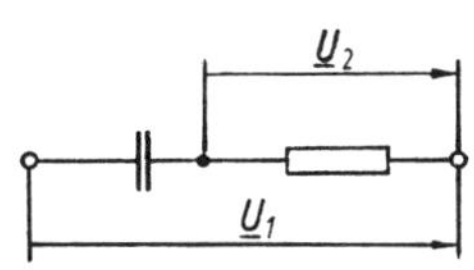

Bild 245: Aufgabe 657

$$\textbf{658.}\ a)\ \frac{U_2}{U_1} = \frac{R}{\sqrt{R^2 + \left(\dfrac{1}{\omega C}\right)^2}} = 0{,}99;$$

$$R = \frac{1}{\omega C\sqrt{0{,}020\,3}}\,\Omega = \underline{112\,k\Omega};$$

$$R : \frac{1}{\omega C} = \frac{1}{\sqrt{0{,}020\,3}} = \underline{7:1}$$

$$b)\ R = \underline{91\,k\Omega};\quad R : \frac{1}{\omega C} = \underline{5{,}7:1}$$

$$c)\ R = \underline{78\,k\Omega};\quad R : \frac{1}{\omega C} = \underline{4{,}9:1}$$

$$\textbf{659.}\ f_g = \frac{1}{2\pi RC} = \underline{31{,}8\,Hz};$$

a) $\omega RC = 2\pi f RC = \dfrac{1}{\sqrt{\left(\dfrac{1}{0{,}99}\right)^2 - 1}} = \dfrac{1}{0{,}142\,5}$;

$f = \underline{223\,\text{Hz}}$

b) $f = \underline{127\,\text{Hz}}$

660. (Bild 246) Nach Umzeichnen ergibt sich ein Spannungsteiler, für den gilt:

$\dfrac{\underline{U}_a}{\underline{U}_e} = \dfrac{\underline{Z}_4\,\underline{Z}_2}{\underline{Z}_3\,\underline{Z}_1}$; $\dfrac{\underline{Z}_4}{\underline{Z}_3} = \dfrac{-\text{j}\,2\,000}{8 - \text{j}\,1\,988}$

$\underline{Z}_2 = \dfrac{(8 - \text{j}\,1\,988)(-\text{j}\,2\,000)}{8 - \text{j}\,3\,988}\,\Omega = (2 - \text{j}\,997)\,\Omega$;

$\underline{Z}_1 = (4 + \text{j}\,6 + 2 - \text{j}\,997)\,\Omega = (6 - \text{j}\,991)\,\Omega$;

$\dfrac{\underline{Z}_2}{\underline{Z}_1} = \dfrac{2 - \text{j}\,997}{6 - \text{j}\,991}$;

$\dfrac{\underline{U}_a}{\underline{U}_e} = \dfrac{\underline{Z}_4}{\underline{Z}_1} = \dfrac{-\text{j}\,2\,000(2 - \text{j}\,997)}{(8 - 1988)(6 - \text{j}\,991)}$
$= 1{,}012 - \text{j}\,0{,}010$;

$\dfrac{U_a}{U_e} = \underline{1{,}012}$; die Spannung am Ausgang ist um $\underline{1{,}2\,\%}$ höher als am Eingang.

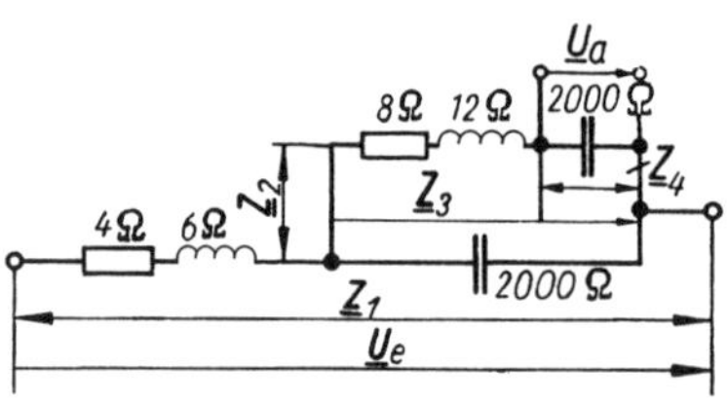

Bild 246: Aufgabe 660

661. 1. Ströme in den Kondensatoren

a) $\underline{I}_3 = \dfrac{\text{j}}{2\,000}\dfrac{1}{R}\underline{U}_3$ b) $\underline{I}_2 = \dfrac{\text{j}}{2\,000}\dfrac{1}{R}\underline{U}_2$

2. Knotenpunkte 2 und 1 (Bild 134)

a) $\underline{I}_3 + \underline{I}_{21} = \underline{I}_4$ b) $\underline{I}_2 + \underline{I}_1 = \underline{I}_{21}$

3. Maschen

a) $\underline{U}_3 - (4 + \text{j}\,6)\,\Omega \cdot \underline{I}_4 - \underline{U}_a = 0$

b) $\underline{U}_2 - (8 + \text{j}\,12)\,\Omega \cdot \underline{I}_{21} - \underline{U}_3 = 0$

c) $\underline{U}_e - (4 + \text{j}\,6)\,\Omega \cdot \underline{I}_1 - \underline{U}_2 = 0$

4. Spannung am Belastungswiderstand

$\underline{U}_a = \underline{I}_4(300 + \text{j}\,200)\,\Omega$

Es ergeben sich aus

4) $\underline{I}_4 = \dfrac{\underline{U}_a}{(300 + \text{j}\,200)\,\Omega}$
$= (0{,}002\,3 - \text{j}\,0{,}001\,5)\,\text{S} \cdot \underline{U}_a$

3a) $\underline{U}_3 = (4 + \text{j}\,6)(0{,}002\,3 - \text{j}\,0{,}001\,5)\underline{U}_a$
$+ \underline{U}_a = (1{,}018 + \text{j}\,0{,}008)\underline{U}_a$

1a) $\underline{I}_3 = \dfrac{\text{j}}{2\,000}(1{,}018 + \text{j}\,0{,}008)\,\text{S} \cdot \underline{U}_a$
$= (0{,}000\,004 - \text{j}\,0{,}000\,509)\,\text{S} \cdot \underline{U}_a$

2a) $\underline{I}_{21} = \underline{I}_4 - \underline{I}_3 = (0{,}002\,3 - \text{j}\,0{,}002)\,\text{S} \cdot \underline{U}_a$

3b) $\underline{U}_2 = (8 + \text{j}\,12)(0{,}002\,3 - \text{j}\,0{,}002)\underline{U}_a$
$+ (1{,}018 + \text{j}\,0{,}008)\underline{U}_a$
$= (1{,}060\,6 + \text{j}\,0{,}019\,6)\underline{U}_a$

1b) $\underline{I}_2 = \dfrac{+\text{j}}{2\,000}(1{,}060\,6 + \text{j}\,0{,}019\,6)\,\text{S} \cdot \underline{U}_a$
$= -(0{,}000\,009\,8 - \text{j}\,0{,}000\,530\,3)\,\text{S} \cdot \underline{U}_a$

2b) $\underline{I}_1 = \underline{I}_{21} - \underline{I}_2 = (0{,}002\,3 - \text{j}\,0{,}002\,53)\,\text{S} \cdot \underline{U}_a$

3c) $\underline{U}_e = (4 + \text{j}\,6)(0{,}002\,3 - \text{j}\,0{,}002\,53)\underline{U}_a$
$+ (1{,}060\,6 + \text{j}\,0{,}019\,6)\underline{U}_a$
$= (1{,}085\,0 + \text{j}\,0{,}023\,3)\underline{U}_a$;

$\dfrac{\underline{U}_a}{\underline{U}_e} = \dfrac{1}{\sqrt{1{,}085^2 + 0{,}023^2}} = 0{,}921$;

$\underline{U}_a$ ist um $\underline{7{,}9\,\%\ \text{kleiner}}$ als $\underline{U}_e$.

662. Nach Umzeichnen erhält man die Schaltung nach Bild 247. Daraus folgt

$\dfrac{\underline{U}_2}{\underline{U}_1} = \dfrac{\underline{Z}_4\,\underline{Z}_2}{\underline{Z}_3\,\underline{Z}_1}$; $\dfrac{\underline{Z}_4}{\underline{Z}_3} = \dfrac{R}{\dfrac{-\text{j}}{\omega C} + R}$;

$\underline{Z}_2 = \dfrac{\dfrac{1}{\omega C} + \text{j}\,R}{\text{j}\,2 - \omega RC}$;

$\underline{Z}_1 = R + \underline{Z}_2 = \dfrac{R\left(\text{j}\,3 - \omega RC + \dfrac{1}{\omega RC}\right)}{\text{j}\,2 - \omega RC}$;

$\dfrac{\underline{U}_2}{\underline{U}_1} = \dfrac{1}{3 + \text{j}\left(\omega RC - \dfrac{1}{\omega RC}\right)}$

$\dfrac{U_2}{U_1}$ hat seinen Höchstwert, wenn der Klammerausdruck im Nenner gleich 0 ist, und hat dann den Wert $\underline{\dfrac{1}{3}}$. Die dazugehörige Frequenz ist

$\omega_{\max} = \underline{\dfrac{1}{RC}}$.

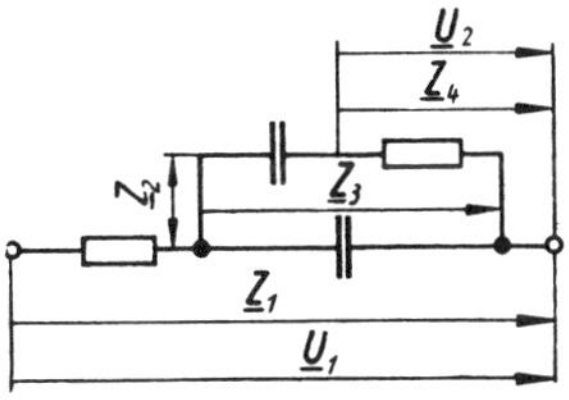

Bild 247: Aufgabe 662

663. $\dfrac{\underline{Z}_4}{\underline{Z}_3} = \dfrac{-\mathrm{j}}{\omega RC - \mathrm{j}}$;

$$\frac{\underline{Z}_2}{\underline{Z}_1} = \frac{\omega RC - \mathrm{j}}{\omega RC - \dfrac{1}{\omega RC} - \mathrm{j}\,3};$$

$$\frac{\underline{U}_2}{\underline{U}_1} = \frac{1}{3 + \mathrm{j}\left(\omega RC - \dfrac{1}{\omega RC}\right)}.$$

Maximales Spannungsverhältnis und dazugehörige Frequenz stimmen mit der Schaltung von Aufgabe 662 überein.

664. $\dfrac{\underline{U}_2}{\underline{U}_1} = \underline{\dfrac{1}{2 + \mathrm{j}\,3\omega RC}}$

665. (Bild 248) Nach Aufgabe 664 ist

$$\underline{U}_a = \frac{10\,\mathrm{V}}{2 + \mathrm{j}\,1{,}5} = \underline{(3{,}2 - \mathrm{j}\,2{,}4)\,\mathrm{V}}$$

$$\underline{I}_3 = \frac{\underline{U}_a}{-\mathrm{j}\,2\,\Omega} = \underline{(1{,}2 + \mathrm{j}\,1{,}6)\,\mathrm{A}}$$

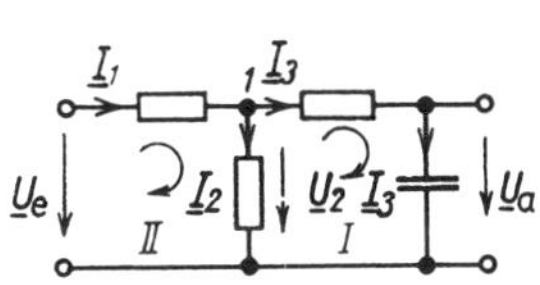

Bild 248: Aufgabe 665

Masche I: $\underline{U}_a + \underline{I}_3 R - \underline{U}_2 = 0$;

$\underline{U}_2 = (4{,}4 - \mathrm{j}\,0{,}8)\,\mathrm{V}$;

$\underline{I}_2 = \dfrac{\underline{U}_2}{R} = \underline{(4{,}4 - \mathrm{j}\,0{,}8)\,\mathrm{A}}$

Knoten 1: $\underline{I}_1 = \underline{I}_2 + \underline{I}_3 = \underline{(5{,}6 + \mathrm{j}\,0{,}8)\,\mathrm{A}}$

Masche II: $\underline{U}_2 + \underline{I}_1 R - \underline{U}_e = 0$;

$\underline{U}_e = (4{,}4 - \mathrm{j}\,0{,}8 + 5{,}6 + \mathrm{j}\,0{,}8)\,\mathrm{V} = 10\,\mathrm{V}$

666. (Bild 249) $S = \dfrac{R - \dfrac{\mathrm{j}}{\omega C}}{-\dfrac{\mathrm{j}}{\omega C}} = 1 + \mathrm{j}\,\omega RC$;

$S = \sqrt{(\omega RC)^2 + 1} = \underline{20}$; $\quad U_2 = \dfrac{4{,}8\,\mathrm{V}}{20} = \underline{0{,}24\,\mathrm{V}}$

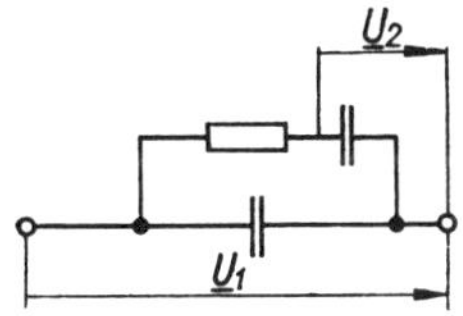

Bild 249: Aufgabe 666

667. (Bild 250) $\dfrac{1}{\omega C} = 99{,}5\,\Omega$; $\quad \omega RC = 20{,}1$.

Nach dem vorigen Ergebnis ist

$$\underline{U}_a = \frac{\underline{U}_e}{1 + \omega RC} = \underline{(0{,}296 - \mathrm{j}\,5{,}955)\,\mathrm{V}};$$

$$\underline{I}_3 = \frac{\underline{U}_a}{-\mathrm{j}\dfrac{1}{\omega C}} = \frac{0{,}296 - \mathrm{j}\,5{,}955}{-\mathrm{j}\,99{,}5}\,\mathrm{A} = \underline{(0{,}06 + \mathrm{j}\,0{,}003)\,\mathrm{A}}$$

Masche I: $\underline{U}_a - \underline{U}_e + \underline{I}_3 R = 0$;

$$\underline{I}_3 = \frac{120 - 0{,}3 + \mathrm{j}\,5{,}9}{2\,000}\,\mathrm{A} = (0{,}06 + \mathrm{j}\,0{,}003)\,\mathrm{A};$$

$$\underline{I}_2 = \frac{\underline{U}_e}{-\mathrm{j}\,99{,}5\,\Omega} = \underline{\mathrm{j}\,1{,}206\,\mathrm{A}};$$

$$\underline{I}_1 = \underline{I}_2 + \underline{I}_3 = \underline{(0{,}06 + \mathrm{j}\,1{,}209)\,\mathrm{A}}$$

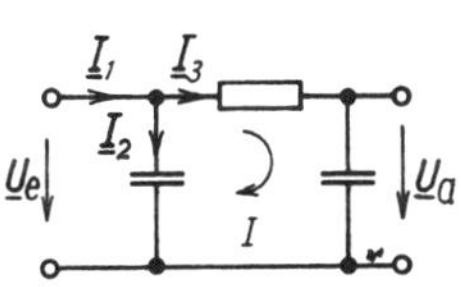

Bild 250: Aufgabe 667

668. $\dfrac{\underline{U}_1}{\underline{U}_2} = \dfrac{(\omega RC)^2 - \mathrm{j}\,3\omega RC - 1}{-1}$;

$S = \sqrt{[1 - (\omega RC)^2]^2 + 9(\omega RC)^2} = \underline{161{,}2}$

669. (Bild 251) Zur Vereinfachung der Rechnung bezeichne man die Schaltglieder mit *a* bzw. *b*.

Es ist dann

$$\frac{\underline{U}_a}{\underline{U}_e} = \frac{\underline{I}_4\underline{Z}_4}{\underline{I}_4\underline{Z}_4'} \cdot \frac{\underline{I}_3\underline{Z}_3}{\underline{I}_3\underline{Z}_3'} \cdot \frac{\underline{I}_1\underline{Z}_2}{\underline{I}_1\underline{Z}_1} = \frac{\underline{Z}_4}{\underline{Z}_4'} \cdot \frac{\underline{Z}_3}{\underline{Z}_3'} \cdot \frac{\underline{Z}_2}{\underline{Z}_1};$$

$$\frac{\underline{Z}_4}{\underline{Z}_4'} = \frac{a}{a + b};$$

$$\underline{Z}_3 = \frac{(a + b)a}{b + 2a}; \quad \underline{Z}_3' = \underline{Z}_3 + b = \frac{a^2 + 3ab + b^2}{b + 2a};$$

$$\underline{Z}_2 = \frac{\underline{Z}_3' a}{\underline{Z}_3' + a} = \frac{(a^2 + 3ab + b^2)a}{3a^2 + 4ab + b^2};$$

$$\underline{Z}_1 = \underline{Z}_2 + b = \frac{a^3 + 6a^2b + 5ab^2 + b^3}{3a^2 + 4ab + b^2};$$

$$\frac{\underline{Z}_4}{\underline{Z}_1} = \frac{\underline{Z}_4}{\underline{Z}_4'} \cdot \frac{\underline{Z}_3}{\underline{Z}_3'} \cdot \frac{\underline{Z}_2}{\underline{Z}_1} = \frac{a^3}{a^3 + 6a^2b + 5ab^2 + b^3}$$

Setzt man $a = R$, $b = \dfrac{-\mathrm{j}}{\omega C}$ und dann $\omega RC = x$, so wird

$$\frac{\underline{U}_\mathrm{a}}{\underline{U}_\mathrm{e}} = \frac{1}{\left(1 - \dfrac{5}{x^2}\right) + \mathrm{j}\left(\dfrac{1}{x^3} - \dfrac{6}{x}\right)};$$

die Funktion wird reell für $\dfrac{1}{x^3} - \dfrac{6}{x} = 0$,

woraus $x = \omega RC = \underline{\dfrac{1}{\sqrt{6}}}$ und $\dfrac{\underline{U}_\mathrm{a}}{\underline{U}_\mathrm{e}} = \underline{-\dfrac{1}{29}}$ folgt.

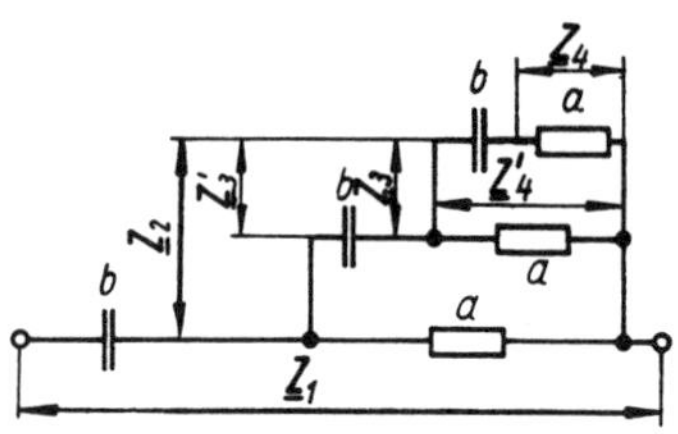

Bild 251: Aufgabe 669

670. (Bild 252) Es ist $\omega RC = 1$, sodass sich nach dem Ergebnis von Aufgabe 669 ergibt

$$\underline{U}_\mathrm{a} = \frac{120}{1 - 5 + \mathrm{j}(1-6)}\,\mathrm{V} = \frac{-480 - \mathrm{j}\,600}{41}\,\mathrm{V}$$
$$= \underline{(-11{,}71 + \mathrm{j}\,14{,}63)\,\mathrm{V}};$$

$$\underline{I}_5 = \frac{\underline{U}_\mathrm{a}}{60\,\Omega} + \underline{(-0{,}195 + \mathrm{j}\,0{,}244)\,\mathrm{A}};$$

$$\underline{U}_{\mathrm{c}3} = \underline{I}_5(-\mathrm{j}\,60)\,\Omega = (14{,}6 + \mathrm{j}\,11{,}7)\,\mathrm{V}$$

Masche I:

$$\underline{U}_\mathrm{a} + \underline{U}_{\mathrm{c}3} - \underline{U}_3 = 0;$$

$$\underline{U}_3 = (2{,}93 + \mathrm{j}\,26{,}34)\,\mathrm{V};$$

$$\underline{I}_4 = \frac{\underline{U}_3}{60\,\Omega} = \underline{(0{,}049 + \mathrm{j}\,0{,}439)\,\mathrm{A}}$$

Knoten 2:

$$\underline{I}_3 = \underline{I}_4 + \underline{I}_5 = \underline{(-0{,}146 + \mathrm{j}\,0{,}683)\,\mathrm{A}};$$

$$\underline{U}_{\mathrm{c}2} = \underline{I}_3(-\mathrm{j}\,60)\,\Omega = (40{,}98 + \mathrm{j}\,8{,}76)\,\mathrm{V}$$

Masche II:

$$\underline{U}_{\mathrm{c}2} + \underline{U}_3 - U_2 = 0;$$

$$\underline{U}_2 = (43{,}9 + \mathrm{j}\,35{,}1)\,\mathrm{V};$$

$$\underline{I}_2 = \frac{\underline{U}_2}{60\,\Omega} = \underline{(0{,}73 + \mathrm{j}\,0{,}59)\,\mathrm{A}}$$

Knoten 1:

$$\underline{I}_1 = \underline{I}_2 + \underline{I}_3 = \underline{(0{,}58 + \mathrm{j}\,1{,}27)\,\mathrm{A}};$$

$$\underline{U}_{\mathrm{c}1} = \underline{I}_1(-\mathrm{j}\,60)\,\Omega = (76{,}2 - \mathrm{j}\,34{,}8)\,\mathrm{V};$$

$$\underline{U}_{\mathrm{c}1} + \underline{U}_2 = 120\,\mathrm{V}$$

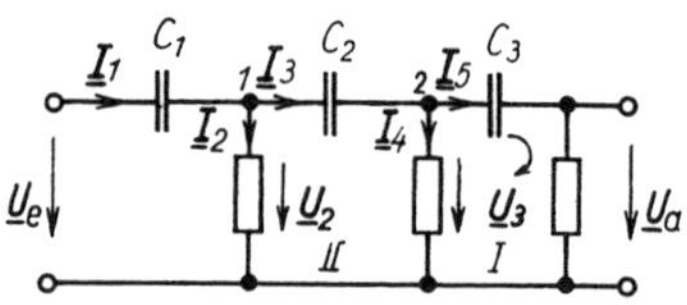

Bild 252: Aufgabe 670

671. In das allgemeine Ergebnis von Aufgabe 669 setze man $a = -\dfrac{\mathrm{j}}{\omega C}$ und $b = R$ ein und erhält dann mit $\omega RC = x$:

$$\frac{\underline{U}_\mathrm{a}}{\underline{U}_\mathrm{e}} = \frac{1}{1 - 5x^2 - \mathrm{j}\,x(x^2 - 6)};$$

die Funktion wird reell für $x = \omega RC = \underline{\sqrt{6}}$ und wie vorher ergibt sich $\dfrac{\underline{U}_\mathrm{a}}{\underline{U}_\mathrm{e}} = \underline{-\dfrac{1}{29}}$.

672. (Bild 253) $\omega M = 2\pi f M = 150{,}8\,\Omega$; $\omega L = 251{,}3\,\Omega$;

$\sigma = 1 - 0{,}6^2 = 0{,}64$ oder 64 %. Nach Formel (1b) und (2) ist

$$\underline{U}_{\mathrm{q}2} = \underline{U}_2 + \underline{I}_2(R_2 + \mathrm{j}\,\omega L_2)$$
$$= (30 + 12 + \mathrm{j}\,0{,}3 \cdot 251{,}3)\,\mathrm{V}$$
$$= \underline{86{,}3\,\mathrm{e}^{\mathrm{j}\,60{,}9^\circ}\,\mathrm{V}}$$

(Bezugsrichtung ist $\underline{U}_2$).

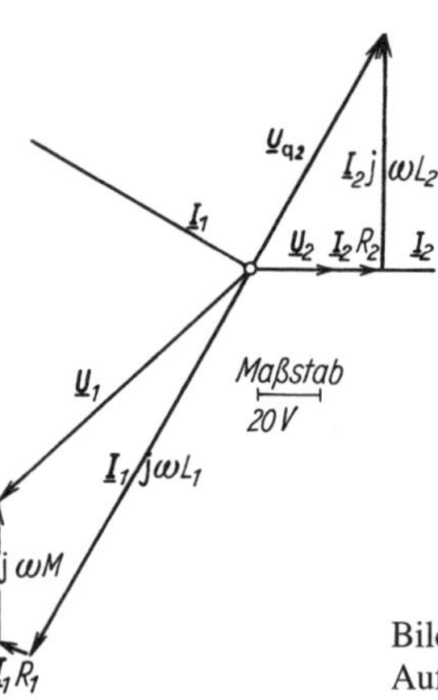

Bild 253: Aufgabe 672

Nach (2) folgt

$$\underline{I}_1 = \frac{-86{,}3\,\mathrm{e}^{\mathrm{j}\,60{,}9^\circ}\,\mathrm{V}}{\mathrm{j}\,150{,}8\,\Omega} = \underline{0{,}572\,\mathrm{e}^{\mathrm{j}\,150{,}9^\circ}\,\mathrm{A}}.$$

Nach Formel (1a) ist

$$\underline{U}_1 = \mathrm{j}\,0{,}572\,\mathrm{e}^{\mathrm{j}\,60{,}9^\circ}(20+\mathrm{j}\,251{,}3)\,\mathrm{V} + (\mathrm{j}\,0{,}3\cdot 150{,}8)\,\mathrm{V} = \underline{109\,\mathrm{e}^{\mathrm{j}\,223{,}2^\circ}\,\mathrm{V}};$$

nach Formel (9) ist $R_\mathrm{a} = \frac{30}{0{,}3}\,\Omega = \underline{100\,\Omega}$. Im Zeigerdiagramm sind alle Winkel auf die Bezugsrichtung von $\underline{U}_2$ bzw. $\underline{I}_2$ zu beziehen.

673. Nach Formel (2) ist

$$\underline{I}_0 = \frac{-30}{\mathrm{j}\,150{,}8}\,\mathrm{A} = \underline{0{,}2\,\mathrm{e}^{\mathrm{j}\,90^\circ}\,\mathrm{A}}$$

(bezogen auf die Richtung von $\underline{U}_{q2}$).

Bei Leerlauf ist $\underline{I}_2 = 0$, womit nach Formel (1a)

$$\underline{U}_1 = \underline{I}_0(R_1 + \mathrm{j}\,\omega L_1) = \mathrm{j}\,0{,}2(20+\mathrm{j}\,251{,}3)\,\mathrm{V} = \underline{50{,}4\,\mathrm{e}^{\mathrm{j}\,175{,}4^\circ}\,\mathrm{V}}.$$

674. Im Leerlauf ist

$$\underline{I}_0 = \frac{\underline{U}_1}{R_1+\mathrm{j}\,\omega L_1} = 1{,}92\,\mathrm{e}^{-\mathrm{j}\,73{,}3^\circ}\,\mathrm{A}$$

a) $\underline{U}_{q2} = -\underline{I}_0\,\mathrm{j}\,\omega M = \underline{9{,}6\,\mathrm{e}^{-\mathrm{j}\,163{,}3^\circ}\,\mathrm{V}}$

b) $\underline{48{,}0\,\mathrm{e}^{-\mathrm{j}\,163{,}3^\circ}\,\mathrm{V}}$

c) $\underline{96{,}0\,\mathrm{e}^{-\mathrm{j}\,163{,}3^\circ}\,\mathrm{V}}$

675. a) Nach Formel (12) ist

$$U_2 = \frac{-\mathrm{j}\,100\cdot 5\cdot 20}{(15+\mathrm{j}\,50)(35+\mathrm{j}\,50)+25}\,\mathrm{V} = \underline{3{,}15\,\mathrm{e}^{\mathrm{j}\,142^\circ}\,\mathrm{V}}$$

b) $\underline{17{,}6\,\mathrm{e}^{\mathrm{j}\,151{,}6^\circ}\,\mathrm{V}}$

c) $\underline{39{,}1\,\mathrm{e}^{\mathrm{j}\,191{,}9^\circ}\,\mathrm{V}}$

676. Man liest ab: $\underline{U}_1 = 26{,}1\,\mathrm{e}^{\mathrm{j}\,196^\circ}\,\mathrm{V}$;

$\underline{U}_{q2} = \underline{I}_2\underline{Z}_2 = 27\,\mathrm{e}^{\mathrm{j}\,56^\circ}\,\mathrm{V}$;

$\underline{I}_2\,\mathrm{j}\,\omega L_2 = \mathrm{j}\,22\,\mathrm{V}$; $\underline{U}_2 = \underline{I}_2 R_\mathrm{a} = 10\,\mathrm{V}$;

$\underline{I}_2 R_2 = 5\,\mathrm{V}$; $\underline{I}_1 R_1 = 6\,\mathrm{e}^{\mathrm{j}\,146^\circ}\,\mathrm{V}$;

$\underline{I}_2\,\mathrm{j}\,\omega M = \mathrm{j}\,18{,}5\,\mathrm{V}$; $\underline{I}_1 j\omega L_1 = 35{,}5\,\mathrm{e}^{\mathrm{j}\,236^\circ}\,\mathrm{V}$

Danach berechnen sich:

$$\underline{Z}_\mathrm{a} = \frac{10}{0{,}1}\,\Omega = \underline{100\,\Omega};\quad R_2 = \frac{5}{0{,}1}\,\Omega = \underline{50\,\Omega};$$

$$\mathrm{j}\,\omega M = \frac{\mathrm{j}\,18{,}5}{0{,}1}\,\Omega;\quad M = \frac{185}{30\,000}\,\mathrm{H} = 6{,}17\,\mathrm{mH};$$

$$\mathrm{j}\,\omega L_2 = \frac{\mathrm{j}\,22}{0{,}1}\,\Omega;\quad L_2 = \frac{220}{30\,000}\,\mathrm{H} = \underline{7{,}33\,\mathrm{mH}};$$

$$\underline{I}_1 = \frac{-27\,\mathrm{e}^{\mathrm{j}\,56^\circ}\,\mathrm{V}}{\mathrm{j}\,\omega M} = \underline{0{,}146\,\mathrm{e}^{\mathrm{j}\,146^\circ}\,\mathrm{A}};$$

$$R_1 = \frac{6\,\mathrm{e}^{\mathrm{j}\,146^\circ}}{0{,}146\,\mathrm{e}^{\mathrm{j}\,146^\circ}}\,\Omega = \underline{41{,}1\,\Omega};$$

$$\mathrm{j}\,\omega L_1 = \frac{35{,}5\,\mathrm{e}^{\mathrm{j}\,236^\circ}}{0{,}146\,\mathrm{e}^{\mathrm{j}\,146^\circ}}\,\Omega = \mathrm{j}\,243{,}15\,\Omega;$$

$$L_1 = \frac{243{,}15}{30\,000}\,\mathrm{H} = \underline{8{,}1\,\mathrm{mH}};$$

$$k = \frac{6{,}17}{\sqrt{8{,}1\cdot 7{,}3}} = \underline{0{,}80}$$

677. Man liest ab: $\underline{U}_{q2} = 27\,\mathrm{e}^{\mathrm{j}\,68{,}5^\circ}\,\mathrm{V}$;

$\underline{I}_2\,\mathrm{j}\,\omega L_2 = \mathrm{j}\,25\,\mathrm{V}$; $\underline{I}_2\,\mathrm{j}\,\omega M = \mathrm{j}\,17\,\mathrm{V}$;

$\underline{U}_1 = 22{,}5\,\mathrm{e}^{\mathrm{j}\,220^\circ}\,\mathrm{V}$; $\underline{I}_1\,\mathrm{j}\,\omega L_1 = 36\,\mathrm{e}^{\mathrm{j}\,248{,}5^\circ}\,\mathrm{V}$;

es ist ersichtlich, dass

$\omega L_2 = Z_2 \sin 68{,}5^\circ = 250\,\Omega$ ist und damit folgt

$$\underline{I}_2 = \frac{\mathrm{j}\,25}{\mathrm{j}\,250}\,\mathrm{A} = \underline{0{,}1\,\mathrm{A}};$$

$$L_2 = \frac{250}{40\,000}\,\mathrm{H} = 6{,}25\,\mathrm{mH};$$

$$M = \frac{\mathrm{j}\,17}{\mathrm{j}\,40\,000\cdot 0{,}1}\,\mathrm{H} = 4{,}25\,\mathrm{mH};$$

$$\underline{I}_1 = \frac{-27\,\mathrm{e}^{\mathrm{j}\,68{,}5^\circ}\,\mathrm{V}}{\mathrm{j}\,\omega M} = \underline{0{,}159\,\mathrm{e}^{\mathrm{j}\,58{,}5^\circ}\,\mathrm{A}};$$

$$L_1 = \frac{36\,\mathrm{e}^{\mathrm{j}\,248{,}5^\circ}}{0{,}159\,\mathrm{e}^{\mathrm{j}\,158{,}5^\circ}\,\mathrm{j}\,40\,000}\,\mathrm{H} = 5{,}66\,\mathrm{mH};$$

$$k = \underline{0{,}71}$$

678. $L_2 = \frac{M^2}{k^2 L_1} = 45\,\mathrm{mH}$;

$$R_\mathrm{a} = \frac{40}{0{,}2}\,\Omega = 200\,\Omega;\quad \omega M = 300\,\Omega$$

Nach Formel (11) ist

$$U_1 = \frac{-0{,}2[(5+\mathrm{j}\,400)(208+\mathrm{j}\,900)+90\,000]}{\mathrm{j}\,300}\,\mathrm{V} = \underline{188{,}6\,\mathrm{e}^{\mathrm{j}\,251{,}9^\circ}\,\mathrm{V}}.$$

Nach Formel (3) ist

$$I_1 = \frac{0{,}2(208+\mathrm{j}\,900)}{-\mathrm{j}\,300}\,\mathrm{A} = \underline{0{,}62\,\mathrm{e}^{\mathrm{j}\,167^\circ}\,\mathrm{A}}.$$

679. Es ist nach Formel (6)

$$\ddot{u} = \sqrt{\frac{1{,}5\,\mathrm{H}}{0{,}5\,\mathrm{H}}} = 1{,}732 \quad\text{und}\quad N_2 = \frac{800}{1{,}732} = \underline{462};$$

$$M = 0{,}8\sqrt{1{,}5\cdot 0{,}5}\,\mathrm{H} = \underline{0{,}693\,\mathrm{H}}.$$

Das Spannungsverhältnis ist nach Formel (12)

$$\frac{\underline{U}_1}{\underline{U}_2} = \frac{(40+\mathrm{j}\,750)(75+\mathrm{j}\,250)+346{,}4^2}{-\mathrm{j}\,346{,}4\cdot 50} = \underline{5{,}34\,\mathrm{e}^{\mathrm{j}\,224{,}2^\circ}} \quad \text{und}$$

$$\underline{U}_2 = \frac{20\,\mathrm{V}}{5{,}34\,\mathrm{e}^{\mathrm{j}\,224{,}2^\circ}} = 3{,}75\,\mathrm{e}^{-\mathrm{j}\,224{,}2^\circ}\,\mathrm{V};$$

$$\underline{I}_2 = \frac{\underline{U}_2}{\underline{Z}_\mathrm{a}} = \frac{3{,}75\,\mathrm{e}^{-\mathrm{j}\,224{,}2^\circ}\,\mathrm{V}}{50\,\Omega} = \underline{0{,}075\,\mathrm{e}^{-\mathrm{j}\,224{,}2^\circ}\,\mathrm{A}}$$

Das Stromübersetzungsverhältnis ist

$$\frac{\underline{I}_1}{\underline{I}_2} = \frac{75+\mathrm{j}\,250}{\mathrm{j}\,356{,}4} = \underline{0{,}732\,\mathrm{e}^{\mathrm{j}\,163{,}3^\circ}} \quad \text{und}$$

$$\underline{I}_1 = 0{,}075\,\mathrm{e}^{-\mathrm{j}\,224{,}2^\circ}\,\mathrm{A}\cdot 0{,}754\,\mathrm{e}^{\mathrm{j}\,163{,}3^\circ} = \underline{0{,}057\,\mathrm{e}^{-\mathrm{j}\,60{,}9^\circ}\,\mathrm{A}}.$$

Nach Formel (3) ist $\ddot{u}_1 = 1{,}326$ und damit

$$\tan\varphi_1 = \frac{500(1{,}5-1{,}326^2\cdot 0{,}5)}{40+1{,}326^2\cdot 75} = 1{,}806;$$

$$\varphi_1 = \underline{61^\circ}$$

Dies ist der Winkel zwischen $\underline{U}_1$ und $\underline{I}_1$ in Übereinstimmung mit dem Wert für $\underline{I}_1$, der die Nacheilung von $\underline{I}_1$ ausdrückt.

680. Aus $I_0 = \dfrac{U_1}{\sqrt{R_1^2+(\omega L_1)^2}}$ ergibt sich

$\omega L_1 = 27{,}5\,\Omega$ und $L_1 = 55\,\mathrm{mH}$.

Wegen $-\underline{U}_{20} = \underline{I}_0\,\mathrm{j}\,\omega M$ ist

$$M = \frac{75}{0{,}5\cdot 500}\,\mathrm{H} = 0{,}3\,\mathrm{H},$$

und wegen $k = 1$ ist $L_2 = \dfrac{M^2}{L_1} = 1{,}64\,\mathrm{H}$ und

$\omega L_2 = 820\,\Omega$

$$\frac{\underline{U}_1}{\underline{U}_2} = \frac{(12+\mathrm{j}\,27{,}5)(525+\mathrm{j}\,820)+22\,500}{-\mathrm{j}\,150\cdot 500} = 0{,}334\,\mathrm{e}^{\mathrm{j}\,165{,}3^\circ};$$

$$\underline{U}_2 = \frac{15\,\mathrm{V}}{0{,}334\,\mathrm{e}^{\mathrm{j}\,165{,}3^\circ}} = \underline{45\,\mathrm{e}^{-\mathrm{j}\,165{,}3^\circ}\,\mathrm{V}};$$

$$\underline{I}_2 = \frac{45\,\mathrm{e}^{-\mathrm{j}\,165{,}3^\circ}}{500}\,\mathrm{A} = \underline{0{,}09\,\mathrm{e}^{-\mathrm{j}\,165{,}3^\circ}\,\mathrm{A}};$$

$$\frac{\underline{I}_1}{\underline{I}_2} = \frac{525+\mathrm{j}\,820}{-\mathrm{j}\,150} = 6{,}49\,\mathrm{e}^{\mathrm{j}\,147{,}4^\circ};$$

$$\underline{I}_1 = 0{,}09\,\mathrm{e}^{-\mathrm{j}\,165{,}6^\circ}\,\mathrm{A}\cdot 6{,}49\,\mathrm{e}^{\mathrm{j}\,147{,}4^\circ} = \underline{0{,}584\,\mathrm{e}^{-\mathrm{j}\,18{,}2^\circ}\,\mathrm{A}}$$

Mit $\ddot{u}_1 = \dfrac{1}{6{,}49} = 0{,}154$ folgt nach Formel (4) $\tan\varphi_1 = 0{,}329\,2$ und $\varphi_1 = 18{,}2^\circ$; d. h. Voreilung von $\underline{U}_1$ gegenüber $\underline{I}_1$.

681. Aus Formel (4) folgt mit $\ddot{u}_1 = \dfrac{2}{4} = 0{,}5$ und $\tan 75^\circ = 3{,}732$ durch Auflösen $L_2 = 87{,}2\,\mathrm{mH}$ und $\omega L_2 = 27{,}40\,\Omega$. Es ist laut Aufgabe $\underline{I}_1 = 4\,\mathrm{e}^{-\mathrm{j}\,75^\circ}\,\mathrm{A}$ (Bezugsrichtung $\underline{U}_1$). Zwischen $\underline{U}_1$ und $\underline{U}_{\mathrm{q}2}$ besteht der Winkel $75^\circ + 90^\circ = 165^\circ$, zwischen $\underline{U}_{\mathrm{q}2}$ und $\underline{U}_2$ der Winkel, dessen $\tan\varphi = \dfrac{\omega L_2}{R_2+R_\mathrm{a}} = 1{,}370$ ($\varphi = 53{,}9^\circ$), womit zwischen $\underline{U}_1$ und $\underline{I}_2$ der Winkel $165^\circ + 53{,}9^\circ = 218{,}9^\circ$ besteht. Also ist $\underline{I}_2 = 2\,\mathrm{e}^{-\mathrm{j}\,218{,}9^\circ}\,\mathrm{A}$. Damit folgt $\underline{U}_2 = \underline{I}_2\underline{Z}_\mathrm{a} = \underline{20\,\mathrm{e}^{-\mathrm{j}\,218{,}9^\circ}\,\mathrm{V}}$. Der Betrag von $\underline{U}_{\mathrm{q}2}$ ist nach Formel (2) und (3) $|\underline{U}_{\mathrm{q}2}| = \sqrt{(20+20)^2\,\mathrm{V}^2 + 54{,}8^2\,\mathrm{V}^2} = 67{,}85\,\mathrm{V}$ und $\omega M = \dfrac{67{,}84}{4}\,\Omega = 16{,}96\,\Omega$, weshalb $M = \underline{54\,\mathrm{mH}}$ und $k = \dfrac{0{,}054}{\sqrt{0{,}2\cdot 0{,}087\,2}} = \underline{0{,}41}$ sind.

Zur Berechnung von $\underline{U}_1$ dient Formel (11), wo man $\underline{I}_2 = 2(-0{,}778\,2+\mathrm{j}\,0{,}628\,0)\,\mathrm{A}$ entsprechend dem Winkel $-218{,}9^\circ$ einsetzt. Es folgt

$$\underline{U}_1 = \frac{\underline{I}_2[(10+\mathrm{j}\,62{,}83)(20+\mathrm{j}\,27{,}40)+16{,}96^2]}{-\mathrm{j}\,16{,}96}\,\mathrm{V} = \underline{231{,}8\,\mathrm{V}},$$

also reell, da $\underline{U}_1$ eingangs als Bezugsrichtung gewählt wurde.

682. Mit Formel (10) ergibt sich

für $R_\mathrm{a}\infty$: $I_1 = \underline{0{,}71\,\mathrm{e}^{-\mathrm{j}\,45^\circ}\,\mathrm{A}}$;

für $R_\mathrm{a} = 10\,\Omega$: $I_1 = \underline{0{,}68\,\mathrm{e}^{-\mathrm{j}\,42{,}1^\circ}\,\mathrm{A}}$;

für $R_\mathrm{a} = 1\,\Omega$: $I_1 = \underline{0{,}62\,\mathrm{e}^{-\mathrm{j}\,29{,}7^\circ}\,\mathrm{A}}$;

für $R_\mathrm{a} = 0\,\Omega$: $I_1 = \underline{0{,}63\,\mathrm{e}^{-\mathrm{j}\,18{,}4^\circ}\,\mathrm{A}}$

Um das Minimum der Stromstärke $\underline{I}_1$ zu finden, setzt man nach Formel (10)

$$\underline{I}_1 = \frac{1+x+\mathrm{j}}{(1+\mathrm{j})(1+x+\mathrm{j})-1}\,\mathrm{A},$$

vereinfacht und bildet hiervon den Betrag. Dieser nach x differenziert und die Ableitung gleich null gesetzt, ergibt als Minimum für x den Wert $R_\mathrm{a} = \underline{0{,}62\,\Omega}$. Diese Lösung kann auch einfacher mithilfe einer Ortskurve gefunden werden.

683. (Bild 254) a) $\underline{Y} = 0{,}46 - \mathrm{j}\,0{,}31$

b) $\underline{Y} = 0{,}11 + \mathrm{j}\,0{,}65$

c) $\underline{Y} = -0{,}41 + \mathrm{j}\,1{,}1$

d) $\underline{Y} = -0{,}77 - \mathrm{j}\,0{,}21$

e) $\underline{Y} = -0{,}94 + \mathrm{j}\,0{,}94$

f) $\underline{Y} = -0{,}32 + \mathrm{j}\,0{,}05$

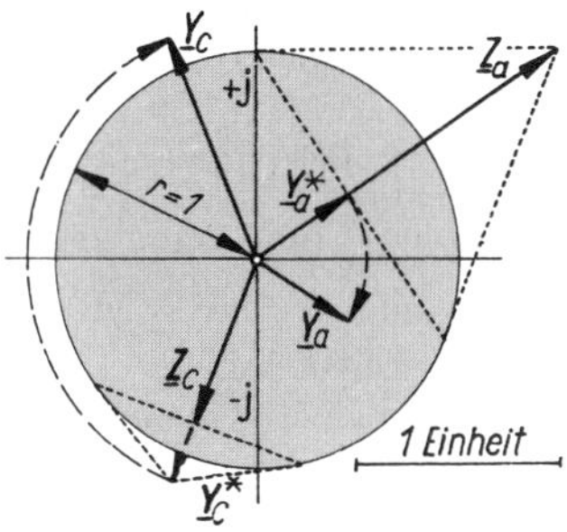

Bild 254: Aufgabe 683

684. a) Abgelesen: $l_Y = 5{,}7$; $Y = \dfrac{l_Y}{r^2} = 0{,}35$;

abgelesen $l_Y = 4 - \mathrm{j}\,4$;

$\underline{Y} = \dfrac{l_Y}{r^2} = \dfrac{4 - \mathrm{j}\,4}{16} = \underline{0{,}25 - \mathrm{j}\,0{,}25}$

b) Abgelesen: $l_Y = 4{,}8$; $Y = \dfrac{l_Y}{r^2} = \underline{0{,}3}$;

$\underline{Y} = \underline{0{,}27 - \mathrm{j}\,0{,}13}$

c) Abgelesen: $l_Y = 7{,}1$; $Y = 0{,}20$;

$\underline{Y} = \underline{0{,}04 - \mathrm{j}\,0{,}19}$

d) Abgelesen: $l_Y = 7{,}2$; $Y = 0{,}2$;

$\underline{Y} = \underline{0{,}12 + \mathrm{j}\,0{,}16}$

685. (Bild 255)

a) Abgelesene Länge: $l_Y = 2{,}1\,\text{cm} \mathrel{\widehat{=}} 21$ Einheiten;

$Y = \dfrac{l_Y}{r^2} = \dfrac{21}{1\,600} = \underline{0{,}013}$; $\underline{Y} = 0{,}008 - \mathrm{j}\,0{,}010$

b) $Y = \underline{0{,}029}$; $\underline{Y} = \underline{-0{,}013 - \mathrm{j}\,0{,}027}$

c) $Y = \underline{1{,}94 \cdot 10^{-4}}$; $\underline{Y} = \underline{(0{,}94 + \mathrm{j}\,1{,}7) \cdot 10^{-4}}$

d) $Y = \underline{5{,}55 \cdot 10^{-4}}$; $\underline{Y} = \underline{(-3{,}1 + \mathrm{j}\,4{,}6) \cdot 10^{-4}}$

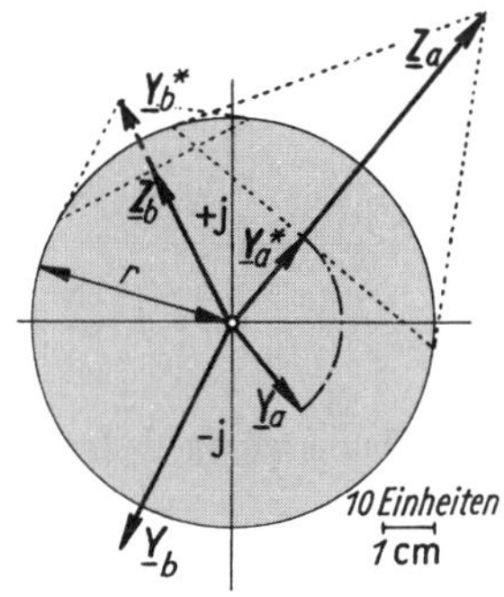

Bild 255: Aufgabe 685

686. a) $Z\dfrac{Z}{2} = r^2$; $Z = r\sqrt{2} = \underline{28{,}3}$

b) $Z = r\sqrt{3} = \underline{34{,}6}$ c) $Z = \underline{40}$

687. a) $Z = \sqrt{34}$; $l_Y = 3\sqrt{34}$;

nach Formel (1), Kap. 13 ist

$r = \sqrt{Z l_Y} = \underline{10{,}1}$; $Y = \dfrac{l_Y}{r^2} = \dfrac{1}{Z} = \underline{0{,}17}$

b) $Z = \sqrt{2{,}5}$; $l_Y = 8\sqrt{2{,}5}$;

$r = \underline{4{,}47}$; $Y = \underline{0{,}63}$

c) $r = \underline{5{,}39}$; $Y = \underline{0{,}59}$

d) $r = \underline{68{,}6}$; $Y = \underline{0{,}055}$

688. a) Abgelesen: $l_Y = 9{,}3 + \mathrm{j}\,12{,}5$;

$\underline{Y} = \dfrac{9{,}3 + \mathrm{j}\,12{,}5}{26^2} = \underline{0{,}014 + \mathrm{j}\,0{,}018}$

b) Abgelesen: $l_Y = 41 + \mathrm{j}\,31$;

$\underline{Y} = \dfrac{41 + \mathrm{j}\,31}{65^2} = \underline{0{,}010 - \mathrm{j}\,0{,}007}$

c) Abgelesen: $l_Y = 310 + \mathrm{j}\,210$;

$\underline{Y} = \underline{(1{,}5 + \mathrm{j}\,1{,}0) \cdot 10^{-3}}$

d) Abgelesen: $l_Y = 1120 - \mathrm{j}\,1\,280$;

$\underline{Y} = \underline{(1{,}7 - \mathrm{j}\,1{,}9) \cdot 10^{-4}}$

689. a) $\underline{A} + \underline{B} = 4 + \mathrm{j}$; nach Inversion von $(\underline{A} + \underline{B})$ abgelesen

$\underline{C}r^2 = 2{,}1 - \mathrm{j}\,0{,}53$; $\underline{C} = \underline{0{,}24 - \mathrm{j}\,0{,}06}$

b) $\underline{A} + \underline{B} = 5 - \mathrm{j}$; nach Inversion von $(\underline{A} + \underline{B})$ abgelesen

$\underline{C}r^2 = 1{,}7 + \mathrm{j}\,0{,}35$; $\underline{C} = \underline{0{,}19 + \mathrm{j}\,0{,}04}$

c) $\underline{A} + \underline{B} = 3 - \mathrm{j}\,2$;

$\underline{C}r^2 = 2{,}1 + \mathrm{j}\,1{,}4$; $\underline{C} = \underline{0{,}23 + \mathrm{j}\,0{,}15}$

d) $\underline{A} + \underline{B} = 5 + \mathrm{j}\,2$;

$\underline{C}r^2 = 6{,}2 - \mathrm{j}\,2{,}5$; $\underline{C} = \underline{0{,}17 - \mathrm{j}\,0{,}07}$

690. a) Für $\frac{1}{\underline{A}}$ abgelesen: $\frac{r^2}{\underline{A}} = 5{,}9 - \mathrm{j}\,1{,}47$;

$\frac{1}{\underline{A}} = 0{,}24 - \mathrm{j}\,0{,}06$;

$\underline{C} = \frac{1}{\underline{A}} + \underline{B} = \underline{0{,}34 + \mathrm{j}\,0{,}14}$

b) $\frac{1}{\underline{A}} = 1{,}5 + \mathrm{j}\,2{,}3$ (unmittelbar erhalten, da Inversion am Einheitskreis);

$\underline{C} = \frac{1}{\underline{A}} + \underline{B} = \underline{0{,}5 + \mathrm{j}\,0{,}3}$

c) Da $\underline{A}$ auf dem Inversionskreis endet, liegt auch der Endpunkt von $\frac{1}{\underline{A}}$ auf dem Inversionskreis. Dann ist

$\frac{1}{\underline{A}} = \frac{3 + \mathrm{j}\,4}{r^2} = 0{,}12 + \mathrm{j}\,0{,}16$;

$\underline{C} = \frac{1}{\underline{A}} + \underline{B} = \underline{0{,}4 + \mathrm{j}\,0{,}4}$

d) Für $\frac{1}{\underline{A}}$ abgelesen: $l = 0{,}55 + \mathrm{j}\,1{,}35$;

$\frac{1}{\underline{A}} = \frac{l}{r^2} = 0{,}14 + \mathrm{j}\,0{,}34$;

$\underline{C} = \frac{1}{\underline{A}} + \underline{B} = \underline{0{,}64 + \mathrm{j}\,0{,}94}$

691. a) (Bild 256) $\underline{A}$ und $\underline{B}$ werden invertiert und die erhaltenen Zeiger zur Resultierenden $\frac{1}{\underline{A}} + \frac{1}{\underline{B}}$ zusammengesetzt, die bei Verwendung von $r = 5$ in der Zeichnung mit $4{,}6 + \mathrm{j}\,0{,}9$ erscheint. Nochmalige Inversion liefert direkt $\underline{C} = \underline{5{,}1 - \mathrm{j}\,0{,}96}$.

b) Die Summe $\frac{1}{\underline{A}} + \frac{1}{\underline{B}}$ erscheint in der Zeichnung mit $8{,}33 + \mathrm{j}\,5$. Nochmalige Inversion ergibt direkt $\underline{C} = \underline{2{,}2 - \mathrm{j}\,1{,}3}$.

c) $\frac{1}{\underline{A}}$ erscheint mit $2{,}6 + \mathrm{j}\,6$; $\frac{1}{\underline{B}}$ fällt mit $\underline{B}^* = -10$ zusammen; $\frac{1}{\underline{A}} + \frac{1}{\underline{B}}$ erscheint mit $-7{,}4 = +\mathrm{j}\,6$; nochmalige Inversion liefert direkt $\underline{C} = \underline{-8{,}1 - \mathrm{j}\,6{,}6}$.

d) Da die Endpunkte von $\underline{A}$ und $\underline{B}$ auf dem Inversionskreis liegen, gehen sie bei der Inversion in sich selbst über. $\frac{1}{\underline{A}} + \frac{1}{\underline{B}}$ erscheint mit $14 + \mathrm{j}\,2$. Nochmalige Inversion ergibt direkt $\underline{C} = \underline{7 + \mathrm{j}}$.

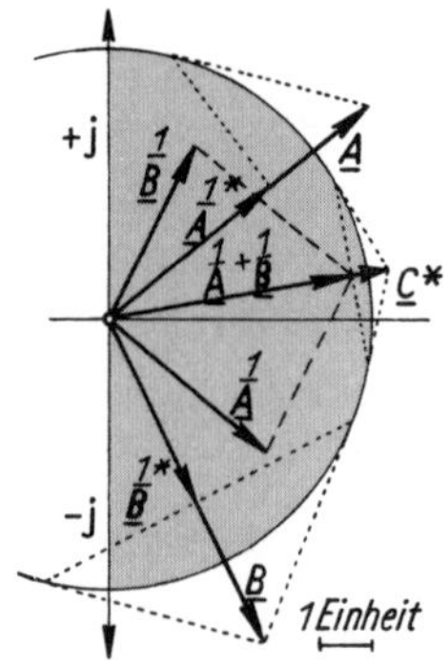

Bild 256: Aufgabe 691a

692. a) Da $\underline{A}$ auf dem Inversionskreis endet, fällt das Ende von $\frac{1}{\underline{A}}$ mit dem von $\underline{A}$ zusammen. Um die Addition von $\underline{B}$ zu ermöglichen, wird dieser Zeiger mit der Länge $\underline{l}_B = r^2 \underline{B} = 2\,500 \cdot (-\mathrm{j}\,0{,}01) = -\mathrm{j}\,25$ eingetragen. $r^2 \left(\frac{1}{\underline{A}} + \underline{B} \right) = 50 - \mathrm{j}\,25$. Nochmalige Inversion liefert

$\underline{C} = \frac{1}{\frac{1}{\underline{A}} + \underline{B}} = \underline{40 + \mathrm{j}\,20}$.

b) Der zu $\underline{A}$ inverse Zeiger $\frac{1}{\underline{A}}$ ergibt sich in der Zeichnung zu $\frac{r^2}{\underline{A}} = 14 - \mathrm{j}\,23{,}5$. Hierzu addiert man $\underline{l}_B = r^2 \underline{B} = 16 + \mathrm{j}\,32$ und erhält die Summe $30 + \mathrm{j}\,8{,}5$; nach Inversion ergibt sich direkt $\underline{C} = \underline{49 - \mathrm{j}\,14}$.

c) (Bild 257) Der zu $\underline{A}$ inverse Zeiger $\frac{1}{\underline{A}}$ erscheint in der Zeichnung mit $36 - \mathrm{j}\,18$. Hierzu wird addiert $r^2 \underline{B} = 900(0{,}02 + \mathrm{j}\,0{,}03) = 18 + \mathrm{j}\,27$. Die Summe ist $r^2 \left(\frac{1}{\underline{A}} + \underline{B} \right) = 54 + \mathrm{j}\,9$. Nochmalige Inversion liefert direkt $\underline{C} = \underline{16 - \mathrm{j}\,2{,}7}$.

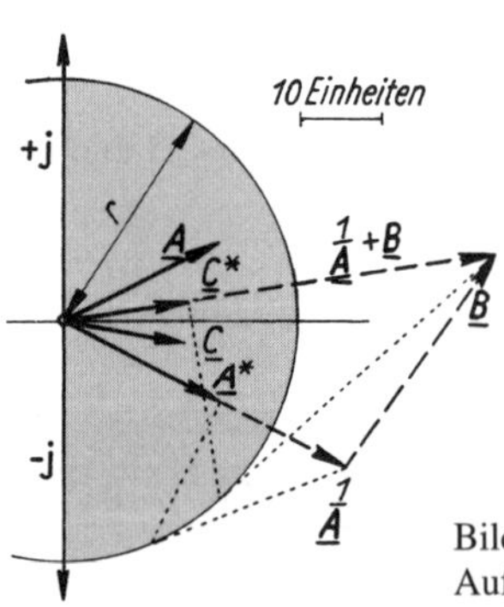

Bild 257: Aufgabe 692c

d) (Bild 258)

$$\frac{1}{\underline{A}}+\underline{B}=12{,}6-\mathrm{j}\,7{,}2;\quad \underline{C}=\frac{1}{\frac{1}{\underline{A}}+\underline{B}}=\underline{54+\mathrm{j}\,30{,}8}$$

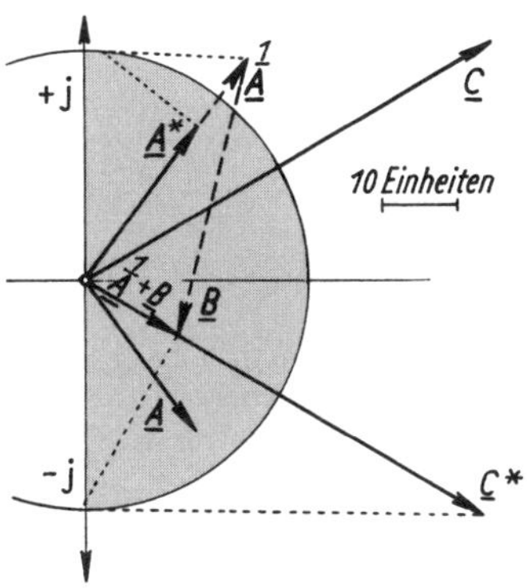

Bild 258: Aufgabe 692d

693. (Bild 259)

$$M_Y=\frac{r^2}{M_Z}=\frac{25\,\mathrm{cm}^2\,\Omega}{0{,}1\,\mathrm{cm}}=\frac{250\,\mathrm{cm}}{\mathrm{S}};$$ nach Inversion von Z ergibt sich

$$l_Y=3{,}1\,\mathrm{cm};\quad Y=\frac{l_Y}{M_Y}=\frac{3{,}1\,\mathrm{cm}\cdot\mathrm{S}}{250\,\mathrm{cm}}=\underline{12{,}4\,\mathrm{mS}}$$

694. (Bild 259) Inversion von $R=60\,\Omega$ liefert $l_G=4{,}2\,\mathrm{cm}$; Inversion von $-\mathrm{j}\,\frac{1}{\omega C}$ ergibt $l_B=3{,}9\,\mathrm{cm}$; nochmalige Inversion der Summe $\underline{Y}$ dieser Leitwerte liefert $l_Z=4{,}3\,\mathrm{cm}$;

$$Z=\frac{l_Z}{M_Z}=\frac{4{,}3\,\mathrm{cm}\,\Omega}{0{,}1\,\mathrm{cm}}=\underline{43\,\Omega};$$

M_Y wird nicht benötigt, da zweimalige Inversion erfolgt.

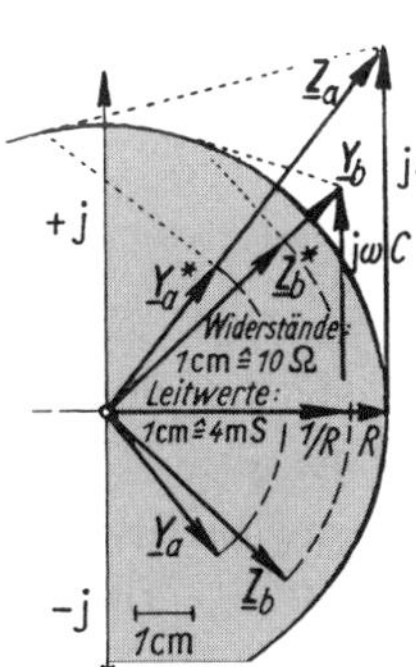

Bild 259: Aufgaben 693 und 694

695. Nach Inversion von R (geht in sieh selbst über) und j ωL entsteht als Summe $\underline{Y}$. Nochmalige Inversion ergibt $l_Z=3{,}9\,\mathrm{cm}$; $Z=\frac{l_Z}{M_Z}=\underline{78\,\Omega}$;

M_Y wird nicht benötigt, da zweimalige Inversion erfolgt.

696. (Bild 260) $M_Z=\frac{0{,}005\,\mathrm{cm}}{\Omega}$; M_Y wird wegen zweimaliger Inversion nicht benötigt. Nach Eintragen von R_1 und j X_{C1} wird die Resultierende $\underline{Z}$ invertiert. Dies ergibt die beiden Komponenten $l_G=3{,}1\,\mathrm{cm}$ und $l_B=5{,}4\,\mathrm{cm}$. Diese sind nochmals zu invertieren und liefern

$$l_{R2}=8{,}1\,\mathrm{cm}\quad\text{und}\quad l_{C2}=4{,}65\,\mathrm{cm};$$

$$R_2=\frac{l_{R2}}{M_Z}=\underline{1\,620\,\Omega}\quad\text{und}\quad X_{C2}=\frac{l_{C2}}{M_Z}=\underline{930\,\Omega}$$

(Probe mit dem Verfahren nach 10.1).

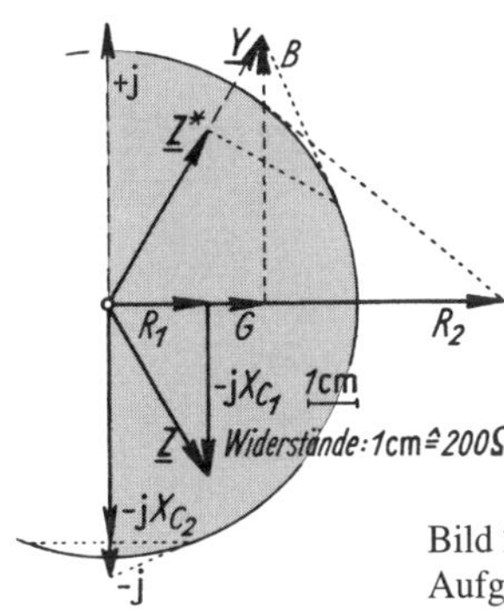

Bild 260: Aufgabe 696

697. (Bild 261) Inversion von R_2 und j X_{L2} ergibt die Leitwerte G_2 und $-\mathrm{j}\,B_2$. Die Summe ist der Leitwert $\underline{Y}$ der Schaltung und liefert durch Inversion den Widerstand $\underline{Z}$. Seine beiden Komponenten haben die Längen $l_{R1}=2{,}80\,\mathrm{cm}$ und $l_{B1}=1{,}85\,\mathrm{cm}$;

$$R_1=\frac{l_{R1}}{M_Z}=\underline{280\,\Omega};\quad X_{L1}=\frac{l_{B1}}{M_Z}=\underline{185\,\Omega}$$

(Probe nach 10.1).

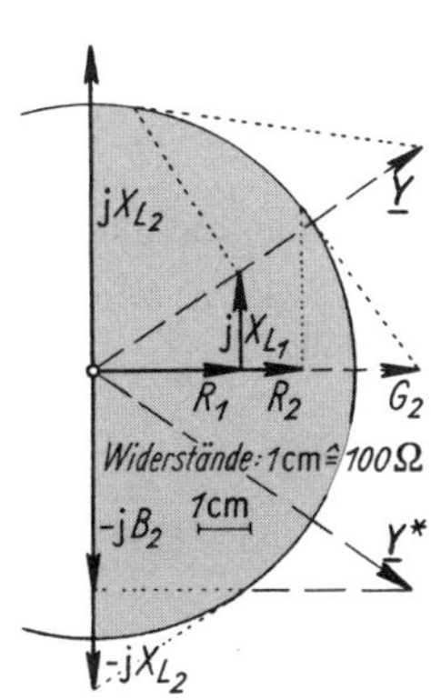

Bild 261: Aufgabe 697

698. Nach Zeichnen von $\underline{Z}$ und Inversion entsteht $\underline{Y}$. Drehen des Zeigers $\underline{Y}$, sodass $\varphi = 45°$ wird. Zerlegen in die beiden Leitwertkomponenten und deren Inversion ergibt $l_{R2} = l_{X2} = 7{,}5\,\text{cm}$. Mit $M_Z = \dfrac{0{,}1\,\text{cm}}{\Omega}$ wird $R_2 = XL_2 = \underline{75\,\Omega}$.

699. (Bild 262)

$$M_Y = \frac{r^2}{M_Z} = \frac{9\,\text{cm}^2 \cdot \Omega}{0{,}015\,\text{cm}} = \frac{600\,\text{cm}}{\text{S}}$$

Die Summe der Widerstände $R_1 + \text{j}\,\omega L = (100 + \text{j}\,200)\,\Omega$ ergibt nach Inversion den Leitwert $\underline{Y}_1$. Nach Addition des Leitwertes $1/R_2$ ist die Summe $\underline{Y}_{AB} = \underline{Y}_1 + \underline{Y}_2$ nochmals zu invertieren. Der für $\underline{Z}$ gewählte Maßstab bleibt dabei erhalten. Für Z_{AB} wird abgelesen $l_Z = 2{,}1\,\text{cm}$;

$$Z_{AB} = \frac{l_Z}{M_Z} = \underline{140\,\Omega}; \quad \underline{Z}_{AB} = \underline{(115 + \text{j}\,77)\,\Omega};$$

$$\tan\varphi = \frac{77}{115}; \quad \varphi = \underline{33{,}8°}.$$

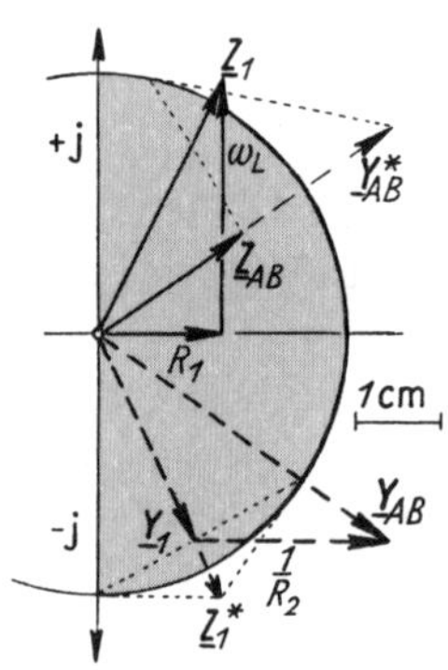

Bild 262: Aufgabe 699

700. (Bild 263) $M_Y = \dfrac{r^2}{M_Z} = \dfrac{160\,\text{cm}}{\text{S}}$;

die Zeiger der beiden Leitwerte $1/R_1$ und $-\text{j}/(\omega L)$ haben in der Zeichnung die Länge $l_G = G_1 M_Y = \dfrac{1\,\text{S} \cdot 160\,\text{cm}}{50\,\text{S}} = 3{,}2\,\text{cm}$ bzw. $l_B = B\,M_Y = \dfrac{1\,\text{S} \cdot 160\,\text{cm}}{30\,\text{S}} = 5{,}3\,\text{cm}$; die Summe Y_1 ist zu invertieren und gibt Z_1. Hierzu wird R_2 mit der Länge $l_{R1} = \dfrac{20\,\Omega \cdot 0{,}1\,\text{cm}}{\Omega} = 2\,\text{cm}$ addiert. Z_{AB} hat in der Zeichnung die Länge $l_Z = 4\,\text{cm}$;

$$Z_{AB} = \frac{4\,\text{cm} \cdot \Omega}{0{,}1\,\text{cm}} = \underline{40\,\Omega}; \quad Z_{AB} = \underline{(33 + \text{j}\,22)\,\Omega};$$

$$\tan\varphi = \frac{22}{33}; \quad \varphi = \underline{33{,}7°}.$$

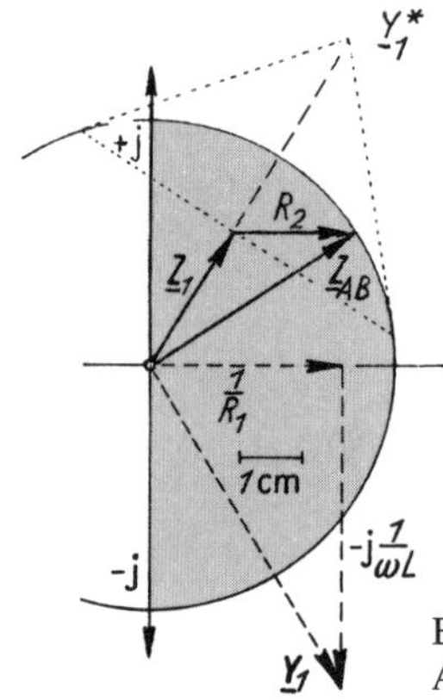

Bild 263: Aufgabe 700

701. (Bild 264) $M_Y = \dfrac{160\,\text{cm}}{\text{S}}$; entsprechend diesem Maßstab erscheinen die Leitwerte $1/R$ und $\text{j}\,\omega C$ mit den Längen $l = 2{,}7\,\text{cm}$ bzw. $4\,\text{cm}$. Die Inversion von Y_1 liefert

$Z_1 = (18{,}5 - \text{j}\,28)\,\Omega$;

hierzu wird $\text{j}\,\omega L = \text{j}\,20\,\Omega$ addiert, was

$Z_{AB} = \underline{(18{,}5 - \text{j}\,8)\,\Omega}$ ergibt;

$$\tan\varphi = -\frac{8}{18{,}5}; \quad \varphi = \underline{-23{,}4°}.$$

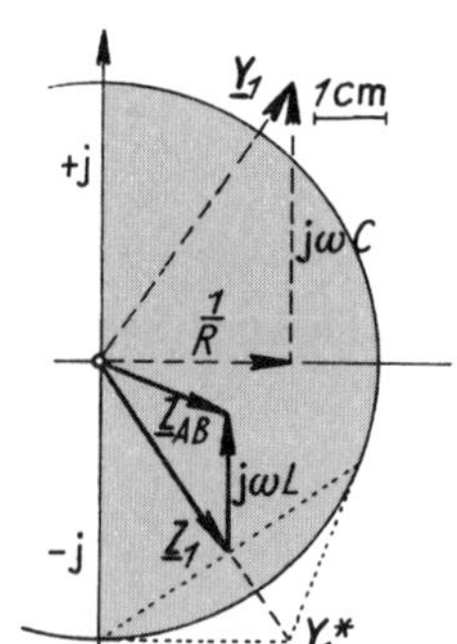

Bild 264: Aufgabe 701

702. (Bild 265) $M_Y = \dfrac{16\,\text{cm}^2 \cdot \Omega}{0{,}01\,\text{cm}} = \dfrac{1\,600\,\text{cm}}{\text{S}}$;

die Zeiger der Leitwerte ergeben paarweise addiert die beiden Leitwerte $\underline{Y}_1$ und $\underline{Y}_2$. Hierbei erscheint in der Zeichnung $1/R_1$ mit der Länge $l = G_1 M_Y = 5{,}3\,\text{cm}$ usw. $\underline{Y}_1$ und $\underline{Y}_2$ liefern nach Inversion die Widerstände $\underline{Z}_1 = (250 + \text{j}\,120)\,\Omega$ und $\underline{Z}_2 = (150 - \text{j}\,230)\,\Omega$. Addition dieser beiden Zeiger ergibt Z_{AB} mit der Länge $l = 4{,}15\,\text{cm}$, d. h. mit dem Betrag

$$Z_{AB} = \frac{l}{M_Z} = \frac{4{,}15\,\text{cm} \cdot \Omega}{0{,}01\,\text{cm}} = \underline{415\,\Omega};$$

$$\underline{Z}_{AB} = \underline{(400 - 110)\,\Omega};$$

$$\tan\varphi = -\frac{110}{400}; \quad \varphi = \underline{-15{,}4°}.$$

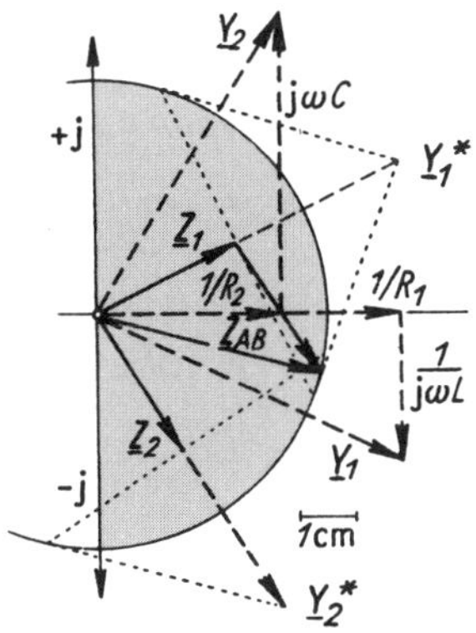

Bild 265: Aufgabe 702

703. (Bild 266) $M_Y = \frac{r^2}{M_Z} = \frac{32\,000\,\text{cm}}{\text{S}}$; die Summe aus R und $\mathrm{j}\,\omega L$ liefert mit den Längen $l_{Z1} = (2 + \mathrm{j}\,3{,}14)\,\text{cm}$ nach Inversion den Zeiger $\underline{Y}_1$; hierzu addiert $l_Y C = \omega C \cdot M_Y = 5{,}0\,\text{cm}$ ergibt $\underline{Y}_{AB}$. Nochmalige Inversion liefert $\underline{Z}_{AB}$ mit $l_{AB} = (5{,}05 - \mathrm{j}\,3{,}1)\,\text{cm}$;

$$\underline{Z}_{AB} = \underline{(10\,100 - \mathrm{j}\,6\,200)\,\Omega};$$

$$Z_{AB} = \underline{11{,}6\,\text{k}\Omega}; \quad \varphi = \underline{-31{,}4°}.$$

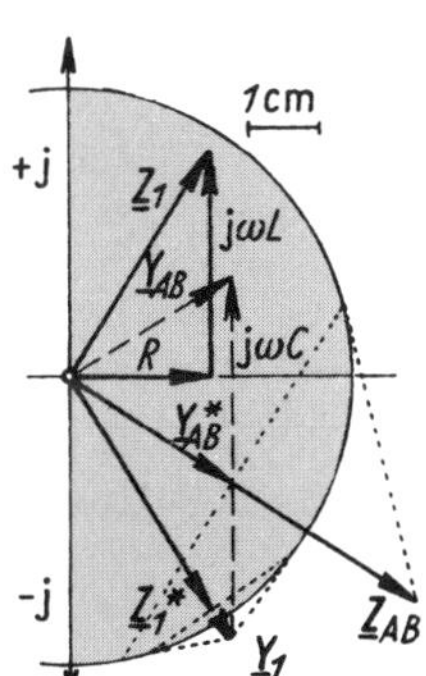

Bild 266: Aufgabe 703

704. (Bild 267) Oberer und unterer Zweig ergeben die Zeiger $\underline{Z}_1$ und $\underline{Z}_2$ bzw. nach Inversion $\underline{Y}_1$ und $\underline{Y}_2$. Die Summe beider ist $\underline{Y}_{AB}$. Da dieser Zeiger gerade auf dem Inversionskreis endet, ist er nur noch an der reellen Achse zu spiegeln. Die Länge von $\underline{Z}_{AB}$ ist demnach $l = 3\,\text{cm}$ und es folgt:

$$Z_{AB} = \frac{l}{M_Z} = \frac{3\,\text{cm} \cdot \Omega}{0{,}1\,\text{cm}} = \underline{30\,\Omega};$$

$$\underline{Z}_{AB} = \underline{(28 + \mathrm{j}\,7)\,\Omega}; \quad \varphi = \underline{13{,}6°}.$$

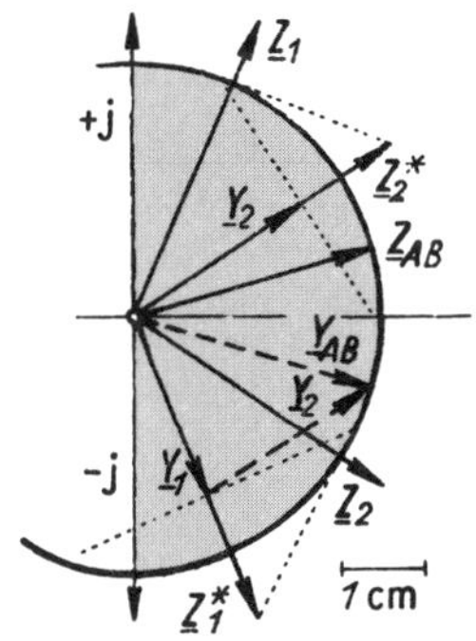

Bild 267: Aufgabe 704

705. Konstruktion von $\underline{Z}_1$ wie in Aufgabe 701. Die Parallele zur imaginären Achse durch den Endpunkt von $\underline{Z}_1$ schneidet den Zeiger $\underline{Y}_1$ im Endpunkt von $\underline{Z}_{AB}$, da dann das Dreieck $\underline{Z}_1 - \mathrm{j}\,\omega L - \underline{Z}_{AB}$ gleichschenklig ist. $\mathrm{j}\,\omega L$ erscheint mit der Länge $l = 5{,}5\,\text{cm}$;

$$\omega L = \frac{5{,}5\,\text{cm} \cdot \Omega}{0{,}1\,\text{cm}} = \underline{55\,\Omega}.$$

706. (Bild 268)

$$M_Y = \frac{r^2}{M_Z} = \frac{16\,\text{cm}^2 \cdot \Omega}{0{,}05\,\text{cm}} = \frac{320\,\text{cm}}{\text{S}};$$

in die Zeichnung wird $\underline{Y}_1$ mit der Länge

$$l_{Y1} = \underline{Y}_1 M_Y = \left(\frac{1}{80} - \mathrm{j}\,\frac{1}{71}\right)\text{S} \cdot \frac{320\,\text{cm}}{\text{S}} = (4 - \mathrm{j}\,4{,}5)\,\text{cm}$$

eingetragen. Nach Inversion ist

$$\underline{Z}_1 = \frac{(1{,}8 + \mathrm{j}\,2)\,\text{cm} \cdot \Omega}{0{,}05\,\text{cm}} = (36 + \mathrm{j}\,40)\,\Omega.$$

Um $\underline{Z}_{AC} = 80\,\Omega$ zu erhalten, ist

$\underline{Z}_{BC} = (44 - \mathrm{j}\,40)\,\Omega$ zu addieren.

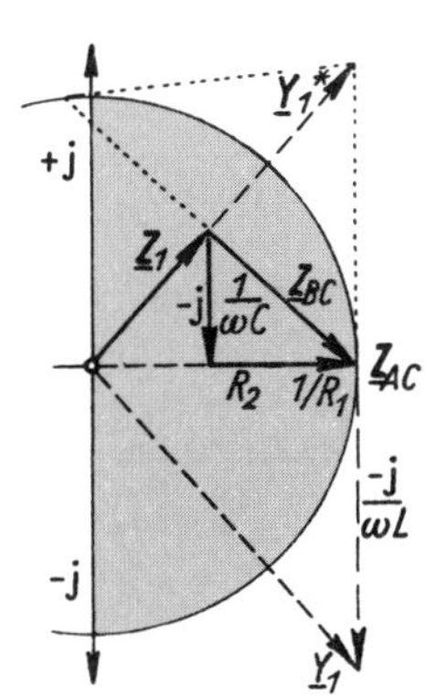

Bild 268: Aufgabe 706

707. (Bild 269) $M_Y = \frac{160\,\text{cm}}{\text{S}}$ (siehe Aufgabe 701); Subtraktion des Zeigers $\mathrm{j}\,\omega L$ (Länge $l = \omega L \cdot M_Z = 3\,\text{cm}$) von $\underline{Z}_{AB}$ liefert $\underline{Z}_1$. Inversion von $\underline{Z}_1$ ergibt $\underline{Y}_1^*$ mit den Längen $l_Y = (3{,}0 + \mathrm{j}\,5{,}0)\,\text{cm}$. Hieraus folgen

$$\frac{1}{R} = \frac{3\,\text{cm}\cdot\text{S}}{160\,\text{cm}} \quad \text{bzw.} \quad R = \underline{53\,\Omega} \quad \text{und}$$

$$\omega C = \frac{5\,\text{cm}\cdot\text{S}}{160\,\text{cm}} \quad \text{bzw.} \quad \frac{1}{\omega C} = \underline{32\,\Omega}.$$

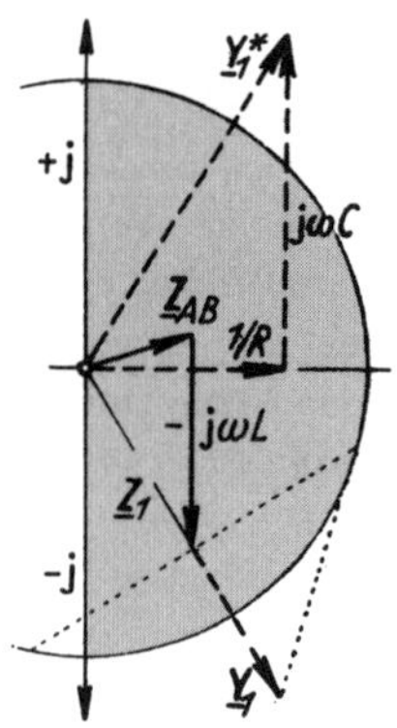

Bild 269:
Aufgabe 707

708. $M_Y = \frac{160\,\text{cm}}{\text{S}}$; Konstruktion in Anlehnung an Bild 263; nach Zeichnen von $\underline{Z}_{AB}$ wird mit dem Winkel $\varphi = 30°$ die Richtung von $\underline{Z}_1$ festgelegt. Die Parallele zur reellen Achse durch den Endpunkt von $\underline{Z}_{AB}$ liefert $\underline{Z}_1$, R_2 und die Inversion $\underline{Y}_1$. Die Komponenten von $\underline{Y}_1^*$ haben die Längen 1,9 cm bzw. 4,5 cm und entsprechen den Leitwerten $\frac{1}{R_1} = \frac{1{,}9\,\text{cm}\cdot\text{S}}{160\,\text{cm}}$ bzw. $\frac{4{,}5\,\text{cm}\cdot\text{S}}{160\,\text{cm}}$. Das ergibt die Widerstände $R_1 = \underline{84\,\Omega}$, $\omega L = \underline{36\,\Omega}$ und $R_2 = \underline{27\,\Omega}$.

709. a) $l_a = \underline{4}$; parallel zur imaginären Achse;

$Z_1 = \sqrt{4^2 + (0{,}5\cdot 3)^2} = \underline{4{,}3}$; $Z_2 = \underline{15{,}5}$

b) $l_a = \underline{7}$; parallel zur reellen Achse;

$Z_1 = \underline{7{,}2}$; $Z_2 = \underline{16{,}6}$

c) $l_a = \underline{2}$; parallel zur imaginären Achse;

$Z_1 = \underline{2{,}8}$; $Z_2 = \underline{20{,}1}$

d) $l_a = \underline{2{,}5}$; parallel zur imaginären Achse;

$Z_1 = \underline{3{,}0}$; $Z_2 = \underline{16{,}2}$

e) $l_a = \underline{0}$; durch den Nullpunkt;

$Z_1 = \underline{1{,}3}$; $Z_2 = \underline{13{,}0}$

f) $l_a = \underline{0}$; durch den Nullpunkt;

$Z_1 = \underline{2{,}0}$; $Z_2 = \underline{19{,}8}$

710. a) $p = \pm\frac{1}{3}\sqrt{7{,}21^2 - 4^2} = \underline{\pm 2}$

b) $p = \underline{\pm 1{,}6}$

c) $p = \underline{\pm 5{,}2}$

d) $p_1 = \underline{3{,}05}$; $p_2 = \underline{-1{,}05}$

711. a) $b = \frac{1}{p_b}\sqrt{Z^2 - a^2} = \pm 2{,}25$;

$\underline{Z} = \underline{12 \pm \mathrm{j}\,p2{,}25}$

b) $\underline{Z} = \underline{\pm 6{,}9 + \mathrm{j}\,p4}$

c) $\underline{Z} = \underline{\pm p7{,}6 + \mathrm{j}\,5}$

d) $\underline{Z} = \underline{\pm 12{,}5 + \mathrm{j}\,p5}$

712. a) Im Schnittpunkt sind die Real- und Imaginärteile von $\underline{Z}_1$ und $\underline{Z}_2$ einander gleich. Es ist daher $2p_2 = 4$ bzw. $\mathrm{j}\,p_1 3 = \mathrm{j}\,5$ und damit $p_1 = \underline{1{,}67}$ bzw. $p_2 = \underline{2}$.

b) $p_1 = \underline{1}$; $p_2 = \underline{-0{,}8}$

c) $p_1 = \underline{-0{,}8}$; $p_2 = \underline{2{,}47}$

d) $p_1 = \underline{-2{,}2}$; $p_2 = \underline{1{,}75}$

713. a) (Bild 270) Die ähnlichen Dreiecke ergeben die Proportion

$$\frac{l_a}{3} = \frac{3}{\sqrt{3^2 + 2^2}}; \quad l_a = \underline{2{,}5}; \quad \frac{a}{l_a} = \frac{3}{\sqrt{3^2 + 2^2}};$$

$a = 2{,}1$; $b = 1{,}4$;

$\underline{Z}_a = \underline{2{,}1 + \mathrm{j}\,1{,}4}$; $\underline{Z}_a$ wird reell für $p = \underline{0}$.

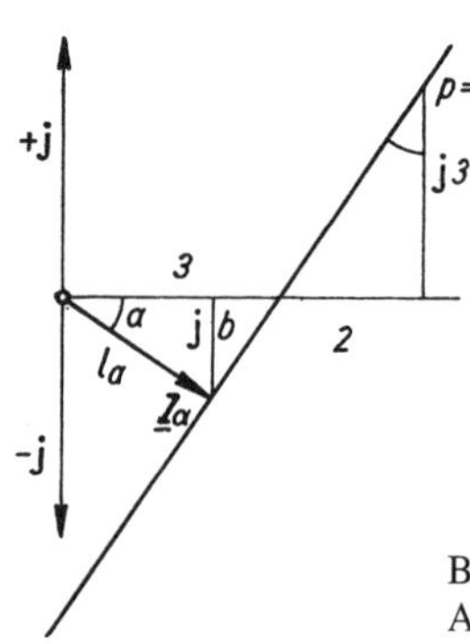

Bild 270:
Aufgabe 713a

b) $l_a = \underline{1{,}65}$;

$\underline{Z}_a = \underline{-2 + \mathrm{j}\,1{,}1}$ bzw. reell für $p = \underline{-2}$

c) $l_a = \underline{1{,}54}$;

$\underline{Z}_a = \underline{-1{,}3 + \mathrm{j}\,0{,}8}$ bzw. reell für $p = \underline{0{,}6}$

d) $l_a = \underline{1{,}34}$;

$\underline{Z}_a = \underline{1{,}2 + j\,0{,}6}$ bzw. reell für $p = \underline{-1{,}5}$

714. Gleichsetzen der Real- bzw. Imaginärteile der beiden Funktionen ergibt:

a) $p_2 = \underline{2{,}17}$; $Z_5 = \underline{2 + j\,6{,}5}$

b) $p_2 = \underline{-5{,}25}$; $Z_5 = \underline{3 + j\,10{,}5}$

c) $p_2 = \underline{1{,}63}$; $Z_5 = \underline{1{,}63 + j\,5}$

d) $p_2 = \underline{0{,}17}$; $Z_5 = \underline{0{,}34 - j\,0{,}17}$

715. (Bild 271) Für $p = 1$ ist mit $f_1 = 10\,\text{Hz}$ $X_L = 2\pi \cdot 10\,\text{s}^{-1} \cdot 0{,}1\,\text{H} = 6{,}28\,\Omega$. Die weitere Teilung der Parameterskale erfolgt linear.

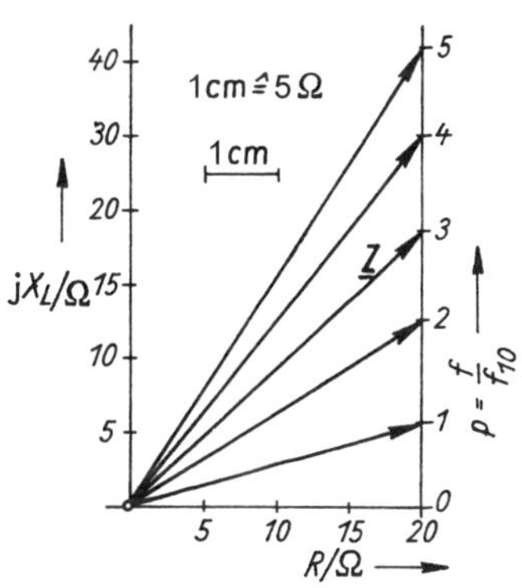

Bild 271: Aufgabe 715

716. (Bild 272)

Für $p = 1$ ist $\omega_{45} = \dfrac{R}{L} = 500\,\text{s}^{-1}$,

für $p = 2$ ist $\omega = 2\dfrac{R}{L} = 1\,000\,\text{s}^{-1}$ usw.

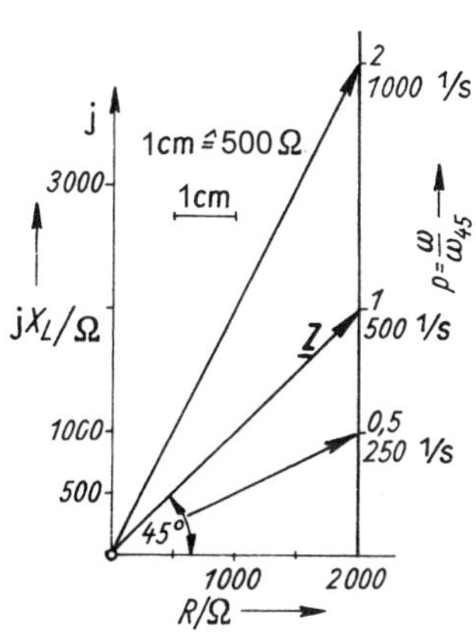

Bild 272: Aufgabe 716

717. (Bild 264)

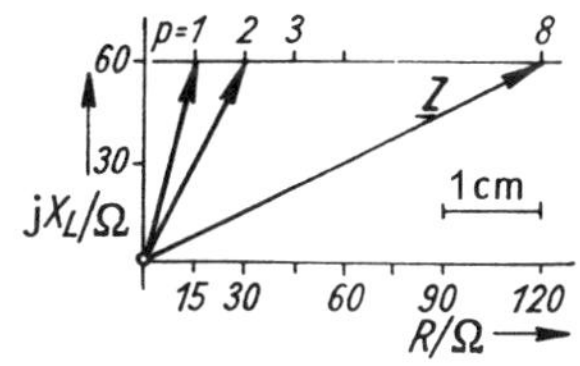

Bild 273: Aufgabe 717

718. (Bild 265)

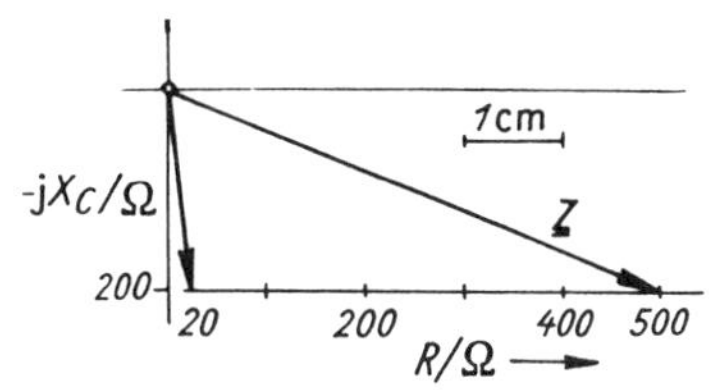

Bild 274: Aufgabe 718

719. (Bild 275) Für $\varphi = 45°$ ist $C = \dfrac{1}{\omega R} = 5\,\mu\text{F}$.

Verdoppelung der Kapazität bedeutet Halbierung des kapazitiven Widerstandes.

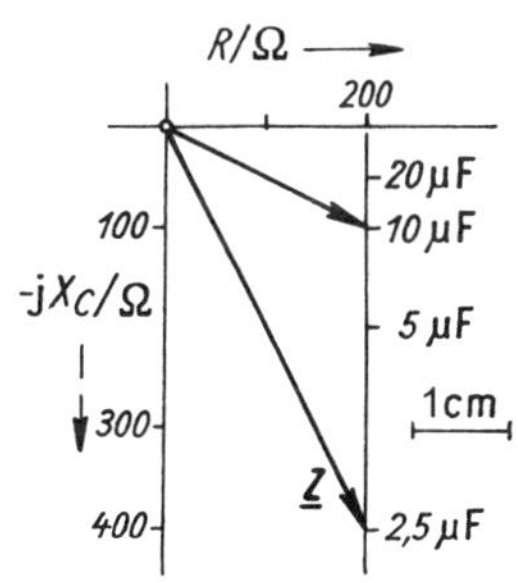

Bild 275: Aufgabe 719

720. (Bild 267) Für $\varphi = 45°$, d. h. $p = 1$, ist $\omega_{45} = \dfrac{1}{RC} = 500\,\text{s}^{-1}$ oder 79,6 Hz. Verdoppelung der Frequenz bewirkt Halbierung des kapazitiven Widerstandes usw.

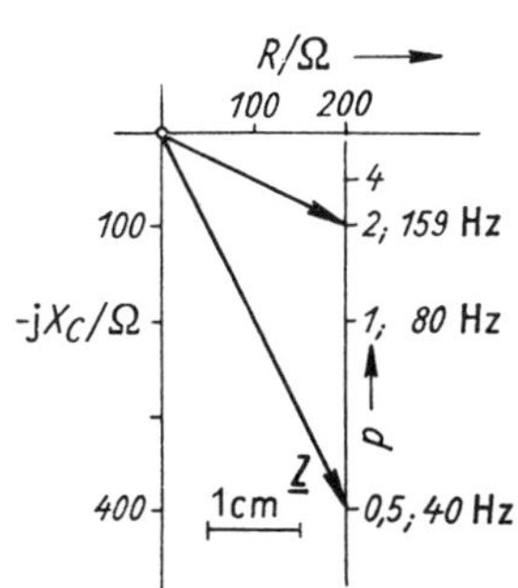

Bild 276: Aufgabe 720

721. (Bild 277) Die Parameterskale für die Kapazitäten wird von oben nach unten, beginnend bei $\mathrm{j}X_L = 3{,}77\,\mathrm{k}\Omega$, abgetragen.

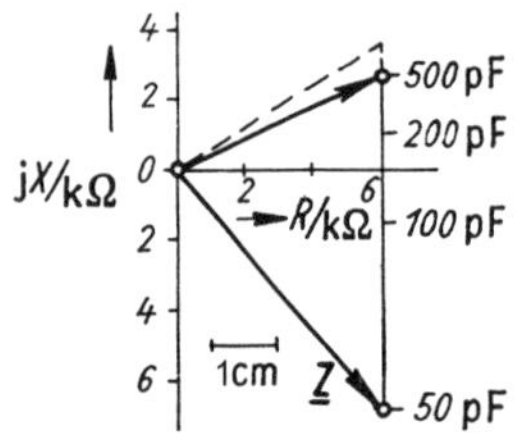

Bild 277: Aufgabe 721

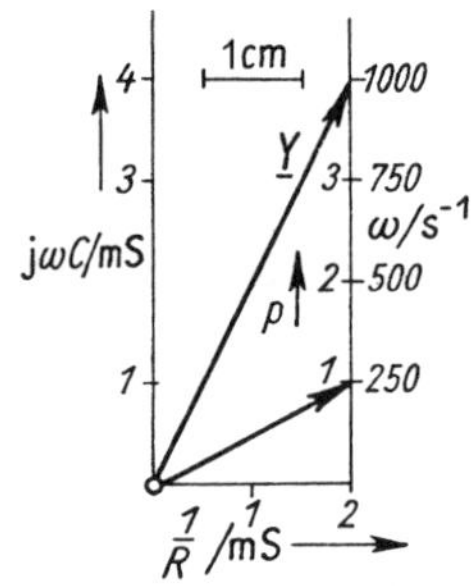

Bild 281: Aufgabe 725

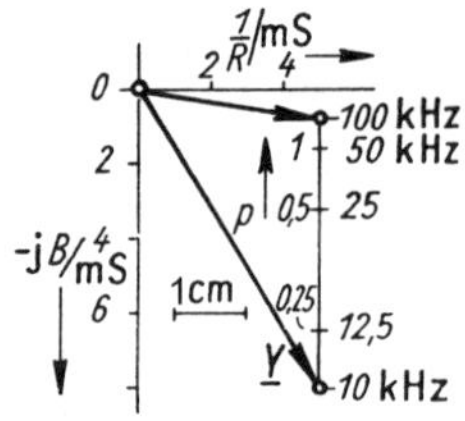

Bild 282: Aufgabe 726

722. (Bild 278) Die Werte der resultierenden Parameterskale sind mit einem Stern * gekennzeichnet.

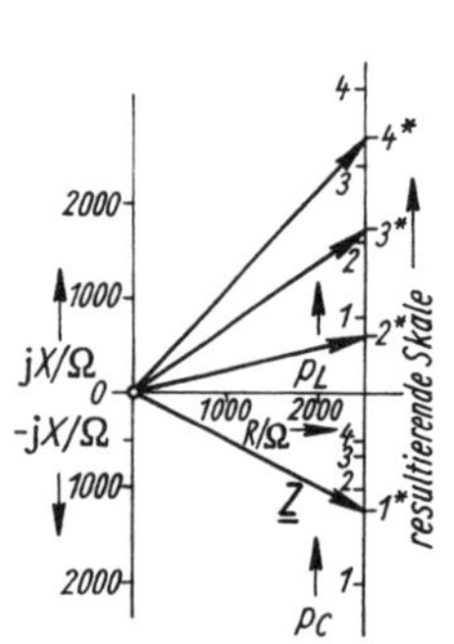

Bild 278: Aufgabe 722

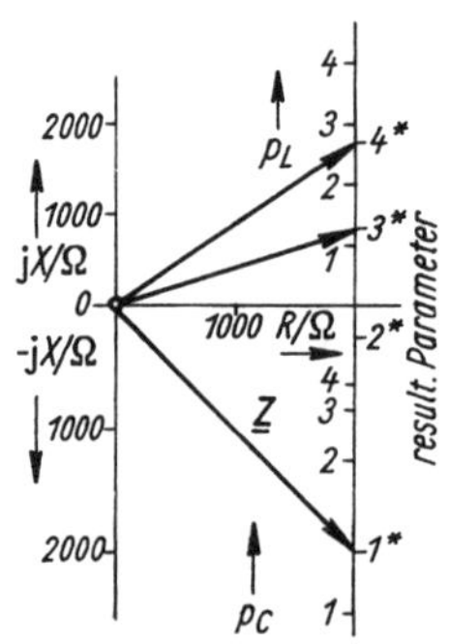

Bild 279: Aufgabe 723

723. (Bild 279) siehe Aufgabe 722

724. (Bild 280) Für $\varphi = 45°$, d. h. $p = 1$, ist

$$R_{45} = \frac{1}{\omega C} = 250\,\Omega; \quad \frac{1}{R_{45}} = 4\,\mathrm{mS};$$

$$\underline{\underline{Y}_{100} = 10{,}8\,\mathrm{mS}}; \quad \underline{\varphi_{100} = 21{,}8°}$$

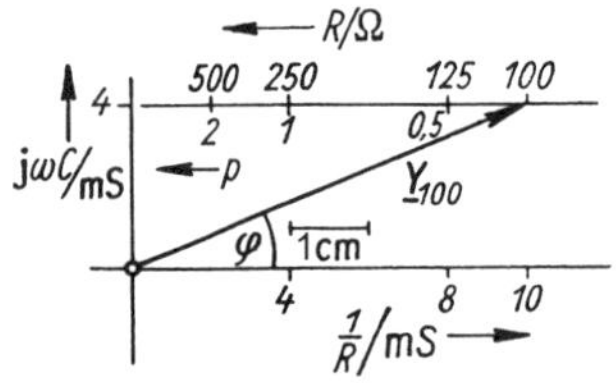

Bild 280: Aufgabe 724

725. (Bild 281) Für $p = 1$ ist $\omega_1 C = 1\,\mathrm{mS}$.

726. (Bild 282) Für $p = 1$ ist $\dfrac{1}{\omega_1 L} = 1{,}59\,\mathrm{mS}$; Halbierung des Parameters ergibt Verdoppelung des Leitwertes.

727. (Bild 283) Für $\varphi = 45°$ ist $p = 1$ und $C_{45} = \dfrac{1}{\omega R} = 10\,\mu\mathrm{F}$; für $C = 16\,\mu\mathrm{F}$ ($p = 1{,}6$) ist $\underline{Y = 47\,\mathrm{mS}}$ und $\underline{\varphi = 58°}$.

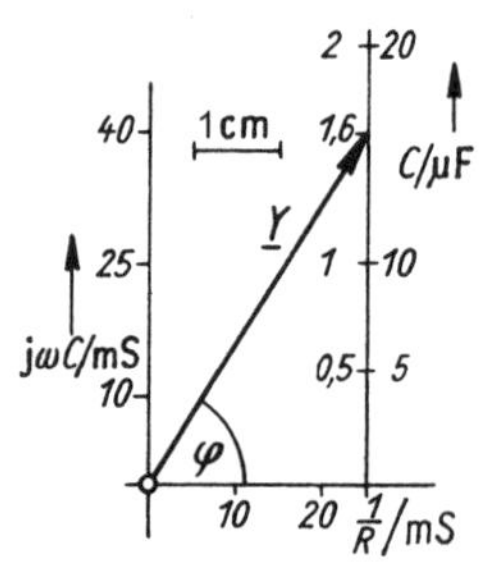

Bild 283: Aufgabe 727

728. (Bild 284) Für $p = 1$ ist $R = \dfrac{1}{R_1} = 100\,\Omega$;

$$M_I = \frac{M_Y}{U} = \frac{50\,\mathrm{cm}}{\mathrm{S}\cdot 4\,\mathrm{V}} = \frac{12{,}5\,\mathrm{cm}}{\mathrm{A}} \quad \text{oder}$$

$1\,\mathrm{cm} \mathrel{\widehat{=}} 0{,}08\,\mathrm{A}$.

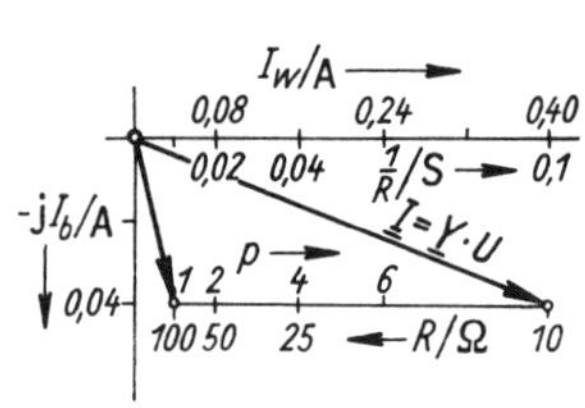

Bild 284: Aufgabe 728

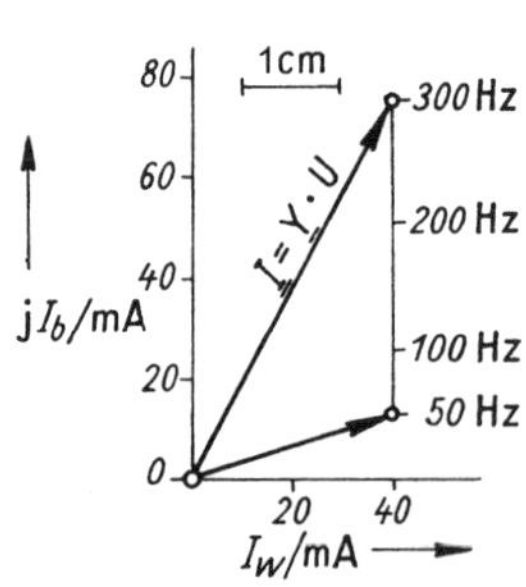

Bild 285: Aufgabe 729

729. (Bild 285) Für $p = 1$ ist $2\pi f_1 C = 0{,}628\,\text{mS}$;

$$\text{M}_I = \frac{\text{M}_Y}{U} = \frac{1\,\text{cm}}{\text{mS}\cdot 20\,\text{V}} \quad \text{oder} \quad 1\,\text{cm} \mathrel{\hat{=}} 20\,\text{mA};$$

$l_I = 4{,}25\,\text{cm}$; $\underline{I = 85\,\text{mA}}$

730. (Bild 286)

a) $\text{M}_Z = \dfrac{1\,\text{cm}}{\text{k}\Omega}$; $\text{M}_U = \dfrac{\text{M}_Z}{I} = \dfrac{1\,\text{cm}}{\text{k}\Omega\cdot 5\,\text{mA}} = \dfrac{1\,\text{cm}}{5\,\text{V}}$

b) Der Kreisbogen um den Nullpunkt mit dem Radius $r = 4\,\text{cm}$ ($\hat{=}\, 20\,\text{V}$) schneidet die OK im Teilpunkt $\underline{1{,}7\,\mu\text{F}}$.

c) Die Parallele zur reellen Achse durch den Teilpunkt $1\,\mu\text{F}$ schneidet den nach $0{,}6\,\mu\text{F}$ verlaufenden Zeiger in einem Punkt, dem auf der reellen Achse $\underline{R = 2{,}1\,\text{k}\Omega}$ entspricht.

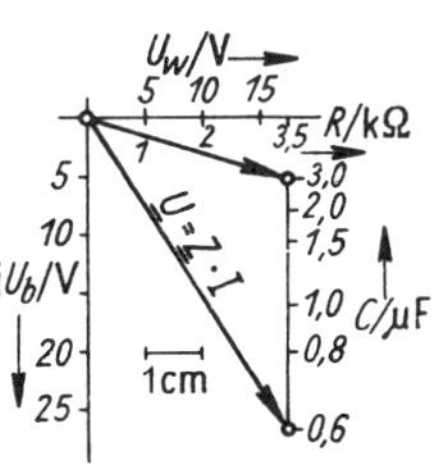

Bild 286: Aufgabe 730

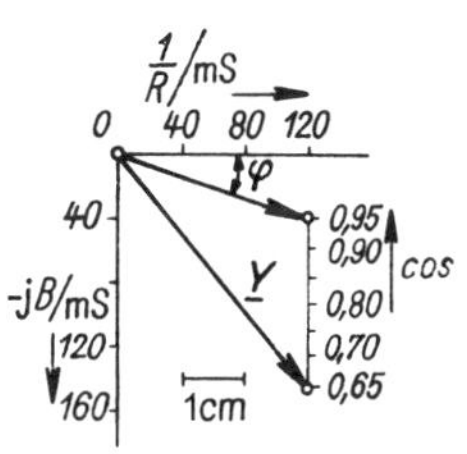

Bild 287: Aufgabe 731

731. (Bild 287) $\text{M}_Y = \dfrac{0{,}025\,\text{cm}}{\text{mS}}$;

$$G = \frac{P}{U^2} = \frac{20\,000\,\text{W}}{400^2\,\text{V}^2} = 125\,\text{mS};$$

$l_G = G\text{M}_Y = 3{,}125\,\text{cm}$; die den cos-Werten entsprechenden Winkel $\varphi = 49{,}5^\circ$ bis $18{,}2^\circ$ werden im Nullpunkt an die reelle Achse angetragen. In den Schnittpunkten der freien Schenkel mit der Ortskurve werden die zugehörigen cos-Werte eingezeichnet.

732. (Bild 288) Man geht von $\Delta R = 20\,\Omega$ als Basis aus und schlägt um die Endpunkte Kreisbögen mit den Radien Z_1 und Z_2, die sich im Ursprung des Koordinatensystems schneiden. Beiderseitiges Verlängern von ΔR liefert die Ortskurve; $\underline{\underline{Z} = (p10 + \text{j}\,20{,}5)\,\Omega}$.

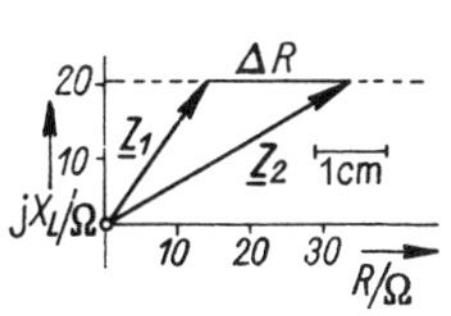

Bild 288: Aufgabe 732

733. Konstruktion wie in der vorigen Aufgabe. Um den erhaltenen Ursprung der Achsen schlägt man einen Kreisbogen mit dem Radius $Z = 40\,\Omega$, der die Ortskurve in einem Punkt schneidet, der um 2,1 cm von der imaginären Achse entfernt ist. $R_x = \underline{21\,\Omega}$.

734. a) $l_a = 4$; $l_d = \dfrac{r^2}{l_a} = \underline{6{,}25}$

b) $l_a = 2{,}5$; $l_d = \dfrac{r^2}{l_a} = \underline{3{,}6}$

c) $l_a = 8$; $l_d = \underline{4{,}5}$

d) $l_a = 0$; $l_d = \underline{\infty}$

e) $l_a = 2{,}12$; $l_d = \underline{11{,}8}$

f) $l_a = 0{,}95$; $l_d = \underline{4{,}2}$

g) $l_a = 3{,}7$; $l_d = \underline{1{,}7}$

h) $l_a = 6{,}2$; $l_d = \underline{1{,}5}$

735. Mit $l_d = Y_0\text{M}_Y$, $Y_0 = \dfrac{1}{R}$ und $\text{M}_Y = \dfrac{r^2}{\text{M}_Z}$ wird $r = \dfrac{Y_0\text{M}_Y}{2} = \dfrac{r^2}{2R\text{M}_Z}$;

$r = 2R\text{M}_Z = \underline{4\,\text{cm}}$; $l_d = 2r = \underline{8\,\text{cm}}$;

$$\text{M}_Y = \frac{r^2}{\text{M}_Z} = \underline{\frac{160\,\text{cm}}{\text{S}}}.$$

736. Mit $R = \infty$ wird $Y_\infty = \dfrac{1}{X_L}$;

$$r = l_d = Y_\infty \text{M}_Y = \frac{r^2}{X_L\text{M}_Z};$$

$r = l_d = X_L\text{M}_Z = 5\,\text{cm}$;

$$\text{M}_Y = \frac{r}{Y_\infty} = X_L^2\text{M}_Z = \underline{\frac{250\,\text{cm}}{\text{S}}}$$

737. $l_F = R\text{M}_Z$; $l_d = Y_0\text{M}_Y$; wegen $l_R = l_d$ ist $R\text{M}_Z = Y_0\text{M}_Y$; $\text{M}_Y = R^2\text{M}_Z = \underline{\dfrac{40\,\text{cm}}{\text{S}}}$;

$r = R\text{M}_Z = \underline{2\,\text{cm}}$.

738. (Bild 289) 1. Weg (S. 79): Die Ortskurve von $\underline{Z}$ ist eine Parallele zur reellen Achse im Abstand $l_a = X_L\text{M}_Z = \dfrac{3\,\Omega\cdot 0{,}5\,\text{cm}}{\Omega} = 1{,}5\,\text{cm}$. Die Ortskurve der Leitwerte $\underline{Y} = \dfrac{1}{\underline{Z}}$ ist ein Halbkreis, der durch den Nullpunkt geht und dessen Durchmesser sich mit $p = 0$ zu $Y_0 = \dfrac{1}{3\,\Omega}$ ergibt und dessen Betrag $l_d = Y_0\text{M}_Y = \dfrac{1\cdot 18\,\text{cm}}{3\,\Omega\cdot\text{S}} = 6\,\text{cm}$ ist.

Spiegelung der Zeiger $\underline{Z}_1$, $\underline{Z}_3$ und $\underline{Z}_5$ an der reellen Achse liefert die Strahlen, die die OK in den Endpunkten von $\underline{Y}_1$, $\underline{Y}_3$ und $\underline{Y}_5$ schneiden; abgelesene Längen:

$l_1 = 5{,}7\,\text{cm}$; $l_2 = 4{,}25\,\text{cm}$; $l_3 = 3{,}1\,\text{cm}$;

$Y_1 = \dfrac{l_1}{\text{M}_Y} = \underline{0{,}32\,\text{S}}$; $Y_3 = \underline{0{,}24\,\text{S}}$; $Y_5 = \underline{0{,}17\,\text{S}}$.

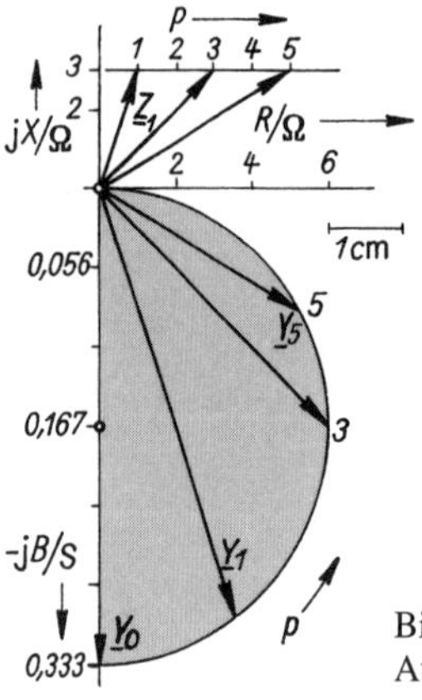

Bild 289: Aufgabe 738

739. Wegen $\text{M}_Z \cdot \text{M}_Y = r^2$ wird der Maßstab für den Scheinleitwert $\text{M}_Y = \dfrac{l_1}{\text{M}_Z} = \dfrac{32\,\text{cm}}{\text{S}}$, d. h. $1\,\text{cm} \mathrel{\hat{=}} 0{,}031\,3\,\text{S}$; der Durchmesser der Ortskurve erhält in der Zeichnung die Länge $l_d = Y_0 \cdot \text{M}_Y = \underline{10{,}7\,\text{cm}}$; die Ergebnisse bleiben unverändert.

740. (Bild 290) 1. Weg (S. 79): Die Ortskurve des Scheinwiderstandes wird an der reellen Achse gespiegelt eingetragen. Für $\varphi = 45°$, d. h. $p = 1$, ist $L_{45} = \dfrac{R}{\omega} = 2{,}5\,\text{H}$ und $X_L = \omega L_{45} = 250\,\Omega$; $l_a = X_L \text{M}_Z = 2{,}5\,\text{cm}$; $l_d = \dfrac{\text{M}_Z \text{M}_Y}{l_a} = 8\,\text{cm}$. Der Kreisbogen mit $l = 4\,\text{cm}$ ($\mathrel{\hat{=}} Y = 2\,\text{mS}$) schneidet die Ortskurve im Punkt P_1. Die Verlängerung des Strahls OP_1 schneidet die Parameterskale im Teilpunkt $p = 1{,}732$; $L = pL_{45} = 1{,}73 \cdot 2{,}5\,\text{H} = \underline{4{,}33\,\text{H}}$.

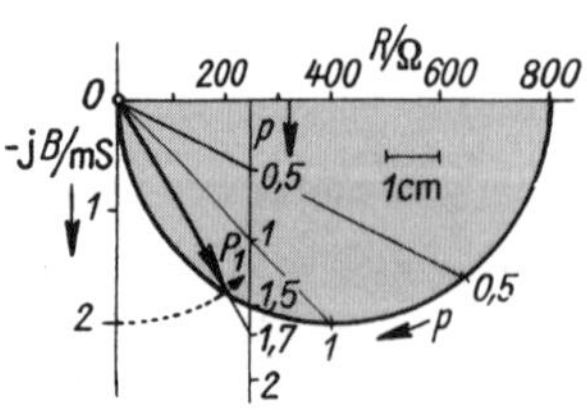

Bild 290: Aufgabe 740

741. (Bild 291) 2. Weg (S. 79): $l_a = R\text{M}_Z = 3\,\text{cm}$; $\text{M}_Y = \dfrac{l_a l_d}{\text{M}_Z} = \dfrac{240\,\text{cm}}{\text{S}}$ oder $1\,\text{cm} \mathrel{\hat{=}} 4{,}17\,\text{mS}$; für $\varphi = 45°$ ist $p = 1$ und $\omega_{45} = \dfrac{R}{L} = 200\,\text{s}^{-1}$; für $\omega = 20\,\text{s}^{-1}$ ist $p = 0{,}1$. Der durch diesen Teilpunkt laufende Strahl gibt $l_Y = 6{,}0\,\text{cm}$ und $Y = \dfrac{l_Y}{\text{M}_Y} = \underline{25\,\text{mS}}$; $\varphi = \underline{6°}$.

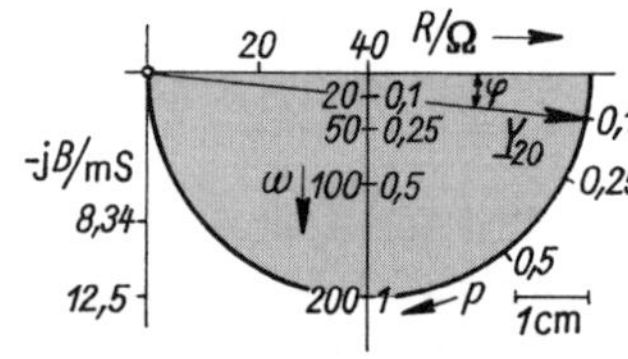

Bild 291: Aufgabe 741

742. (Bild 292) 1. Weg (S. 79): Für $f_1 = 100\,\text{Hz}$ ist $\dfrac{1}{\omega C} = 398\,\Omega$; weitere Punkte der Skale ergeben sich durch Verdoppelung der Frequenz; für $f = \infty$ ist $Y_\infty = \dfrac{1}{R}$; $\text{M}_Y = \dfrac{l_d}{Y_\infty} = \dfrac{1{,}2\,\text{cm}}{\text{mS}}$ oder $1\,\text{cm} \mathrel{\hat{=}} 0{,}83\,\text{mS}$; für Y_1, Y_2 und Y_3 werden die Längen $l_1 = 2{,}7\,\text{cm}$, $l_2 = 3{,}6\,\text{cm}$ und $l_3 = 5{,}4\,\text{cm}$ abgelesen;

$Y_1 = \underline{4{,}5\,\text{mS}}$; $Y_2 = \underline{3{,}0\,\text{mS}}$; $Y_3 = \underline{2{,}24\,\text{mS}}$.

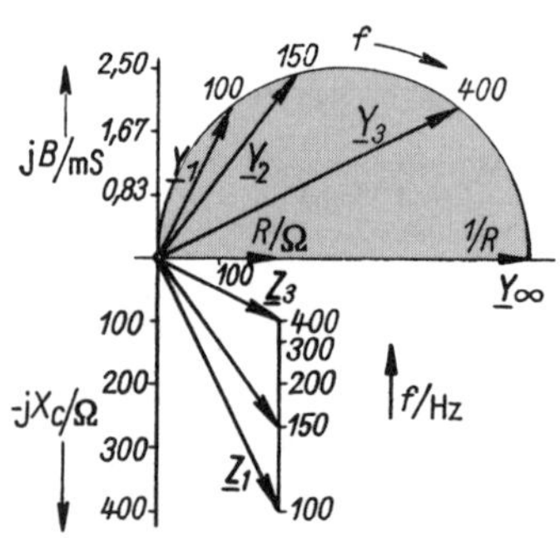

Bild 292: Aufgabe 742

743. (Bild 293) 2. Weg (S. 79): Die Ortskurve des Scheinleitwertes ist eine Parallele zur reellen Achse, die gespiegelt eingetragen wird. Abstand $\dfrac{1}{\omega L} = 5\,\text{mS}$; $l_a = 2\,\text{cm}$; Kreisdurchmesser $l_d = \dfrac{\text{M}_Z \text{M}_Y}{l_a} = 4\,\text{cm}$; für $\varphi = 45°$ ist $p = 1$ und $\dfrac{1}{R_{45}} = \dfrac{1}{\omega L} = 5\,\text{mS}$; für $R = 400\,\Omega$ ist $\dfrac{1}{R} = 2{,}5\,\text{mS}$ und damit $p = 0{,}5$. Der durch diesen Teilpunkt gezogene Strahl liefert $l_Z = 3{,}6\,\text{cm}$ und $Z = \dfrac{l_Z}{\text{M}_Z} = \underline{180\,\Omega}$; $\varphi = \underline{63{,}4°}$.

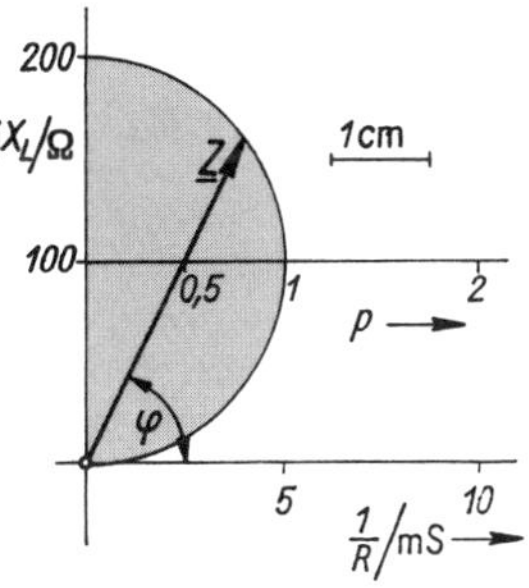

Bild 293: Aufgabe 743

744. (Bild 294) 1. Weg (S. 79): $l_a = \frac{1}{R} \mathrm{M}_Y = 2\,\mathrm{cm}$; für $f_1 = 200\,\mathrm{Hz}$ ist $\frac{1}{\omega_1 L} = 7{,}96\,\mathrm{mS}$; bei 400 Hz die Hälfte hiervon usw. $\mathrm{M}_Z = \frac{l_d}{R} = \frac{0{,}025\,\mathrm{cm}}{\Omega}$, d. h. $1\,\mathrm{cm} \mathrel{\hat{=}} 40\,\Omega$; $l_{200} = 2{,}65\,\mathrm{cm}$, $l_{400} = 3{,}9\,\mathrm{cm}$, $l_{800} = 4{,}65\,\mathrm{cm}$;

$Z_{200} = \underline{106\,\Omega}$; $Z_{400} = \underline{157\,\Omega}$; $Z_{800} = \underline{186\,\Omega}$.

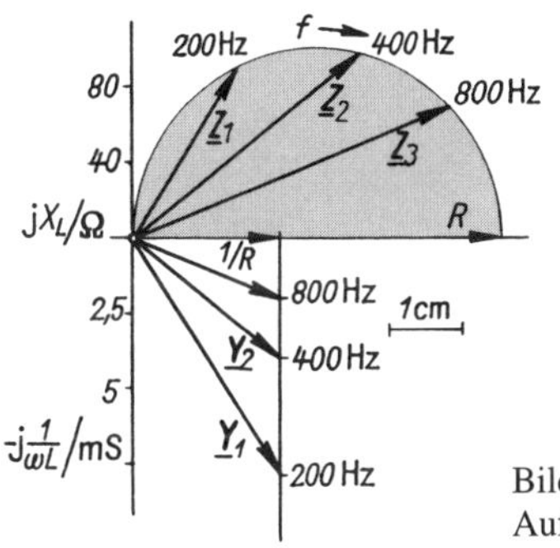

Bild 294: Aufgabe 744

745. (Bild 295) 2. Weg (S. 79): Die Kurve des Scheinleitwertes wird gespiegelt eingetragen.

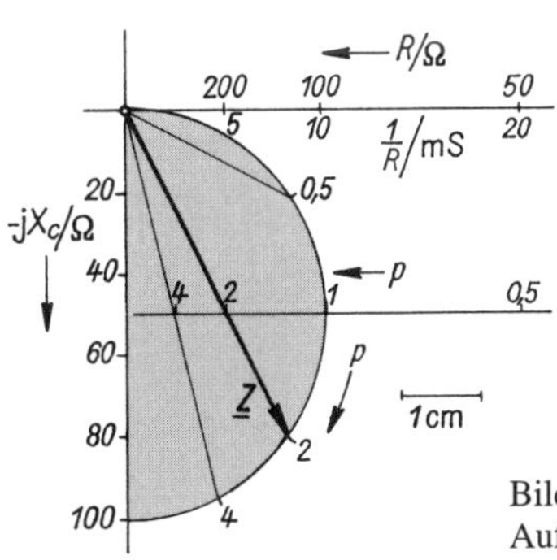

Bild 295: Aufgabe 745

Für $\varphi = 45°$ ist $p = 1$ und $\omega C = \frac{1}{R_{45}} = 10\,\mathrm{mS}$; $R_{45} = 100\,\Omega$; für $p = 2$ ist $\frac{1}{pR_{45}} = 5\,\mathrm{mS}$ usw.

$l_a = 2{,}5\,\mathrm{cm}$; $l_d = \frac{\mathrm{M}_Z \mathrm{M}_Y}{l_a} = \underline{5\,\mathrm{cm}}$;

für $R = 200\,\Omega$ ist $l_Z = 4{,}45\,\mathrm{cm}$;

$Z = \frac{l_Z}{\mathrm{M}_Z} = \underline{89\,\Omega}$.

746. (Bild 296) 2. Weg (S. 79):

$l_a = \frac{1}{R}\mathrm{M}_Y = 2\,\mathrm{cm}$; $l_d = \frac{\mathrm{M}_Z \mathrm{M}_Y}{l_a} = 5\,\mathrm{cm}$;

für $\varphi = 45°$ ist $p = 1$ und $\frac{1}{\omega L_{45}} = \frac{1}{R} = 20\,\mathrm{mS}$;

$L_{45} = 0{,}5\,\mathrm{H}$; für $p = 2$ ist $L = pL_{45} = 1\,\mathrm{H}$ usw.; der Kreisbogen mit dem Radius $l_Z = 4\,\mathrm{cm}$ schneidet die Ortskurve im Punkt *P*, der Strahl *OP* schneidet die Parameterskale bei $X_L = 15{,}5\,\mathrm{mS}$, wonach $L = \underline{0{,}65\,\mathrm{H}}$ ist.

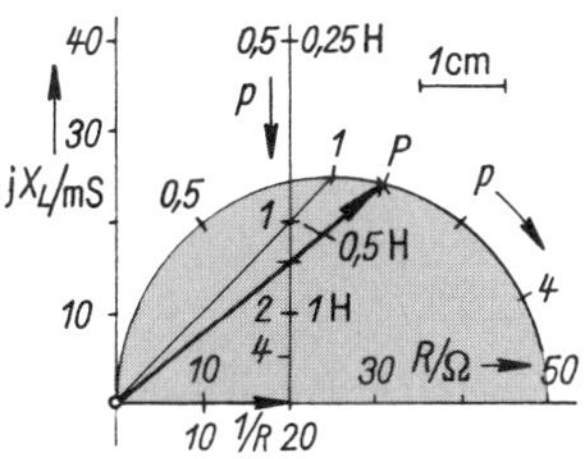

Bild 296: Aufgabe 746

747. A. a) Scheinleitwert einer Reihenschaltung aus veränderlichem *R* und konstantem X_L

b) $\mathrm{M}_Z = \frac{l_a l_d}{\mathrm{M}_Y} = \underline{\frac{0{,}02\,\mathrm{cm}}{\Omega}}$

c) Für $R = 0$ ist

$Y_0 = \frac{1}{\omega L} = \frac{l_d}{\mathrm{M}_Y}$; $L = \frac{\mathrm{M}_Y}{2\pi f l_d} = \underline{40\,\mathrm{mH}}$.

B. a) Scheinleitwert einer Reihenschaltung aus konstantem *R* und *C* bei veränderlicher Frequenz

b) $\mathrm{M}_Z = \frac{l_a l_d}{\mathrm{M}_Y} = \underline{\frac{0{,}08\,\mathrm{cm}}{\Omega}}$

c) Für $f = \infty$ ist

$Y_\infty = \frac{1}{R} = \frac{l_d}{\mathrm{M}_Y}$; $R = \frac{\mathrm{M}_Y}{l_d} = \underline{125\,\Omega}$;

wegen $\frac{1}{\omega C} = R$ ist $C = \underline{1{,}6\,\mu\mathrm{F}}$.

C. a) Scheinleitwert einer Reihenschaltung aus *R* und veränderlichem *C* bei konstanter Frequenz

b) $\mathrm{M}_Z = \frac{l_a l_d}{\mathrm{M}_Y} = \underline{\frac{2\,\mathrm{cm}}{\mathrm{k}\Omega}}$

c) Für $C = \infty$ ist $Y_\infty = \frac{1}{R}$; $R = \frac{\mathrm{M}_Y}{l_d} = \underline{2\,\mathrm{k}\Omega}$.

D. a) Strom durch eine Reihenschaltung aus R und L bei veränderlicher Frequenz

b) $\mathrm{M}_Y = U\mathrm{M}_I = \frac{200\,\mathrm{cm}}{\mathrm{S}}$; $\mathrm{M}_Z = \frac{l_a l_d}{\mathrm{M}_Y} = \underline{\frac{0{,}3\,\mathrm{cm}}{\Omega}}$

c) Für $f = 0$ ist $Y_0 = \frac{1}{R}$; $R = \frac{1}{Y_0} = \frac{\mathrm{M}_Y}{l_d} = \underline{20\,\Omega}$;

$L = \frac{R}{2\pi f} = \underline{3{,}2\,\mathrm{mH}}$.

E. a) Scheinwiderstand einer Parallelschaltung aus R und L bei veränderlicher Frequenz

b) $\mathrm{M}_Y = \frac{l_a l_d}{\mathrm{M}_Z} = \frac{3 \cdot 10^4\,\mathrm{cm}}{\mathrm{S}}$

c) $R = \frac{l_d}{\mathrm{M}_Z} = \underline{3\,\mathrm{k}\Omega}$; $L = \frac{R}{2\pi f \tan 60^\circ} = \underline{0{,}14\,\mathrm{H}}$.

F. a) Klemmenspannung an einer Parallelschaltung aus L und veränderlichem R

b) $\mathrm{M}_Z = I\mathrm{M}_U = \frac{0{,}05\,\mathrm{cm}}{\Omega}$; $\mathrm{M}_Y = \frac{l_a l_d}{\mathrm{M}_Z} = \underline{\frac{800\,\mathrm{cm}}{\mathrm{S}}}$

c) $L = \frac{l_d}{\omega \mathrm{M}_Z} = \underline{51\,\mathrm{mH}}$.

G. a) Klemmenspannung einer Parallelschaltung aus R und veränderlichem C

b) $\mathrm{M}_U = \frac{20\,\mathrm{cm}}{\mathrm{V}}$; $\mathrm{M}_Z = I\mathrm{M}_U = \frac{10\,\mathrm{cm}}{\Omega}$;

$\mathrm{M}_Y = \frac{l_a l_d}{\mathrm{M}_Z} = \frac{18\,\mathrm{cm}}{\mathrm{S}}$;

c) $R = \frac{l_d}{\mathrm{M}_Z} = \underline{1{,}8\,\Omega}$

748. (Bild 297) Für $p = 0$ ist $f = 0$ und

$Y_0 = \frac{1}{R}$; $\mathrm{M}_Y = \frac{l_d}{Y_0} = \frac{480\,\mathrm{cm}}{\mathrm{S}}$;

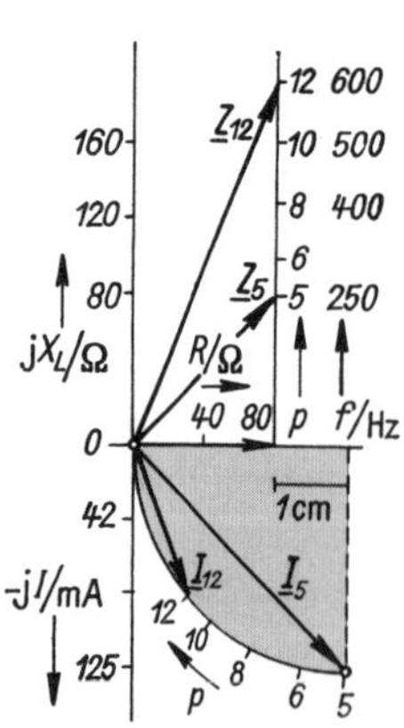

Bild 297: Aufgabe 748

am Ende des ersten Viertelkreises ist $\varphi = 45^\circ$;

damit ist $\omega L = R$ und $f = \frac{R}{2\pi L} = 250\,\mathrm{Hz}$;

$p = \underline{5 \ldots \infty}$.

749. (Bild 289) 1. Weg (S. 79):

Für $C = \infty$ wird $Y_\infty = \frac{1}{R} = 0{,}667\,\mathrm{mS}$;

$\mathrm{M}_Y = \frac{l_d}{Y_\infty} = \frac{12\,\mathrm{cm}}{\mathrm{mS}}$; $\mathrm{M}_I = \frac{\mathrm{M}_Y}{U} = \frac{48\,\mathrm{cm}}{\mathrm{A}}$;

Spiegelung der Zeiger Z_1, Z_2 und Z_3 ergibt auf der Ortskurve die Strecken $l_1 = 3{,}9\,\mathrm{cm}$, $l_2 = 7{,}1\,\mathrm{cm}$ und $l_3 = 7{,}7\,\mathrm{cm}$;

$I_1 = \frac{l_1}{\mathrm{M}_I} = \underline{82\,\mathrm{mA}}$; $I_2 = \underline{147\,\mathrm{mA}}$; $I_3 = \underline{161\,\mathrm{mA}}$

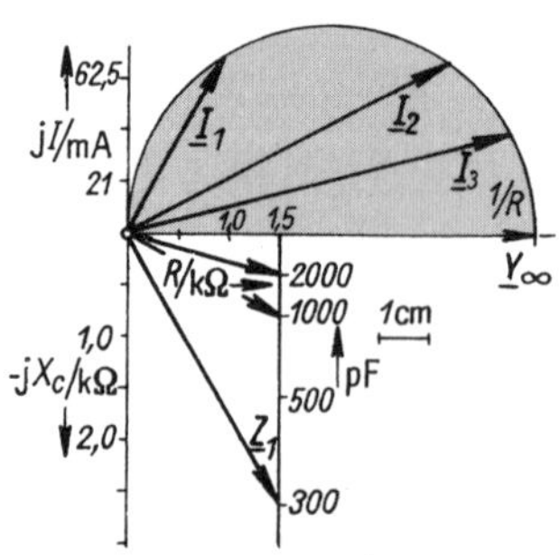

Bild 298: Aufgabe 749

750. (Bild 299) 1. Weg (S. 79):

Für $p = 1$ ist $\frac{1}{R} = \frac{1}{25\,\mathrm{S}}$; und es gilt $3\,\mathrm{cm} \mathrel{\hat{=}} \frac{1}{25\,\mathrm{S}}$

oder $\mathrm{M}_Y = \frac{75\,\mathrm{cm}}{\mathrm{S}}$; $l_a = \frac{\mathrm{M}_Y}{\omega L} = 3\,\mathrm{cm}$;

$\mathrm{M}_Z = \frac{l_a l_d}{\mathrm{M}_Y} = \frac{0{,}2\,\mathrm{cm}}{\Omega}$; $\mathrm{M}_U = \frac{\mathrm{M}_Z}{I} = \frac{0{,}04\,\mathrm{cm}}{\mathrm{V}}$;

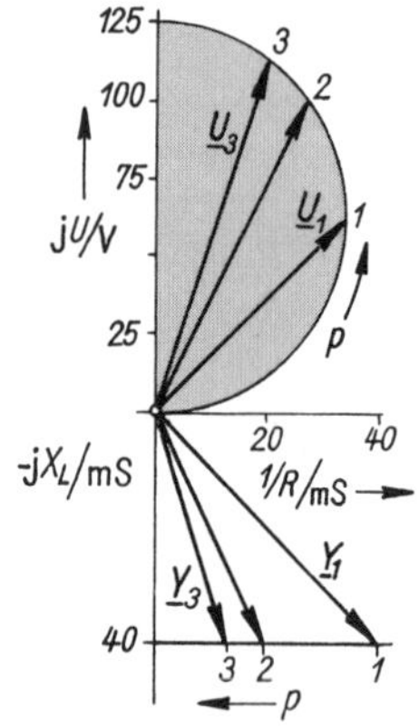

Bild 299: Aufgabe 750

für die Spannungen werden die Längen abgelesen $l_1 = 3{,}54\,\text{cm}$; $l_2 = 4{,}47\,\text{cm}$ und $l_3 = 4{,}75\,\text{cm}$;

$$U_1 = \frac{l_1}{\mathrm{M}_U} = \underline{88{,}4\,\text{V}};\quad U_2 = \underline{111{,}8\,\text{V}};$$

$$U_3 = \underline{118{,}6\,\text{V}}.$$

751. (Bild 300) 1. Weg (S. 79):

$$l_a = \frac{1}{R}\mathrm{M}_Y = 2{,}5\,\text{cm};$$

$$\mathrm{M}_Z = \frac{l_a l_d}{\mathrm{M}_Y} = \frac{0{,}75\,\text{cm}}{\Omega};\quad \mathrm{M}_U = \frac{\mathrm{M}_Z}{I} = \frac{375\,\text{cm}}{\text{V}}$$

oder $6\,\text{cm} \mathrel{\hat{=}} 16\,\text{mV}$; Kreisbögen mit den Radien $r = 5\,\text{cm}$ bzw. $4\,\text{cm}$ bzw. $3\,\text{cm}$ schneiden die Ortskurve und liefern die Zeiger $\underline{U}_1$, $\underline{U}_2$ und $\underline{U}_3$. Spiegelung der Zeiger ergibt nur auf der Parameterskale die Strecken $l_1 = 1{,}75\,\text{cm}$, $l_2 = 2{,}8\,\text{cm}$ und $l_3 = 4{,}3\,\text{cm}$;

$$C_1 = \frac{l_1}{2\pi f \mathrm{M}_Y} = \underline{70\,\text{nF}};\quad C_2 = \underline{111\,\text{nF}};$$

$$C_3 = \underline{171\,\text{nF}}.$$

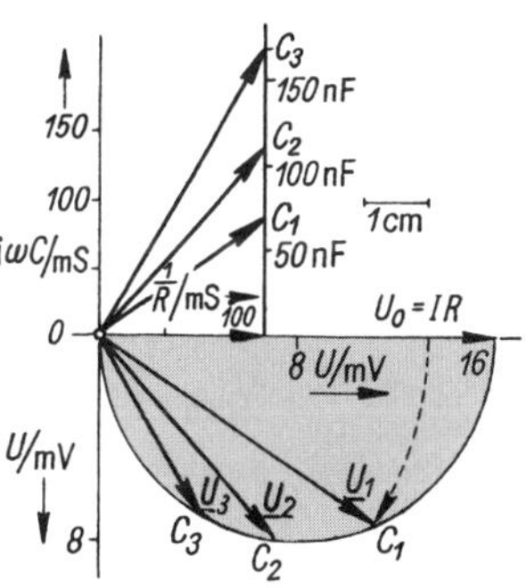

Bild 300: Aufgabe 751

752. (Bild 301) $l_a = \frac{1}{\omega C}\mathrm{M}_Z = 2{,}0\,\text{cm}$; die Ortskurve des Scheinleitwertes wird durch den zu $\underline{Z}_0 = R - \mathrm{j}\,\frac{1}{\omega C}$ inversen Zeiger $\underline{Y}_0$ begrenzt; $\mathrm{M}_Y = \frac{l_a l_d}{\mathrm{M}_Z} = \frac{240\,\text{cm}}{\text{S}}$; Spiegelung des Zeigers $\underline{Z}_1$ für $R_1 = 80\,\Omega$ ergibt für $\underline{Y}_1$ die Länge $l_1 = 2{,}21\,\text{cm}$ und $Y_1 = \frac{l_1}{\mathrm{M}_Y} = 9{,}21\,\text{mS}$;

$$I = UY_1 = \underline{0{,}92\,\text{V}}.$$

753. (Bild 301) Wenn ein Zeiger seine Länge beibehält, endet er auf dem Inversionskreis. Dessen Radius ist somit gleich dem Betrag von Z_0. Der Mittelpunkt M der neuen Ortskurve liegt im Schnittpunkt der Mittelsenkrechten von Y_0 mit der imaginären Achse. Es besteht die Proportion

$$\frac{r_{\text{OK}}}{\mathrm{M}_Z} : \frac{Z_0}{2} = Z_0 : \frac{1}{\omega C};\quad r_{\text{OK}} = \frac{Z_0^2\omega C}{2\mathrm{M}_Z} = \underline{1{,}3\,\text{cm}}.$$

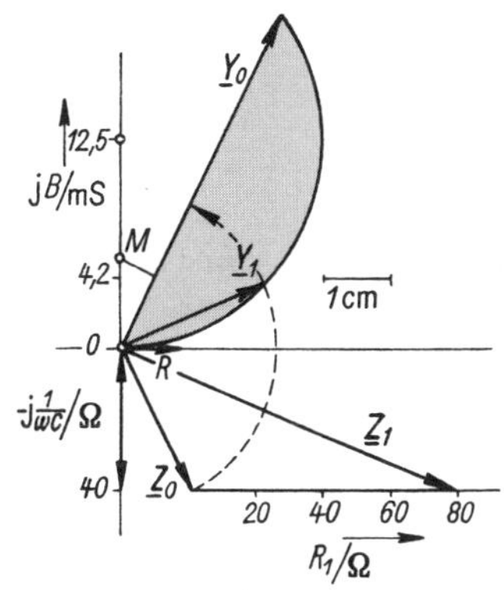

Bild 301: Aufgaben 752 und 753

754. (Bild 302) Die Ortskurve des Widerstandes wird durch den Zeiger $\underline{Z}_0 = (15 + \mathrm{j}\,5)\,\Omega$ und die des Leitwertes durch den dazu inversen Zeiger $\underline{Y}_0$ einseitig begrenzt; $l_a = R\mathrm{M}_Z = 3\,\text{cm}$;

$$\mathrm{M}_Y = l_d R = \frac{90\,\text{cm}}{\text{S}};\quad \mathrm{M}_I = \frac{\mathrm{M}_Y}{U} = \frac{2\,\text{cm}}{\text{A}};$$

$$I_0 = \frac{5{,}7\,\text{cm}}{\mathrm{M}_I} = 2{,}85\,\text{A};$$

$$I_1 = 2{,}1\,\text{A};\quad \Delta I = \underline{0{,}73\,\text{A}}.$$

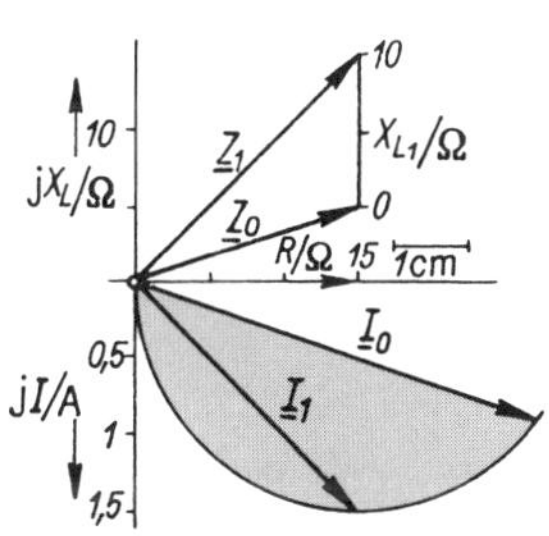

Bild 302: Aufgabe 754

755. (Bild 303) 2. Weg (S. 79): Der Zeiger $\underline{Z}_\infty = R - \mathrm{j}\,\frac{1}{\omega C}$ hat die Länge 4,45 cm. Dies ist zugleich der Radius des Inversionskreises sowie die Länge von $\underline{Y}_\infty$;

$$\mathrm{M}_Y = \frac{r^2}{\mathrm{M}_Z} = \frac{158\,\text{cm}}{\text{S}}.$$

Am Endpunkt des gespiegelt gezeichneten Zeigers $\underline{Y}_\infty$ beginnt die Skale der Leitwerte $\frac{1}{R_1}$; für $R_1 = 100$ ist z. B. $l = 1{,}62\,\text{cm}$; die Mittelsenkrechte auf $\underline{Z}_\infty$ gibt auf der imaginären Achse den Mittelpunkt M der Ortskurve; $l_d = 5\,\text{cm}$; für $R_1 = 40\,\Omega$ ist $Z_{40} = \underline{22{,}4\,\Omega}$.

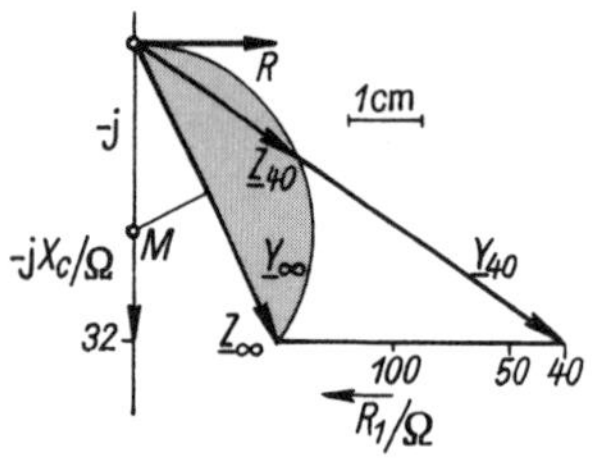

Bild 303: Aufgabe 755

756. (Bild 304) R und X_L ergeben für $C = 0$ den Zeiger $\underline{Z}_0$. Da $\underline{Z}_0$ und $\underline{Y}_0$ gleich lang erscheinen, liegen beide auf dem Inversionskreis mit dem Radius $r = 4{,}7\,\text{cm}$; $M_Y = \dfrac{r^2}{M_Z} = \dfrac{222\,\text{cm}}{\text{S}}$; am Endpunkt von $\underline{Y}_6$ beginnt die Skale der Leitwerte ωC. Die Mittelsenkrechte auf $\underline{Z}_0$ schneidet die reelle Achse im Mittelpunkt M der Ortskurve; $Z_1 = \dfrac{l_1}{M_Z} = 55\,\Omega$; die reelle Achse schneidet die Skale der Kapazitäten bei $C = \underline{1{,}4\,\mu\text{F}}$.

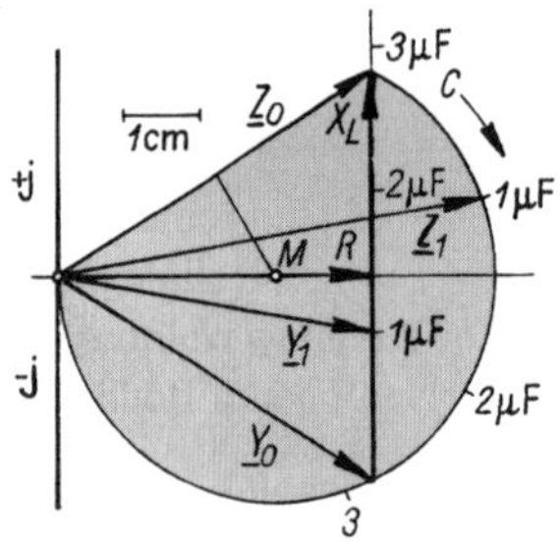

Bild 304: Aufgabe 756

757. (Bild 305) Der Leitwert des Parallelgliedes ergibt Zeiger $\underline{Y}$. Mit $r = \sqrt{M_Z M_Y} = 3{,}54\,\text{cm}$ ergibt sich der invertierte Zeiger $\underline{Z}$, der auf dern Inversionskreis IK liegt. Von hier aus wird der kapazitive Widerstand als Gerade in Richtung $-\text{j}$ abgetragen; $l_a = 2{,}5\,\text{cm}$ mit $p = 1$ und der Bezugskapazität $C_1 = 1\,\mu\text{F}$ wird $\dfrac{1}{\omega C} = 1000\,\Omega$ (5 cm); für $p = 4$ ($C = 4\,\mu\text{F}$) ist $\dfrac{1}{\omega C} = 250\,\Omega$ (1,25 cm); Inversion dieser Geraden ergibt den Kreis der Leitwerte; $l_d = \dfrac{M_Z M_Y}{l_a} = 5\,\text{cm}$; $M_I = \dfrac{M_Y}{U} = \dfrac{125\,\text{cm}}{\text{A}}$; für $4\,\mu\text{F}$ ist $I_4 = \dfrac{l_4}{M_I} = \underline{36\,\text{mA}}$.

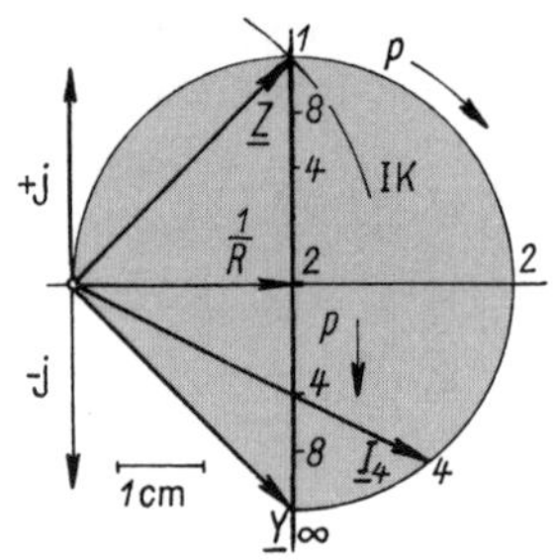

Bild 305: Aufgabe 757

758. (Bild 306) a) Leitwertsortskurve (gespiegelt gezeichnet): $l_a = \dfrac{1}{R_2} M_Y = 2{,}5\,\text{cm}$; für $\varphi = 45°$ ($p = 1$) ist $\omega_{45} = \dfrac{1}{RC} = 1\,000\,\text{s}^{-1}$; Durchmesser der Widerstandsortskurve OK: $l_d = \dfrac{M_Z M_Y}{l_a} = 4\,\text{cm}$; Verschiebung des Ursprungs um $R_1 M_Z = 2\,\text{cm}$ nach links.

b) Für $\omega = 500\,\text{s}^{-1}$ ($p = 0{,}5$) ist $l_{Z0,5} = 5{,}44\,\text{cm}$ und $Z_{0,5} = \underline{272\,\Omega}$.

c) Tangente vom Nullpunkt aus berührt die Ortskurve im Punkt $p = 1{,}7$; $\omega = \underline{1700\,\text{s}^{-1}}$; $\varphi_{\max} = \underline{-30°}$.

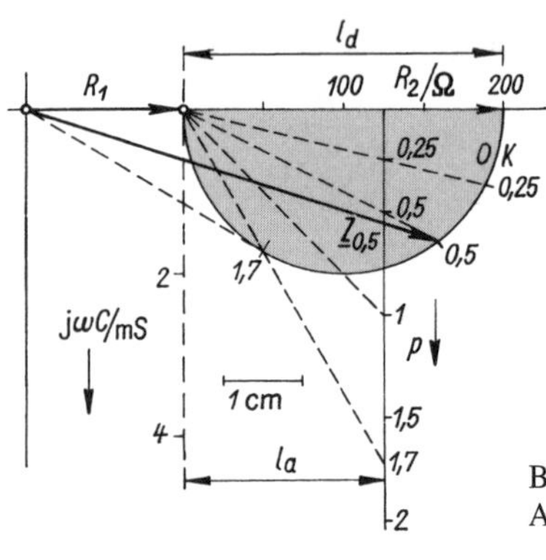

Bild 306: Aufgabe 758

759. (Bild 307) a) Die OK der Scheinleitwerte ist gespiegelt gezeichnet; $l_a = \omega C M_Y = 2{,}5\,\text{cm}$; für $\varphi = 45°$ ist $p = 1$ und $\dfrac{1}{R_{45}} = \omega C = 5\,\text{mS}$; $R_{45} = 200\,\Omega$; Durchmesser des Halbkreises $l_d = \dfrac{M_Z M_Y}{l_a} = 4\,\text{cm}$.

b) Für $R_2 = 800\,\Omega$ ist $p = \dfrac{R}{R_{45}} = 4$; $Z_{\max} = \underline{275\,\Omega}$ (5,5 cm).

c) $\varphi_{\max} = \underline{53°}$; für $R_2 = \infty$ ist $Z = \underline{250\,\Omega}$ (5 cm).

d) Der vom Nullpunkt nach dem Mittelpunkt der OK gezogene Strahl schneidet die OK im Punkt P, zu dem auf der Skale der Parameterwert $p = 1{,}8$ bzw. der Leitwert $\frac{5\,\text{mS}}{1{,}8} = 2{,}8\,\text{mS}$ gehört; $R_2 = \frac{1}{2{,}8\,\text{mS}} = \underline{360\,\Omega}$.

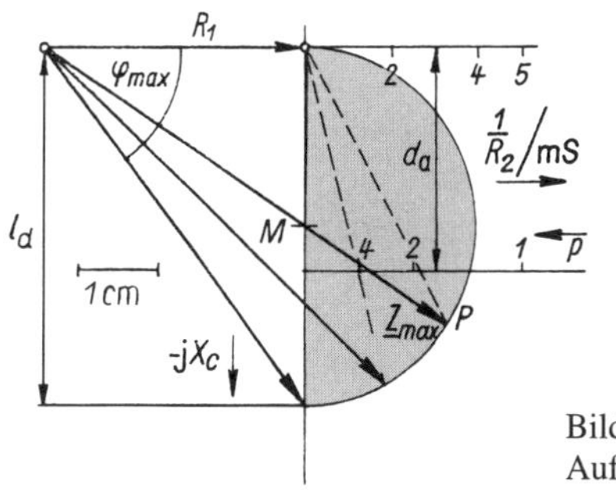

Bild 307: Aufgabe 759

760. (Bild 308) a) Die OK der Scheinleitwerte ist gespiegelt eingetragen. $l_a = \frac{1}{\omega L}\text{M}_y = 2\,\text{cm}$; für $\varphi = 45°$ $(p = 1)$ ist $\frac{1}{R_{45}} = \frac{1}{\omega L} = 1\,\text{mS}$ (2 cm); $R_{45} = 1000\,\Omega$; $l_d = \frac{\text{M}_Z\text{M}_Y}{l_a} = 5\,\text{cm}$.

b) $l_Z = 2{,}9\,\text{cm}$; $Z_1 = \text{M}_Z = \underline{580\,\Omega}$.

c) Z ist reell für $p = 2$, d. h. $R = \underline{2\,000\,\Omega}$ und hat den Betrag $Z_2 = \underline{400\,\Omega}$ (2 cm).

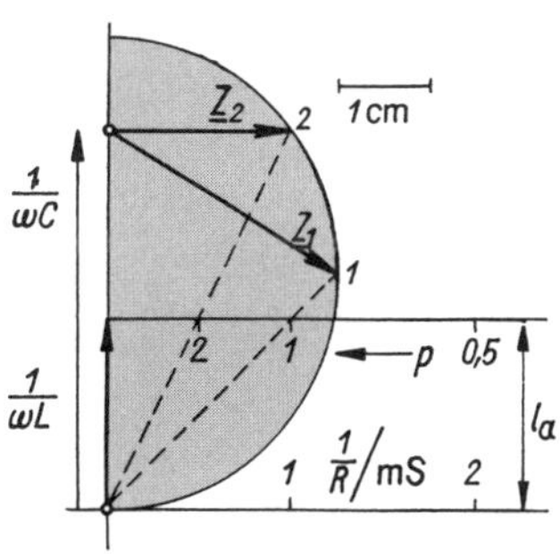

Bild 308: Aufgabe 760

761. Damit alle vom verschobenen Nullpunkt ausgehenden Zeiger gleich lang werden, muss der verschobene Nullpunkt mit dem Mittelpunkt der OK zusammenfallen.

$$\frac{1}{\omega C} = \frac{l_d}{2\text{M}_Z} = \underline{500\,\Omega}; \quad C = \underline{2\,\mu\text{F}}$$

762. (Bild 309) a) Die OK der Scheinleitwerte ist gespiegelt gezeichnet; $l_a = \frac{1}{R}\text{M}_Y = 2\,\text{cm}$; für $\varphi = 45°$ ist $p = 1$ und $\frac{1}{R} = \frac{1}{\omega L_{45}} = 1\,\text{mS}$; $L_{45} = 1\,\text{H}$; Durchmesser des Halbkreises $l_d = \frac{\text{M}_Z\text{M}_Y}{l_a} = 5\,\text{cm}$; Verschiebung des Nullpunktes um $\frac{1}{\omega C} = 500\,\Omega$ (2,5 cm).

b) $\underline{Z}$ ist reell für $p = 1$, d. h. $= \underline{1\,\text{H}}$; $Z = \underline{500\,\Omega}$.

c) Der Kreisbogen mit dem Radius $r = 5\,\text{cm}$ ($\widehat{=}\,1\,000\,\Omega$) um den verschobenen Nullpunkt schneidet die OK im Punkt P, der dem Parameter $p = 5$ entspricht; $L = 5L_{45} = \underline{5\,\text{H}}$.

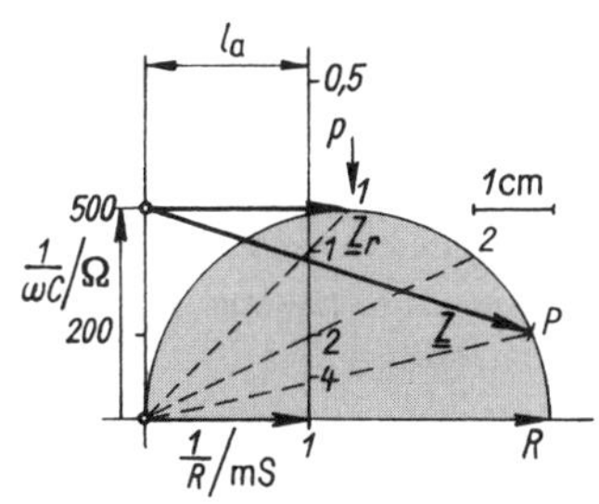

Bild 309: Aufgabe 762

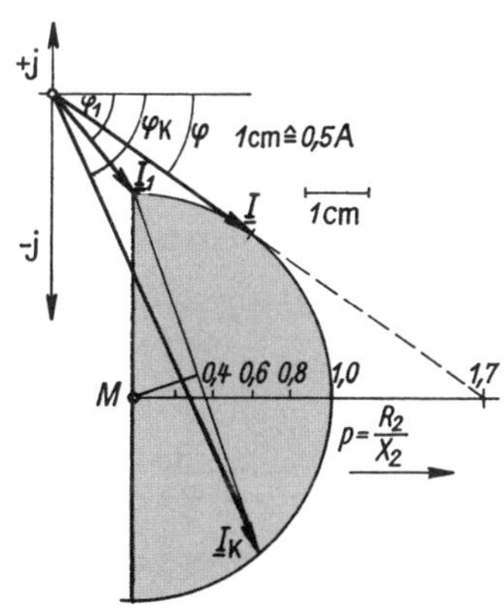

Bild 310: Aufgabe 763

763. (Bild 310) Da die Ortskurve des Scheinwiderstandes für den unteren Zweig eine Parallele zur reellen Achse ist, ist die OK des Stromes ein Halbkreis, dessen Durchmesser parallel zur imaginären Achse verläuft. Die beiden Zeiger $\underline{I}_1$ und $\underline{I}_k$ bestimmen Anfangs- und Endpunkt einer Sehne dieses Kreises. Die Mittelsenkrechte dieser Sehne schneidet die Parallele zur imaginären Achse durch den Endpunkt des Zeigers $\underline{I}_1$ im Mittelpunkt M der Ortskurve, die somit gezeichnet werden kann. Die linear zu teilende Parameterskale legt man zweckmäßig als Parallele zur reellen Achse durch den Mittelpunkt der OK, wobei der Punkt für $p = 1$ auf dem Kreisbogen liegt. Der Kreisbogen mit 4 cm Radius um den Mittelpunkt schneidet die OK in einem Punkt, der dem Parameter $p = \underline{1{,}8}$ entspricht; $\varphi = \underline{35^\circ}$.

764. (Bild 311) Ortskurve des Scheinwiderstandes des oberen Zweiges: $l_a = R\mathrm{M}_Z = 1{,}5\,\mathrm{cm}$; Ortskurve (Halbkreis) des Scheinleitwertes:

$$l_d = \frac{r^2}{l_a} = 6\,\mathrm{cm}; \quad \mathrm{M}_Y = \frac{r^2}{\mathrm{M}_Z} = \frac{900\,\mathrm{cm}}{\mathrm{S}}.$$

Verschiebung des Nullpunktes um die Strecke $l = \dfrac{1}{X_{C2}}\mathrm{M}_Y = 2\,\mathrm{cm}$ nach unten. Inversion des Halbkreises, wobei der Schnittpunkt P mit dem Inversionskreis (IK) in sich selbst übergeht. Weitere inverse Punktpaare sind P_2 und P_2', bzw. P_1 und P_1'. Die Mittelsenkrechte auf PP_2' liefert den Mittelpunkt M des inversen Kreisbogens, der die gesuchte Ortskurve darstellt.

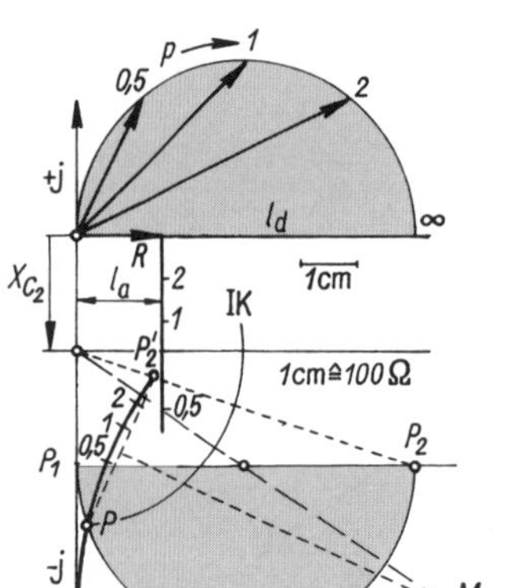

Bild 311: Aufgabe 764

765. (Bild 312) Scheinwiderstand des oberen Zweiges ergibt nach Spiegelung Zeiger $\underline{Z}$ und Inversion den Leitwert $\underline{Y}$; $\mathrm{M}_Y = \dfrac{r^2}{\mathrm{M}_Z} = \dfrac{800\,\mathrm{cm}}{\mathrm{S}}$. Ansetzen der Geraden der Leitwerte $\dfrac{1}{pR_2}$; $l_a = 2\,\mathrm{cm}$; Inversion dieser Geraden ergibt Kreisbogen mit Durchmesser $l_a = 8\,\mathrm{cm}$, begrenzt durch Verlängerung von Zeiger $\underline{Z}^*$. Addition von R_1 und X_C durch Verschieben des Nullpunktes um die Strecken $l_R = R_1\mathrm{M}_Z = 4\,\mathrm{cm}$ nach links und $l_C = X_C\mathrm{M}_Z = 2\,\mathrm{cm}$ nach oben. Inversion des Punktes P_1 liefert P_1', während die Verlängerung des Kreisbogens den IK im Punkt P schneidet, der in sich selbst übergeht. Die Mittelsenkrechte auf $\overline{PP_1'}$ schneidet die Verbindungsgerade der Kreismittelpunkte im Mittelpunkt M der gesuchten Ortskurve. (Auf nochmalige Spiegelung des Bogens OP_1 an der neuen reellen Achse wurde der Übersichtlichkeit halber verzichtet.) $l_{Y0} = 3\,\mathrm{cm}$; $Y_0 = \dfrac{l_{Y0}}{\mathrm{M}_Y} = \underline{3{,}8\,\mathrm{mS}}$

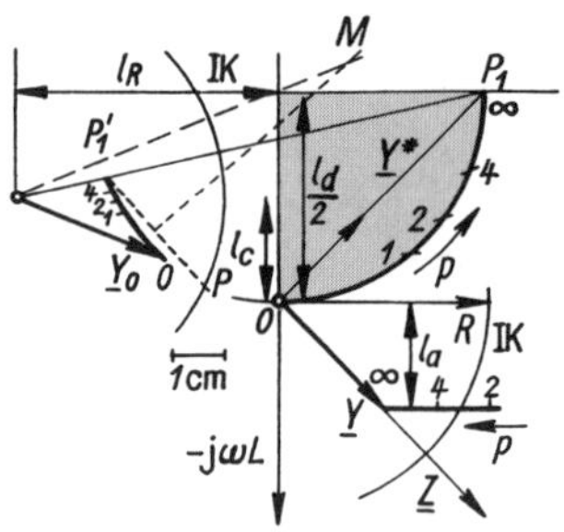

Bild 312: Aufgabe 765

766. (Bild 313) a) Die Ortskurve des Scheinwiderstandes des oberen Zweiges ist eine Parallele zur imaginären Achse im Abstand $l_a = R\mathrm{M}_Z = 2\,\mathrm{cm}$. Inversion liefert den Scheinleitwert des oberen Zweiges, d. h. einen Halbkreis unterhalb der reellen Achse. Die Addition von $\dfrac{1}{R}$ erfolgt durch Verschieben der imaginären Achse um die Strecke $\dfrac{1}{R_1}$ nach links. In Bezug auf den neuen Nullpunkt ist $Y = \dfrac{1}{R_1} + \dfrac{1}{R} + \mathrm{j}\,\omega L$. Inversion des Halbkreises ergibt wiederum einen Halbkreis oberhalb der reellen Achse. Sein Durchmesser beginnt in der Entfernung $R \parallel R_1 = 75\,\Omega$ (1,5 cm) vom neuen Nullpunkt ($\omega = 0$) und endet in der Entfernung $R_1 = 300\,\Omega$ (6 cm) ($\omega = \infty$).

$$\underline{Y}_I = \frac{1}{\underline{Z}_I}; \quad \underline{Y}_1 = \frac{1}{R_1} + \underline{Y}_I;$$

$$\underline{Z}_1 = \frac{1}{\underline{Y}_1}; \quad Z_1 = \frac{2{,}1\,\mathrm{cm}}{\mathrm{M}_Z} = \underline{105\,\Omega}$$

b) In diesem Falle müssen die Längen für $\dfrac{1}{R_1}$ (Y für $\omega = \infty$) und $R \parallel R_1$ ($\underline{Z}$ für $\omega = 0$) sowie für R_1 und $\dfrac{1}{R_1} + \dfrac{1}{R}$ (Y für $\omega = 0$) übereinstimmen. Dann ist $\dfrac{1}{R_1}\mathrm{M}_Y = \dfrac{RR_1}{R+R_1}\mathrm{M}_Z$, woraus der Maßstab

$$\text{M}_Y = \frac{75\,\Omega \cdot 300\,\Omega \cdot 0{,}02\,\text{cm}}{\Omega} = \frac{450\,\text{cm}}{\text{S}} \text{ folgt;}$$

$$l_d = \frac{1}{R}\text{M}_Y = \underline{4{,}5\,\text{cm}}.$$

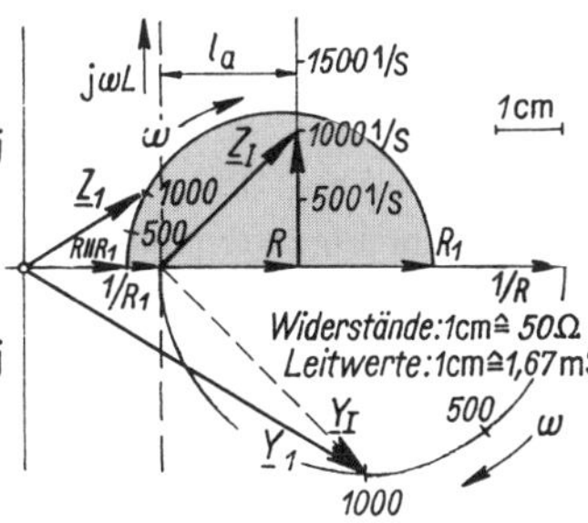

Bild 313: Aufgabe 766

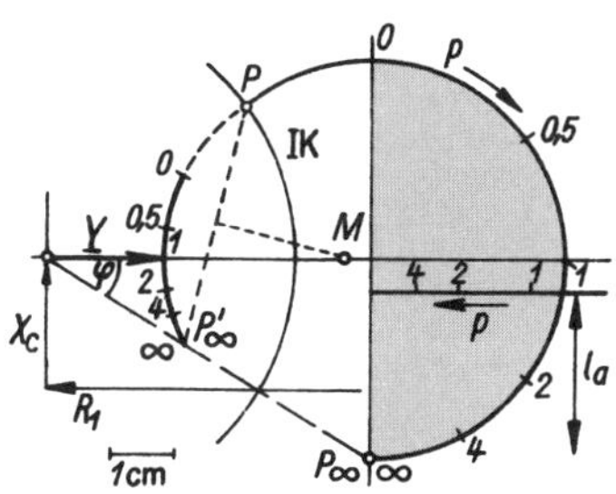

Bild 314: Aufgabe 767

767. (Bild 314) Für $\varphi = 45°$ ist $p = 1$ und $\frac{1}{R_{45}} = \frac{1}{\omega L} = 0{,}1$ S; Leitwert des Parallelgliedes im Abstand $l_a = 2{,}5$ cm von der reellen Achse gespiegelt gezeichnet; Inversion ergibt Halbkreis mit $l_d = \frac{r^2}{l_a} = 6$ cm;

$$\text{M}_Z = \frac{r^2}{\text{M}_Y} = \frac{0{,}6\,\text{cm}}{\Omega};$$

Parameterteilung wegen darauf folgender nochmaliger Inversion gespiegelt. Verschiebung des Nullpunktes um $R_1\text{M}_Z = 4{,}8$ cm nach links und $X_C\text{M}_Z = 3$ cm nach oben. Die Ortskurve schneidet den Inversionskreis im Punkt P, der in sich selbst übergeht. Inversion von Punkt P_∞ liefert P'_∞. Die Mittelsenkrechte auf PP'_∞ ergibt den Mittelpunkt M der gesuchten Ortskurve. Y ist reell für $p = 1$, d. h. $R = \underline{10\,\Omega}$; $Y = \underline{77\,\text{mS}}$; $\varphi = \underline{\pm 30°}$.

768. (Bild 315) Der untere Zweig des Parallelgliedes ergibt Zeiger $\underline{Z}_1$ und nach Inversion Zeiger $\underline{Y}_1 = (8 - \text{j}\,4)$ mS. Addition der Leitwertgeraden pX_C im Abstand $l_a = 0{,}8$ cm (gespiegelt gezeichnet) von der imaginären Achse. Inversion ergibt Kreisbogen mit $l_d = 5$ cm, begrenzt durch Zeiger $\underline{Z}_1$. Verschiebung des Nullpunktes um $l_R = 1$ cm nach links und $l_{X_C} = 1$ cm nach oben. Spiegelung des Kreisbogens an der neuen reellen Achse und Inversion am IK, wobei $r = \sqrt{\text{M}_Z\text{M}_Y} = 2$ cm ist. P geht in sich selbst über, P_0 ergibt P'_0; die Mittelsenkrechte auf P'_0P ergibt den Mittelpunkt M der gesuchten Ortskurve. Die *neue* reelle Achse a schneidet die Ortskurve im Punkte P_r. Seine Verbindung mit dem ersten Nullpunkt ergibt auf der Leitwertgeraden den Teilpunkt $p = 0{,}116$, entsprechend $\frac{1}{X_C} = 2{,}33$ mS bzw. $X_C = \underline{430\,\Omega}$.

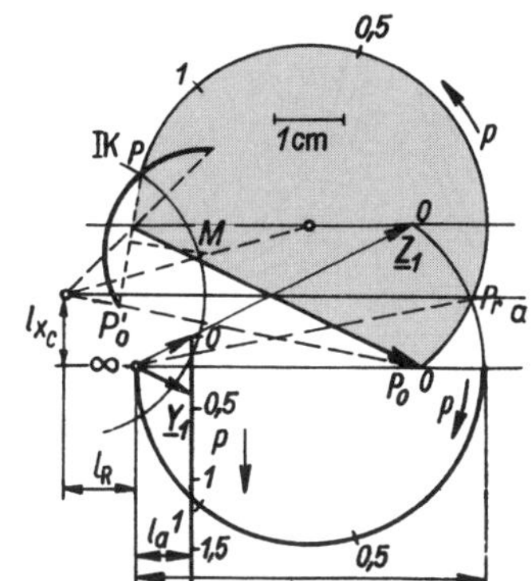

Bild 315: Aufgabe 768

769. Die Aufgabe ist in folgender Reihenfolge zu bearbeiten:

1. Impedanzberechnung mit

$$\underline{Z} = R + \text{j}\left(\omega L - \frac{1}{\omega C}\right),$$

2. Berechnung der Ströme mit

$$\underline{I} = U\frac{\underline{Z}_{\text{Re}} - \underline{Z}_{\text{Im}}}{\underline{Z}^2_{\text{Re}} + \underline{Z}^2_{\text{Im}}},$$

3. Berechnung der Spannungen usw.

	a)	b)	c)
$\underline{Z}$	$10 + \text{j}\,0{,}42\,\Omega$	$8 + \text{j}\,36{,}30\,\Omega$	$6 + \text{j}\,104{,}44\,\Omega$
Z	$10{,}01\,\Omega$	$37{,}17\,\Omega$	$104{,}44\,\Omega$
$\underline{I}$	$21{,}96 - \text{j}\,0{,}92$ A	$1{,}74 - \text{j}\,5{,}78$ A	$0{,}12 - \text{j}\,2{,}10$ A
I	21,98 A	5,92 A	2,11 A
U_R	229,98 V	49,50 V	13,19 V
$\text{j}\,U_L$	721,93 V	388,78 V	276,28 V
$\text{j}\,U_C$	−731,93 V	−164,13 V	−46,66 V
ω_r	$316\,\text{s}^{-1}$	$204\,\text{s}^{-1}$	$129\,\text{s}^{-1}$

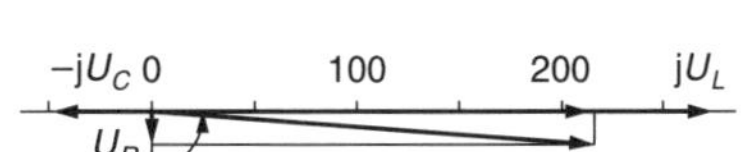

Bild 316: Aufgabe 769

770. $U_a(\omega) = \dfrac{\mathrm{j}\,\omega L}{R - \omega^2 RCL + \mathrm{j}\,\omega L}$

Resonanzfall: $\omega_r = 3{,}16\,\mathrm{s}^{-1}$

Amplitudengang von

$$\underline{U}_a = \frac{\omega L}{\sqrt{(R-\omega^2 RCL)^2 + \omega^2 L^2}}$$

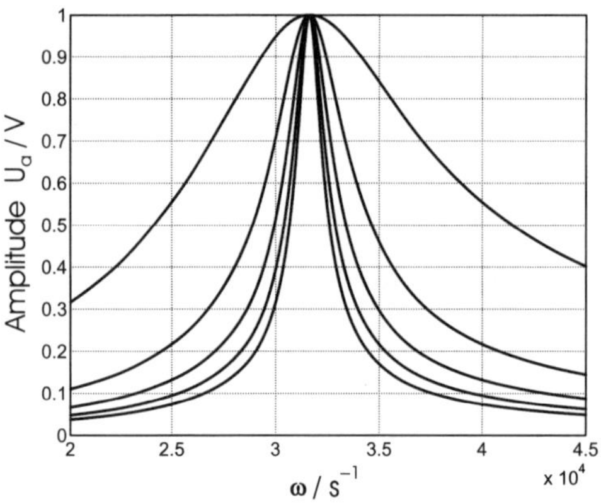

Bild 317: Aufgabe 770

Phasengang von

$$U_a = \arctan \frac{R - \omega RCL}{\omega L}$$

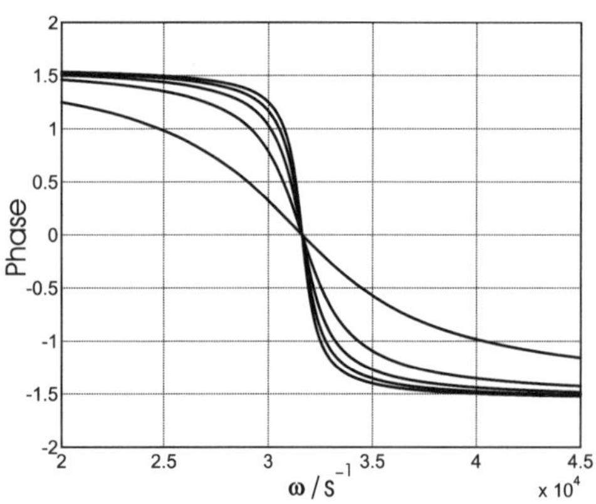

Bild 318: Aufgabe 770

771. Bei Resonanz gilt $\omega_R C = \dfrac{1}{\omega_R L}$ und damit $R = \dfrac{U}{I_R}$. Aus dem Scheinleitwert Z der Schaltung folgt für die Kapazität damit

$$C = \frac{\pm\sqrt{Z^2 - 1/R^2}}{\omega - \omega_R^2/\omega}$$

Beachte: $I = \sqrt{I_R^2 + I_C^2 + I_L^2}$

a) $C = 262\,\mathrm{nF}$, $L = 78\,\mathrm{mH}$

b) $C = 379\,\mathrm{nF}$, $L = 54\,\mathrm{mH}$

c) $C = 754\,\mathrm{nF}$, $L = 27\,\mathrm{mH}$

772. Aus 4 Perioden mit etwa 0,6 ms ergibt sich für eine Periode $T = 0{,}15\,\mathrm{ms}$. Bei gedämpften Schwingungen entspricht Eigenfrequenz ≈ Resonanzfrequenz, sodass $f_r = \underline{6{,}67\,\mathrm{kHz}}$ ist. Die Induktivität des Kreises beträgt $L = \dfrac{1}{4\pi^2 f_r^2 C} = \underline{1{,}90\,\mathrm{mH}}$. Die Zeitkonstante beträgt $\tau = RC = \underline{9{,}9\,\mathrm{ms}}$.

773. $\omega = \dfrac{1}{\sqrt{LC}} = \underline{4\,472\,\mathrm{s}^{-1}}$,

$X_L = \omega L = \underline{44{,}72\,\Omega}$, $\tau = \underline{2\,\mathrm{ms}}$

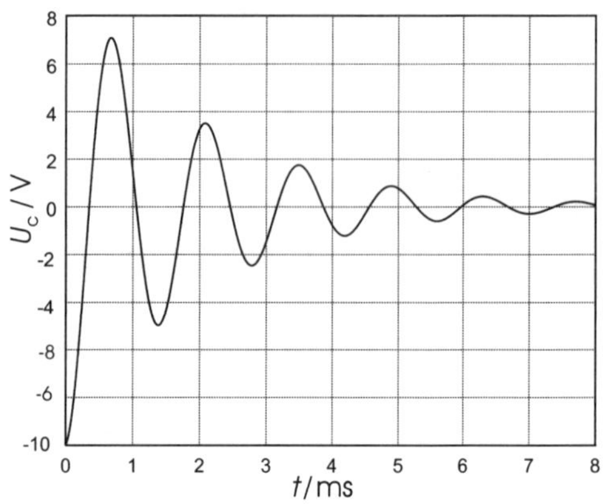

Bild 319: Aufgabe 773

774. Mit der Resonanzfrequenz f_r folgt

$$C = \frac{1}{L(2\pi f_r)^2} = \underline{3{,}96\,\mathrm{pF}}, \quad Z = \sqrt{\frac{L}{C}} = \underline{4{,}02\,\mathrm{k}\Omega},$$

$$\tan d_L \approx d_L = \frac{1}{Q_L} = 2 \cdot 10^{-3}$$

$$Q = \frac{1}{\tan\delta_L + \tan\delta_C} = \frac{1}{0{,}2\cdot 10^{-3} + 2\cdot 10^{-3}} = \underline{455}$$

$$B = \frac{f_r}{Q} = \underline{21{,}98\,\mathrm{Hz}}$$

775. Mit $Z = 3{,}96\,\mathrm{M}\Omega$ und den Verlustwinkeln δ_L, δ_C (Aufgabe 774) folgt für

a) $\frac{1}{R_P} = \frac{1}{Z}\left(\frac{1}{\tan\delta_L} + \frac{1}{\tan\delta_C}\right) = 0{,}55\cdot 10^{-5}\,\Omega^{-1}$
und $R_P = \underline{1{,}8\,\text{M}\Omega}$,

b) $Q = \frac{1}{Z}\frac{RR_P}{R+R_P} = \frac{1}{3{,}96\,\text{M}\Omega}\,\frac{100\,\text{k}\Omega\cdot 1{,}8\,\text{M}\Omega}{100\,\text{k}\Omega + 1{,}8\,\text{M}\Omega}$
$= \underline{23{,}6}$

c) $B = \frac{f}{Q} = \underline{417\,\text{Hz}}$. Mit der Resonanzfrequenz des Kreises

$f_r = \frac{1}{2\pi\sqrt{LC}} = \underline{10\,\text{kHz}}$ folgt für

$$\frac{\underline{U}_a}{\underline{U}_e} = \frac{Z/R}{1/Q + j\,(\omega/\omega_r - \omega_r/\omega)}.$$

Aus dem Realteil

$$\frac{U_a}{U_e} = \frac{(1/Q)(X/R)}{1/Q^2 + (\omega/\omega_r - \omega_r/\omega)^2}$$

ergibt sich durch Radizieren der Amplitudenfrequenzgang.

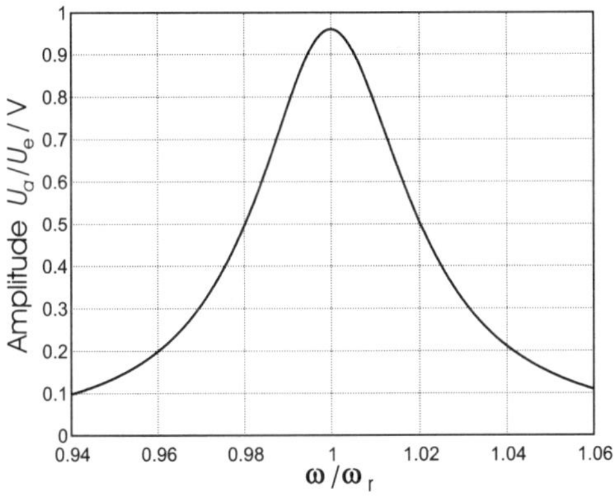

Bild 320: Aufgabe 775

776. Mit $Z = \sqrt{\frac{L}{C}} = 3{,}16\,\text{k}\Omega$ ergibt sich über $\frac{1}{X} = \frac{1}{Z_0}\,[\tan\delta_L + \tan\delta_C]$ für den Blindwiderstand $X = \underline{2{,}85\,\text{M}\Omega}$.

a) Die äquivalente Parallelschaltung von Schwingkreis und Wirkwiderstand ergibt $R_P = \underline{115\,\text{k}\Omega}$

b) $Q = \frac{R_P}{Z_0} \approx \underline{36}$, $\quad \omega_0 = \underline{63{,}2\,\text{kHz}}$,

c) $U_A = U_e\frac{\sqrt{\frac{L}{C}}}{R} = \underline{3{,}95\,\text{V}}$,

d) $R \gg 0{,}5\sqrt{\frac{L}{C}} = \underline{120\,\text{k}\Omega \gg 1{,}6\,\text{k}\Omega}$:

Es liegt schwache Dämpfung vor! Mit $\omega \approx \omega_0$ folgt $U_a = U_A e^{-t/\tau}\sin\omega_0 t$.

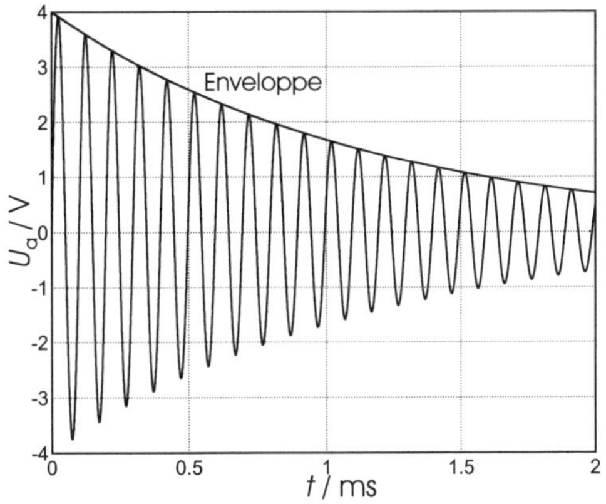

Bild 321: Aufgabe 776

777. 1.) $\frac{U_a}{U_e} = 0$ gilt für den Resonanzfall des aus C und L_1 bestehenden Parallelkreises, d. h. $f_1 = \frac{1}{2\pi\sqrt{L_1C}}$:

a) $\underline{3{,}75\,\text{kHz}}$, b) $\underline{2{,}60\,\text{kHz}}$, c) $\underline{2{,}01\,\text{kHz}}$

2.) $\frac{U_a}{U_e} = 1$ gilt, wenn der Gesamtscheinwiderstand der Schaltung gleich null ist. Der Betrag des Scheinwiderstandes im Parallelkreis beträgt $Z = \frac{\omega_2 L_1}{\omega_2^2 L_1 C - 1}$. Mit dem der in Reihe liegenden Induktivität L_2 ergibt sich der Gesamtblindwiderstand $Z_G = \frac{\omega L_1}{\omega^2 L_1 C - 1} + \omega L_2$. Nach Nullsetzen von Z_G ergibt sich $f_2 = \frac{1}{2\pi}\sqrt{\frac{L_2 - L_1}{L_1 L_2 C}}$:

a) $\underline{8{,}78\,\text{kHz}}$, b) $\underline{3{,}31\,\text{kHz}}$, c) $\underline{2{,}61\,\text{kHz}}$

778. Im Resonanzfall wird $\frac{U_a}{U_e} = 0$ und es gilt mit $\omega_1 L_1 = \frac{1}{\omega_1 C}$: $C = \frac{1}{L_1}2\pi f_1$. Für das Spannungsverhältnis $\frac{U_a}{U_e} = 1$ muss der Betrag des Scheinleitwertes der Schaltung $Y = 0$ sein. Im oberen Zweig des Schwingkreises gilt für den Scheinwiderstand $Z = \omega_2 L_1 - \frac{1}{\omega_2 C}$. Für den Gesamtkreis folgt daraus

$$Y = \frac{1}{Z} = \frac{1}{\omega_2 L_1} - \frac{1}{1/(\omega_2 C)} + \frac{1}{\omega_2 L_2} = 0 \quad \text{und}$$

$$L_2 = \frac{1}{\omega_2 C} - L_1.$$

Mit den Werten der Aufgabe folgen die Lösungen

	a)	b)	c)
C	507 nF	375 nF	172 nF
L_2	18,2 mH	20,0 nF	53,4 nF

779. Der Spannungsverlauf am Kondensator beträgt $U = U_0 e^{-\delta t}$, d. h. $\delta t = \ln 10$. Mit $T = 2\pi\sqrt{LC} = \underline{19{,}87\,\mu s}$ ergibt sich $t = \frac{T}{\Lambda} \ln 10 = \underline{9{,}1\,\text{ms}}$

780. Aus Spulenlänge und Drahtdurchmesser ergeben sich $N = 500$ Windungen. Die Induktivität der Spule beträgt mit A (Spulenquerschnitt) $L = \frac{\mu_0 \mu_r A N^2}{l}$. Dann folgt mit der Drahtlänge l' und dem Drahtquerschnitt A':

$$\Lambda = \delta T = \pi R \sqrt{\frac{C}{L}} = \frac{\pi \varrho_{Cu} l'}{A'} \sqrt{\frac{C}{L}} = \underline{20{,}1\,\text{ms}}$$

781. Der Potenzialabfall folgt aus $\frac{U}{U_0} = e^{-\delta t}$. Die Schwingungsperiode des Kreises ergibt sich mit dem ohmschen Widerstand aus

$$T = \frac{2\pi}{\sqrt{1/LC - (R/2L)^2}} = 0{,}4\,\text{ms}.$$

Abklingkoeffizient des Kreises

$$\delta' = \frac{R}{2L} = 100\,\text{s}^{-1};\ \frac{U}{U_0} = e^{-0{,}04} = \underline{0{,}96};$$

Potenzialabfall: $\underline{4\,\%}$

782. $f = \frac{c}{\lambda} = \frac{2{,}997\,92 \cdot 10^8\,\text{m}}{500\,\text{m} \cdot \text{s}} = \underline{0{,}6\,\text{MHz}};$ aus der Resonanzbedingung ergibt sich

$$C = \frac{1}{4\pi^2 f_r L} = \underline{3{,}52\,\text{nF}};$$

für den Plattenkondensator folgt $C = \frac{\varepsilon_0 \varepsilon_r A}{d}$ und damit $\varepsilon_r = \underline{39{,}8}$

783. Aus $\omega = \frac{1}{\sqrt{LC}}$ folgt $L = \frac{1}{\omega^2 C} = \underline{10{,}1\,\text{mH}};$ die Resonanzwellenlänge im Kreis ergibt sich aus

$$\lambda = \frac{c}{f} = \underline{6 \cdot 10^4\,\text{m}}$$

784. Der Einschaltstrom ergibt sich aus $I = I_0(1 - e^{t\frac{R}{L}})$ d. h. $t = \frac{L}{R} \ln 10 = \underline{10{,}36\,\text{s}}.$

785. Spannung am Kondensator

$$U_0 = \frac{Q}{C} = 100\,\text{V};$$

Periodendauer einer Schwingung:

$$T = 2\pi\sqrt{LC} = 0{,}89\,\text{ms};$$

wegen $R = 0$ wird $\delta' = \frac{R}{2L} = 0;$

Spannungsverlauf:

$$U = U_0 e^{-\delta t} \cos(\omega t) = U_0 \cos(\omega t) = \underline{70{,}7\,\text{V}}$$

HANSER

Das Standardwerk für Studenten und Praktiker.

Lindner/Brauer/Lehmann

Taschenbuch der Elektrotechnik und Elektronik

9., neu bearbeitete Auflage

688 Seiten, 631 Abb., 99 Tabellen.

ISBN 978-3-446-41458-7

Das nunmehr seit fast 30 Jahren am Markt etablierte Taschenbuch vermittelt Gesetzmäßigkeiten, Prinzipien und Anwendungen der Elektrotechnik und Elektronik. Für die 9. Auflage sind die Kapitel analoge und digitale Schaltungstechnik sowie Signale und Systeme neu bearbeitet und aktualisiert worden. Völlig neu bearbeitet ist das Kapitel elektrische Maschinen – eine Fundgrube für Energie- und Automatisierungstechniker, Maschinenbauer und Verfahrenstechniker.

»Geballtes Wissen zur Elektrotechnik und Elektronik ... für wenig Geld. Das Werk vermittelt sowohl Grundlagen als auch praktisches Wissen und eignet sich ... ebenfalls als Nachschlagewerk..«

Markt und Technik

Mehr Informationen unter **www.hanser.de/taschenbuecher**

Helmut Lindner

Elektro-Aufgaben

Band I: Gleichstrom

Inhaltsverzeichnis